博士后文库
中国博士后科学基金资助出版

microRNA 调控水稻耐冷性的
分子机制初探

孙明哲　著

科学出版社

北　京

内 容 简 介

本书针对影响寒地水稻生产的低温冷害问题，围绕水稻冷胁迫应答 miRNA 挖掘、耐冷功能验证、作用机制解析及育种利用等方面开展研究讨论。本书以水稻测序品种'日本晴'为试材，构建了水稻冷胁迫 miRNA 表达谱及 miRNA-mRNA 调控网络，鉴定出多个冷胁迫应答的 miRNA，初步揭示部分 miRNA 调控耐冷性的作用机制，并通过转基因及基因编辑等技术，创制了多份耐冷性显著增强的水稻材料，为耐冷水稻育种提供理论指导与生物资源。

本书可供生物学、农学等领域的科研、教学及管理人员阅读参考。

图书在版编目（CIP）数据

microRNA 调控水稻耐冷性的分子机制初探 / 孙明哲著. --北京：科学出版社，2025.6. -- (博士后文库). -- ISBN 978-7-03-079231-0

Ⅰ. Q522；S511.01

中国国家版本馆 CIP 数据核字第 2024W7G099 号

责任编辑：王 静 王 好 / 责任校对：张小霞
责任印制：肖 兴 / 封面设计：刘新新

科 学 出 版 社 出版
北京东黄城根北街 16 号
邮政编码：100717
http://www.sciencep.com

北京九州迅驰传媒文化有限公司印刷
科学出版社发行 各地新华书店经销
*
2025 年 6 月第 一 版 开本：720×1000 1/16
2025 年 6 月第一次印刷 印张：19 1/2
字数：394 000
定价：268.00 元
（如有印装质量问题，我社负责调换）

"博士后文库"编委会名单

"博士后文库"序言

  1985年，在李政道先生的倡议和邓小平同志的亲自关怀下，我国建立了博士后制度，同时设立了博士后科学基金。30多年来，在党和国家的高度重视下，在社会各方面的关心和支持下，博士后制度为我国培养了一大批青年高层次创新人才。在这一过程中，博士后科学基金发挥了不可替代的独特作用。

  博士后科学基金是中国特色博士后制度的重要组成部分，专门用于资助博士后研究人员开展创新探索。博士后科学基金的资助，对正处于独立科研生涯起步阶段的博士后研究人员来说，适逢其时，有利于培养他们独立的科研人格、在选题方面的竞争意识以及负责的精神，是他们独立从事科研工作的"第一桶金"。尽管博士后科学基金资助金额不大，但对博士后青年创新人才的培养和激励作用不可估量。四两拨千斤，博士后科学基金有效地推动了博士后研究人员迅速成长为高水平的研究人才，"小基金发挥了大作用"。

  在博士后科学基金的资助下，博士后研究人员的优秀学术成果不断涌现。2013年，为提高博士后科学基金的资助效益，中国博士后科学基金会联合科学出版社开展了博士后优秀学术专著出版资助工作，通过专家评审遴选出优秀的博士后学术著作，收入"博士后文库"，由博士后科学基金资助、科学出版社出版。我们希望，借此打造专属于博士后学术创新的旗舰图书品牌，激励博士后研究人员潜心科研，扎实治学，提升博士后优秀学术成果的社会影响力。

  2015年，国务院办公厅印发了《关于改革完善博士后制度的意见》（国办发〔2015〕87号），将"实施自然科学、人文社会科学优秀博士后论著出版支持计划"作为"十三五"期间博士后工作的重要内容和提升博士后研究人员培养质量的重要手段，这更加凸显了出版资助工作的意义。我相信，我们提供的这个出版资助平台将对博士后研究人员激发创新智慧、凝聚创新力量发挥独特的作用，促使博士后研究人员的创新成果更好地服务于创新驱动发展战略和创新型国家的建设。

  祝愿广大博士后研究人员在博士后科学基金的资助下早日成长为栋梁之才，为实现中华民族伟大复兴的中国梦做出更大的贡献。

中国博士后科学基金会理事长

前　言

　　水稻是最重要的粮食作物之一，养育了中国 2/3 的人口，其安全生产直接关系到我国的粮食安全。习近平总书记在党的十九大报告中强调："确保国家粮食安全，把中国人的饭碗牢牢端在自己手中。"因此，保障水稻产量稳定并实现稳步增长，对保障我国粮食安全具有重大的战略意义。黑龙江省是我国最大优质粳稻主产区，被誉为国家粮食安全的"压舱石"。然而，黑龙江省每 3~5 年就发生一次较严重的低温冷害，影响水稻稳产。低温已成为寒地水稻高产稳产的重要制约因素。所以，提高水稻耐冷性，对保障黑龙江省寒地水稻高产稳产具有重要的现实意义。

　　水稻是喜温作物，耐冷种质资源严重匮乏，依靠常规育种手段难以培育出耐冷水稻新品种。近年来，分子标记辅助选择、基因编辑等技术已逐渐应用于作物新品种选育，但是耐冷基因的缺乏、耐冷种质资源不足依然是耐冷新品种培育的瓶颈。因此，挖掘水稻耐冷关键调控基因、解析耐冷调控机制，对水稻耐冷性状的遗传改良和分子育种尤为重要。

　　近年来，国内外科研工作者在水稻耐冷研究中取得一系列重要成果，鉴定出多个重要冷胁迫关键位点和基因，揭示了以 CBF 转录因子为核心的水稻冷胁迫信号转导途径。然而，目前发现的信号途径核心组分均为蛋白激酶和转录因子类调节基因，而另一类处于信号转导上游的调节基因——microRNA，在冷胁迫信号通路中的作用机制却鲜有报道。

　　作者研究团队针对严重影响寒地水稻生产的低温冷害问题，系统开展了水稻冷胁迫应答 miRNA 的挖掘、功能解析、分子机制及育种研究。以水稻测序品种'日本晴'为试材，构建了我国首张水稻冷胁迫 miRNA 表达谱及 miRNA-mRNA 调控网络，鉴定出多个冷胁迫应答的 miRNA。运用过表达、RNAi、STTM、CRISPR 等技术，验证了该调控网络中关键 miRNA 及靶基因在水稻冷胁迫应答中的功能和调控作用。借助基因编辑等技术，获得了多份耐冷性显著增强的新材料，为水稻耐冷育种提供了宝贵的基因资源。

　　作者对研究团队多年来在 miRNA 调控水稻耐冷性领域的研究成果进行了总结，并结合该领域最新研究进展撰写了本书。本书的研究工作得到了国家自然科学基金项目：粳稻主要耐逆性基因挖掘、功能解析及分子育种利用（U20A2025），水稻 *miR1850* 靶向 *NPR3* 调控冷胁迫应答的分子机制研究（31971826），*Os-miRNA1320* 与 PHD/ERF 转录因子互作调控水稻耐冷性的分子机制研究（31671596）；中国博士后科学基金：水稻 PHD 转录因子介导的冷胁迫信号转导新途径研究（2021T140185），OsPHD17 调控水稻耐冷性的功能及分子机理解析（2020M670929）；中央支持地方人才培养支持计划：东北寒地作物耐盐碱/低温机制及改良；黑龙江八一农垦大学引进人才科研启动计划：水稻冷胁迫应答关键 miRNA 的鉴定与应用（XYB201903）；黑龙江八一农垦大学青年创新人才计划：*miR1868* 调控水稻冷胁迫应答的作用研究（ZRCQC201902）等科研项目的资助。本书的出版得到了中国博士后科学基金"优秀学术专著出版资助"、黑龙江省自然科学基金（JQ2021C002）和黑龙江八一农垦大学"学术专著出版资助计划"的资助。

　　本书在撰写过程中，得到了东北农业大学朱延明教授和黑龙江八一农垦大学农学院孙晓丽教授的悉心指导，感谢法国巴黎萨克雷大学崔娜博士，以及黑龙江八一农垦大学沈阳、才晓溪、王研、陈悦、杨珺凯、李婉鸿、吴彤、谷倩楠、关永旭、李冬鹏和金军等研究生在本书撰写及统稿等方面的辛勤付出，在此向他们表示衷心的感谢！

　　由于作者水平有限，书中不足之处在所难免，诚恳希望同行专家和广大读者予以批评指正。

著　者

2025 年 3 月

目　　录

第1章 概　　述

党的十八大以来，以习近平同志为核心的党中央始终把粮食安全作为治国理政的头等大事。2022 年，中央一号文件更是将保障国家粮食安全作为底线任务。随着人类工业化不断发展，全球低温、干旱等极端天气频发，粮食生产环境恶化，给全球农业生产带来巨大挑战。我国作为农业大国，更需加强对极端气候的防范，保障国家粮食安全。

水稻（*Oryza sativa* L.）起源于热带和亚热带地区，是一种对温度敏感的作物。水稻整个生育期都有可能遭受低温冷害的影响，进而导致水稻减产。东北稻作区是我国最重要的水稻主产区之一，其水稻产量占我国北方稻区产量的 70%。同时，该地区是我国纬度最高的水稻产区，全年平均气温不到 10℃，延迟型和障碍型冷害频繁发生，对水稻的产量和品质造成了严重影响。因此，提高水稻耐冷性，对保障东北地区寒地水稻高产稳产，具有十分重要的现实意义。

培育耐冷水稻新品种是提高水稻耐冷性的有效手段。然而，水稻作为喜温作物，耐冷种质资源严重匮乏，依靠常规育种手段难以培育出耐冷水稻新品种。近年来，随着分子生物学和基因组学的迅猛发展，转基因育种等现代分子生物学技术已广泛应用于作物育种，成为快速、高效培育特定性状作物新品种的重要手段。挖掘水稻耐冷关键基因，深入了解水稻响应低温冷害的分子机制，能够为耐冷水稻培育提供理论指导。

1.1　水稻冷胁迫应答机制及转基因育种研究现状

1.1.1　低温冷害对水稻生产的影响

东北平原由于其农业生产条件优越，水土资源配置良好，夏季雨热同期，成为我国重要的水稻产区。但其位于我国温带季风区的最北端，温度成为限制该区域水稻生产的重要环境因素。尤其是黑龙江省，作为我国纬度最高的水稻产区，热量条件欠佳，经常遭受低温冷害侵袭。

1. 水稻低温冷害类型

水稻冷害主要有延迟型冷害、障碍型冷害以及由这两种冷害相结合的混合型冷害 3 种类型。

延迟型冷害发生在水稻营养生长阶段，导致植株生理活动减弱，具体表现为水稻生长发育延迟，穗分化较晚，从而导致灌浆成熟期推迟，水稻成熟度下降，最终引发水稻减产。遭受严重延迟型冷害的水稻可能会颗粒无收；遭受轻微延迟型冷害水稻穗顶端颖花可正常开花、受精、结实，但穗中下部颖花产生结实障碍，出现大量瘪粒。

障碍型冷害出现在水稻生殖生长阶段，会破坏水稻花器官生理机能。幼穗形成期、减数分裂期、抽穗开花期容易遭受障碍型冷害，尤其是减数分裂期小孢子的发生对低温特别敏感，当气温低于 17℃，就会出现花粉败育造成空壳。孕穗期临界温度为 18℃，气温每降低 1℃，结实率下降 6.27%（陈可心，2015）。抽穗开花期遇到低温会造成花粉花药发育异常，同时减缓籽粒干物质灌浆速度，从而使产量降低。

混合型冷害是指在水稻整个发育过程中，延迟型冷害和障碍型冷害同时出现。混合型冷害对水稻生产造成的危害比单一冷害更严重，并且发生次数比单一型冷害更频繁。黑龙江冷害类型多为以延迟型冷害为主的混合型冷害。

2. 低温冷害对水稻生理的影响

低温会通过影响光合作用的暗反应过程，抑制水稻光合速率。轻度低温会抑制叶绿素合成进程中一系列酶的活性，致使叶绿素生成速率下降；同时，轻度低温还会诱导叶绿素酶及其同工酶活性，加快叶绿素的降解。严重低温则会直接破坏叶绿体的膜结构，导致叶绿体解体（Wang et al.，2015a；Maruyama et al.，1990）。所以，遭受低温的水稻会出现叶片发黄、光合速率下降等现象。

此外，低温会对呼吸作用相关酶的活性产生影响，进而削弱呼吸作用，使能量产生减少。不仅如此，低温还会降低植物根系对营养物质的吸收能力，以及营养物质在植物体内的转运速率。

1.1.2 植物冷胁迫应答机制研究现状

地球仅有 1/3 的陆地不会经历结冰期，超过 40%的陆地会经历–20℃的低温（Ramankutty et al.，2008）。植物作为固生生物，无法通过空间移动躲避环境因子变化带来的胁迫。在漫长的生物进化过程中，它们通过自然选择，在生理、形态、行为等多个方面表现出对环境的适应性。例如，一年生植物会在严寒来临前完成结实，结束生命周期；多年生植物会在冬季休眠以抵御严寒。生长在极端低温环境中的植物，体内糖类、脂类等物质含量较高，这能有效降低细胞液冰点，抵御严寒；同时，其形态多矮小呈莲状或垫状，并进化出有蜡质或被毛保护的叶片

（Eremina et al.，2016；Guo et al.，2018）。热带与亚热带植物因生长环境优越，进化过程中难以形成冷适应机制，而较多温带植物则进化出了可抵御非致死低温的冷应答机制。在植物抵御冷胁迫的过程中，会通过复杂的基因调控网络，做出一系列生理生化变化，从而将低温对有机体的危害降至最低。因此，深入探究植物冷胁迫应答的基因调控机制，有助于研究人员更好地理解植物耐冷机制，也让通过基因工程方法提高植物耐冷性成为可能。

1. 冷胁迫信号感知与第二信使

截至目前，尚未发现植物感受低温信号的直接证据和受体。现有研究表明，植物可通过改变膜的物理性质来感知低温信号，最明显的表现为，冷胁迫来临时，膜流动性降低（Örvar et al.，2000）。但事实上，在常温条件下，二甲基亚砜处理也能引起膜流动性降低，进而诱导冷应答基因（cold-responsive gene，*COR* 基因）的表达；而用苯醇处理则会使膜流动性升高，抑制 *COR* 基因的表达（Örvar et al.，2000；Ding et al.，2015）。

冷胁迫会使细胞内 Ca^{2+} 浓度增加，膜硬化处理也会导致胞内 Ca^{2+} 浓度增加，进而激活蛋白激酶参与蛋白磷酸化信号传递过程，诱导 *COR* 基因表达（Zhu，2016；Mauger，2012）。细胞核内 Ca^{2+} 信号对于控制基因转录具有重要作用（Mauger，2012；Manishankar and Kudla，2015），因此，对核膜和质膜转运体的研究，或许可以揭开 Ca^{2+} 信号在植物冷应答过程中的具体作用。

植物具有多种 Ca^{2+} 传感器，包括钙调蛋白（calmodulin，CaM）和类钙调蛋白（CaM-like，CML）、钙依赖性蛋白激酶（Ca^{2+}-dependent protein kinase，CDPK）、Ca^{2+}-钙调蛋白依赖性蛋白激酶（Ca^{2+}/calmodulin-dependent protein kinase，CCaMK）、CaM 结合转录激活剂（CaM-binding transcription activator，CAMTA）、钙调蛋白 B 类蛋白（calcineurin B-like protein，CBL）和 CBL 相互作用蛋白激酶（CBL-interacting protein kinase，CIPK）。研究表明 CDPK 作为正调控因子发挥作用（Saijo et al.，2000），CaM3 是耐冷性的负调控因子（Mickelbart et al.，2015）。CBL 通过与 CIPK 家族蛋白相互作用来调控 Ca^{2+} 信号。CBL1 通过与 CIPK7 相互作用调节植物耐冷性，它的突变体 *cbl1* 表现为冷敏感表型（Huang et al.，2011）。CAMTA3 可以与启动子 CG-1 元件（vCGCGb）结合，正调控 *CBF2/DREB1C* 的表达，却不能调控启动子中没有该元件的 *CBF3/DREB1A* 表达，双突变体植株 *camta2/camta3* 表现为冰冻胁迫敏感（Jia et al.，2016）。

除了质膜，叶绿体在感受低温过程中也发挥着重要作用。当低温来临时，光系统 II（photosystem II，PS II）对光能的收集利用平衡被打破，导致产生更多的活性氧（reactive oxygen species，ROS）。此外，蛋白磷酸化及蛋白磷酸酶活性的降低，也可能是植物感受低温的途径之一。MAPK（mitogen-activated protein kinase）

级联信号途径也可能参与植物冷胁迫信号感知过程，并调节植物冷胁迫耐受性。低温来临时，拟南芥 MKK2（MAP kinase kinase 2）可磷酸化 MAPK4 和 MAPK6，MKK2 过表达可促进 *CBF/DREB1*（C-repeat binding transcription factor / DRE binding protein）的表达，提高植物耐冷性（Teige et al.，2004；Zhao et al.，2017a）。

这些研究表明，植物感受到低温信号后，可通过多个不同的信号通路促进 *COR* 基因表达。

2. ICE-CBF/DREB1 冷胁迫应答信号通路

ICE（inducer of CBF expression）是一类通过 *CBF/DREB1* 调控植物冷胁迫应答的转录因子，且在高等植物中功能高度保守。在植物冷胁迫应答的多个信号通路中，*CBF/DREB1* 依赖的冷信号转导通路是最重要且研究最为明确的调节通路之一（Chinnusamy et al.，2007）。早在 2004 年，研究人员就从拟南芥中鉴定出 3 个 *CBF/DREB1*，它们参与植物 *COR* 基因表达和耐冷功能调节过程（Liu and Zhou，2017；Guo et al.，2017），CBF/DREB1 转录因子（主要是 CBF3/DREB1A）受 ICE1 调控（Hu et al.，2013）。

在拟南芥中，ICE1 是一个冷胁迫正调因子，ICE1 可以与 *CBF3/DREB1A* 启动子中的 MYC 顺式作用元件（CANNTG）结合（图 1-1）（Hu et al.，2013）。ICE1 作为调控 *CBF3/DREB1A* 和众多 *COR* 基因的主调控因子，调控了约 40% 的 *COR* 基因和 46% 的冷胁迫应答转录因子。玉米冷胁迫后，*ZmDREB1* 启动子的 ICE1 结合区域出现组蛋白 H3、H4 高乙酰化和 DNA 去甲基化现象，并伴有染色质去凝缩现象，暗示了 ICE1 对 *CBF/DREB1* 的调控可能需要染色质重塑，同时 ICE1 受泛素化和磺酰化（图 1-1）调节（Lee et al.，2005；Li et al.，2017；Miura et al.，2007b）。不过，ICE1 的激活以及与第二信使之间的信号传递机制尚不明确。

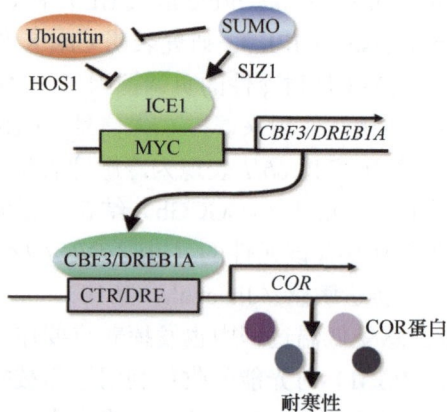

图 1-1 ICE1 和 *CBF3/DREB1A* 相关的冷胁迫信号通路（Li et al.，2017）

CBF/DREB1 可以与 *COR* 基因启动子中的 CRT/DRE 顺式元件（A/GCCGAC）结合，调节 *COR* 基因的表达，属于乙烯响应因子（ethylene-responsive element binding factor/APETALA 2，ERF/AP2）转录因子家族（Licausi et al.，2013；Shi et al.，2018）。拟南芥中约 12%的 *COR* 基因受 CBF/DREB1 调控，但 3 个 *CBF* 对 *COR* 基因的调控并没有明显靶标特异性（Park et al.，2015；Liu et al.，2018a）。拟南芥 *CBF2/DREB1C* 是一个抗冻负调因子，而 *CBF1/DREB1B* 和 *CBF3/DREB1A* 为正调控因子（Novillo et al.，2004），此外，*CBF1/DREB1B* 和 *CBF3/DREB1A* 并不参与 *CBF2/DREB1C* 的调节（Novillo et al.，2007）。这些结果表明拟南芥 3 个 *CBF/DREB1* 具有不同的功能，它们协同调控植物耐冷性，也体现出植物冷应答调控网络的复杂性。

3. 转录后调控

转录后调控主要包括选择性剪接、mRNA 前体加工、RNA 核输出、RNA 稳定性和 RNA 沉默调控。其中，mRNA 前体加工和 RNA 核输出是真核生物基因表达调控的重要过程，在冷胁迫应答过程中发挥着关键作用（Han et al.，2011）。低温来临时，RNA 分子构象会发生错误折叠，而 RNA 伴侣蛋白则帮助 RNA 恢复其天然构象；研究发现富含甘氨酸的 GRP7（glycine-rich protein 7）蛋白和 RNA 螺旋酶 LOS4（low osmotic stress 4）可帮助 mRNA 从细胞核向细胞质输出（Barrerogil and Salinas，2013；Gong et al.，2005），*los4-1* 突变体表现为 mRNA 输出受抑制，*CBF* 表达降低，导致植株对冷胁迫更为敏感，暗示 mRNA 的核输出在 *CBF* 表达调控中起重要作用。拟南芥中约有 42%的基因发生选择性剪接，以翻译成不同的蛋白质（Filichkin et al.，2010），水稻中这一比例为 21%（Wang and Brendel，2006）。拟南芥中，在低温和高温胁迫下，富含丝氨酸/精氨酸的蛋白质 SR（serine/arginine-rich）在 mRNA 前体加工过程中会发生选择性剪接（Palusa et al.，2007）。CCA1（circadian clock associated 1）和 LHY1（late elongated hypocoty 1）是 MYB 转录因子，对 *CBF* 通路基因的表达有正调作用（Kamioka et al.，2016）。*CCA1* 的转录本可被选择性剪接为完全剪接体 *CCA1α* 和保留第四个内含子的 *CCA1β* 两个变体。*CCA1α* 和 *CCA1β* 过表达分别增强植株对冷胁迫的耐性和敏感性，因此低温抑制 *CCA1* 剪接成 *CCA1β* 直接导致了植物耐冷性的增强（Seo et al.，2012）。植物 LHY（late elongated hypocotyl）和 IDD14（indeterminate domain 14）在冷胁迫下的选择性剪接也是以提高耐冷性为目的（James et al.，2012；Seo et al.，2011）。

非编码小 RNA（small non-coding RNA；sncRNA）中的微 RNA（miRNA）在动植物中主要作为基因表达的抑制因子发挥重要作用。

4. 翻译后调控

泛素/26S 蛋白酶体途径是最重要且具有高度特异性的蛋白质降解途径，参与调控植物生长发育及应激反应等众多生物学过程（Sadanandom et al.，2012）。拟南芥 HOS1（high expression of osmotically responsive 1）是一种泛素 E3 连接酶，可通过降解 ICE1 负调植物耐冷性，同时 HOS1 还具有选择性剪接现象，以此调控光周期及响应间歇性低温（Zhou et al.，2014；Lazaro et al.，2012；Zhang et al.，2017a）。研究发现，将 ICE1 蛋白 403 位置的丝氨酸突变为丙氨酸，可提高蛋白稳定性，ICE1（S403A）突变后泛素化受到有效抑制，相较于野生型 ICE1，它的过表达更能增强植物耐冷性（Miura et al.，2011）。过表达拟南芥 E3 连接酶（*Arabidopsis thaliana* C-terminus of Hsc70 interacting protein）基因 *AtCHIP* 会导致植株耐冷性降低，在小麦中发现 E3 连接酶 TdRF1（*Triticum durum* RING Finger1）可与 WVIP2（WHEAT VIVIPAROUS-INTERACTING PROTEIN2）相互作用且受低温诱导表达（Guerra et al.，2012）。

小泛素相关修饰 SUMO（small ubiquitin-related modifier）作为重要的翻译后修饰方式，在有机体生物学过程中发挥着关键作用（Miura and Hasegawa，2010；Miura et al.，2007a；Gareau and Lima，2010）。类泛素化修饰是通过 SUMO 特异的 E1、E2、E3 酶发挥作用，SUMO 通过与 ICE1 结合抑制其泛素化降解，激活 *CBF3/DREB1A* 转录，实现对植物耐冷性的调控（Den Burg et al.，2010；Miura et al.，2009）。

5. 植物激素

植物感受低温后，体内激素会发生变化。其中，脱落酸（abscisic acid，ABA）受低温诱导，且外源 ABA 可诱导 *CBF* 基因的表达，但无法诱导春化标记基因 *VIN3* 的表达（Lissarre et al.，2010），说明 ABA 对植物响应冷胁迫应答的调节作用具有局限性。赤霉素（gibberellin，GA）和生长素在低温条件下含量降低，而内源水杨酸（salicylic acid，SA）含量却会升高。SA 处理能增强植物耐冷性，但高浓度的 SA 积累却会使植物变得冷敏感（Miura and Ohta，2010）。植物叶绿体结构会受到低温影响，植物还可能通过叶绿体能量平衡感知外界温度（Ivanov et al.，2012），叶绿体光能收集并不受环境温度的影响，但低温会抑制代谢活动相关酶的活性和 CO_2 的光合作用固定，导致光能代谢受阻发生光抑制，造成能量的不平衡，使 PS II 过度还原，产生活性氧，从而导致光合器官遭到破坏及细胞损伤（Tyystjarvi，2013；Takahashi and Murata，2008）。

6. 胞内可溶物与抗逆蛋白

植物受到冷胁迫后，胞内可溶物会急剧增加，通过降低冰点、减少冰晶产生保护细胞以适应低温环境。糖具有冰冻保护作用，糖浓度升高会提高细胞渗透压，稳定蛋白质在冻融过程中的天然构象；脯氨酸溶解度较高，除可降低细胞渗透势外，还可以帮助蛋白质束缚更多水分子，提高蛋白可溶性。

植物受逆境诱导表达的蛋白被称为抗逆蛋白。一些抗逆蛋白通过降低细胞渗透势、稳定相关酶功能等方式参与植物冷胁迫应答过程。抗冻蛋白（antifreeze protein，AFP）能降低细胞间隙液体冰点（Dolev et al.，2016），脱水蛋白（dehydrin，DHN）可通过减少细胞冰冻失水提高植物耐冷性（Korotaeva et al.，2015），热休克蛋白（heat shock protein，HSP）可通过保护膜系统、复性变性蛋白以及抑制蛋白聚集等途径发挥作用（Fragkostefanakis et al.，2015；Atalay et al.，2009）。

1.1.3　水稻耐冷转基因育种研究

随着世界人口快速增长和耕地面积逐渐减少，粮食问题正成为人类面临的巨大挑战。我国是传统农业大国，自 1949 年以来，耕地面积逐渐减小，至 2017 年，我国耕地面积只有 1.3 亿 hm^2，人均耕地面积不足世界平均水平的 1/4。随着土地污染、人口增加以及饮食结构的调整，我国对粮食的需求不断攀升。2015 年，我国农业部韩长赋部长预测，到 2020 年我国粮食需求将达到 7 亿 t，其中约 14% 的粮食缺口需依靠进口。因此，提高单位面积耕地产量、培育优良农作物品种，成为我国亟待解决的农业问题。传统育种技术推动了传统农业的发展，并将继续在短时间内起主导作用，但由于作物种质资源匮乏，传统杂交育种技术已经难以大幅提高粮食产量。

20 世纪下半叶，人类进入了分子生物学时代，基因工程技术在培育抗性植物品种方面发挥了巨大作用。1983 年，世界上首例转基因烟草培育成功，1985 年便进入了田间试验阶段。1995 年，转基因作物开始商业化，到 2017 年，世界转基因作物种植面积达 1.898 亿 hm^2。转基因分子育种已成为快速、高效培育优良作物品种的重要手段。

自 1988 年获得首例转基因水稻以来，水稻转基因研究发展迅猛。1989 年，我国首次获得抗虫转基因再生植株，随后又相继获得抗病、抗除草剂的转基因水稻。水稻起源于热带和亚热带地区，当前迫切需要分子遗传手段提高水稻耐冷性，以便将其扩展到年平均温度较低的北方地区，并提高产量。1998 年，Yokoi 等将拟南芥磷酸甘油转移酶基因 *GPAT*（glycerol-3-phosphateacyl transferase）转入水稻，得到耐冷性显著提高的转基因水稻（Yokoi et al.，1998）。此后，*TSV*（temperature-sensitive chlorophyll-deficient）、*COLD1*（chilling tolerance 1）、*CTB4a*（cold tolerance at booting stage 4）、*OsCPK24* 等多个基因被证实，转入水稻可提高转基因水稻的冷胁迫耐性（Sun et al.，2017；Ma et al.，2015；Zhang et al.，2017b；

Liu et al.，2018b）；作为转录后调控因子的 miRNA，也有研究报道其可提高水稻耐冷性（Sun et al.，2018；Cui et al.，2015；Wang et al.，2014a）。

虽然水稻耐冷转基因育种取得了一定进展，但仍存在诸多问题。一方面，水稻是典型喜温作物，其耐冷基因资源较少，这在很大程度上制约了水稻耐冷转基因育种研究的发展；另一方面，由于转基因技术安全性评估问题及分子育种公众普及程度限制，目前水稻转基因育种大多还停留在实验室阶段，大规模农业生产尚未见报道。传统的转基因技术存在未知基因沉默、标记基因难以去除等弊端，一定程度上阻碍了其在水稻分子育种研究中的推广应用。近年来，新兴的成簇规律间隔短回文重复（clustered regularly interspaced short palindromic repeat，CRISPR）基因编辑技术，可简单、高效地对基因组目的基因进行定点敲除、单碱基插入或替换、表达水平高低的调控等，实现目标性状的精确编辑。同时，该技术可避免外源 DNA 的引入，从根本上消除外源 DNA 整合到基因组中产生的潜在风险，从而推动作物分子育种的发展。

1.2　miRNA 在植物非生物胁迫应答中的研究进展

miRNA 是一类能调控基因表达的 21~24 个核苷酸内源非编码小 RNA。成熟的 miRNA 通过与靶基因碱基互补配对，对靶基因 mRNA 剪切降解或抑制蛋白翻译（Ha and Kim，2014；Jonas and Izaurralde，2015），参与调控真核生物众多生物学过程。在过去的十多年里，人们对 miRNA 在植物中控制作用认知发生了巨大变化。随着研究的深入，miRNA 背后的奥秘逐渐被揭开。下面就 miRNA 生物发生和降解，以及 miRNA 介导的基因沉默作用机制进行简要概述。

1.2.1　miRNA 的生物发生机制

1. miRNA 的成熟

大多数植物的 miRNA 位于基因组基因间区域（Nozawa et al.，2012），由 RNA 聚合酶 II 转录，生成具有茎环结构的初始 miRNA（pri-miRNA）。与普通 mRNA 一样，pri-miRNA 会在 5′端添加 7-mG 帽子，在 3′端添加 poly（A）尾巴，以增强自身稳定性（Song et al.，2019；Fang et al.，2015）。随后，pri-miRNA 会被招募到 D-body/DCL1（dicer 1）复合体加工成加工前体 miRNA（pre-miRNA）（Foulkes et al.，2014），pre-miRNA 经过 DCL1 复合体进一步加工，形成一个短双链 RNA（dsRNA），该双链 RNA 含有一条成熟体 miRNA 和它的互补链（Voinnet，2009）。植物 miRNA 的长度为 21~24 个核苷酸，DCL 家族成员参与 pri-miRNA 加工成大

小不同的小 RNA（small RNA，sRNA）的过程：21 个核苷酸的小 RNA 由 DCL1 和 DCL4 加工，22 个核苷酸的小 RNA 由 DCL2 加工，24 个核苷酸的小 RNA 由 DCL3 加工（Cuperus et al.，2010；Li et al.，2016），大多数 miRNA 的生物发生是由 DCL1 负责加工。研究人员通过双分子荧光互补实验，确定了 D-body/DCL1 复合体是由 G-patch 结构域 蛋白 TGH（tough）、锌指蛋白（zinc finger protein；ZNF）、dsRNA 结合结构域蛋白 HYL1/DRB1（hyponastic leaves 1）和 CPL1（C-terminal domain phosphatase-like 1）构成（图 1-2）。其中，TGH 负责识别结合单链 RNA（ssRNA）（Ren et al.，2012），SE 负责识别结合 pri-miRNA（Iwakawa and Tomari，2015），HYL1 负责识别结合 dsRNA（Zhang et al.，2017c），联合 DCL1 形成复合体实现对 pri-miRNA 精准加工。HYL1 是磷酸化蛋白，需要 CPL1 与 SE 相互作用来保持 HYL1 的低磷酸化状态（Manavella et al.，2012），但 CPL1 无法影响 DCL1 的活性，DCL1 磷酸化需要与 DDL（dawdle）的磷酸苏氨酸结合位点直接作用（Machida and Yuan，2013）。研究发现，高脯氨酸蛋白 SIC（sickle）与 HYL1 具有蛋白共定位现象，SIC 也是 miRNA 积累所必需的组分（Zhan et al.，2012），SIC 与 HYL1 的作用位点被认为是 miRNA 生成及降解的关键位点（Bologna and Voinnet，2014）。拟南芥中有 4 个 DCL 成员，5 个 HYL1 成员，DCL 都与小 RNA 的加工有关，而 HYL1 除了主要在 miRNA 加工过程中起作用外，还在其他的小 RNA 途径具有生物学功能，如 HYL1 和 TGH 可调控 miRNA 积累过程（Eamens et al.，2012）。植物中发现转录复合物和 pri-miRNA 生成蛋白存在互作关系，拟南芥中存在两个 NOT 复合物 NOT2a 和 NOT2b（Wang et al.，2013a），NOT2b 与 RNA 聚合酶 II 的 C 端相互作用，还可以作为组装复合物的支架，与 DCL1、SE 等相互作用参与转录剪接过程（Wang et al.，2013a）。Pri-miRNA 序列含有内含子，已经发现多数 pri-miRNA 转录本存在选择性剪接（Kruszka et al.，2013）。在水稻中，要实现对 miRNA 反义链的加工，首先需去除 pri-miRNA 茎环结构中的内含子（Liu et al.，2012）。Pri-miRNA 的加工需要依赖茎环结构特征，通过选择性剪接实现多 pre-miRNA 加工（Szarzynska et al.，2009）。STA1（stabilized 1）则帮助 pre-miRNA 进一步加工，*sta1* 突变体植株中大部分 miRNA 表达量下降（Chaabane et al.，2013）。

在动物中，Exportin 5 结合 pre-miRNA，并将它们运输到细胞质中。拟南芥 Exportin 5 的同源基因 *HST* 缺失会造成一些 miRNA 表达量降低（Zhang and Wang，2015a），推测 *HST* 可能负责植物中 pre-miRNA 核输出，但 *hst* 突变体中核质分离并未发现 HST 蛋白积累的改变（Zhang and Wang，2015b），推测 *HST* 也可能通过影响 miRNA 稳定性来调控 miRNA 表达。目前，对于植物 miRNA 核输出机制尚不明确。RNA 甲基转移酶 HEN1 可通过介导 miRNA 3′端甲基化修饰阻止 RNA 尿嘧啶降解，提高 miRNA 的稳定性。植物 miRNA/miRNA*（miRNA 互补链）双链解离前 3′端的 2′—OH 会发生甲基化（Zhai et al.，2013），但 HEN1 蛋白在细胞核和

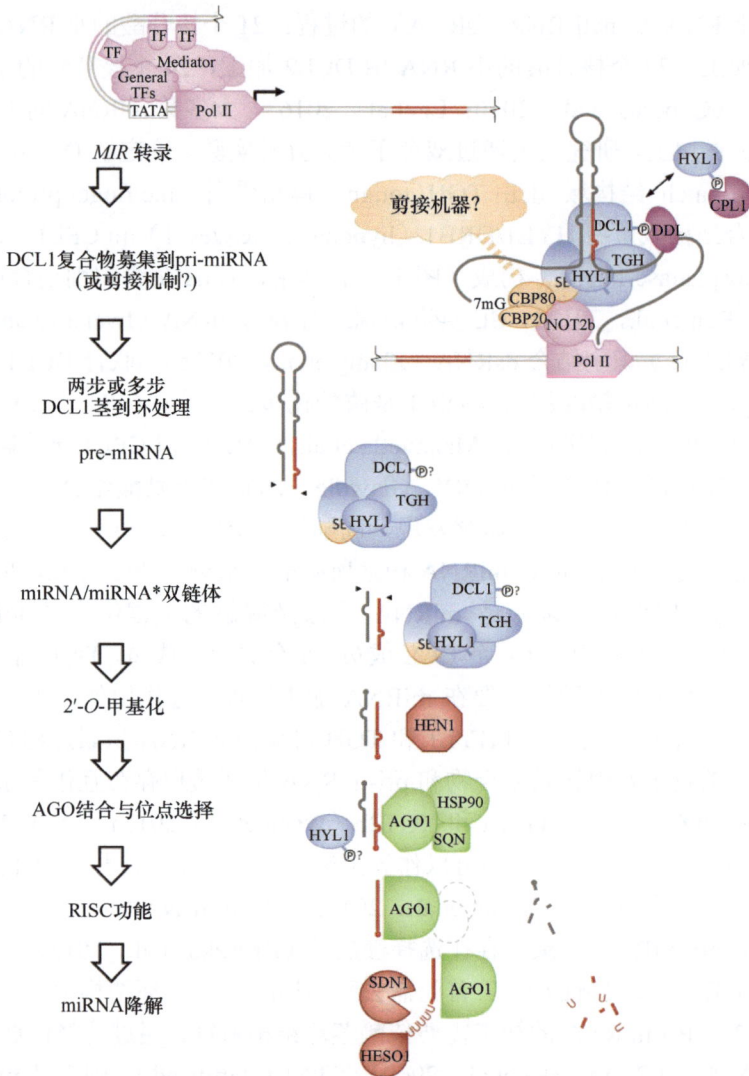

图 1-2　miRNA 生物发生和降解主要步骤示意图（Rogers and Chen，2013）

细胞质中均有表达（Bologna and Voinnet，2014），导致无法确定 miRNA/miRNA* 甲基化发生的具体位置。

2. RNA 诱导沉默复合体的装配

一般认为，甲基化后的成熟 miRNA/miRNA*通过核孔复合体转运出核，进入细胞质，其中先导链会进入含 AGO1 的 RNA 诱导沉默复合体（RNA-induced silencing complex，RISC）。不过，也有观点认为成熟的 miRNA/miRNA*先导链在细胞核中就已经有选择性地结合到 AGO1-miRISC。miRNA /miRNA*中先导链的选择，主要取决于 miRNA 5′端的热力学稳定性（Zhang et al.，2017c），其中 HYL1 和 CPL1 也会参与先导链的选择过程（Zhang et al.，2017d），这表明先导链的选择可能起始于 pri-miRNA 加工前期。AGO1 在与 miRNA /miRNA*双链结合期间，会与热休克蛋白 HSP90 形成复合物（Iki et al.，2010），miRNA*的降解不需要 AGO1 核酸内切酶活性，但需要 HSP90 及其他 AGO1 相关蛋白，如 SQN（squint）（Iki et al.，2010；Carbonell et al.，2012）。在动物中，miRNA*的降解一般伴随 AGO 构象变化，因此推测在植物中，HSP90 与 AGO1 结合或分离时，可能会触发 AGO1 构象变化（图 1-2）（Bologna et al.，2018；Kwak and Tomari，2012）。最近的研究表明，ATRM2 可能通过降解未受甲基化保护的 miRNA/miRNA*双链，参与 miRNA 与 AGO1 蛋白的结合过程（Wang et al.，2018）。2013 年，有学者发现，在细胞质和细胞核中均可检测到 AGO1 和 miRNA，但 SQN 和 HSP90 只在细胞质中出现（Kobayashi and Tomari，2016），这为进一步确认 RISC 组装位置提供了思路。

3. miRNA 的降解

小 RNA 降解核酸酶（small RNA degrading nuclease，SDN）对短单链 RNA 底物具有 3′—5′外切核糖核酸酶活性，可有效降低拟南芥中 miRNA 的积累程度（图 1-2）（Chen，2008）。SDN1 能够降解 2′-OH 甲基化底物，却会被 3′寡尿苷化抑制，非典型 poly（A）聚合酶 HESO1（hen 1 suppressor 1）可以在未甲基化的 miRNA 上添加 3′寡尿苷化作用（图 1-2），它的功能缺失会抑制 3′寡尿苷化及 miRNA 的不稳定性（Zhao et al.，2012）。当 SDN1 被 3′寡尿苷化抑制时，其他核酸酶会参与 3′寡尿苷化 miRNA 的降解，HESO1（HEN1 SUPPRESSOR 1）的活性会被 miRNA 的 2′-OH 甲基化底物抑制，而 SDN1 的活性则不会（Zhao et al.，2012），由此可以推测出 SDN1 和 HESO1 在甲基化 miRNA 降解过程中协同发挥作用。体内实验表明，截断和尿苷化的 miRNA 被募集到 AGO1 上，也暗示与 SDN1、HESO1 作用的 miRNA 需结合 AGO1（Zhao et al.，2012）。

1.2.2　miRNA 的作用机制

在了解 miRNA 的生物发生及降解机制后，我们需要探索这些机制给生物体细胞应答带产生了怎样的影响。从单 miRNA 转录位点调控，到 DCL1 复合物蛋白磷酸化结合等生物发生过程，每一步都充满不确定性，这为 miRNA 从生物发生，到有机体生长、发育，以及生物应激、细胞应答的种种过程提供了无限可能。小 RNA 研究一直以来被划分为动物（siRNA）和植物（miRNA）两部分，动植物之间划分的主要依据就是小 RNA 的作用机制。随着对 miRNA 研究的逐渐深入，目前已经确定植物 miRNA 抑制靶基因表达的主要途径是 mRNA 剪切。关于 miRNA 对 mRNA 剪切的研究较为透彻，但对其在蛋白水平调控的研究起步较晚，直到现在，植物中 miRNA 调控蛋白翻译的机制也未完全明确。降解组测序表明，miRNA 依赖的靶目标降解广泛存在。虽然动植物之间的 miRNA 作用机制存在差异，但随着 miRNA 依赖的 DNA 甲基化途径被发现，miRNA 和 siRNA 功能差异的界限变得越来越模糊。下面对 miRNA 对靶基因的调控作用进行简要概述。

1. miRNA 对靶基因 mRNA 的剪切降解

miRNA 能够通过互补配对，在靶基因 mRNA 上找到作用位点，而 AGO 蛋白的 PIWI 结构域具有类似核糖核酸酶 H（RNaseH）的活性，能对靶基因的 mRNA 进行切割（Swarts et al.，2014）。其中，拟南芥的 AGO1、AGO2、AGO4、AGO7 和 AGO10 已被验证具有 mRNA 切割功能（Zhu et al.，2011；Mi et al.，2008；Montgomery et al.，2008）。自 2002 年在植物中发现存在 miRNA 剪切作用以来，研究人员利用降解组测序，鉴定出了大量 miRNA 对靶基因 mRNA 的剪切现象。在植物中，miRNA 与靶基因序列互补程度很高，这也是 AGO 蛋白发挥切割作用的必要条件（Fahlgren and Carrington，2010）。核酸外切酶降解 mRNA 需要 3′脱腺苷酸化或者 5′脱帽，但不需要 AGO 的切割作用。在拟南芥中，核酸外切酶（5′—3′ Exoribonuclease 4，XRN4）及其调节因子 FIERY1 功能缺失会导致 miRNA 靶基因 3′端裂解产物积累（图 1-3）（Borges and Martienssen，2015），外泌体通过末端核苷酸转移酶 MUT68 降解 5′裂解产物。然而，高等植物中，HESO1 及其同源物是否以类似的方式修饰 RISC 并招募外泌体，目前尚不清楚。在动物中，miRNA 和 mRNA 的作用方式并不以切割靶基因 mRNA 为主，而是通过脱腺苷酸化和脱帽来影响 mRNA 稳定性（Shin et al.，2010）。截至目前，尚未有确凿证据表明植物也通过该方式调控靶基因。miRNA 对靶基因的剪切及稳定性调控被认为是两个独立的机制。在动物中，miRNA 对靶基因的抑制作用是可逆的；虽然在植物中并未有证据证实这一现象的存在，但已有些许证据暗示了植物可逆抑制是有可能存在的，且这种可逆抑制可能在植物应激反应的快速响应过程中发挥重要作用（Reynoso et al.，2013）。

2. miRNA 对靶基因蛋白的翻译抑制

已有研究表明，在 miRNA 调节靶基因 mRNA 水平并未发生显著变化的情况下，某些靶基因蛋白表达水平却存在差异（Beauclair et al.，2010；Brodersen et al.，2008），暗示了植物 miRNA 可能通过调控靶基因蛋白翻译过程发挥功能，并且这种现象广泛存在（Li et al.，2013）。但截至目前，植物 miRNA 介导蛋白翻译抑制

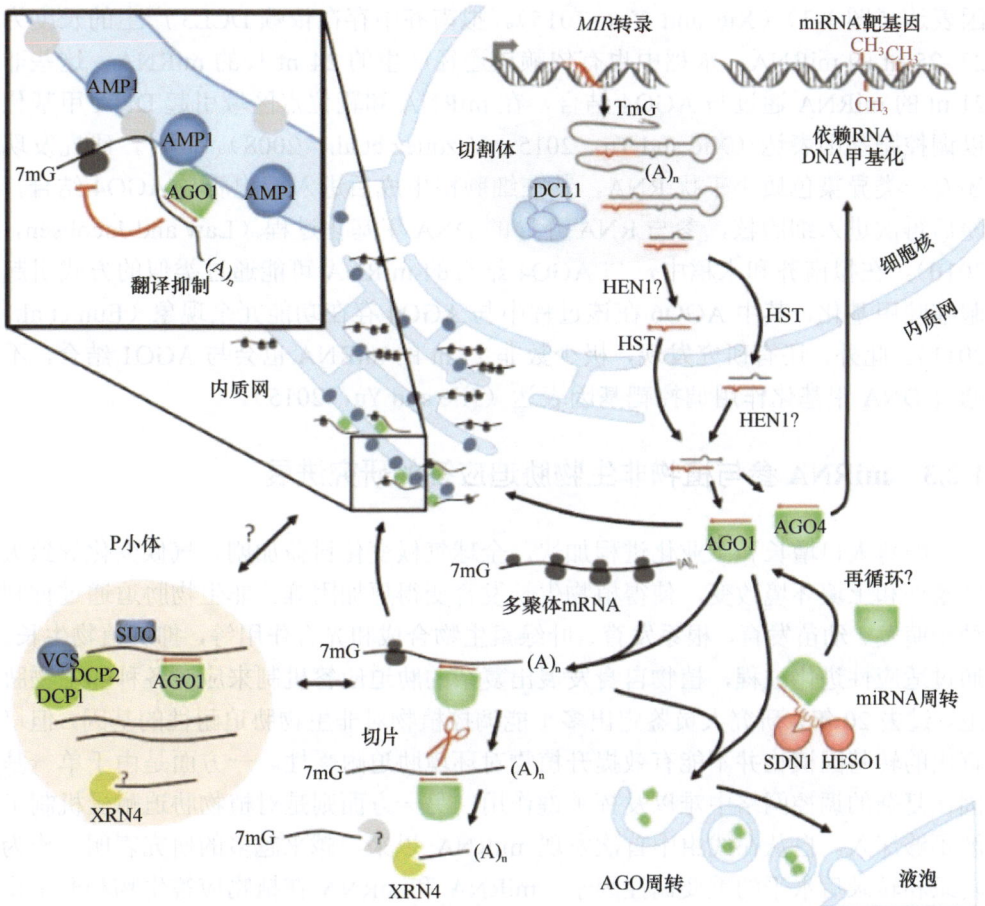

图 1-3 miRNA 介导的基因沉默机制概述（Rogers and Chen，2013）

的机制并不清楚，只是发现植物中 miRNA 对 mRNA 的抑制程度与蛋白表达水平并不一致，其可能通过 AMP1（altered meristem program 1）依赖的途径抑制靶基因蛋白合成（Li et al.，2013）。当前的假说是，植物 miRNA 介导的靶基因蛋白合成抑制可能与动物类似，是一个多重调控机制，包括翻译起始抑制、降低核糖体活性及阻碍核糖体结合等（Fabian et al.，2010）。此外，植物 miRNA 对 mRNA 的切割作用和蛋白翻译抑制作用之间的关系也尚不明确，虽然已发现某些基因会同时受到 miRNA 剪切和翻译抑制 2 种作用方式调控（Beauclair et al.，2010；Brodersen et al.，2008），但在分子水平上了解这两种作用机制之间的平衡还需要进一步研究。

3. miRNA 介导的 DNA 甲基化作用

miRNA 不仅在转录后水平对靶基因有调控作用，在转录水平也可以抑制基因表达（图 1-3）（Xie and Yu，2015）。拟南芥中存在依赖 DCL3 产生的长度为 23~25 nt 的 miRNA，水稻中也有依赖该途径产生的 24 nt 长的 miRNA。这些非 21 nt 的 miRNA 通过与 AGO4 结合，在 miRNA 和靶位点区域引起 DNA 甲基化 以调控靶基因表达（Xie and Yu，2015；Vazquez et al.，2008）。同时，研究发现 还有一类异染色质小干扰 RNA，其在细胞核生成后进入细胞质与 AGO4 结合， 随后再次进入细胞核，参与 RNA 介导的 DNA 甲基化过程（Law and Jacobsen， 2010）。在拟南芥和水稻中，与 AGO4 结合的 miRNA 可能通过类似的方式引起 胞嘧啶甲基化，其中 AGO6 在该过程中与 AGO4 存在功能冗余现象（Eun et al.， 2011）。此外，还有研究发现，极少数非 21 nt 的 miRNA 也会与 AGO1 结合，不 通过 DNA 甲基化作用调控靶基因表达（Xie and Yu，2015）。

1.2.3 miRNA 参与植物非生物胁迫应答的研究进展

随着人口增长和工业化进程加快，全球气候变化日益加剧。气候变化导致大 气条件和土壤环境改变，使得植物生长发育变得更加困难。非生物胁迫通过抑制 种子萌发、幼苗发育、根系发育、叶绿素生物合成和光合作用等，抑制植物生长。 通过适应性进化过程，植物自身发展出复杂的胁迫应答机制来应对各种非生物胁 迫。过去 20 年，研究人员鉴定出多个能调控植物对非生物胁迫耐性的基因，但培 育出的转基因植物并不能有效提升植物对环境胁迫耐受性。一方面是由于单一基 因在复杂的调控网络中难以发挥关键作用，另一方面则是对植物胁迫耐受机制了 解不够深入。自从在线虫中首次发现 miRNA 以来，越来越多的研究表明，作为 转录和转录后水平的重要调控因子，miRNA 和 siRNA 在植物应答生物和非生物 胁迫过程中发挥重要作用。许多研究还揭示了植物 miRNA 对不同胁迫的响应机 制具有复杂性及重叠性（Banerjee et al.，2017）。深入探究植物 miRNA 调控的胁 迫应答机制，可以为提高植物耐逆功能研究提供新思路。

干旱和盐胁迫是限制植物生长最主要的环境因素。早在 2004 年，朱健康等便 建立了拟南芥 miRNA 库，并对经过干旱、盐、低温等胁迫处理拟南芥进行了测 序，其中 miR402 的表达受干旱、低温和盐胁迫强烈诱导（Sunkar and Zhu，2004）。 此后，研究人员陆续从水稻（Zhou et al.，2010a）、甘蔗（Gentile and Dias，2015）、 画眉草（Martinelli et al.，2018）、小豆蔻（Anjali et al.，2018）、鹰嘴豆（Jatan et al.， 2019）等物种中，鉴定出多个干旱胁迫应答的 miRNA，并对 miRNA 调控植物干 旱胁迫应答过程做了进一步研究。响应干旱胁迫的 miRNA 启动子中含有诸多干 旱诱导元件，如 ABRE 元件，可使 miRNA 通过 ABA 信号通路参与植物对干旱胁 迫的应答。同时，miRNA 还可通过靶向干旱胁迫应答的基因，参与植物干旱胁迫 应答。例如，拟南芥 miR156 通过抑制 HD-ZIP-III 转录因子，参与 ABA 信号通路，影响木质部形成（Ramachandran et al., 2018），进而参与干旱胁迫应答；水稻 *miR166* 通过靶向 *OsHB4* 调控下游多糖合成基因，从而影响脉管发育，正调控干旱耐性（Zhang et al., 2018）。

　　近年来，科学家对植物耐盐机制研究主要集中在两个方面：一是鉴定并明确一些效应蛋白的功能，主要包括参与维持离子平衡、渗透液积累和活性氧清除的基因；二是对这些效应蛋白的调控方式和作用机制进行研究。miRNA 从转录后水平参与到这些效应蛋白的调控，主要是通过靶向一些转录因子等上游基因，调节下游效应基因。研究人员陆续从玉米（Fu et al., 2017）、番茄（Zhao et al., 2017b）、苜蓿（Cao et al., 2018）等物种中鉴定出多个盐胁迫相关的 miRNA。miRNA 通过靶向效应基因参与盐胁迫应答过程，如 *miR399f* 通过靶向 *ABF3* 和 *CSP41b* 正调植物耐盐性（Baek et al., 2016）；*miR393* 通过靶向 *TIR1/AFB2/AFB3* 调节生长素积累水平，调控植物对盐胁迫的耐性（Chen et al., 2015）。

　　植物代谢过程会产生活性氧（ROS），而受到环境胁迫后，往往会导致 ROS 大量积累，破坏体内 ROS 的氧化还原平衡，产生氧化胁迫。植物主要通过抗氧化酶系统和抗氧化剂清除体内过量 ROS，其中超氧化物歧化酶（SOD）可以通过将超氧化物自由基转化为分子氧和过氧化氢来解毒。拟南芥中 CSD1/2/3 编码铜锌 SOD，而 *CSD1/2* 已经被证实是 *miR398* 的靶基因，在氧化胁迫下，*miR398* 表达下调，使得 *CSD1* 和 *CSD2* 表达量升高，过表达剪切位点突变的 *CSD2* 拟南芥比过表达野生型 *CSD2* 的拟南芥在 mRNA 水平上积累了更多的 CSD2，也使得其对氧化胁迫具有更好的耐受性（Sunkar et al., 2006）。因此，在氧化胁迫条件下，解除 *miR398* 对 CSD2 的抑制作用，是提高植物抗逆性的有效途径。

　　在过去的十多年间，研究人员就 miRNA 参与植物胁迫响应机制做了大量工作，目前获得了一定数量的胁迫响应 miRNA 及其靶基因信息，但对 miRNA 的跨物种靶点研究及生物应激耐受机制依然知之甚少。一些不同物种中的保守 miRNA 在胁迫下呈现出相反的表达模式，如 *miR169* 在番茄和拟南芥耐旱过程中发挥的作用不同，*miR156* 在拟南芥和玉米盐胁迫下也呈现相反的表达模式（Ding et al., 2009）。一些 miRNA 成熟体和前体在细胞质和细胞核中也会呈现不同的表达模式，如盐胁迫下 *miR161* 和 *miR173* 表达水平升高，而二者的前体 *pri-miRNA161* 和 *pri-miRNA173* 却表达下调（Dolata et al., 2016）。随着对 miRNA 在植物胁迫应答作用中理解的加深，利用 miRNA 介导调控基因，提高植物耐逆性有望成为现实。

1.2.4　miRNA 调控植物冷胁迫应答的研究进展

　　miRNA 调控植物响应冷胁迫的研究起步较早。2004 年，研究人员从拟南芥中鉴定出冷胁迫响应的 miRNA（Sunkar and Zhu, 2004）。此后，研究人员陆续从水稻、小麦（Song et al.，2017）、甘蔗（Yang et al.，2018）、茄子（Yang et al.，2017）等多个物种中鉴定出多个冷胁迫响应的 miRNA。但相较于低温、干旱等胁迫，miRNA 调控植物耐性的研究较少，且主要局限于鉴定低温响应的 miRNA，对 miRNA 调控植物冷应答机制研究较少。目前，研究较为明确的是 *miR319*，其对干旱、盐、ABA 等胁迫因子并不响应，很可能是特异性响应低温。低温来临后 *miR319* 表达量下降，解除其对靶基因 *OsPCF5/6* 和 *OsTCP21* 的抑制作用；*miR319* 过表达则明显抑制其靶基因在冷胁迫下诱导程度，降低 ROS 积累，提高植物的耐冷性（Yang et al.，2013a）。值得注意的是，*miR319* 过表达株系耐冷性的改变程度要高于单一靶基因的 RNAi 株系（Yang et al.，2013），这表明后者可能存在功能冗余，也意味着操纵 miRNA 靶基因调控植物性状时可能会遇到更多困难。某些情况下，多个 miRNA 的靶基因必须同时下调，才能达到与单个 miRNA 上调表达相同的效果。这也提示我们，通过 miRNA 调控植物性状可能会得到更好的效果。因此，在作物育种和农业生产中，miRNA 是一个优先选择对象。

第 2 章　*miR1320* 调控水稻耐冷性

低温冷害严重影响水稻生产，提高水稻耐冷性对保障寒地水稻高产稳产具有重大战略意义。挖掘水稻耐冷关键基因，解析水稻耐冷分子调控机制，可以为水稻耐冷性状的遗传改良和耐冷分子育种提供重要的指导。近年来，国内外科研工作者在水稻耐冷研究中取得了一系列重要成果，鉴定出多个重要的冷胁迫关键位点和基因，系统揭示了 ABA 依赖和不依赖的冷胁迫信号转导途径。然而，目前发现的冷胁迫信号途径，其核心组分均为蛋白激酶和转录因子类的调节基因。microRNA 作为另一类调节基因，在植物冷胁迫信号通路中的作用机制鲜有报道，且多停留在冷胁迫应答 miRNA 筛选和表达分析层面。准确鉴定水稻冷胁迫应答 miRNA 及其靶基因的耐冷功能，揭示 miRNA 靶基因介导的冷胁迫信号途径，是阐明 miRNA 调控水稻耐冷性的分子机制的重要途径。

本研究选择 *miR1320* 作为研究对象，首先通过 qRT-PCR 分析冷胁迫表达模式发现，*miR1320-5p* 和 *miR1320-3p* 在粳稻（'日本晴'）中在冷胁迫处理后均为下调表达，在 24 h 下降到最低点，这与水稻冷胁迫 miRNA 芯片数据结果一致。功能分析表明，*miR1320* 过表达（miR1320-OX）显著提高了转基因水稻的耐冷性，而其功能缺失（STTM-miR1320）则显著降低了转基因株系的耐冷性。随后，结合 pSRNATarget 预测、降解组测序数据和表达负相关分析，对 *miR1320* 靶基因进行了预测和筛选，并通过 cDNA 末端快速扩增法（rapid amplification of cDNA ends，RACE）实验证实了，*miR1320* 可以识别并剪切 *OsPHD17* 的 3'非翻译区（3'UTR）和 *OsERF096* 的编码区（CDS）。此外，通过 qRT-PCR 分析验证了 *OsPHD17* 和 *OsERF096* 与 *miR1320* 在冷胁迫下和不同组织中的表达呈现显著的负相关性，且 miR1320-OX 株系中 *OsPHD17* 和 *OsERF096* 表达显著降低，而 STTM-miR1320 转基因株系中则显著提高。这些结果表明，*miR1320* 能够通过剪切靶基因 *OsPHD17* 和 *OsERF096* mRNA 调控其表达。

2.1　水稻特异的 miRNA——*miR1320* 的来源

miRNA 是一类长约 22 nt 的单链非编码小 RNA，在转录后水平参与调控植物生长发育及逆境应答等众多生理过程（Bartel，2009；Mendell and Olson，2012；Shriram et al.，2016）。目前，对 miRNA 的研究多集中于植物发育方面（Bethke et al.，2009），在非生物胁迫方面研究较少；相对于高盐、干旱等逆境胁迫，miRNA 参与植物冷应答的研究更是少之又少（Mendell and Olson，2012）。近年来，随着生物信息学的发展，研究人员已经从多个物种中鉴定出冷胁迫应答的 miRNA。然而，当前研究主要聚焦于冷胁迫下 miRNA 的表达，对其耐冷功能和作用机制的研究却很少。课题组前期研究发现，水稻中有 18 个 miRNA 表达响应冷胁迫（Lv et al.，2010），其中包括一个水稻特异的 miRNA——*miR1320*。

本研究从前期构建的水稻冷胁迫 miRNA-mRNA 调控网络中选取 *miR1320* 作为研究对象，首先验证了其在冷胁迫下的表达模式，并从过表达和功能缺失两方面解析其耐冷功能；通过 5'-RACE 和表达模式负相关分析，明确了 *miR1320* 与 *OsPHD17* 和 *OsERF096* 靶向关系，并初步探讨了其参与的冷胁迫应答信号通路。在理论上为阐明水稻耐冷分子调控网络提供重要参考；在应用上为通过多基因聚合分子设计育种，培育耐冷水稻新品种提供理论依据和基因资源，为保障黑龙江省寒地稻作区水稻稳产高产，促进高纬度水稻产区经济发展具有重要现实意义。

2.2　材料与方法

2.2.1　实验材料

1. 植物材料

水稻品种'日本晴'、拟南芥哥伦比亚野生型由黑龙江八一农垦大学作物逆境分子生物学实验室保存。

2. 菌株与质粒

大肠杆菌（*Escherichia coli*）、根癌农杆菌（*Agrobacterium tumefaciens*）和酵母菌（*Saccharomyces cerevisiae*）等菌株由黑龙江八一农垦大学作物逆境分子生物学实验室保存。

克隆载体、原核表达载体、亚细胞定位载体及植物过表达载体等由黑龙江八一农垦大学作物逆境分子生物学实验室保存，miRNA 介导的基因沉默 STTM 载体由美国密歇根理工大学 Guiliang Tang 教授惠赠。

3. 生物信息学软件及数据库

（1）所用生物信息学软件

多重序列比对：Clustal X

qRT-PCR 数据分析：Stratagene Mxpro

引物设计：Primer Premier 5.0

氨基酸序列相似性比对：BLAST

蛋白在线分析：ExPASy Proteomics Server

miRNA 靶基因预测：psRNATarget

跨膜结构域预测：TMpred

蛋白结构预测：MEME，SMART

（2）所用数据库

植物基因组数据库：Phytozome

美国国家生物技术信息中心数据库：NCBI

miRNA 序列和注释数据库：miRBase

水稻转录因子数据库：DRTF

水稻表达谱数据库：RiceXPro

水稻功能相关基因表达数据库：RiceFREND

水稻基因组注释数据库：RAP-DB，RGAP

基因注释数据库：GO 数据库

4. 试剂与培养基

（1）试剂

RNA 核酸纯化及反转录：植物总 RNA 纯化使用 TRIzol™ Reagent 及 Ambion™ DNase I（RNase-free），反转录 SuperScript™ IV First-Strand Synthesis System 试剂盒均购自 Invitrogen™公司，RT-PCR 使用 TransStart Top Green qPCR SuperMix 购自 TransGen Biotech 公司；5′-RACE 实验 mRNA 纯化使用的 Dynabeads™ mRNA DIRECT™ Micro Purification Kit，反转录使用的 M-MLV Reverse Transcriptase 购自 Invitrogen™公司。

常规 PCR 使用 2 × EasyTaq PCR SuperMix，DNA Marker DL15000/DL8000/5000/DL2000 购自 TransGen Biotech 公司，rTaq/LA Taq DNA 聚合酶、dNTP 等购自 TaKaRa 公司，各种限制性内切酶购自 Thermo Scientific™公司，DNA 提取、胶回收、质粒提取试剂盒购自 Axygen 公司，卡那霉素（kanamycin）、草胺磷（glufosinate ammonium）、利福平（rifampicin）等抗生素购自 Sigma-Aldrich 公司。

引物合成及测序工作都由北京 Thermo Fisher Scientific 公司完成。

其他试剂均为常规分子生物学试剂。

（2）微生物培养基

1）大肠杆菌培养基（LB）：Yeast Extract 5 g/L，NaCl 10 g/L，Peptone 10 g/L，Agar 15 g/L（Solid Medium），pH 7.0；

2）农杆菌培养基（YEB）：Sucrose 5 g/L，Beef Extract 5 g/L，Yeast Extract 1 g/L，Peptone 5 g/L，$MgSO_4$ 0.493 g/L，Agar 15 g/L（Solid Medium），pH 7.0；

3）酵母培养基（YPD）：Peptone 20 g/L，Yeast Extract 10 g/L，Glucose 20 g/L，Agar 20 g/L（Solid Medium），pH 6.5；

4）酵母筛选培养基（SD）：YNB（Yeast Ni Base）6.7 g/L，Agar 20 g/L（Solid Medium），pH 5.8，根据实验具体要求加入相应缺素氨基酸。

（3）植物培养基

水稻营养液采用国际水稻研究所 Youshida 营养液，配方见附表 1；基本培养基为 MS 无机盐，配方见附表 2；水稻组织培养基本培养基 NB，配方见附表 3；水稻愈伤组织培养各阶段的使用培养基见附表 4。

（4）主要仪器设备（表 2-1）

表 2-1　试验所用仪器设备

仪器名称	生产厂家
PCR 仪	BIO-RAD T100
电泳仪	北京六一仪器厂 DYY-6C 型
电泳槽	BIO-RAD Mini-PROTEAN® 3 Cell
组织破碎仪	QIAGEN TissueLyser II
凝胶成像系统	Syngene DR4V2/3687
小型高速离心机	Eppendorf 5424
台式高速冷冻离心机	Beckman AllegraTM 64R
超净工作台	Esco SVE-6A1
紫外可见分光光度计	T6 新世纪型
真空浓缩仪	Eppendorf Concentrator plus
激光共聚焦显微镜	Leica SP8
pH 计	FiveEasy Plus FE28
电热恒温水浴锅	Blue pard HWS-12
恒温培养振荡器	ZHICHENG ZWY-240
立式压力蒸汽灭菌器	Panasonic MVS-83
酶标仪	SpectraMax® iD3
植物生长箱	ZRX-330

2.2.2　实验方法

1. 利用 RT-PCR 进行基因表达分析

（1）水稻培养及冷胁迫处理

水稻种子灭菌、清洗后催芽 2 天，待芽长至 2 mm 转移到 Youshida 营养液水培，28℃光照 12 h/24℃黑暗 12 h（光照强度：41.5~50.0 lx）培养至 3 叶期，实验组水稻幼苗置于 4℃培养箱，4℃光照 12 h/4℃黑暗 12 h（光照强度：41.5~50.0 lx）处理后取第二片真叶叶片 20~50 mg，每个时间点取材数量为 3 次生物学重复，样品于液氮冷冻后进行 RNA 提取或保存于–80℃冰箱待用。

（2）水稻叶片总 RNA 提取

采用 TRIzol 法提取总 RNA，具体见 TRIzol 试剂使用说明书。

（3）RNA 反转录及 RT-PCR

RNA 浓度调平，反转录按照 Invitrogen 公司 SuperScript IV 试剂盒说明书进行。*miR1320-3p*、*miR1320-5p* 和 miRNA 内参基因 *U6* 反转录时分别采用基因特异茎环引物 miR1320-5p-RT 和 miR1320-3p-RT，以及 *U6* 的反向引物 OsU6-qRT-R 代替 Oligo（dT）进行反转录。cDNA 稀释 5 倍作为模板，按照 TransGen Biotech 公司的 TransStart Top Green qPCR SuperMix 试剂盒进行 RT-PCR 检测，每个样品设置 3 次技术重复。RT-PCR 引物见附表 5。

（4）RT-PCR 数据分析

RT-PCR 数据采用 $2^{-\Delta\Delta Ct}$ 方法计算，Ct 值取 3 次技术重复平均值，相对表达量取 3 次生物学重复计算平均值。miRNA 以 *OsU6* 为内参，其他基因以 *OsElf1-α* 基因作为内参，以野生型（Wild Type，WT）水稻未处理表达值为 1。数据经过标准化后使用 Excel 软件进行 STDEV 计算和 *t* 检测，$P < 0.05$，$P < 0.01$。

2. 植物表达载体的构建

（1）*miR1320* 过表达载体构建

在 miRBase 中搜索 *miR1320* 前体序列位置延伸 300 bp 构建载体，使用 Primer Premier 5.0 设计引物 pre-miR1320-U-F/R，以水稻叶片基因组 DNA 为模板进行 PCR 扩增后，PCR 产物 USER 酶处理后与经 *Pac* I 和 Nt. *Bbv*C I 酶切的 pCAMBIA330035sU 载体连接，具体步骤见参考 USER 克隆指南（Noureldin et al., 2006）。连接产物采用冻融法转化大肠杆菌感受态 DH5α，过夜培养后进行 PCR

鉴定，选取阳性转化子活化，提取质粒酶切鉴定后送交测序。

（2）STTM-miR1320 植物表达载体构建

根据 STTM 片段设计指南（Yan et al.，2012），设计包含有 *miR1320-3p* 和 *miR1320-5p* 结合位点的 STTM（short tandem target mimic）片段，由公司分别合成两条单链（序列见附表 5），将两条单链退火形成双链 DNA。设计 STTM-miR1320-U-F/R 引物，以双链 DNA 为模板进行扩增，将 STTM 片段连接到植物表达载体 pCAMBIA330035sU。

3. 水稻遗传转化及分子生物学鉴定

（1）水稻遗传转化

选取饱满的水稻种子，用 70%乙醇和 5% NaClO 先后灭菌，摆放在愈伤培养基上，于 30℃培养箱中培养 14 天。选取带有颗粒状的淡黄色愈伤组织转移至愈伤诱导培养基。4 天后加入目的基因农杆菌菌液，确保菌液没过愈伤组织。然后，将愈伤组织转移至共培养基上，置于 25℃黑暗培养 2~4 天，至愈伤表面长出肉眼可见的菌圈。之后，用加了 500 mg/L 头孢菌素的无菌水冲洗愈伤组织。再将愈伤组织放在含有草铵膦抗性培养基中进行筛选。每两周继代一次，持续筛选 6 周。将存活的愈伤组织接种至分化培养基上培养 5~7 天，待愈伤组织长出绿点后，转移至新的分化培养基中，直至芽长到 2 cm 左右，再将其转移至生根培养基中，培养至生根，最终获得 T_0 代抗性苗。

（2）抗性苗的抗生素筛选

固杀草筛选：将水稻种子催芽，待芽长至 2 mm 时，将其置于含有 15 mmol/L 固杀草溶液的滤纸上进行筛选。

（3）PCR 检测

经水稻遗传转化获得的 T_0 代抗性苗，使用 Axygen gDNA 提取试剂盒提取转基因水稻株系的 gDNA，设置 ddH$_2$O 和 WT 为阴性对照，质粒为阳性对照。以水稻叶片基因组 DNA 为模板，采用标记基因引物 Hyg-280-RT 或 Bar-277-RT 进行 PCR 检测；随后，采用载体特异上游引物 Vector-user-F 与目的基因特异下游引物 Gene-Vu-R 进行 PCR 检测。

（4）RT-PCR 检测

RNA 提取、反转录及 RT-PCR 分析见本章 2.2.2 实验方法"利用 RT-PCR 进行基因表达分析"部分。

4. 转基因水稻耐冷功能分析

（1）转基因水稻萌发期耐冷功能分析

将野生型和 T_2 代转基因水稻种子打破休眠,灭菌清洗后催芽,待芽长至 2 mm,选取长势一致的种芽转移到 Youshida 营养液中培养。设置实验组和对照组,对照组:置于 28℃光照 12 h/24℃黑暗 12 h 培养箱中,实验组:置于 15℃光照 12 h/15℃黑暗 12 h 培养箱中。培养 7 天后,统计根长、芽长并拍照。每组处理设置 3 次生物学重复,每组数据统计样本大于 20。数据经过标准化后使用 Excel 软件进行 STDEV 计算和 t 检测,$P < 0.05$,$P < 0.01$。

（2）转基因水稻幼苗期耐冷功能分析

将野生型和 T_2 代转基因水稻种子打破休眠,灭菌清洗后催芽,待芽长至 2 mm,选取长势一致的种芽转移到 Youshida 营养液或营养土中培养。设置实验组和对照组。对照组:置于 28℃光照 12 h/24℃黑暗 12 h 培养箱中,培养至 3 叶期。实验组:转移到 4℃光照 12 h/4℃黑暗 12 h 培养箱中,进行冷胁迫 2~5 天,恢复培养 2 周。两组在完成相应处理后均拍照并统计存活率,每组设置 3 次生物学重复。存活率（%）=（恢复后植株存活数/供试植株总数）×100%。数据经过标准化后使用 Excel 软件进行 STDEV 计算和 t 检测,$P < 0.05$,$P < 0.01$。

5. *miR1320* 靶基因筛选及靶向关系验证

（1）*miR1320* 靶基因预测及筛选

利用在线预测软件 psRNATarget,在水稻基因组数据库中搜索 *miR1320-3p* 和 *miR1320-5p* 靶基因,为提高准确性,将 Expection 值设为 3,psRNATarget 预测得到候选靶基因作为群体 I。在 PmiRKB 中搜索降解组数据,获得靶基因信息作为群体 II。结合实验室前期构建的水稻 miRNA 冷胁迫芯片数据,取群体 I 和群体 II 的交集,筛选 miRNA 与靶基因皆差异表达的 miRNA-target,构建冷胁迫下 miRNA-target 网络,初步确定候选靶基因。

（2）*miR1320* 与靶基因表达模式负相关性验证

miR1320 与靶基因冷胁迫表达模式取材:将 3 叶期'日本晴'水稻幼苗进行 4℃冷胁迫处理,于不同时间点进行取材并提取 RNA,进行 *miR1320*-靶基因冷胁迫下表达模式分析;miR1320 转基因水稻中靶基因表达水平检测取材:提取 3 叶期 miR1320 转基因水稻和 WT 幼苗 RNA,进行靶基因表达量检测;不同组织中 *miR1320* 与靶基因表达水平检测取材:提取水稻萌发期幼苗整株、3 叶期幼苗茎、3 叶期幼苗叶、抽穗期剑叶、抽穗期茎尖及幼穗的组织样品 RNA,进行 *miR1320-*

靶基因表达水平分析。

RNA 提取、反转录、RT-PCR 检测分析见本章 2.2.2 实验方法"利用 RT-PCR 进行基因表达分析"部分。

（3）*miR1320* 与靶基因靶向关系的 5′-RACE 验证

mRNA 的纯化：使用 Dynabeads™ mRNA DIRECT™ Micro Purification Kit 对 mRNA 进行纯化。需注意的是，保存和操作过程中 Dynabeads Oligo（dT）25 磁珠需保持悬浮在溶液中，使用前充分混匀，且用 250 μL Lysis/Binding Buffer 洗净磁珠，操作过程避免 RNase 污染。操作步骤详见说明书。

加帽反转录：使用 Invitrogen 公司的 M-MLV 反转录试剂盒，对纯化的 RNA 进行加帽反转录，详细步骤见说明书。在第一步反应时，将 Adapt 与 Oligo（dT）20、dNTP、mRNA 一同 65℃孵育 5 min，第二步加入 M-MLV 后 37℃延伸时，在延伸 10 min 后加入 2 μL 的 Adapt，即可实现对反转录 cDNA 链 5′端加帽。

巢式 PCR：在 Adapter 序列上设计两轮 PCR 的上游引物 OUT-F 和 IN-F，以靶基因 3′UTR 末端序列设计下游引物 Target-OUT-R 和 Target-IN-R；以获得的加帽 cDNA 为模板，使用 OUT-F+Target-OUT-R 引物进行第一轮 PCR；以第一轮 PCR 产物为模板，使用 IN-F+Target-IN-R 引物进行第二轮 PCR，将第二轮 PCR 产物回收，连接 T 载体测序。根据测序结果，确定 *miR1320* 与靶基因的识别区域及切割位点。

2.3　结果与分析

2.3.1　*miR1320* 表达受冷胁迫抑制

前期对 miRNA 芯片数据分析时发现，*miR1320* 表达受冷胁迫抑制（图 2-1）。因此，本研究首先利用 RT-PCR 对 *miR1320* 冷胁迫表达模式进行验证。

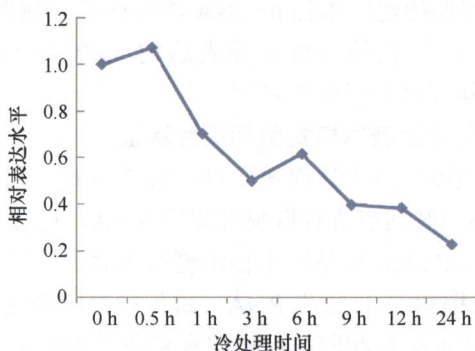

图 2-1　水稻芯片数据 *miR1320* 冷胁迫表达模式

对 3 叶期水稻'日本晴'进行 4℃冷胁迫处理 0 h、0.5 h、1 h、3 h、6 h、9 h、12 h、24 h 后，提取第二片真叶的总 RNA。对 RNA 样品进行 PCR 检测，经过 40 个循环未发现 DNA 污染。将样品稀释 100 倍后，使用分光光度计检测，结果显示其 OD_{260}/OD_{280} 值均处于 1.9~2.1，说明蛋白残留较少，同时多数样品 OD_{260}/OD_{230} 值大于 2.0，说明样品中盐类杂质含量较低。从水稻 miRNA 数据库 miRBase 中下载水稻 *miR1320* 成熟体序列，设计并合成茎环反转录引物 miR1320-5p-RT 和 miR1320-3p-RT，反转录合成单链 cDNA 备用。

以水稻 *U6* 基因作为内参，通过 RT-PCR 分析 *miR1320* 两条成熟体 *miR1320-3p* 和 *miR1320-5p* 在'日本晴'中的冷胁迫表达模式。结果如图 2-2 所示，冷胁迫处理后，*miR1320-3p* 和 *miR1320-5p* 表达量均显著下调，在处理 24 h 时达最低点。这一结果与 miRNA 芯片结果一致，证实 *miR1320* 表达显著受冷胁迫抑制，暗示其可能参与水稻冷胁迫应答过程。

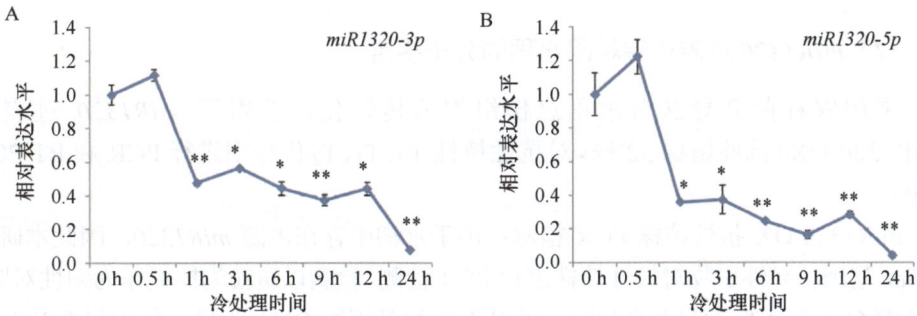

图 2-2 水稻 *miR1320-3p* 和 *miR1320-5p* 冷胁迫表达模式
*. $P<0.05$，**. $P<0.01$，下同

2.3.2 *miR1320* 正向调控水稻对冷胁迫的耐性

1. *miR1320* 过表达转基因水稻的获得

（1）*miR1320* 过表达载体构建

本研究采用 pCAMBIA330035sU 植物过表达载体，该载体以 35S 启动子驱动外源目的基因表达，以 *Bar* 基因作为标记基因（图 2-3A）。使用 pre-miR1320-U-F/R 引物，以水稻基因组 DNA 为模板，克隆 pre-miR1320，获得与预期片段大小相符的 PCR 产物，结果如图 2-3B 所示。随后，将 PCR 产物回收，使用 USER 酶与经 *Pac* I 和 Nt. *Bbv*C I 消化过的载体连接，转化大肠杆菌感受态，挑取阳性克隆送交公司测序。测序结果显示，插入片段方向正确且序列无误。

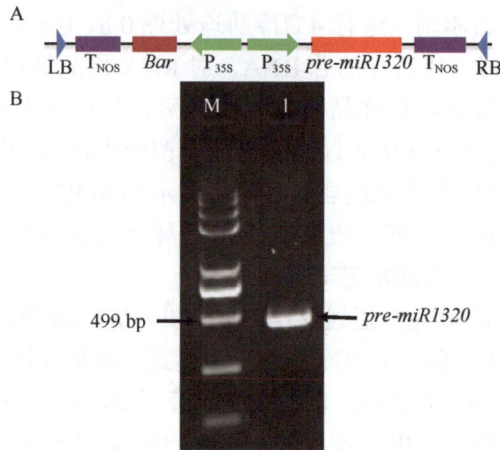

图 2-3 *pre-miR1320* 基因克隆及过表达载体构建

A. 载体结构示意图；B. *pre-miR1320* 基因扩增产物

（2）*miR1320* 过表达转基因水稻的分子鉴定

采用农杆菌介导法对水稻愈伤组织遗传转化，获得了 *miR1320* 过表达（miR1320-OX）抗性植株 32 株。对抗性植株 T_0、T_1、T_2 代分别进行 PCR 和 RT-PCR 检测。

miR1320-OX 抗性植株 PCR 检测：由于水稻中存在内源 *miR1320*，因此本研究以 *Bar* 基因特异性引物对抗性植株进行 PCR 检测。检测以质粒为模板作为阳性对照，以 ddH_2O 为模板作为阴性水对照，以 WT 水稻基因组 DNA 为模板作为阴性 WT 对照。由图 2-4 可知，阴性对照均未扩增出条带，而抗性植株则能扩增出与阳性对照大小相同的目的带（277 bp），说明包含目的片段的序列已成功整合到水稻基因组中。

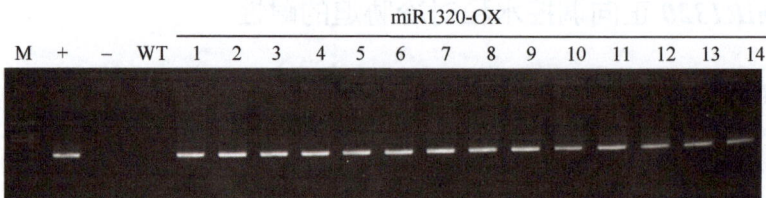

图 2-4 miR1320-OX 抗性植株 PCR 检测

M. DL2000；+. 阳性对照；−. 阴性水对照；WT. 阴性野生型对照；1~14. 抗性植株

miR1320-OX 株系 RT-PCR 检测：分别对 PCR 检测阳性的抗性植株（T_0 代）进行 RT-PCR 检测，分析 *miR1320* 表达水平。选取 *miR1320* 表达水平较高的株系进行加代，结合固杀草筛选和 PCR 检测获得纯合株系。图 2-5 为其中 3 个纯合株系（T_2 代）RT-PCR 检测结果。本次检测以 *U6* 为内参基因，将野生型水稻中 *miR1320*

表达量作为 1。相较于野生型，3 个转基因株系的成熟体 *miR1320-3p* 和 *miR1320-5p* 表达量均有不同程度上升，且趋势基本一致。这表明 *pre-miR1320* 在转基因水稻中可正常转录，并能加工为成熟体。

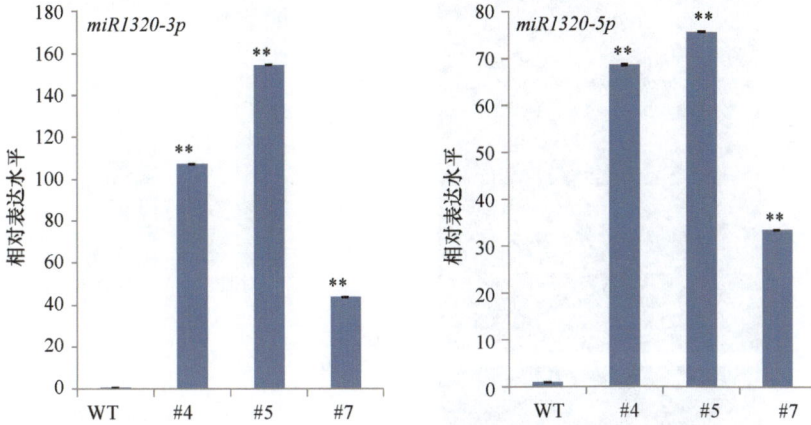

图 2-5　miR1320-OX 转基因植株 RT-PCR 检测

WT. 野生型；#4、#5、#7. 抗性植株，本章下同

2. *miR1320* 过表达提高了水稻对冷胁迫的耐受性

（1）*miR1320* 过表达提高了水稻萌发期的冷胁迫耐性

将 WT 和 miR1320-OX 转基因水稻种子打破休眠，消毒浸种后置于湿滤纸 37℃ 催芽 2 天。待芽长至 2 mm，选取长势一致的种芽，用 Yoshika 营养液水培。把照组置于 28℃光照 12 h/24℃黑暗 12 h 培养箱中，实验组置于 15℃光照 12 h/15℃黑暗 12 h 培养箱中。培养 7 天后，统计根长、芽长并拍照。图 2-6A 结果所示，*miR1320* 过表达并未影响正常情况下水稻幼苗的生长，但在冷胁迫处理条件下，转基因水稻的生长速度明显高于野生型水稻。统计分析显示，冷胁迫后野生型水稻芽长为（2.67±0.41）cm，转基因水稻芽长分别为（3.45±0.29）cm 和（3.28±0.37）cm，显著高于野生型；根长统计分析结果与芽长一致（图 2-6B，图 2-6C）。这表明 *miR1320* 过表达提高了水稻萌发期对冷胁迫的耐受性。

（2）*miR1320* 过表达提高了水稻幼苗期的冷胁迫耐性

将 WT 和 miR1320-OX 转基因水稻种子打破休眠，经消毒浸种后，放在湿滤纸上 37℃催芽 2 天。待芽长至 2 mm，选取长势一致的种芽，用 Yoshika 营养液，在 28℃光照 12 h/24℃黑暗 12 h 条件下培养。待幼苗长至 3 叶期拍照记录，随后进行 4℃冷胁迫 48 h，之后恢复培养 7 天，再次拍照。分别对冷胁迫前、处理 24 h 的野生型与转基因幼苗进行可溶性糖、游离脯氨酸及相对离子渗透率检测，对恢复培养 7 天的

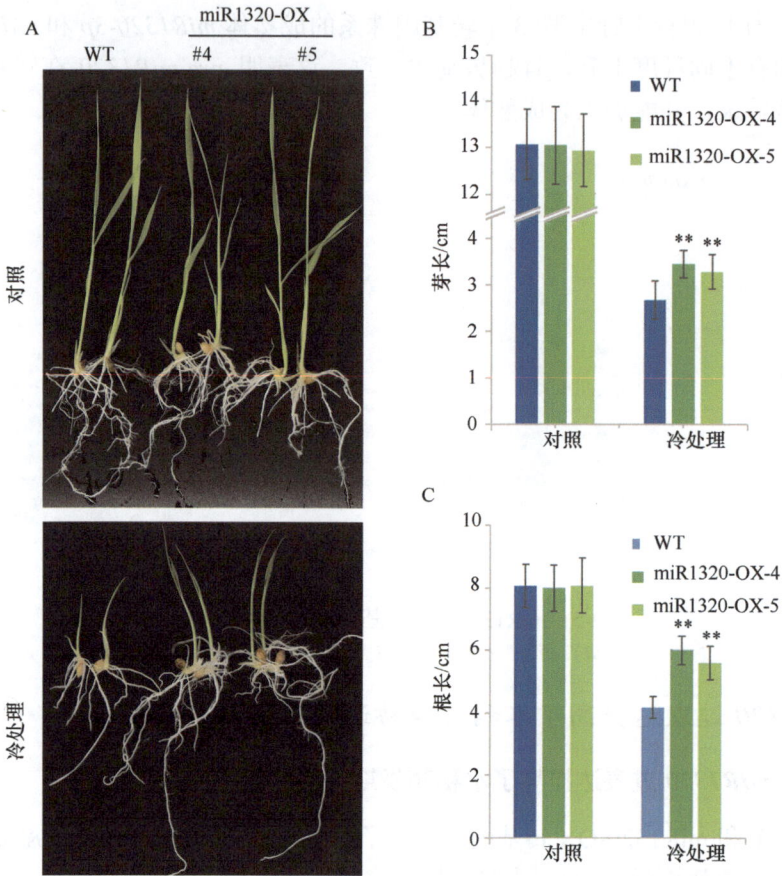

图 2-6　miR1320-OX 转基因水稻萌发期耐冷功能分析

A. miR1320-OX 转基因水稻萌发期冷胁迫表型；B/C. miR1320-OX 转基因水稻冷胁迫处理芽长/根长统计

幼苗进行株高、根长和鲜重的测量。结果如图 2-7 所示，miR1320-OX 转基因植株冷胁迫处理后长势明显好于野生型，且转基因株系的株高、根长、鲜重也显著高于野生型。可溶性糖、游离脯氨酸及相对离子渗透率测量结果表明，*miR1320* 可能通过增加细胞可溶性糖及游离脯氨酸含量，降低细胞膜通透性，从而增强转基因植株对冷胁迫的耐受性。综上，*miR1320* 过表达提高了转基因植株幼苗期对冷胁迫的耐受性。

3. *miR1320* 表达敲减转基因水稻的获得

（1）STTM-miR1320 植物表达载体构建

设计包含有 *miR1320-3p* 和 *miR1320-5p* 结合位点的 STTM 片段，序列见图 2-8B。经公司合成单链后退火形成双链 DNA，使用 STTM-1320-F 和 STTM-1320-R 对退火产物加 U，连接到 pCAMBIA330035sU 植物过表达载体（图 2-8A）。该片

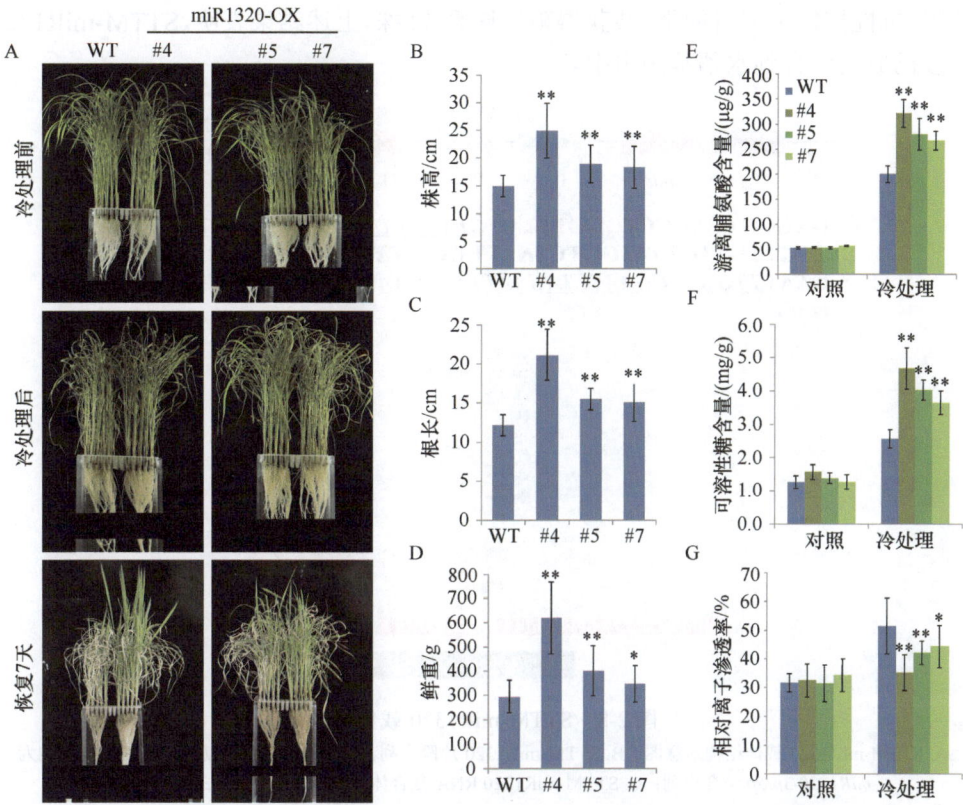

图 2-7　miR1320-OX 转基因水稻幼苗期耐冷功能分析

A. miR1320-OX 转基因水稻幼苗期冷胁迫表型；B/C/D. 野生型及 miR1320-OX 转基因水稻在冷胁迫处理后株高/根长/鲜重统计；E/F/G. 野生型及 miR1320-OX 转基因水稻在冷胁迫后游离脯氨酸含量/可溶性糖含量/相对离子渗透率的测定

段转录后推测可形成图 2-8C 的结构，左右两翼分别与 *miR1320-3p* 和 *miR1320-5p* 配对，中间凸起的 CUA 可有效阻止该片段被 *miR1320* 剪切降解，从而实现对 *miR1320* 表达量的敲减，有效阻碍其在植物体内发挥作用。

（2）STTM-miR1320 转基因水稻的分子鉴定

采用农杆菌介导法对水稻愈伤组织遗传转化，获得转 STTM-miR1320 抗性水稻植株 35 株，并对抗性植株进行分子鉴定。

STTM-miR1320 抗性植株 PCR 检测：首先用 *Bar* 基因特异性引物对抗性植株进行 PCR 检测获得阳性植株 33 株。检测以 ddH$_2$O 为模板作为阴性水对照，以野生型植株提取的基因组 DNA 为模板作为阴性对照。图 2-9 为部分植株 PCR 检测结果，阴性对照均未扩增出条带，而抗性植株均出现与阳性对照大小相同的目的带。为保证结果准确性，进一步采用载体骨架上游特异性引物 pC3300U-F 与插入片段下游引物 STTM-1320-R 进行 PCR 检测。如图 2-10 所示，阴性对照未扩增出

条带,抗性植株出现目的带,共获得阳性株系 32 株。上述结果表明,STTM-miR1320
片段已成功整合到水稻基因组中。

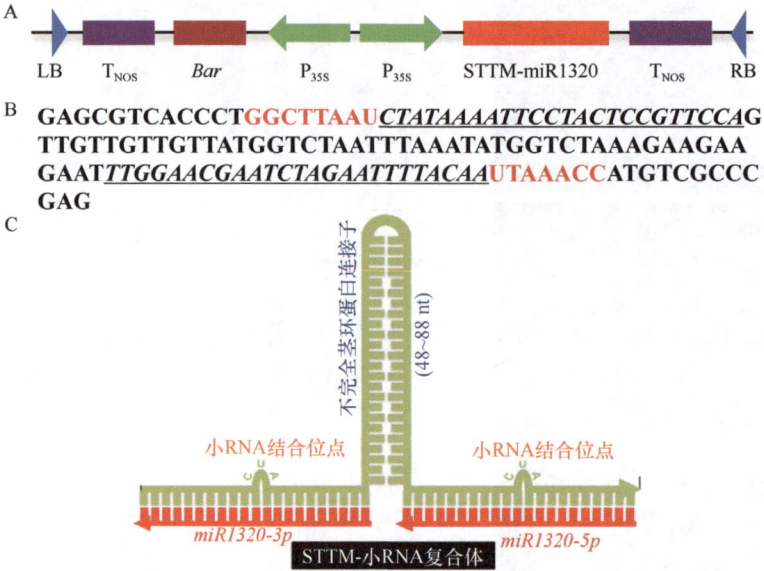

图 2-8　STTM-miR1320 载体构建

A. STTM-miR1320 载体结构示意图;B. STTM-miR1320 片段序列,红色为 USER 酶切位点,斜体下划线为 miR1320-3p/5p 结合序列;C. STTM-miR1320 RNA 复合体结构示意图(Yan et al., 2012)

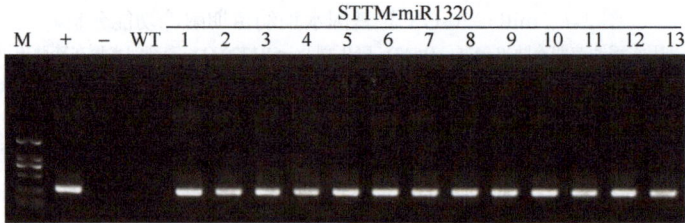

图 2-9　STTM-miR1320 抗性植株 PCR 检测

M. DL2000;+. 阳性对照;−. 阴性水对照;WT. 阴性野生型对照;1~13. 抗性植株

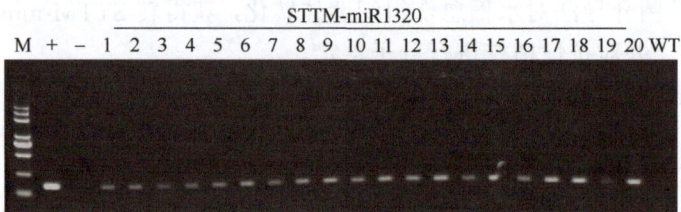

图 2-10　STTM-miR1320 抗性植株 PCR 检测

M. DL2000;+. 阳性对照;−. 阴性水对照;WT. 阴性野生型对照;1~20. Bar PCR 阳性植株

STTM-miR1320 转基因株系 RT-PCR 检测：经过连续两代的固杀草筛选以及 PCR 鉴定，获得 T₂ 代纯合转基因株系。随机选取 3 个纯合转基因株系，进行 RT-PCR 鉴定。结果表明，与 WT 相比，3 个转基因株系中成熟体 *miR1320-3p* 和 *miR1320-5p* 表达量均有不同程度下调，且基本趋势一致（图 2-11）。表明 STTM-miR1320 片段在转基因水稻中可正常转录，并有效地降低了内源 *miR1320* 的表达量。

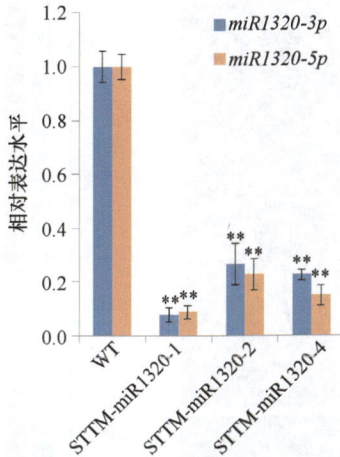

图 2-11　STTM-miR1320 转基因植株中 *miR1320-3p/5p* 表达量检测

4. *miR1320* 表达敲减降低了水稻冷胁迫耐性

（1）*miR1320* 表达敲减降低了水稻萌发期的冷胁迫耐性

将野生型和 STTM-miR1320、miR1320-OX 转基因水稻 2 mm 小芽，置于 15℃ 光照 12 h/15℃ 黑暗 12 h 条件下进行冷胁迫处理。7 天后，统计根长、芽长并拍照。如图 2-12 所示，与 miR1320-OX 转基因株系表型相反，冷胁迫处理下 STTM-miR1320 转基因水稻的长势明显较野生型差。统计分析显示，冷胁迫后野生型幼苗的芽长与根长显著高于 STTM-miR1320 转基因株系，低于 miR1320-OX 转基因株系。上述结果表明，STTM-miR1320 转基因株系萌发期耐冷性明显低于野生型，即 *miR1320* 表达敲减降低了水稻萌发期对冷胁迫的耐受性。

（2）*miR1320* 表达敲减降低了水稻幼苗期的冷胁迫耐性

将长势一致的 3 叶期 WT、STTM-miR1320、miR1320-OX 转基因水稻幼苗 4℃ 冷胁迫 48 h，检测游离脯氨酸和相对离子渗透率，恢复培养 7 天后统计存活率并拍照。结果如图 2-13A 所示，STTM-miR1320 转基因水稻冷胁迫处理后长势明显

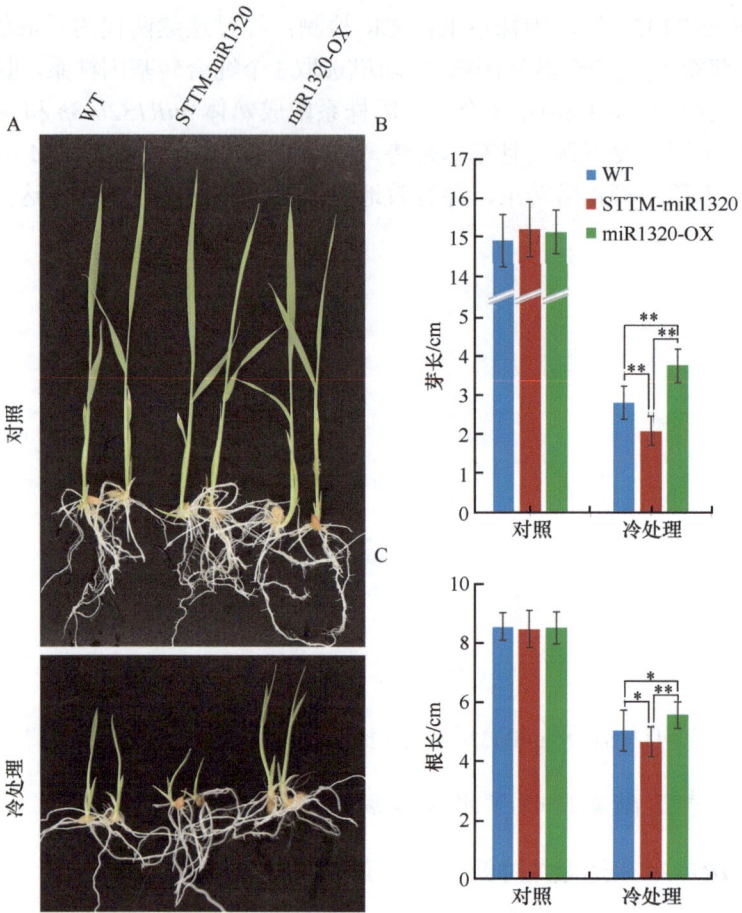

图 2-12 STTM-miR1320 转基因水稻萌发期耐冷性分析

A. STTM-miR1320 转基因水稻萌发期冷胁迫表型；B/C. STTM-miR1320 转基因水稻冷胁迫处理芽长/根长统计

不如野生型，表现为更多植株死亡；而 *miR1320* 过表达植株冷胁迫处理后长势则明显好于野生型。游离脯氨酸（图 2-13B）和相对离子渗透率（图 2-13C）测量结果表示，在 STTM-miR1320 转基因株系中游离脯氨酸含量减少，细胞膜通透性增加，表明 STTM-miR1320 转基因水稻对冷胁迫更加敏感。即 *miR1320* 表达敲减降低了水稻幼苗期的冷胁迫耐性。

2.3.3 *miR1320* 靶基因筛选及验证

miRNA 通过调控靶基因参与植物多种生物学过程。为揭示 *miR1320* 调控水稻耐冷性的分子机制，接下来对 *miR1320* 的靶基因进行了深入研究。

图 2-13 STTM-miR1320 转基因水稻幼苗期耐冷功能分析

A. STTM-miR1320 转基因水稻幼苗期冷胁迫表型；B/C. STTM-miR1320 转基因植株冷胁迫处理后游离脯氨酸含量/相对离子渗透率的测定；D. STTM-miR1320 转基因植株冷胁迫处理后存活率统计

1. *miR1320* 靶基因预测及筛选

首先，利用 psRNATarget 在线软件，在水稻基因组数据库中对 *miR1320-3p* 和 *miR1320-5p* 靶基因进行预测。共获得 *miR1320-3p* 靶基因 24 个，*miR1320-5p* 靶基因 34 个，详见表 2-2 和表 2-3。大部分靶基因编码的蛋白功能未经验证。

表 2-2 *miR1320-3p* 靶基因预测

序号	靶基因号	识别位点	靶基因描述
1	OS01G48250.1	1784~1804	cDNA OsFBDUF5 含 F-box 和 DUF 结构域的蛋白质
2	OS02G54580.1	803~823	cDNA 丝氨酸酯酶家族蛋白，假定，已表达
3	OS03G13800.1	878~898	cDNA 核糖体蛋白 L7Ae，假定，已表达

续表

序号	靶基因号	识别位点	靶基因描述
4	OS03G37920.1	2116~2136	cDNA 转座子蛋白质，假定，未分类，已表达
5	OS04G42134.2	754~774	cDNA 增强子，原生蛋白，假定，已表达
6	OS05G31230.3	696~716	cDNA N-乙酰转移酶 ESCO1，假定，已表达
7	OS05G38590.3	512~532	cDNA 表达蛋白
8	OS05G41060.1	1271~1291	cDNA ADP 核糖分解因子，假定，已表达
9	OS05G41060.2	1118~1138	cDNA ADP 核糖分解因子，假定，已表达
10	OS06G03600.1	2985~3005	cDNA 转录核心抑制因子 SEUSS，假定，已表达
11	OS06G03600.2	2898~2918	cDNA 转录核心抑制因子 SEUSS，假定，已表达
12	OS06G03600.3	2851~2871	cDNA 转录核心抑制因子 SEUSS，假定，已表达
13	OS06G09170.1	1806~1826	cDNA 锌离子结合蛋白，假定，已表达
14	OS06G10980.1	1757~1777	cDNA 木聚糖岩藻糖基转移酶，假定，已表达
15	OS06G16919.2	819~839	cDNA 表达蛋白
16	OS06G16919.3	819~839	cDNA 表达蛋白
17	OS08G19610.1	1005~1025	cDNA 肽基-脯氨酰顺反异构酶，假定，已表达
18	OS08G19610.2	1719~1739	cDNA 肽基-脯氨酰顺反异构酶，假定，已表达
19	OS08G19610.3	1105~1125	cDNA 肽基-脯氨酰顺反异构酶，假定，已表达
20	OS11G02464.1	2503~2523	cDNA 液泡分选受体前体，假定，已表达
21	OS12G02390.1	2509~2529	cDNA 液泡分选受体前体，假定，已表达
22	OS12G14720.1	208~228	cDNA 反转座子蛋白质，假定，已表达
23	OS12G19549.1	4602~4622	cDNA 端粒酶逆转录酶，假定，已表达
24	OS12G19549.2	4328~4348	cDNA 端粒酶逆转录酶，假定，已表达

表 2-3 *miR1320-5p* 靶基因预测

序号	靶基因号	识别位点	靶基因描述
1	OS01G64100.1	1069~1090	cDNA 糖基水解酶，假定，已表达
2	OS01G73670.1	2775~2794	cDNA 表达蛋白
3	OS01G73670.2	2763~2782	cDNA 表达蛋白
4	OS01G73670.3	2668~2687	cDNA 表达蛋白
5	OS01G73670.4	2778~2797	cDNA 表达蛋白
6	OS02G12370.1	1238~1258	cDNA 表达蛋白
7	OS03G23030.1	8200~8220	cDNA 异常花粉传播 1，假定，已表达
8	OS03G49570.1	1685~1705	含 DUF250 结构域蛋白质的 cDNA 结构域，已表达
9	OS04G57500.1	1005~1025	cDNA 磷脂酰胞苷酸转移酶，假定，已表达
10	OS05G26990.3	1996~2016	cDNA 磷脂转运 ATP 酶 2，假定，已表达
11	OS05G47550.1	2223~2243	cDNA 含 ANTH/ENTH 结构域的蛋白质，已表达
12	OS06G06760.1	46~66	cDNA 蛋白激酶，假定，已表达
13	OS06G06760.2	46~66	cDNA 蛋白激酶，假定，已表达

续表

序号	靶基因号	识别位点	靶基因描述
14	OS06G06760.3	46~66	cDNA 蛋白激酶，假定，已表达
15	OS06G10980.1	1805~1825	cDNA 木聚糖岩藻糖基转移酶，假定，已表达
16	OS06G12410.1	1200~1220	cDNA GDSL 样脂酶/酰基水解酶，假定，已表达
17	OS06G43800.1	1591~1611	含 cDNA 甲基转移酶结构域的假定蛋白质
18	OS06G43800.2	1756~1776	含 cDNA 甲基转移酶结构域的假定蛋白质
19	OS06G48040.1	819~839	cDNA 锌指、含 C3HC4 型结构域的蛋白质
20	OS07G12330.2	14~34	cDNA 色氨酸/酪氨酸渗透酶家族蛋白，假定
21	OS07G12330.3	14~34	cDNA 色氨酸/酪氨酸渗透酶家族蛋白，假定
22	OS07G17220.1	3538~3558	cDNA 抗病蛋白，假定，已表达
23	OS07G17220.2	3108~3128	cDNA 抗病蛋白，假定，已表达
24	OS07G17360.1	2653~2672	cDNA 转座子蛋白质，假定，未分类，已表达
25	OS07G17360.2	2617~2636	cDNA 转座子蛋白质，假定，未分类，已表达
26	OS08G09800.1	1160~1180	cDNA 转座子蛋白质，假定，已表达
27	OS10G26400.1	987~1007	cDNA 未定性氧化还原酶，假定，已表达
28	OS10G36000.3	655~675	cDNA 含雷莫林 C 端结构域的假定蛋白
29	OS10G41330.1	850~870	cDNA 含 AP2 结构域的蛋白质，已表达
30	OS10G41330.2	1024~1044	cDNA 含 AP2 结构域的蛋白质，已表达
31	OS11G14650.1	3633~3653	cDNA 逆转录酶蛋白，假定，Ty3-gypsy 亚类
32	OS11G19140.1	359~379	含 cDNA 甲基转移酶结构域的蛋白质
33	OS12G13940.1	1029~1049	cDNA DNA 结合仓库保管蛋白相关，假定
34	OS12G42220.1	1209~1229	cDNA 表达蛋白

鉴于 psRNATarget 预测得到靶基因数目较多，进一步水稻 miRNA 冷胁迫芯片数据以及水稻降解组测序数据，取两组数据的交集，筛选 miRNA 与靶基因皆呈差异表达的 miRNA-target 关系。为保证靶基因筛选的全面性，将差异表达倍数设定为 1.5 倍。随后，结合实验室构建的冷胁迫 miRNA-target 网络，最终获得 5 个基因作为候选基因，用于后续实验（表 2-4）。

表 2-4 *miR1320* 靶基因预测筛选结果

基因号	Pfam 结构域	基因描述
LOC_Os03g19020	PHD-finger	PHD-finger 家族蛋白
LOC_Os03g49570	磷酸三糖转运蛋白家族	DUF250 结构域包含蛋白
LOC_Os10g41330	AP2 结构域	AP2 结构域包含蛋白
LOC_Os12g13940	TLC 结构域	DNA 结合调控蛋白
LOC_Os12g42220	棉纤维表达蛋白	表达蛋白

2. *miR1320* 靶基因冷胁迫表达模式分析

miRNA 与靶基因表达模式通常呈负相关性。前期实验发现，*miR1320* 表达受冷胁迫抑制。因此，首先对预测得到的 5 个候选靶基因在冷胁迫下的表达模式进行 RT-PCR 分析。

以 3 叶期'日本晴'水稻为材料，对其进行 4℃冷胁迫处理，在处理 0 h、0.5 h、1 h、3 h、6 h、9 h、12 h、24 h 时分别取材提取 RNA。如图 2-14 所示为水稻总 RNA 电泳检测结果，结果显示 RNA 质量较好，随后采用 Oligo(dT)反转录合成单链 cDNA。

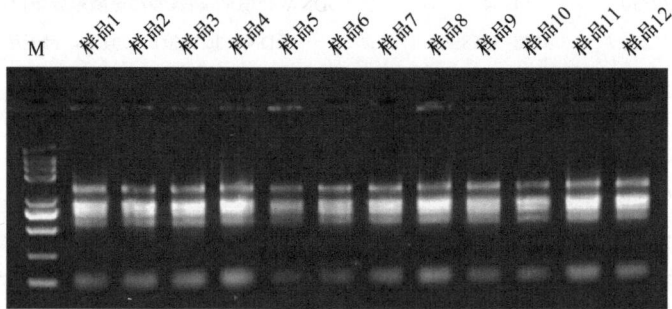

图 2-14 水稻叶片总 RNA 电泳检测

利用靶基因特异性引物，以 *OsElf1-α* 基因为内参进行 RT-PCR 分析。结果如图 2-15 所示，*LOC_Os03g19020* 和 *LOC_Os10g41330* 基因在冷胁迫下表达量显著上升，与 *miR1320* 冷胁迫表达模式相反，符合 miRNA-Targets 表达模式负相关规律。但 *LOC_Os03g49570*、*LOC_Os12g13940* 和 *LOC_Os12g42220* 基因在冷胁迫下表达量并无显著变化（图 2-16），说明其表达不响应冷胁迫。其与 *miR1320* 的靶向关系有待于进一步验证，推测它们可能作为 *miR1320* 靶基因参与其他生物学过程，而非冷胁迫应答。

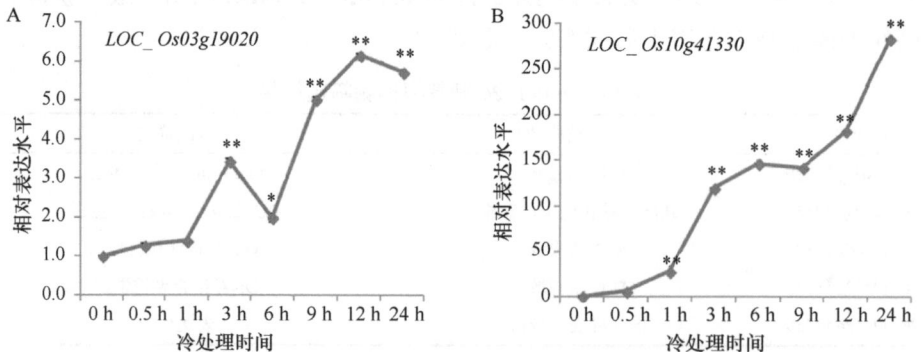

图 2-15 *LOC_Os03g19020* 和 *LOC_Os10g41330* 冷胁迫表达模式分析

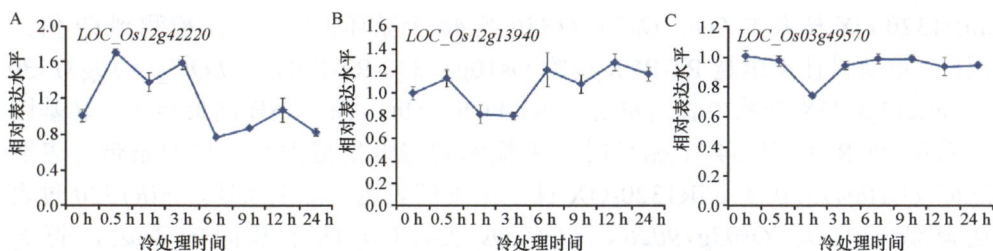

图 2-16　*LOC_Os12g42220*、*LOC_Os12g13940* 和 *LOC_Os03g49570* 冷胁迫表达模式分析

3. *miR1320* 转基因株系中靶基因表达量检测

为了进一步分析 *miR1320* 对靶基因的调控作用，通过 RT-PCR 对比了野生型和 miR1320-OX 转基因株系中靶基因的表达量。结果如图 2-17 结果所示，与野生型相比，*LOC_Os03g49570*、*LOC_Os12g13940*、*LOC_Os12g42220* 基因在 miR1320-OX 株系中表达量并无明显变化，而 *LOC_Os03g19020* 在 miR1320-OX 株系中显著下调（图 2-18A）。此外，RT-PCR 实验发现，

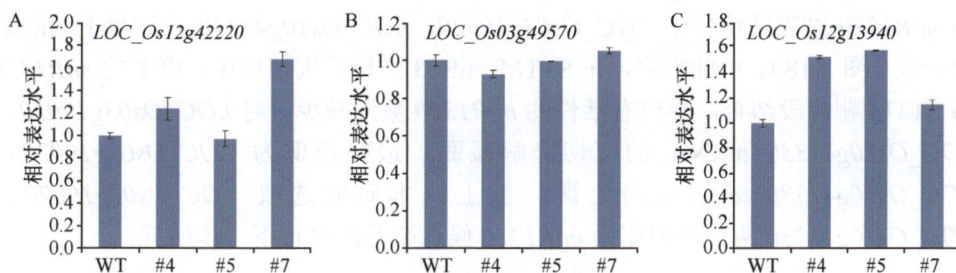

图 2-17　miR1320-OX 转基因株系中靶基因表达量分析
A/B/C. *LOC_Os12g42220*/*LOC_Os12g13940*/*LOC_Os03g49570* 表达量的 qRT-PCR 检测

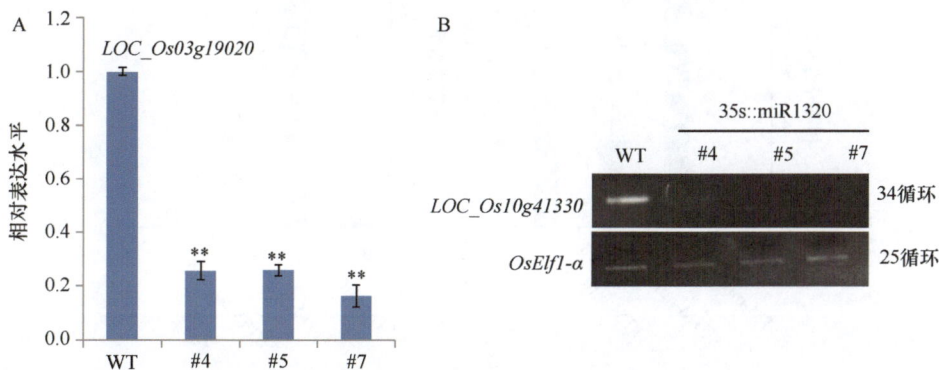

图 2-18　miR1320-OX 转基因株系中靶基因表达量分析
A. *LOC_Os03g19020* 表达量的 qRT-PCR 检测；B. *LOC_Os10g41330* 表达量的 RT-PCR 检测

miR1320-OX 株系中 *LOC_Os10g41330* 经 40 个循环扩增后，未检测到 Ct 值。因此，重新设计半定量 RT-PCR 引物 Os10g41330-RT-F/R，对 *LOC_Os10g41330* 在 miR1320-OX 株系中表达量进行 RT-PCR 分析。图 2-18B 结果显示，转基因株系在 PCR 扩增 34 个循环时并未检测到与野生型大小一致的条带，表明 *LOC_Os10g41330* 在 miR1320-OX 株系中下调表达。综上所述，*miR1320* 过表达降低了 *LOC_Os03g19020*、*LOC_Os10g41330* 两个基因的表达，符合 miRNA-Targets 表达模式负相关规律，侧面说明 *LOC_Os03g19020* 和 *LOC_Os10g41330* 可能是 *miR1320* 的靶基因。

上述结果表明，在 miR1320-OX 株系中 *LOC_Os03g19020* 和 *LOC_Os10g41330* 转录水平显著降低，推测是 *miR1320* 剪切 *LOC_Os03g19020* 和 *LOC_Os10g41330* 的 mRNA 导致的。基于此，我们推测在 *miR1320* 表达敲减植株中，*LOC_Os03g19020*、*LOC_Os10g41330* 的 mRNA 转录水平可能会提高。

为验证这一推测，对 WT 和 STTM-miR1320 转基因水稻中 *LOC_Os03g19020*、*LOC_Os10g41330* 表达量进行 RT-PCR 分析。结果如图 2-19 所示，*LOC_Os03g19020*、*LOC_Os10g41330* 在 STTM-miR1320 转基因株系中上调表达，与 *miR1320* 过表达植株中 *LOC_Os03g19020*、*LOC_Os10g41330* 表达量下调的结果一致（图 2-18）。由此推测，在 STTM-miR1320 转基因植株中，更多的 *miR1320* 与 STTM 靶片段结合，导致有活性的 *miR1320* 数量减少，对 *LOC_Os03g19020*、*LOC_Os10g41330* mRNA 的剪切降解减弱，最终表现为 *LOC_Os03g19020*、*LOC_Os10g41330* 表达量的上调。综上，本研究选取 *LOC_Os03g19020*、*LOC_Os10g41330* 两个基因作为 *miR1320* 候选靶基因进行下一步研究。

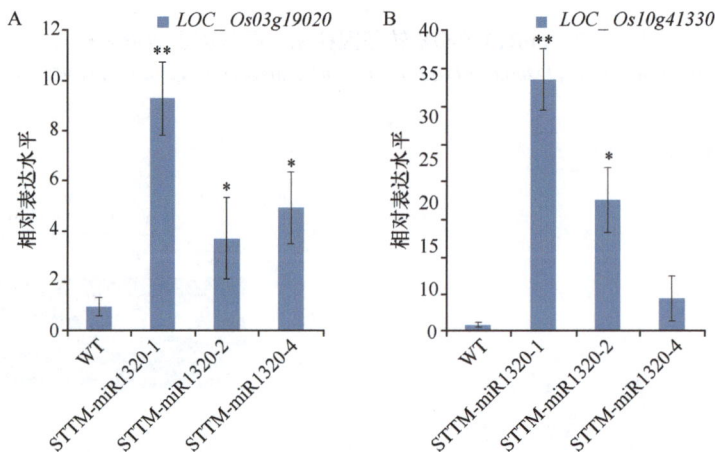

图 2-19 STTM-miR1320 转基因株系中 *LOC_Os03g19020* 和 *LOC_Os10g41330* 表达量分析

4. *miR1320* 及其靶基因的组织表达负相关性分析

选取水稻萌发期整株幼苗、3 叶期幼苗的茎和叶、抽穗期幼苗的剑叶和茎尖及幼穗的组织样品,进行 *miR1320-3p* 和 *miR1320-5p* 组织表达分析。结果如图 2-20 所示,*miR1320* 在 3 叶期的茎、叶及萌发期幼苗等营养生长阶段表达量较高,生殖生长阶段的茎尖和剑叶中表达量较低,而幼穗中表达量最低。*miR1320-3p* 和 *miR1320-5p* 两个成熟体表现出基本一致的组织表达模式。

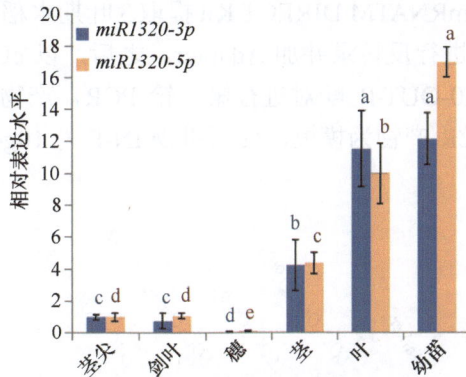

图 2-20 *miR1320* 组织表达特性分析
one-way ANOVA 检验用于计算 *P* 值,显著性差异用不同的小写字母表示($P<0.05$)

接下来对 *miR1320* 的两个靶基因 *LOC_Os03g19020*、*LOC_Os10g41330* 组织表达特性进行分析。图 2-21A 结果表明,*LOC_Os03g19020* 并未表现出特别明显的组织表达特异性,只是在 3 叶期的茎和叶中表达较低,而 *LOC_Os10g41330* 表现出与 *miR1320* 几乎完全相反的组织表达模式,*LOC_Os10g41330* 在营养生长阶段较生殖生长阶段表达量显著偏低(图 2-21B)。据此推测,*LOC_Os10g41330* 极

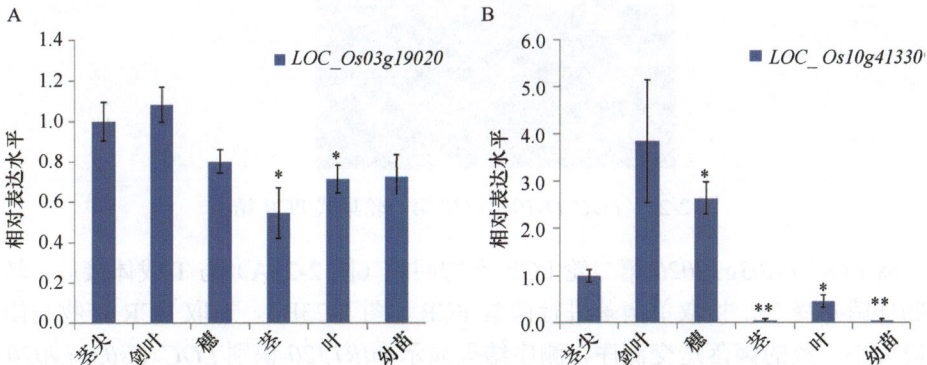

图 2-21 *LOC_Os03g19020* 和 *LOC_Os10g41330* 组织表达分析

有可能是 *miR1320* 的靶基因。因此，本研究选择 *LOC_Os10g41330* 作为候选靶基因进行下一步研究。

5. *miR1320* 与靶基因靶向关系的 5′-RACE 验证

5′-RACE 是目前研究 miRNA 与靶基因靶向关系最有力的技术手段，可直接鉴定出 miRNA 与靶基因的识别切割位点。因此，本研究采用 5′-RACE 的方法对 *miR1320* 及其两个候选靶基因靶向关系进行验证。

使用 Dynabeads® mRNATM DIRECT Kit 提取 3 叶期水稻 mRNA，采用 M-MLV Reverse Transcriptase 进行反转录并加 Adapter。之后，以 cDNA 为模板，使用引物 OUT-F 与 10g41330-OUT-R 配对进行第一轮 PCR，产物电泳为弥散条带（图 2-22）。再以第一轮 PCR 产物为模板，使用引物 IN-F 与 10g41330-IN-R 配对进行第二轮 PCR。

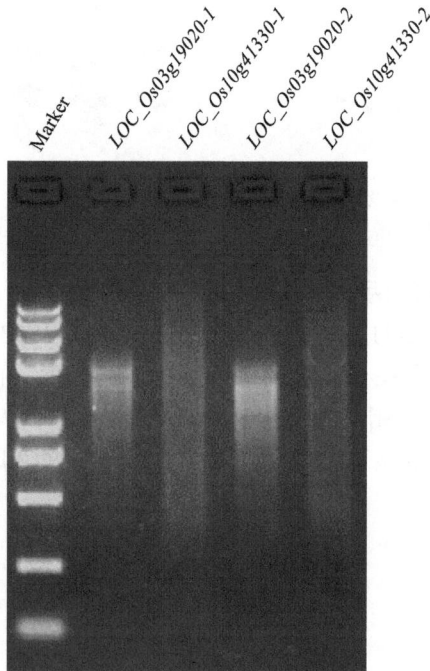

图 2-22　*LOC_Os10g41330* 第一轮巢式 PCR 结果

将 *LOC_Os03g19020* 第二轮 PCR 产物回收（图 2-23A）与 T 载体接后，转化大肠杆菌感受态，挑取单菌落进行菌落 PCR（图 2-23B）。选取 PCR 产物与阳性片段大小一致的菌落送交测序，测序结果显示 *miR1320* 识别 *LOC_Os03g19020* 位点在 3′UTR，剪切位点为 *miR1320* 第 5 个碱基处。

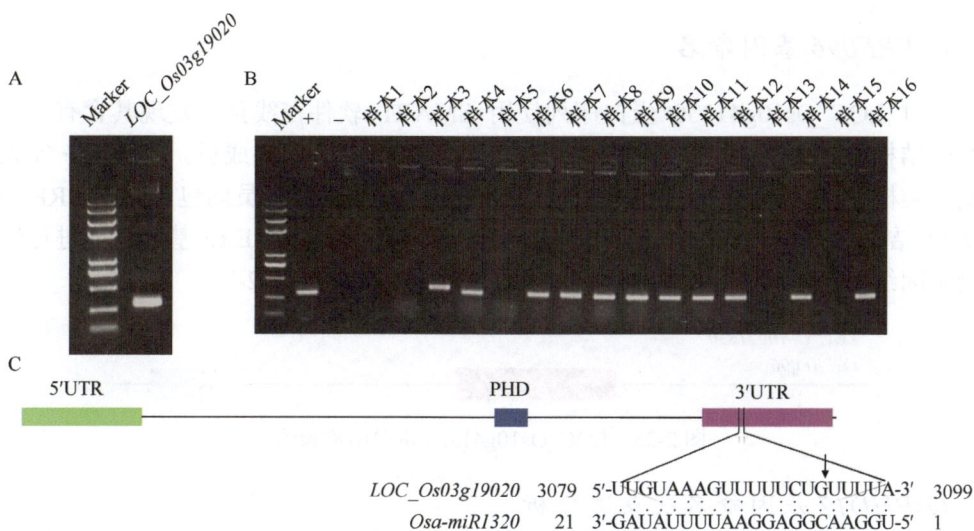

图 2-23　*LOC_Os03g19020* 基因 5′端巢式 PCR（A）、菌落 PCR（B）鉴定及比对（C）结果

　　将 *LOC_Os10g41330* 第二轮 PCR 产物回收（图 2-24A），与 T 载体连接并转化大肠杆菌感受态，挑取单菌落进行菌落 PCR（图 2-24B）。选取 PCR 产物与阳性片段大小一致的菌落送交测序，测序结果显示 *miR1320* 识别 *LOC_Os10g41330* 位点在编码区，剪切位点为 *miR1320* 第 11 个碱基处。

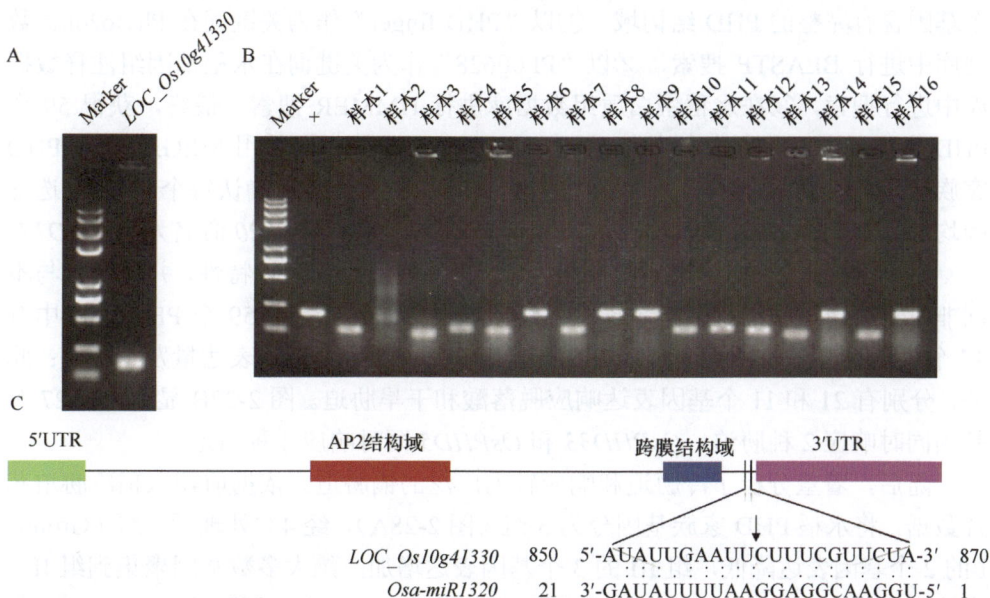

图 2-24　*LOC_Os10g41330* 基因 5′端巢式 PCR（A）、菌落 PCR（B）鉴定及比对（C）结果

6. *OsERF096* 基因命名

对 LOC_Os10g41330 蛋白序列使用 SMART 软件在线预测发现其含有一个 AP2 结构域，C 端含有一个跨膜结构域，属于 AP2/ERF 家族成员。AP2/ERF 家族是一类植物特有的含有大量成员的转录因子家族，其家族成员均包含 AP2/ERF 型 DNA 结合结构域。Nakano 等（2006）曾对拟南芥和水稻的 ERF 基因家族进行过全基因组鉴定，*LOC_Os10g41330* 被命名为 *OsERF096*（图 2-25）。

LOC_Os10g41330
OsERF096

AP2　　　　　TM

图 2-25　LOC_Os10g41330 蛋白结构预测

7. *OsPHD17* 基因命名及表达分析

目前，未发现有文献对 *LOC_Os03g19020* 进行报道命名。通过 SMART 软件在线预测 LOC_Os03g19020 蛋白序列，发现其含有一个 PHD 结构域，属于 PHD 家族成员。有研究表明，PHD 基因家族参与调节植物生长和发育，但是其在环境胁迫反应中的作用很少。因此，本研究接下来将对水稻 PHD 家族基因进行鉴定。由于 PHD 与 RING 和 LIM 结构域相似性过高，HMMER 不能准确搜索 PHD 基因，采用以下 3 种方法搜索，对获得的候选基因进行 SMART 和 Pfam 分析，以确定每个基因含有完整的 PHD 结构域。①以"PHD-finger"作为关键词在 Phytozome 数据库中进行 BLASTP 搜索，②以"PF00628"作为关键词在水稻基因组注释数据库中进行搜索，③在水稻蛋白质组数据库进行 HMMER 搜索。最终，获得 59 个 PHD 家族基因，分别命名为 *OsPHD1~OsPHD59*。同时，使用 MEGA5.0 对 PHD 家族基因的 PHD 结构域进行了多重序列比对（图 2-26），以确认每个 PHD 候选基因均含有 PHD 结构域。按照染色体号排序，*LOC_Os03g19020* 命名为 *OsPHD17*。

简单分析水稻 PHD 家族成员基因、蛋白结构及组织表达特性，并对其参与不同非生物胁迫过程进行了初步探究。结果如图 2-27A 所示，59 个 PHD 基因中有 47 个在镉胁迫下差异表达，但是冷胁迫下却只有 5 个基因的表达量发生改变；此外，分别有 21 和 11 个基因表达响应脱落酸和干旱胁迫。图 2-27B 显示，有 27 个基因同时响应 2 种胁迫，*OsPHD33* 和 *OsPHD5* 同时响应 3 种胁迫。

随后，着重分析了冷胁迫和响应较为广泛的镉胁迫。依据前期水稻冷胁迫芯片数据，将水稻 PHD 家族基因分为 3 组（图 2-28A），经 4℃ 处理后，组（Group）I 的 2 个基因表达降低，组 III 的 3 个基因表达增加，绝大多数基因聚集到组 II，表达基本不受低温影响。与冷胁迫不同，水稻受 50 μmol/L 镉胁迫后，47 个 PHD 基因表达出现差异，并且大部分下调表达；在未处理时，PHD 基因在根和茎中表达水平较为一致，但经镉处理后，根中的 PHD 基因表达发生了较大变化，茎中基因表达量变化不大，说明水稻 PHD 基因参与镉胁迫应答主要在根中发挥作用。

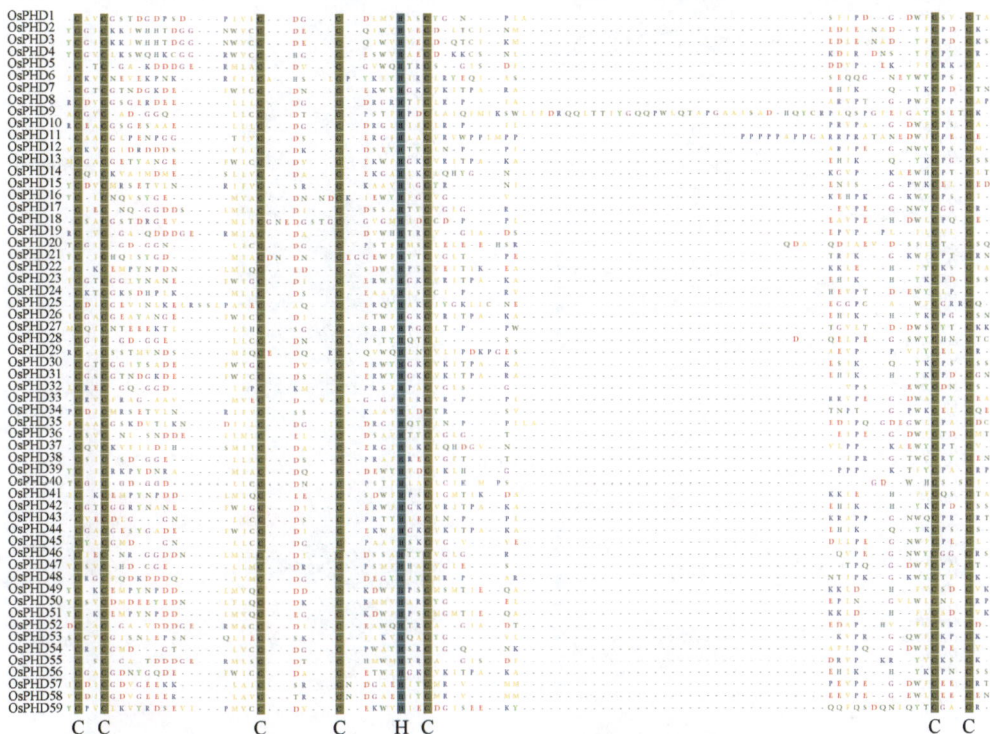

图 2-26　水稻 PHD 家族基因中 PHD 结构域蛋白序列多重比对

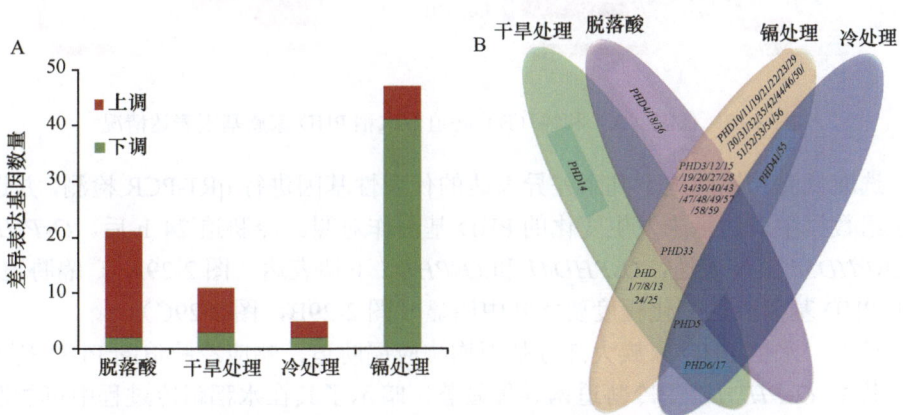

图 2-27　不同非生物胁迫下水稻 PHD 家族基因的表达分析
A. 不同非生物胁迫下差异表达的 PHD 基因数量；B. PHD 基因表达情况维恩图

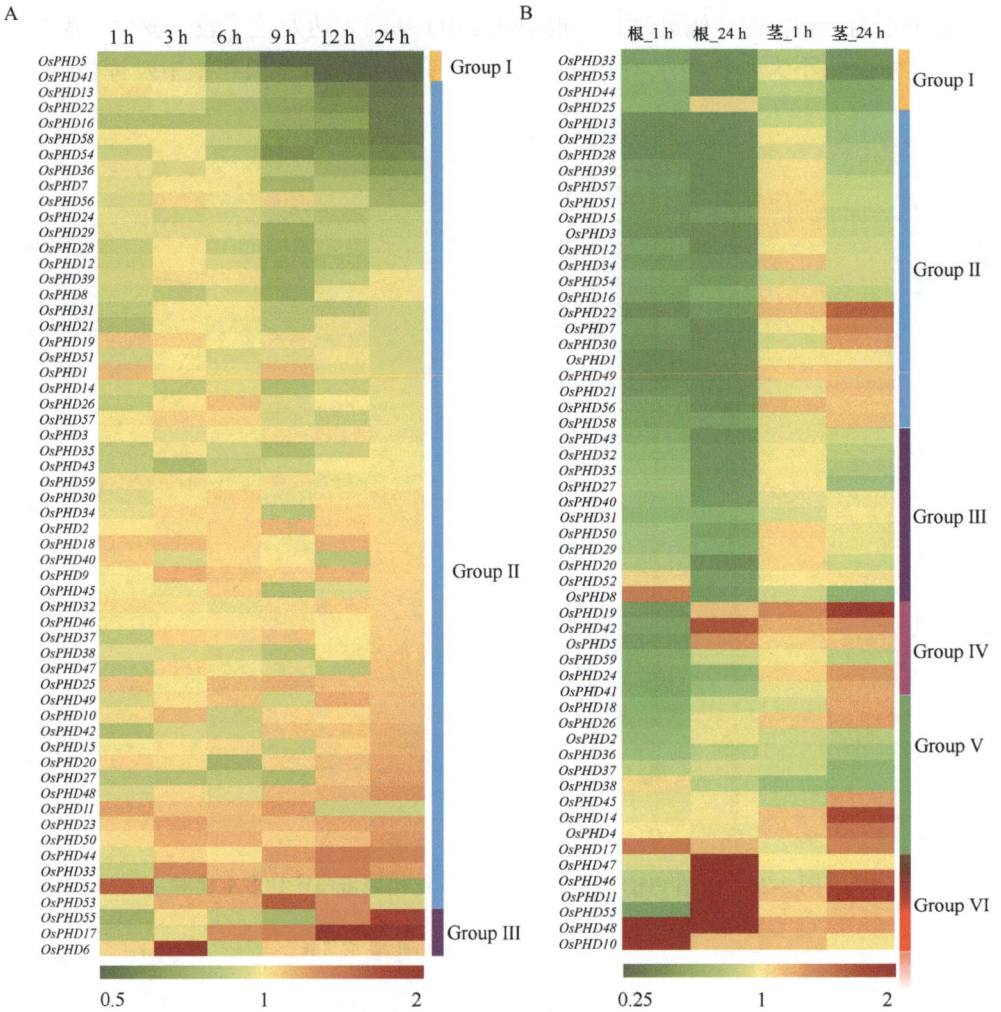

图 2-28 低温（A）和镉（B）胁迫下水稻 PHD 家族基因表达情况

　　选取低温和镉胁迫下几个差异表达的代表性基因进行 qRT-PCR 检测，并选择转录组数据中表达量未发生变化的 PHD 基因作对照。冷胁迫 24 h 后，*OsPHD17* 和 *OsPHD55* 上调表达，*OsPHD41* 和 *OsPHD5* 下调表达（图 2-29A）。镉胁迫下，根中 PHD 基因表达变化程度要比叶中明显（图 2-29B，图 2-29C）。

　　综上，水稻 PHD 家族大部分基因均响应镉胁迫，响应冷胁迫的 PHD 基因很少，其中 *OsPHD17* 受冷胁迫诱导最显著，暗示了其在水稻耐冷过程中可能发挥重要作用。

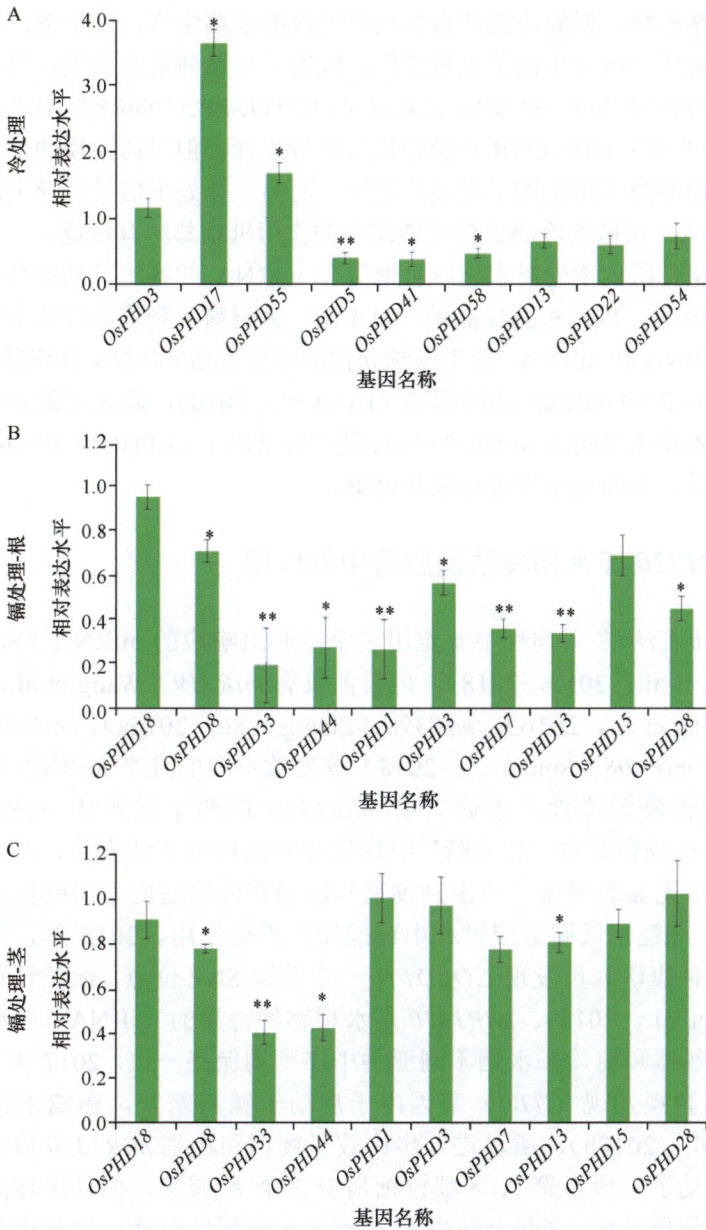

图 2-29　低温和镉胁迫下水稻 PHD 家族基因表达 qRT-PCR 分析

2.4　讨　　论

水稻是我国最重要的粮食作物之一,东北稻作区是我国重要的粳稻生产基地。

但受地理因素影响，低温冷害严重制约该地区的水稻生产。近年来，科研工作者在植物耐低温冷害研究中做了大量工作，取得了一系列重要成果，已初步阐明植物冷胁迫信号转导途径，如 ABA 依赖的 PYR/PYL-PP2C-SnRK2-ABF/AREB 以及 ABA 不依赖的 ICE-CBF-COR 冷胁迫信号转导途径，但目前发现的信号途径核心组分均为蛋白激酶和转录因子类调节基因。而另一类处于信号转导上游的调节基因——miRNA，在植物冷胁迫信号通路中的作用机制却鲜有报道。

本课题组在国内率先对水稻冷胁迫应答 miRNA 的鉴定及功能分析开展了系统研究。2010 年，以水稻测序品种'日本晴'为材料，利用芯片技术鉴定了冷胁迫应答的 miRNA 和 mRNA，基于筛选获得的差异表达 miRNA 及靶基因，构建了水稻冷胁迫 miRNA-mRNA 调控网络（Lv et al.，2010），研究对象 *miR1320* 即选自该网络。本章系统阐述 *miR1320* 通过靶向转录因子 OsPHD17 和 OsERF096 调节水稻耐寒性。下面对结果进行展开讨论。

2.4.1 *miR1320* 在水稻冷胁迫应答中的作用

研究人员已从多个物种中鉴定出多个冷胁迫响应的 miRNA（Song et al.，2017；Yang et al.，2017，2018），但目前仅有 *miR319*（Wang et al.，2014a）、*miR394*（Song et al.，2016）、*miR396*（Zhang et al.，2016a）、*miR399*（Baek et al.，2016）、*miR408*（Sun et al.，2018）等为数不多的几个 miRNA 经过功能验证能够调控植物耐冷性。本研究中 *miR1320* 的两个成熟体 *miR1320-3p* 和 *miR1320-5p* 在粳稻品种'日本晴'中均受冷胁迫抑制下调表达，但在籼稻品种'93-11'中却无显著变化。考虑到粳稻与籼稻在低温适应方面的巨大差异，推测 *miR1320* 在粳稻低温适应过程中可能发挥重要作用。2015 年，中国科学院植物研究所种康研究员发现 *COLD1* 中一个关键 SNP 位点，赋予粳稻更强的耐冷性（Ma et al.，2015）。*miR1320* 是水稻物种特异的 miRNA，序列比对发现 *miR1320* 成熟体和前体在水稻不同亚种中序列均保持一致。2017 年，中国农业大学李自超教授发现 *CTB4a* 基因由于启动子碱基差异，影响水稻冷敏感性（Zhang et al.，2017b），所以进一步比较了粳稻和籼稻 *miR1320* 启动子序列，发现粳稻启动子一段多聚 A 区域较籼稻少 2 个 A 碱基，但该区域附近未发现重要的顺式作用元件。这两个缺失的 A 碱基在粳稻低温适应过程中是否有重要作用，有待进一步实验验证。

miR1320 过表达水稻在萌发期和幼苗期较野生型均呈现更强的耐冷性。*miR1320* 过表达提高了转基因水稻在冷胁迫处理下的游离脯氨酸和可溶性糖含量，降低了相对离子渗透率。说明 *miR1320* 可以通过调控植物细胞内渗透物质，调节细胞渗透压，减少低温对细胞膜的损伤。考虑到 *miR1320* 在冷胁迫处理后

下调表达，而 *miR1320* 过表达提高转基因植物的耐冷性，推测可能是因为冷胁迫后 *OsERF096* 表达量大幅上升，导致更多的 *miR1320* 与之结合，而结合到靶基因上的 miRNA 是无法利用茎环引物检测出来的，最终导致可检测到的 *miR1320* 减少。长非编码 RNA（long non-coding RNA，lncRNA）是一类 200~100 000 nt 的 RNA 分子。近年来研究发现，lncRNA 可作为一种竞争性内源 RNA（competing endogenous RNAs，ceRNA）与 miRNA 相互作用，通过与其他 RNA 转录本竞争相同的 miRNA，从而抑制 miRNA 对靶基因的调控。因此，可能也存在冷胁迫诱导的 lncRNA 通过 ceRNA 作用结合 *miR1320*，导致 *miR1320* 表达量降低的可能。此外，植物应对非生物胁迫，需要多个基因调控网络及信号转导途径协同作用，涉及生长发育、生理生化变化等多方面。野生大豆 *GsGF14o* 基因受干旱胁迫诱导表达，*GsGF14o* 过表达减少了转基因植物的水分散失速度，但增加了转基因植物对干旱胁迫的敏感性，原因是 *GsGF14o* 调控植物根毛发育，过表达植株根毛数量变少、长度变短，减少了植物对水分的吸收（Sun et al.，2014）。所以，不能排除 *miR1320* 过表达在微观层面影响水稻生长发育，或影响了某些重要蛋白的功能，从而导致过表达转基因水稻耐冷性下降的可能。

2.4.2　*miR1320* 调控靶基因表达的作用机制探讨

植物 miRNA 调控靶基因的表达主要有 3 个途经。一是通过与靶基因 mRNA 结合位点碱基互补配对，实现对靶基因的特异性剪切，使靶基因形成小片段并被降解，该途经识别位点多位于编码区，也是 miRNA 调控靶基因的主要形式。二是 miRNA 介导的靶基因翻译阻遏，即 miRNA 结合到靶基因 mRNA 的 3′UTR，抑制靶基因的正常翻译。三是 miRNA 通过 RNA 介导的 DNA 甲基化途经，使 DNA 和组蛋白甲基化实现转录沉默。

运用前期构建的水稻冷胁迫 miRNA-mRNA 调控网络（Lv et al.，2010），结合 psRNATarget 水稻基因组序列数据库和水稻降解组测序 miRNA 靶基因数据库，最终选取了 *OsERF096* 作为 *miR1320* 的靶基因，并进行 5′-RACE 验证。5′-RACE 和表达模式负相关基本证实了 *miR1320* 可通过 mRNA 剪切降解的方式，在转录后水平上对 *OsERF096* 进行调控。那么，*miR1320* 对靶基因的调控是否只有 mRNA 剪切降解这一种方式呢？

从 5′-RACE 结果来看，*miR1320* 对 *OsERF096* 的识别位点在靠近 3′UTR 的编码区。考虑到植物 miRNA 对靶基因的调控特点，同时结合 Allen 等（2005）对植物 miRNA 靶基因作用方式预测的打分标准，推测 *miR1320* 对 *OsERF096* 的调控可能与大多数植物 miRNA 调控方式相同，只有 mRNA 剪切降解式。

为了验证 *miR1320* 是否会抑制蛋白翻译，下一步可以构建添加 c-Myc 标签的靶基因植物过表达载体，并在水稻中进行表达。通过选取 mRNA 转录水平一致的株系进行蛋白表达检测，可以确定 *miR1320* 是否对蛋白翻译存在抑制作用。尽管目前已有报道采用此方法在植物中研究 miRNA 对蛋白翻译的抑制作用，但此类实验仍能提供重要的直接证据（Jiao et al.，2010）。但我们认为，此方法得到的结果并不能准确判断蛋白翻译抑制的真实情况。因为当识别位点突变后，造成蛋白表达量升高可能有多种原因：①在理想状况下，miRNA 无法结合到mRNA 上，对蛋白翻译抑制的作用自然会消失；②可能刚好识别位点的点突变，导致原本进行剪切的 miRNA 不能正常行使功能，结合到靶基因 mRNA 上，抑制了蛋白翻译（Fahlgren and Carrington，2010）；③可能突变的碱基较多，导致mRNA 构象发生改变而影响翻译效果。所以，在植物中，对于已确认存在 mRNA剪切作用的 miRNA-靶基因，研究 miRNA 对靶基因蛋白翻译抑制，还需要更为完善准确的方法。

2.4.3 *miR1320* 调控的水稻冷胁迫应答信号通路

近年来，虽然越来越多研究证实 miRNA 参与植物冷胁迫应答过程，但对于miRNA 调控的冷胁迫应答信号通路及耐冷分子机制却知之甚少。本研究初步构建了 *miR1320* 调控的水稻冷胁迫应答信号通路。当外界冷胁迫来临时，水稻 *miR1320*表达降低，减少对 *OsERF096* 的抑制作用，同时 *OsERF096* 自身转录也会受到冷胁迫的诱导，二者协同作用，使得 *OsERF096* 表达量升高。而 OsERF096 翻译后定位于细胞膜，当冷胁迫来临时，会以某种未知方式逆行入核，在细胞核中参与对 ICE-CBF 信号通路的调控。最终，miR1320 与 OsERF096 的协同作用帮助水稻有效地应对冷胁迫的挑战。

本研究对水稻物种特异 miRNA——*miR1320* 的耐冷功能进行了分析，筛选出*miR1320* 靶基因 *OsPHD17* 和 *OsERF096*，但仍有两个问题需进一步研究。一是相较于动物，植物 miRNA 与靶基因的靶向关系及调控方式更难研究。在植物体内，一个 miRNA 可靶向多个靶基因，对一个靶基因又可能存在多种调控方式。然而，目前仍缺乏系统研究这些调控方式并存的有效方法。下一步需要设计实验，对蛋白翻译抑制作用进行探究。二是 OsPHD17 作为一个研究较少的转录因子，仅发现其可以与 GTGGAG 元件结合。处于基因调控网络上游的 *OsPHD17*，其能够调节下游哪些基因，又是如何调控的，值得深入挖掘探究。后续研究将围绕这两个问题，不断完善由 *miR1320* 调控的水稻冷胁迫应答信号通路，为植物冷胁迫应答基因调控网络提供参考。

2.5　结　论

（1）确定了 *miR1320* 与 *OsPHD17* 和 *OsERF096* 的靶向关系

运用前期构建的水稻冷胁迫 miRNA-mRNA 基因调控网络，结合降解组测序和 miRNA 靶基因预测，筛选出 *miR1320* 的两个靶基因 *OsPHD17* 和 *OsERF096*，并对其靶向关系进行研究。5′-RACE 结果显示，*miR1320* 对 *OsPHD17* 和 *OsERF096* 的 mRNA 存在剪切降解作用，且 *miR1320* 与两个靶基因在组织表达、冷胁迫表达模式方面均呈负相关，具体表现为 miR1320-OX 株系中 *OsPHD17* 和 *OsERF096* 表达量降低，STTM-miR1320 株系中 *OsPHD17* 和 *OsERF096* 表达量升高。以上内容表明，*OsPHD17* 和 *OsERF096* 是 *miR1320* 靶基因。

（2）确定了 *miR1320* 在冷胁迫应答中的功能

通过对冷胁迫表型和生理指标等进行分析，从过表达和基因沉默/表达敲减两个角度，准确鉴定了 *miR1320* 在冷胁迫应答中的功能。*miR1320* 过表达提高了转基因水稻对冷胁迫的耐受性，STTM-miR1320 表达敲减的水稻耐冷性下降。

第3章　miR1320-OsERF096 调控水稻耐冷性

前期发现了一个水稻特异的 miRNA——*miR1320* 及其靶基因 *OsERF096*。在此基础上，进一步研究 *OsERF096* 耐冷功能，以及 OsERF096 转录因子调控水稻冷胁迫应答的作用机制。首先，利用瞬时表达和稳定表达两个系统确定 OsERF096 转录因子的蛋白定位，并运用 Y1H 和 LUC 分析 OsERF096 与 GCC 盒元件和 DRE/CRT 元件结合活性。通过国家水稻数据中心和 New PLACE，筛选启动子含有 GCC 盒元件和 DRE/CRT 元件的水稻耐冷负调节基因。结合 qRT-PCR 验证，发现 8 个水稻耐冷负调节基因不受 OsERF096 调控。其次，通过 RNA-seq 数据分析和生理指标测定，发现 *OsERF096* 参与活性氧（ROS）平衡、淀粉蔗糖代谢、苯丙烷生物合成和植物激素信号转导。此外，分析外源施用茉莉酸（JA）和脱落酸（ABA）时，*OsERF096* 转基因水稻在冷胁迫下的表型、过氧化物酶（POD）活性、肉碱乙酰转移酶（CAT）活性及下游通路基因表达，发现 *OsERF096* 抑制 JA 介导的冷胁迫信号通路，但不依赖 ABA 信号通路参与冷胁迫应答。通过以上研究，初步阐释了 OsERF096 转录因子调控水稻冷胁迫应答的作用机制。

3.1　研　究　背　景

乙烯在植物发育和应对外界胁迫过程中发挥重要作用，乙烯响应因子（ethylene response factor，ERF）是乙烯信号转导及应答通路中重要的节点因子，属于 APETALA2/ERF 转录因子家族。AP2/ERF 家族成员均包含长约 60 bp 的保守 AP2/ERF DNA 结合结构域，该结构域于 1994 年最早发现于拟南芥 *APETALA2* 基因中（Jofuku et al., 1994）。基于保守结构域分类，AP2/ERF 转录因子家族可分为 AP2、RAV、DREB、ERF 4 个家族及其他 5 个亚家族（Phukan et al., 2017）。它们具有高度保守的 DNA 结合结构域，能与多个顺式作用元件结合，DREB 通过与 DRE/CRT 元件结合，参与植物响应干旱、低温、高盐胁迫过程，而 ERF 通常通过与 GCC 盒元件结合，参与植物应对病原体侵染及各种非生物胁迫过程（Muller and Munnebosch，2015）。

3.1.1　AP2/ERF 转录因子参与的信号转导途径

为维持个体发育与胁迫应答之间的平衡状态，植物体内 AP2/ERF 及其下游基因的表达需要精细调控。*DREB1C/CBF2* 启动子中包含 ICEr1、ICEr2、CM2 等多个冷诱导元件，冷胁迫下，ICE1 与 ICEr1 结合并激活 *DREB1C* 转录，同时钙调蛋白转录激活因子 CAMTA3 与 *DREB1C/CBF2* 的启动子 *CM2* 结合，以钙依赖的方式调节 *DREB1C* 表达（Doherty et al.，2009）。PIF7 则通过识别 *DREB1C* 启动子中的 G 盒元件（CACGTG）抑制 *DREB1C* 表达（Dong et al.，2011）。除此之外，*DREB* 还受 *CCA1*、*LHY*、*GRF7* 等节律、发育相关基因的调控，参与植物生长、繁殖等发育过程。除了转录水平调控外，DREB 在转录后水平也受选择性剪切、miRNA 降解等方式的调控。*miR172* 可通过抑制 AP2/ERFs 蛋白翻译调控花器官发育和细胞增殖；除 *miR172* 外，*miR156*、*miR838* 等其他 miRNA 也参与 AP2/ERF 的调控。miRNA 在生物发育过程中受到严格的时间和空间限制，并在转录、修饰等多层面调节基因表达，因此，研究 miRNA 对下游 AP2/ERF 的调控，对进一步理解 miRNA 和 AP2/ERF 在植物生长发育及胁迫应答过程中的作用具有重要意义。

　　植物通过多种方式严格保证基因的精细化调控。除转录水平调控外，AP2/ERF 还在翻译和翻译后修饰等方面调节植物生理过程，其中激酶磷酸化和泛素化是 AP2/ERF 的重要调节途径。激酶磷酸化通常通过改变蛋白质的活性、亚细胞定位情况或影响蛋白质相互作用强度来改变靶蛋白功能；而泛素化不仅能通过类似方式影响蛋白质功能外，还可以介导蛋白质降解。例如，PgEREB2A 磷酸化 Thr 残基会影响其与 DRE/CRT 元件结合；MAPK6 通过磷酸化 AtERF104 破坏其稳定性，调节植物对细菌病原体的敏感性（Bethke et al.，2009）。除转录调控、磷酸化调节外，DREB 还会受到 DRIP1/2（DREB2a-interacting protein 1/2）的泛素化调控；RING E3 泛素连接酶在细胞核中与 DREB2A 相互作用并介导 DREB2A 泛素化，调控拟南芥对干旱胁迫的响应（Qin et al.，2008）。近年来，虽有较多关于通过蛋白酶体介导的蛋白降解途径对 AP2/ERF 进行泛素化降解的报道，但具体调控机制尚不明确。对于磷酸化调控，研究人员已确认磷酸化对于 AP2/ERF 的激活及行使不同功能具有重要作用，但对其级联信息了解较少，大多数 AP2/ERF 磷酸化信号通路中，MAPK 上下游蛋白及其互作、诱导蛋白等关键节点因子都未明确，导致通过改变 MAPK 表达研究 AP2/ERF 存在很大的不确定性。

　　蛋白互作也是 AP2/ERF 翻译调控的重要途径，AP2/ERF 通过与多种蛋白相互作用，介导植物发育、抗病、应激等生理反应。DREB1A、DREB2A、DREB2C 通过与 AREB1/ABF2 和 AREB2/ABF4 的特异性互作，调节植物 ABA 应答。大豆 GmERF5 与 GmbHLH 和真核翻译起始因子 GmEIF 相互作用，正调控大豆疫霉病抗性。水稻 OsERF3 与细胞分裂素应答基因 *RR2* 互作，调节水稻根管发育（Park and Grabau，2016）。

　　除转录和翻译调控的研究外，研究人员还对 AP2/ERF 的 DNA 结合结构域以及激活/抑制结构域做了大量研究（Zhuang et al.，2016）。近年来有报道称，AP2/ERF

会受到叶绿体及线粒体逆行信号的调控（Vogel et al.，2014；Yao et al.，2015），但细胞器逆行信号和细胞间调节关系仍待探索。相信随着技术的发展与时间的推移，AP2/ERF 在细胞器信号转导中的作用也将逐渐明晰。

3.1.2　AP2/ERF 转录因子植物逆境胁迫应答研究

AP2/ERF 在水稻响应生物及非生物胁迫过程中发挥重要作用，但其在不同胁迫间的作用机制存在较大差异。当水稻遇到洪水内涝导致缺氧时，体内乙烯浓度迅速升高，诱导不定根和通气组织形成，促进胚轴、叶片、胚芽鞘、叶柄和节间伸长，使光合器官能露出水面。在此过程中，乙烯诱导 ERF 基因 *Sub1C* 和 *Sub1A* 的表达，*Sub1A* 抑制蔗糖合成酶活性，提高乙醇脱氢加氧酶和丙酮酸脱羧酶的活性，为水稻在缺氧条件下的生长提供能量（Abiri et al.，2017）。

盐胁迫下，乙烯合成相关蛋白 ACS 磷酸化，防止被 26S 蛋白酶体降解，进而增加乙烯含量。乙烯与受体结合，使 EIN2 去磷酸化后发生蛋白截断，截断的 EIN2 的 C 端与下游 EIN3/EIL 结合，可提高 EIN3/EIL 蛋白稳定性，而 EIN3/EIL 与 *ERF1* 启动子结合能调节 *ERF1* 表达。ERF1 由一系列乙烯反应基因调节，通过乙烯反应途径，参与植物盐胁迫响应过程（Perata and Voesenek，2007）。与盐胁迫类似，干旱胁迫通过诱导乙烯合成相关基因 *ACO* 和 *ACS* 的表达促进植物乙烯生物合成。但目前对乙烯信号网络中 ERF 的作用机制研究较少，仅发现水稻中 *JERF1* 基因的过表达增强转基因植物对干旱胁迫的耐性，而过表达 *OsERF3* 则抑制乙烯合成（Tao et al.，2015）。

AP2/ERF 家族 DREB1A/CBF3 参与植物冷胁迫应答分子机制研究较为清晰，详见第 1 章 1.1.2 植物冷胁迫应答机制研究现状。

前期研究发现了一个水稻特异的 miRNA——*miR1320* 及其靶基因 *OsERF096*，本章证实了 OsERF096 是一个转录激活因子，且负调控冷胁迫应答。通过瞬时表达和稳定表达两个系统研究 OsERF096 的定位，并利用 YIH 和 LUC 验证 OsERF096 与 GCC 盒元件和 DRE/CRT 顺式作用元件的结合活性。通过国家水稻数据中心数据库筛选启动子区含有 GCC 盒元件和 DRE/CRT 元件的水稻耐冷负调节基因，并利用 qRT-PCR 验证其基因表达情况。进一步对 OsERF096 转基因水稻进行冷胁迫信使 RNA 测序（RNA-seq），筛选差异表达基因（differential express gene，DEG）DEG。通过对 DEG GO 分析和 KEGG 富集分析 *OsERF096* 参与的冷胁迫应答通路及途径。基于 GO 分析和 KEGG 富集结果，通过测定冷胁迫下 WT、OsERF096-KD、OsERF096-OE 转基因水稻的抗氧化酶活性、氮蓝四唑（NBT）染色、可溶性糖、果糖、蔗糖、总黄酮以及激素含量，并利用 RNA-seq 和 qRT-PCR 验证 ROS 清除基因、糖代谢相关基因、苯丙烷生物合成基因以及相关激素信号转导基因的表达。进一步通过观察外源施用 10 μmol/L 茉莉酸甲酯（MeJA）或 5 μmol/L ABA 时，冷胁迫下野生型、OsERF096-KD、OsERF096-OE 转基因水稻的表型、POD/CAT 活性以及 *OsCBFs/OsABF2/OsNAC5/OsNAC6* 基因的表达，明确 *OsERF096* 调控冷胁迫应答的分子机制。

3.2　材料与方法

3.2.1　实验材料

1. 植物材料

水稻品种'日本晴'、拟南芥哥伦比亚野生型由黑龙江八一农垦大学作物逆境分子生物学实验室保存。

2. 菌株与质粒

大肠杆菌（*Escherichia coli*）、根癌农杆菌（*Agrobacterium tumefaciens*）和酵母菌（*Saccharomyces cerevisiae*）等菌株由黑龙江八一农垦大学作物逆境分子生物学实验室保存。

克隆载体、原核表达载体、亚细胞定位载体及植物过表达载体等由黑龙江八一农垦大学作物逆境分子生物学实验室保存，pGreen II 0800-LUC 质粒由安徽农业大学殷学仁教授惠赠。

3. 生物信息学软件及数据库

（1）所用生物信息学软件

多重序列比对：Clustal X
qRT-PCR 数据分析：Stratagene Mxpro
引物设计：Primer Premier 5.0
氨基酸序列相似性比对：BLAST
蛋白在线分析：ExPASy Proteomics Server
miRNA 靶基因预测：psRNATarget
跨膜结构域预测：Tmpred、TMHMM
蛋白等电点分析：ExPASy
进化树分析：MEGA 5.0
基因结构分析：GSDS
RNAi 干扰序列设计：BLOCK-iT RNAi Designer

sgRNA 序列设计：Optimized CRISPR Design

蛋白螺旋分析：heliQuest

（2）所用数据库

植物基因组数据库：Phytozome

美国国家生物技术信息中心数据库：NCBI

水稻转录因子数据库：DRTF

水稻表达谱数据库：RiceXPro

水稻功能相关基因表达数据库：RiceFREND

水稻基因组注释数据库：RGAP

miRNA 降解组测序数据库：PmiRKB

基因注释数据库：GO 数据库

4. 试剂与培养基

（1）试剂

RNA 核酸纯化及反转录、常规 PCR 试剂、引物合成及测序与第 2 章 2.2 材料与方法相同，其他试剂均为常规分子生物学试剂。

（2）微生物培养基

大肠杆菌培养基（LB）、农杆菌培养基（YEB）、酵母培养基（YPD）、酵母筛选培养基（SD）等配方见第 2 章 2.2 材料与方法。

（3）植物培养基

Youshida 营养液，配方见附表 1；基本培养基为 MS 无机盐，配方见附表 2；水稻组织培养基本培养基 NB，配方见附表 3；水稻愈伤组织培养各阶段的使用培养基见附表 4。

（4）主要仪器设备见表 2-1

3.2.2 实验方法

1. 利用 RT-PCR 进行基因表达分析

水稻培养及冷胁迫处理、水稻叶片总 RNA 提取、RNA 反转录、RT-PCR 及数据分析见第 2 章 2.2 材料与方法。引物见附表 6。

2. 植物表达载体的构建

（1）OsERF096（-ΔTM）过表达载体构建

根据 *OsERF096* 序列设计引物 OsERF096-OX-U-F/R 及 OsERF096-ΔTM-F/R，以 cDNA 为模板分别扩增 *OsERF096* 全长及跨膜结构域缺失的 OsERF096-ΔTM，采用 USER 酶连接至 pCAMBIA330035sU。

（2）OsERF096-RNAi 植物表达载体构建

OsERF096-RNAi 干扰序列使用 Invitrogen 公司在线 RNAi 设计软件：BLOCK-iT RNAi Designer 设计。根据 *OsERF096* 序列及非同源区域，在 5′端加入相应的限制性内切酶酶切位点设计引物，克隆 *OsERF096* 正向及反向序列。

3. 水稻遗传转化及分子生物学鉴定

水稻遗传转化、抗性苗的抗生素筛选、PCR 检测、RT-PCR 检测同第 2 章 2.2 材料与方法。

4. 转基因水稻耐冷功能分析

转基因水稻萌发期及幼苗期耐冷功能分析同第 2 章 2.2 材料与方法。

5. OsERF096 蛋白定位分析

（1）OsERF096 蛋白亚细胞定位载体构建

将实验室前期存贮的含 pCAMBIA230035s N-term YFPU 的大肠杆菌在卡那霉素（Km）抗性培养基上划线培养，随后使用试剂盒提取质粒。以水稻 cDNA 为模板，设计 *OsERF096* 基因特异性引物，通过 PCR 扩增 *OsERF096* 基因序列，之后利用胶回收试剂盒回收目的片段。用 *Pac* I 和 Nt. *Bbv*C I 两种限制性内切酶，在 37℃下对 pCAMBIA230035s N-term YFPU 质粒进行过夜酶切。随后，将 *OsERF096* 基因的回收产物与酶切后的 pCAMBIA230035s N-term YFPU 质粒片段按照 3∶1 摩尔比混合，加入 1 μL USER 酶和 1 μL Cutsmart Buffer 后，在 37℃反应 20 min，使用 USER 酶切割 PCR 产物中的 U 碱基以形成黏性末端，再在 25℃条件下反应 20 min，使载体和 PCR 产物通过碱基互补配对进行连接。

将连接产物转化至 DH5α 大肠杆菌，然后涂布于含 50 mg/L 的 LB 固态培养基上，倒置于 37℃培养箱中过夜培养。次日，利用基因特异性引物对单菌落进行 PCR 检测，选择阳性菌落进行活化并提取质粒，经酶切鉴定，选择酶切正确的质粒送到公司进行序列分析。

（2）烟草叶片瞬时表达

将本氏烟草种子播种于营养土与蛭石按 1∶1 混合的土壤中，并在烟草生长初期浇施绿肥，防止烟草生长出现营养不良的状况。将烟草幼苗置于 24℃光照 16 h/24℃黑暗 8 h，湿度为 60%，培养 6~8 周备用。

将构建好的 YFP-OsERF096.1 和 YFP-OsERF096.2 质粒转化至根癌农杆菌 LBA4404，将转化后的菌液涂布至含有 100 mg/L 利福平（Rif）、50 mg/L 链霉素（Sm）、100 mg/L Km 的 YEB 培养基上，28℃培养 36~48 h。采用基因特异性引物对单菌落进行 PCR 鉴定，用 YEB 液体培养基（含 10 mmol/L MES，200 μmol/L 乙酰丁香酮，pH=5.7）活化阳性单克隆菌落至 OD_{600} 为 0.6~0.8，MMG 液体（10 mmol/L MES、10 mmol/L $MgCl_2$、200 μmol/L 乙酰丁香酮混匀，pH=5.7）重悬沉淀至 OD_{600} 为 1，25℃放置 4 h。挑选完全展开的烟草叶片注射菌液。注射后的烟草置于黑暗中 12 h，正常条件培养 2~3 天即可观察荧光信号。

（3）激光共聚焦观察荧光信号

将注射后正常培养 2~3 天的烟草叶片置于 4℃冷室内进行冷胁迫 1 h 后，撕取正常培养和冷胁迫的烟草叶片制片，利用激光共聚焦显微镜 LeicaSP 8 观察叶绿体和 YFP 荧光信号。YFP 自发荧光由 514 nm 激发光激发，荧光采集波长为 530~580 nm。

（4）转基因水稻稳定表达分析 OsERF096 蛋白定位

水稻遗传转化、PCR 检测、RT-PCR 检测方法同第 2 章 2.2 材料与方法。

将 YFP-OsERF096 转基因水稻水培至 3 叶期，将叶片和叶鞘剪下，并撕下表皮制片，利用激光共聚焦显微镜观察 YFP 荧光信号。

6. 酵母单杂交分析 OsERF096 与 GCC 元件盒和 DRE/CRT 元件结合特性

（1）酵母单杂交表达载体构建

本研究将人工合成的 3 个 DRE/CRT 和 GCC 元件盒或 mDRE/CRT 和 mGCC 元件盒序列串联构建到 pHIS2 表达载体。选用 EcoR I 和 Sac I 酶设计引物，进行 PCR 扩增及胶回收。将酵母单杂交载体 pHIS2 在 Km 培养基上划线培养，次日活化单菌落，提取质粒。采用 EcoR I 和 Sac I 限制性内切酶对 pHIS2 质粒和胶回收的元件片段进行酶切，并进行胶回收，将酶切后的载体与元件片段利用 Anza™ T4 DNA 连接酶进行连接、转化、重组菌落 PCR 鉴定、质粒提取及公司测序，获得正确的 pHIS2-GCC/DRE 和 pHIS2-mGCC/mDRE 重组质粒。

（2）重组载体共转化酵母

采用 TE-LiAC 法将 pGADT7-OsERF096.1/OsERF096.2 与 pHIS2-DRE/CRT/GCC-box 或 pHIS2-mDRE/CRT/mGCC-box 载体共转化至酵母菌 Y187 中，在 SD/-Trp/-Leu 双缺培养基上筛选阳性转化子，不同质粒共转化酵母组合见表 3-1。

表 3-1　不同质粒共转化酵母组合

分组	质粒 1	质粒 2	功能
1	pGADT7（AD）	pHIS2	阳性对照
2	pGADT7-OsERF096.1	pHIS2	阴性对照
3	pGADT7-OsERF096.2	pHIS2	阴性对照
4	OsERF096.1-AD	pHIS2-GCC	
5	OsERF096.2-AD	pHIS2-GCC	OsERF096.1/OsERF096.2 与 GCC-box 结合特性验证
6	OsERF096.1-AD	pHIS2-mGCC	
7	OsERF096.2-AD	pHIS2-mGCC	
8	OsERF096.1-AD	pHIS2-DRE	
9	OsERF096.2-AD	pHIS2-DRE	OsERF096.1/OsERF096.2 与 DRE/CRT 结合特性验证
10	OsERF096.1-AD	pHIS2-mDRE	
11	OsERF096.2-AD	pHIS2-mDRE	

（3）重组酵母生长状态分析

以含有 pGADT7-OsERF096.1/OsERF096.2 和 pHIS2 空载共转酵母菌为阴性对照，涂布至含有不同 3-AT 浓度的 SD/-Trp/-Leu/-His 三缺培养基上，筛选出能够抑制内源 HIS 表达的 3-AT 浓度。用含有该浓度 3-AT 的 SD/-Trp/-Leu/-His 三缺培养基培养不同质粒组合的酵母菌，统计分析不同重组菌在选择培养基上的生长状态。

7. 双萤光素酶系统分析 OsERF096 与 GCC-box 和 DRE/CRT 元件结合特性

（1）双萤光素酶载体构建

将 3 个 DRE/CRT 和 GCC-box 及 mDRE/CRT 和 mGCC-box 顺式作用元件序列插入含有 35S mini 启动子的 pGreen II 0800-LUC 报告载体中。选用 *Sal* I 和 *Pst* I 酶切位点设计引物，然后进行 PCR 扩增和胶回收目的片段。利用 *Sal* I 和 *Pst* I 将载体与目的片段进行酶切和胶回收，用 Anza™ T4 DNA 连接酶进行连接、转化、重组菌落 PCR 鉴定、质粒提取及公司测序，获得正确的 GCC/DRE-LUC 和 mGCC/mDRE-LUC 重组质粒。

（2）烟草叶片瞬时表达

OsERF096.1-OE 载体作为效应载体，GCC/DRE-LUC 和 mGCC/mDRE-LUC 作为报告载体。挑选完全展开的烟草叶片，将不同质粒按照表 3-2 的组合（效应载体：报告载体=1：1）混合均匀后，注射到烟草叶片。

表 3-2　不同质粒烟草注射组合

分组	质粒 1	质粒 2
1	GCC-LUC	—
2	GCC-LUC	OsERF096.1-OE
3	mGCC-LUC	—
4	mGCC-LUC	OsERF096.1-OE
5	DRE-LUC	—
6	DRE-LUC	OsERF096.1-OE
7	mDRE-LUC	—
8	mDRE-LUC	OsERF096.1-OE

（3）萤光素酶活性分析

注射后的烟草暗培养 12 h，在正常条件培养 3 天后，用化学发光成像分析系统（Tanon 5200）对注射烟草叶片进行萤光素酶活体成像分析。使用 SpectraMax iD3 酶标仪（Molecular Devices）和双萤光素酶测定系统（Promega）检测定量分析 FLUC 和 RLUC 的比值。

8. OsERF096 转基因水稻冷胁迫 RNA-seq 分析

（1）测序样品制备

测序材料为野生型、OsERF096-KD 和 OsERF096-OE 转基因水稻。将 *OsERF096* 纯合转基因水稻培养至 3 叶期，选取长势一致的水稻，置于 4℃ 低温培养箱中处理 0 h 和 12 h。处理完成后，分别对水稻叶片进行取样，每份样品 0.3 g，各株系进行 3 次生物学重复。所有样本用液氮冷冻，冷冻干燥后送至青岛百迈客生物科技有限公司进行 RNA-seq 测序。以 *Oryza sativa* v7_JGI 作为水稻基因数据库，测序样品编号见表 3-3。

（2）测序数据质控分析

利用百迈客云平台从 RNA-seq 数据中调取 *OsERF096* 基因表达值，以分析测序使用转基因材料的准确性。进一步调取水稻冷胁迫 Marker 基因（如 *OsDREB1A/1B*、*OsTPP1/2*、*OsMYB2/4*、*OsABA8ox1/3*、*OsMAPK3*、*OsCDPK7*）

表达值，以分析冷胁迫方式的有效性。通过统计各样品 Clean Data、Q30、GC 含量、皮尔逊相关系数（Pearson correlation coefficient）R 及样品表达值密度分布情况，判断测序样品数据的质量和重复性。

表 3-3　RNA-seq 测序样品编号

序号	样品编号	序号	样品编号
1	WT-NT-R1	10	KD-CT-R1
2	WT-NT-R2	11	KD-CT-R2
3	WT-NT-R3	12	KD-CT-R3
4	WT-CT-R1	13	OE-NT-R1
5	WT-CT-R2	14	OE-NT-R2
6	WT-CT-R3	15	OE-NT-R3
7	KD-NT-R1	16	OE-CT-R1
8	KD-NT-R2	17	OE-CT-R2
9	KD-NT-R3	18	OE-CT-R3

注：WT. 野生型，KD. 表达敲减，OE. 过表达，NT. 未处理，CT. 4℃处理 12 h，R1~R3. 3 次生物学重复，下同。

（3）差异表达基因筛选

为了使基因片段数量能更好地反应基因转录本的表达，对样本中 Mapped Reads 数目和基因长度进行标准化。FPKM（fragments per kilobase of transcript per million fragments mapped）作为衡量转录本或基因表达水平的标准，计算公式为

$$FPKM = \frac{cDNA片段}{映射片段(百万) \times 转录本长度(kb)} \tag{3-1}$$

以差异倍数（fold change，FC）≥2 且错误发现率（false discovery rate，FDR）< 0.01 为筛选准则。FC 代表两个样本表达量的比值，FDR 是由差异显著性 P 值校正得到的数值。

（4）差异表达基因 GO 富集和 KEGG 富集分析

将冷胁迫下 WT-CT 比 KD-CT、WT-CT 比 OE-CT 和 KD-CT 比 OE-CT 的 DEG 取并集，进行 GO 富集和 KEGG 富集，调取 DEG 显著富集的通路。

9. OsERF096 转基因水稻冷胁迫激素含量测定

（1）样品制备

将野生型、OsERF096-KD 和 OsERF096-OE 转基因水稻培养至 3 叶期，选取长势一致的水稻幼苗，置于 4℃低温培养箱中处理 0 h 和 48 h。处理完成后，分别

对水稻叶片相同部位进行取样，每份样品 0.5 g，各株系进行 3 次生物学重复。样品液氮速冻后，干冰保存送交武汉迈特维尔生物科技有限公司，利用液相色谱串联质谱（LC-MS/MS）进行激素含量测定。共检测 88 种激素化合物含量，主要包括 8 大类植物激素：生长素（Auxin）、细胞分类素（CK）、脱落酸（ABA）、茉莉酸（JA）、水杨酸（SA）、赤霉素（GA）、乙烯（ET）和独角金内酯（SL）。

（2）数据分析

将冷胁迫前后 OsERF096 转基因水稻激素含量计算平均值，利用 Prism 8.0 软件绘制柱状图和热图。

10. 水稻冷胁迫处理及生理指标分析

（1）水稻培养及冷胁迫处理

处理条件见第 2 章 2.2.2 实验方法"利用 RT-PCR 进行基因表达分析"。

水稻 4℃低温培养箱处理 0 h 和 12 h，进行 NBT 染色、抗氧化酶活性的测定。水稻 4℃低温培养箱处理 0 h 和 48 h，用于可溶性糖、蔗糖、果糖和总黄酮含量的测定。

（2）外源施用 JA 和 ABA 处理

选取长势一致的 3 叶期水稻幼苗，提前 1 天在营养液中加入 10 μmol/L MeJA 或 5 μmol/L ABA，次日转移到 4℃培养箱中进行冷胁迫 12 h。冷胁迫前后拍照记录水稻幼苗生长情况。每个处理设置 3 次生物学重复，每次生物学重复的株系不少于 80 株水稻。

（3）NBT 染色

将 4℃低温培养箱处理 0 h 和 12 h 的野生型、OsERF096-OE 和 OsERF096-KD 的水稻叶片剪成小段，放入现配 NBT 溶液（0.5 mg/mL），抽真空，使水稻叶片完全浸入溶液中，染色 24 h，随后转移叶片至 75%乙醇过夜脱色，拍照观察染色深浅。

（4）抗氧化酶活性测定

取冷胁迫前后的水稻叶片各 0.1 g，每个指标测定 20 个样本。三氮蓝四唑法测定超氧化物歧化酶（SOD）活性，愈创木酚法测定过氧化物酶（POD）和过氧化氢酶（CAT）的活性（Kazan，2015）。

（5）可溶性糖、蔗糖和果糖含量测定

将水稻叶片置于 2 mL EP 管中，利用组织研磨仪将水稻叶片震碎，加入 4 mL

80%乙醇溶液，放 80℃水浴锅中 20 min，取出 4000 r/min 离心 5 min，转移上清液至试管，继续向沉淀中加入 10 mL 乙醇，在 80℃水浴锅中 10 min，4000 r/min 离心 5 min，继续将上清液吸取到试管中，用于蔗糖、果糖和可溶性糖含量测定。

蔗糖含量测定：吸取 400 μL 上清液和 200 μL 2 mol/L NaOH 于试管中，在开水中煮沸 5 min，加入 2.8 mL 30% HCl 溶液，再加入 0.1%间苯二酚，摇匀，在 80℃水浴锅中放置 10 min 进行显色反应，待溶液冷却至室温，在 480 nm 波长下比色测定吸收值，并利用蔗糖标准曲线计算蔗糖含量（李合生，2000；Nayyar et al.，2005）。

果糖含量测定：将 800 μL 上清液、800 μL ddH$_2$O 和 1.6 mL 0.1%间苯二酚混匀，放在 80℃水浴锅中反应 10min，待溶液冷却至室温，在 480 nm 波长下比色测定吸收值，并利用果糖标准曲线计算果糖含量（Madore，1990；Dubois et al.，1956）。

可溶性糖含量测定：将 500 μL 上清液、2 mL ddH$_2$O 和 6.5 mL 蒽酮试剂快速混匀，室温反应 15 min，室温冷却后在 620 nm 波长下比色测定吸光值，并利用可溶性糖标准曲线计算可溶性糖含量（Madore，1990；Fairbairn，1953）。

（6）总黄酮含量测定

利用 NaNO$_2$-Al (NO$_3$)$_3$-NaOH 显色分析法测定水稻体内总黄酮含量。称取约 0.03 g 烘干样本（将样本在 105℃下杀青 3 min，然后 60℃烘干至恒重，粉碎，于 2 mL EP 管中加入 1.5 mL 60%乙醇，60℃振荡提取 2 h。25℃×12 000 r/min，室温离心 10 min，取上清液，用 60%的乙醇将其定容到 1.5 mL，然后进行测定。酶标仪预热 30 min，将波长调整到 510 nm。通过测量 510 nm 下的吸光值，并用标准品测量数据绘出标准曲线，从而得到总黄酮的含量。

3.3　结果与分析

3.3.1　*OsERF096* 负调水稻对冷胁迫的耐受性

1. *OsERF096* 过表达降低水稻冷胁迫耐受性

（1）*OsERF096* 过表达转基因水稻的获得

从 Phytozome 数据库下载 *OsERF096* 完整转录序列，设计引物 OsERF096-OX-U-F/R，以水稻 cDNA 为模板进行 PCR 扩增（图 3-1B），连接到 pCAMBIA330035sU 植物表达载体（图 3-1A），转化大肠杆菌感受态，酶切鉴定后送交测序。

采用农杆菌介导法对水稻愈伤组织进行遗传转化，获得了抗性水稻植株 28 株（OsERF096-OX），并对抗性植株进行 PCR 和 RT-PCR 的分子鉴定。PCR 结果如图 3-1C 所示，目的片段已整合到水稻基因组中。经过连续两代的固杀草筛选以及 PCR 鉴定，获得纯合转基因株系，随机选取若干纯合株系，进行 RT-PCR 鉴定。图 3-1D 结果表明，相较于 WT，OsERF096-OX 转基因株系中 *OsERF096* 均有不同程度的上调表达，表明 *OsERF096* 片段在转基因水稻中可正常转录。

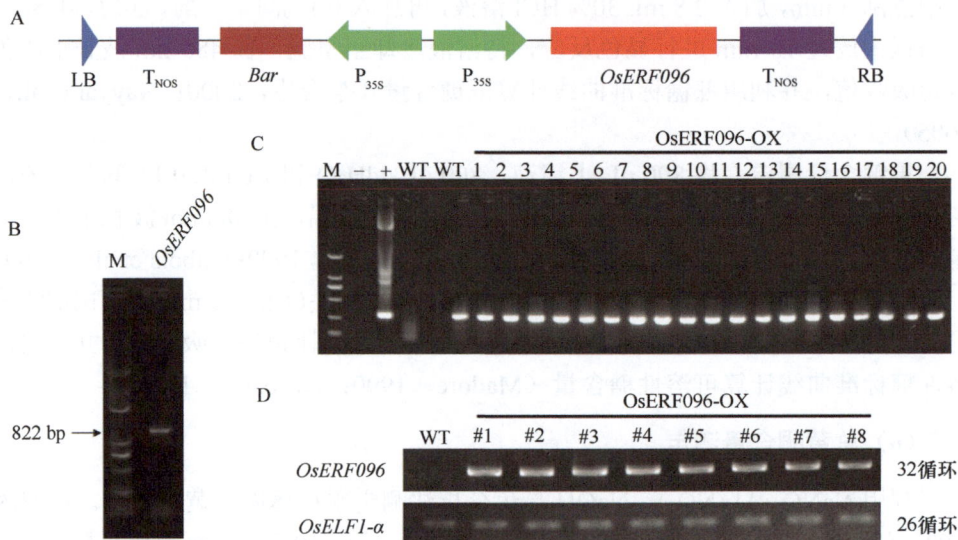

图 3-1 OsERF096-OX 转基因水稻的获得

A. pC3300-35Su-OsERF096 载体结构示意图；B. *OsERF096* 基因的 PCR 扩增；C. OsERF096-OX 抗性植株 PCR 检测；D. OsERF096-OX 转基因植株中 *OsERF096* 表达量检测。M：DNA Marker；+. 阳性对照；−. 阴性水对照；WT. 阴性野生型对照；数字. 抗性植株，下同

（2）*OsERF096* 过表达降低了转基因水稻萌发期冷胁迫耐受性

将野生型和 OsERF096-OX 转基因水稻进行萌发期冷胁迫处理。结果如图 3-2 所示，冷胁迫后 OsERF096-OX 转基因水稻的生长较野生型受抑制更严重。数据统计结果显示，冷胁迫后野生型水稻芽长为（2.3±0.31）cm，转基因水稻芽长分别为（2.09±0.32）cm、（2.05±0.35）cm，显著低于野生型；根长的统计结果与芽长较为相似，但只有 3 号株系显著低于野生型，1 号株系与野生型之间根长统计结果并无显著性差异。以上结果表明，*OsERF096* 的过表达降低了水稻萌发期对冷胁迫的耐受性。

（3）*OsERF096* 过表达降低了转基因水稻幼苗期冷胁迫耐受性

将野生型和 OsERF096-OX 转基因水稻进行幼苗期冷胁迫处理。检测 4℃ 处理后的野生型与转基因幼苗游离脯氨酸和相对离子渗透率，并统计恢复培养后的存

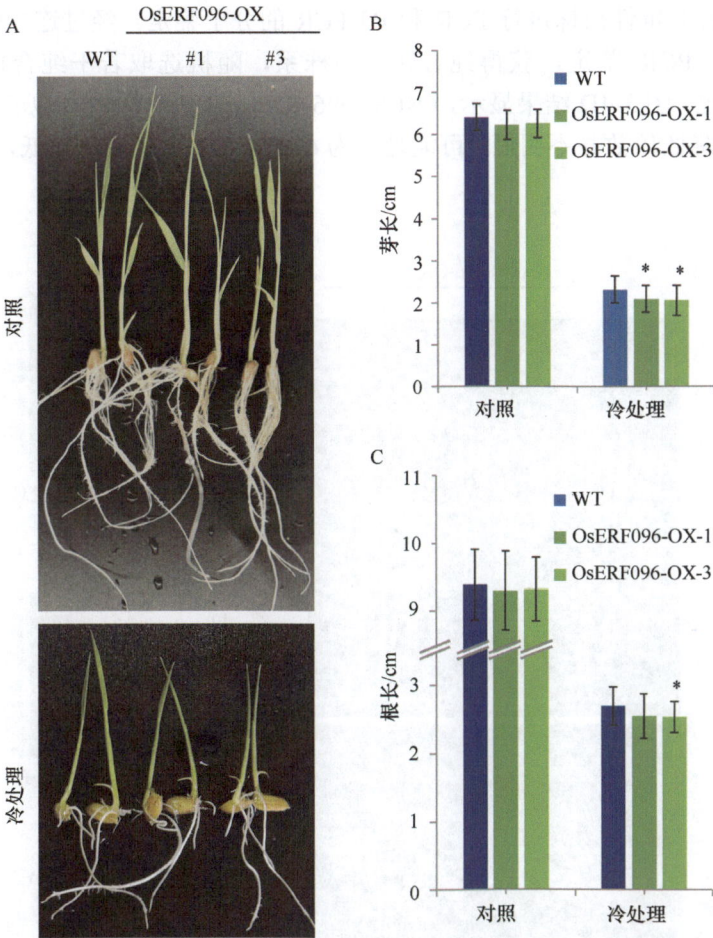

图 3-2　OsERF096-OX 转基因水稻萌发期耐冷功能分析

A. OsERF096-OX 转基因水稻萌发期冷胁迫表型；B/C. OsERF096-OX 转基因水稻冷胁迫处理芽长/根长统计

活率。结果如图 3-3 所示，野生型水稻冷胁迫处理后长势略好于 OsERF096-OX 转基因植株。游离脯氨酸及相对离子渗透率测量结果显示，转基因株系细胞游离脯氨酸含量减少，细胞膜通透性增加。综上，*OsERF096* 过表达降低了转基因植株幼苗期对冷胁迫的耐受性。

2. OsERF096-RNAi 增强转基因水稻冷胁迫耐受性

（1）OsERF096-RNAi 转基因水稻的获得

根据 *OsERF096* 序列，构建基因沉默载体 OsERF096-RNAi，OsERF096-siRNA 序列见图 3-4B。采用农杆菌介导法对水稻愈伤组织遗传转化，获得了抗性水稻植株 35 株，并对抗性植株进行 PCR 和 RT-PCR 的分子鉴定。经过连续两代的赤霉素筛选以及 PCR 鉴定，获得纯合转基因株系，随机选取若干纯合株系，进行 RT-PCR 鉴定。图 3-4D 结果显示，OsERF096-RNAi 转基因株系中 *OsERF096* 表达量降低，但降低倍数并不明显，可能是因为 *OsERF096* 本底表达较低，导致 RNAi 作用受限。

图 3-3　OsERF096-OX 转基因水稻幼苗期耐冷功能分析

A. OsERF096-OX 转基因水稻幼苗期冷胁迫表型；B/C. OsERF096-OX 转基因植株冷胁迫处理后游离脯氨酸含量/相对离子渗透率的测定；D. OsERF096-OX 转基因植株冷胁迫处理后存活率统计

（2）OsERF096-RNAi 转基因水稻萌发期冷胁迫耐受性提高

　　将野生型和 OsERF096-RNAi、OsERF096-OX 转基因水稻进行幼苗期冷胁迫处理，统计根长、芽长并拍照。结果如图 3-5 所示，冷胁迫处理下，OsERF096-RNAi 转基因水稻相较于野生型并未表现出显著的受抑制。芽长的统计显示 OsERF096-RNAi 转基因水稻与野生型分别为（2.25±0.31）cm、（2.19±0.29）cm，并无显著

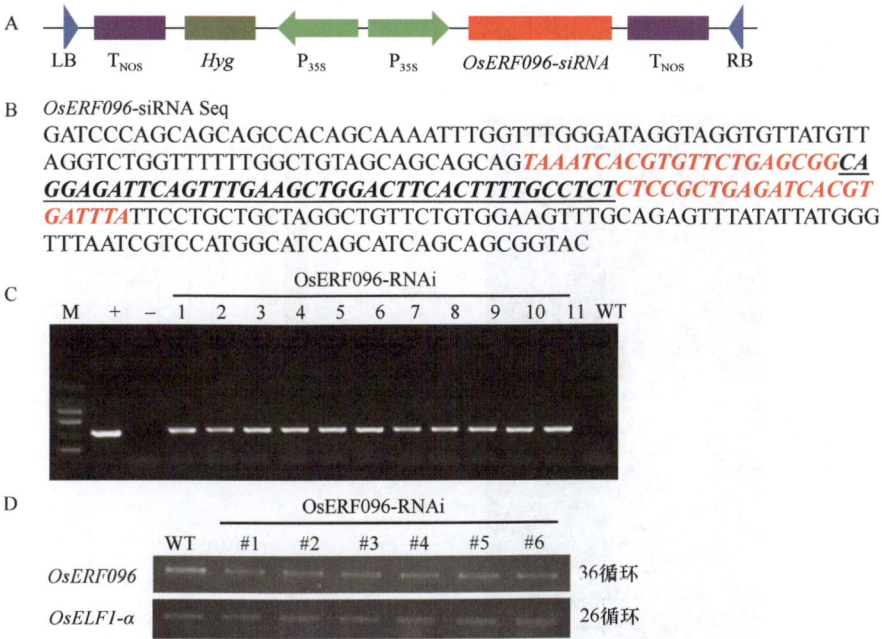

图 3-4 OsERF096-RNAi 转基因水稻的获得

A. OsERF096-RNAi 载体结构示意图；B. OsERF096-siRNA 序列，红色斜体为互补发卡结构，黑色下划线为 Loop 结构；C. OsERF096-RNAi 抗性植株 PCR 检测；D. 转基因植株 RT-PCR 检测

差异，但 OsERF096-RNAi 转基因水稻根长（2.8±0.31）cm，显著高于野生型的（2.59±0.35）cm。OsERF096-RNAi 和 OsERF096-OX 转基因水稻的冷胁迫结果显示，OsERF096-RNAi 株系冷胁迫后长势显著好于 OsERF096-OX 转基因株系，根长和芽长的统计结果显示，二者之间差异均为极显著。上述结果表明，OsERF096-RNAi 转基因株系一定程度上提高了转基因水稻萌发期的冷胁迫耐受性，数据统计相较于 OsERF096-OX 转基因株系均显著，说明 *OsERF096* 是水稻冷胁迫应答的负调因子。

（3）OsERF096-RNAi 转基因水稻幼苗期耐冷性评价

将野生型和 OsERF096-RNAi、OsERF096-OX 转基因水稻进行幼苗期冷胁迫处理。4℃处理后的野生型与转基因幼苗检测其游离脯氨酸及相对离子渗透率，恢复培养后统计存活率。结果如图 3-6 所示，OsERF096-OX 转基因水稻冷胁迫处理后长势不如野生型，生理指标检测后只有 *OsERF096* 过表达的 3 号株系存活率显著低于野生型，相对离子渗透率显著高于野生型，1 号株系及指标中的游离脯氨

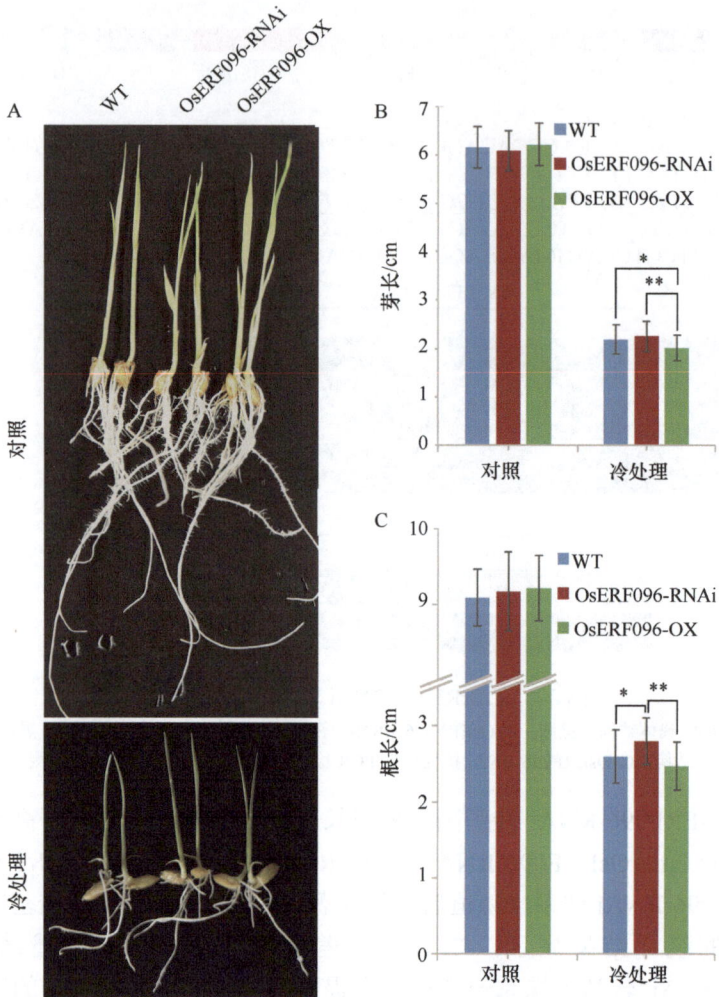

图 3-5 OsERF096-RNAi 转基因水稻萌发期耐冷功能分析

A. OsERF096-RNAi 转基因水稻萌发期冷胁迫表型；B/C. 转基因水稻冷胁迫处理芽长/根长统计

酸含量在统计学上并无显著性差异。OsERF096-RNAi 冷胁迫后相较于野生型在存活率、相对离子渗透率、游离脯氨酸含量等方面的统计数据并无显著性差异，但统计结果与 *OsERF096* 过表达株系相比，均表现出显著性。这表明 *OsERF096* 的功能可能与表达量紧密相关。OsERF096-RNAi 株系中 *OsERF096* 表达下调并不明显，这可能是造成 OsERF096-RNAi 表型与野生型无明显差异的主要原因。结合 OsERF096-RNAi 与 OsERF096-OX 转基因株系表型及指标检测结果，可以推断 *OsERF096* 负调水稻对冷胁迫的耐受性。

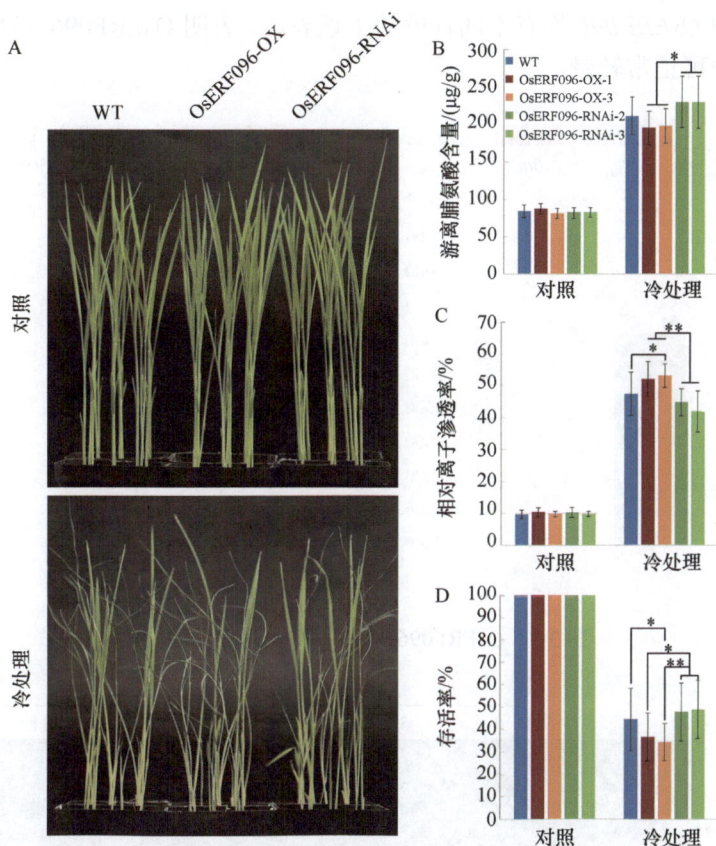

图 3-6   OsERF096-RNAi 转基因水稻幼苗期耐冷功能分析

A. OsERF096-RNAi 转基因水稻幼苗期冷胁迫表型；B/C. OsERF096-RNAi 转基因植株冷胁迫处理后游离脯氨酸含量/相对离子渗透率的测定；D. OsERF096-RNAi 转基因植株冷胁迫后存活率统计

3. OsERF096-ΔTM 过表达降低水稻冷胁迫耐受性

（1）OsERF096-ΔTM 转基因水稻的获得

考虑到 OsERF096 蛋白 C 端含有一个跨膜结构域（图 3-7C），全长蛋白定位于细胞膜，且无转录激活活性，所以构建了 C 端跨膜结构域缺失的 OsERF096-ΔTM 植物过表达载体。

将 OsERF096-ΔTM-OX 植物过表达载体，采用农杆菌介导法对水稻愈伤组织遗传转化，获得了抗性水稻植株 37 株，并对抗性植株进行 PCR 和 RT-PCR 的分子鉴定。图 3-8A 的 PCR 结果显示，目的片段已经整合到水稻基因组中。经过连续两代的固杀草筛选以及 PCR 鉴定，获得纯合转基因株系，随机选取若干纯合株系进行 RT-PCR 鉴定。图 3-8B 结果表明，相较于野生型，OsERF096-ΔTM-OX 转

基因株系中 *OsERF096* 均有不同程度的上调表达，表明 OsERF096-ΔTM 片段在转基因水稻中可正常转录。

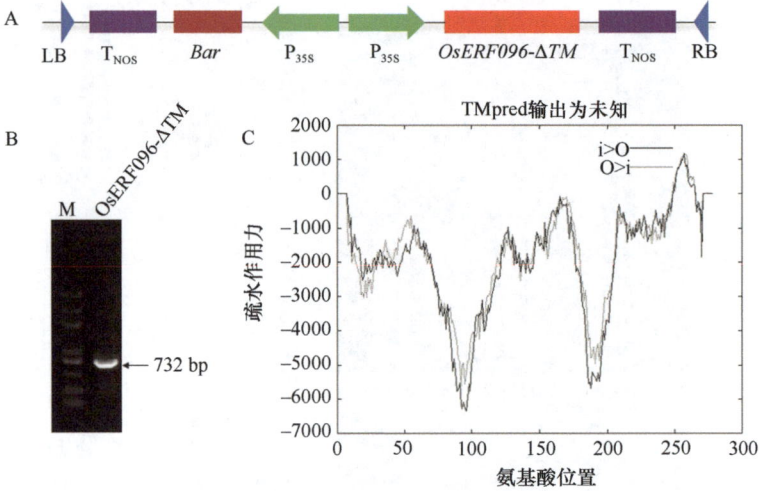

图 3-7　OsERF096-ΔTM-OX 表达载体的构建

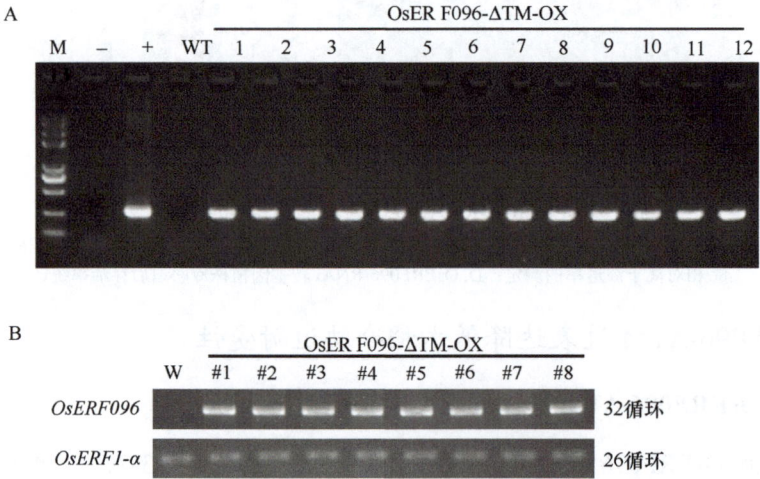

图 3-8　OsERF096-ΔTM-OX 转基因水稻的分子鉴定

A. OsERF096-ΔTM-OX 抗性植株 PCR 检测；B. OsERF096-ΔTM-OX 转基因植株中 *OsERF096* 表达量检测

（2）OsERF096-ΔTM 转基因水稻萌发期耐冷性降低

将野生型和 OsERF096-ΔTM-OX 转基因水稻进行萌发期冷胁迫处理。结果如图 3-9 所示，OsERF096-ΔTM 对水稻的转化并未影响正常情况下水稻幼苗生长，但在冷胁迫处理条件下，转基因水稻的生长较野生型显著受抑制。芽长数据统计结果显示，冷胁迫后野生型芽长为（2.26±0.33）cm，转基因水稻芽长分别为（2.01±0.26）cm、（2.09±0.2）cm，显著低于野生型；对根长的统计结果与芽长一致。表明 OsERF096-ΔTM 过表达降低了水稻萌发期对冷胁迫的耐受性。

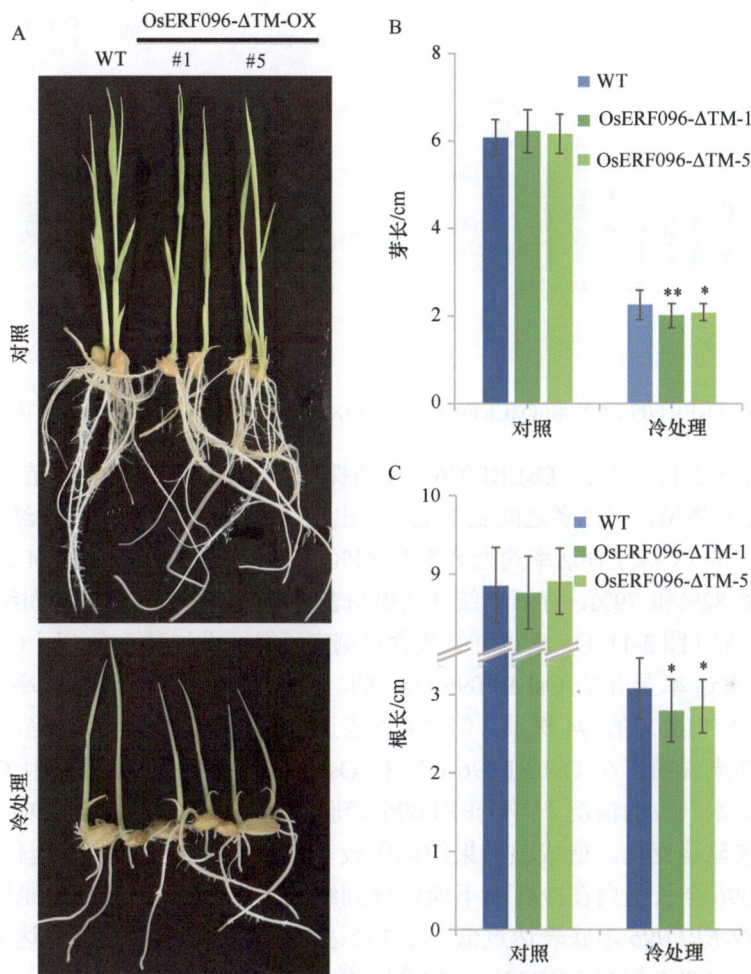

图 3-9　OsERF096-ΔTM-OX 转基因水稻萌发期耐冷功能分析

A. OsERF096-ΔTM-OX 转基因水稻萌发期冷胁迫表型；B/C. 转基因水稻冷胁迫处理芽长/根长统计

（3）OsERF096-ΔTM-OX 与 OsERF096-OX 转基因水稻耐冷性比较

由于 OsERF096 蛋白 C 端含有一个跨膜结构域，推测该结构域可能对 OsERF096 的功能具有未知的影响，所以选取 *OsERF096* 表达量相似的 OsERF096-OX 与 OsERF096-ΔTM-OX 转基因株系进行耐冷功能分析。通过对

OsERF096-OX 和 OsERF096-ΔTM-OX 转基因株系的 RT-PCR 检测，选取 OsERF096-OX-4/5/6 和 OsERF096-ΔTM-OX-2/3/4 共 6 个株系进行耐冷功能分析（图 3-10）。

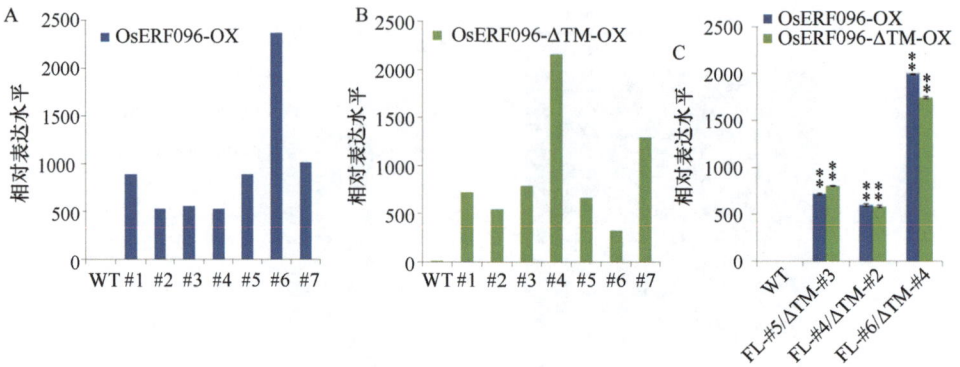

图 3-10　OsERF096-OX 和 OsERF096-ΔTM-OX 转基因水稻中 *OsERF096* 表达量检测

结果如图 3-11A 所示，OsERF096-OX 植株与 OsERF096-ΔTM-OX 植株冷胁迫后长势均弱于野生型，但二者之间表型上并未出现明显差异。存活率统计结果显示，2 个 OsERF096-OX 株系存活率约为 84%和 81%，略高于 OsERF096-ΔTM-OX 的 2 个株系存活率 82%和 79%，存活率统计结果与表达量呈负相关，但株系间统计数据并无显著性差异（图 3-11D）。游离脯氨酸含量测定所得结果与存活率相同（图 3-11B）。相对离子渗透率显示，OsERF096-OX 的 #4 株系相对离子渗透率显著低于 OsERF096-ΔTM-OX 的 #4 株系，但二者在表达量上有近 3 倍的差异（图 3-11C）。

上述结果说明，在 OsERF096-OX 和 OsERF096-ΔTM-OX 株系中 OsERF096 转录水平基本一致的情况下，OsERF096 跨膜结构域缺失，并未给 *OsERF096* 基因功能带来显著变化。造成该结果的原因较多，可能有 2 种：一是定位于细胞膜的 OsERF096 全长蛋白在冷胁迫下能转移到细胞核中，可正常行使转录因子功能；二是由于 *OsERF096* 本底表达过低，其过表达的转基因株系中基因表达倍数太高，弱化了 OsERF096 与 OsERF096-ΔTM 间功能的差异。

3.3.2　OsERF096 蛋白转录因子特性分析

在明确 *miR1320* 正调控水稻对冷胁迫的耐受性，OsERF096 负调控水稻耐冷性基础上进一步分析 *OsERF096* 的基因特性。AP2/ERF 转录因子是包含一个 AP2 DNA 结合结构域的庞大家族，OsERF096 是 AP2/ERF 转录因子家族成员之一。因此，接下来研究将重点关注 OsERF096 转录因子调控水稻冷胁迫应答的作用机制。

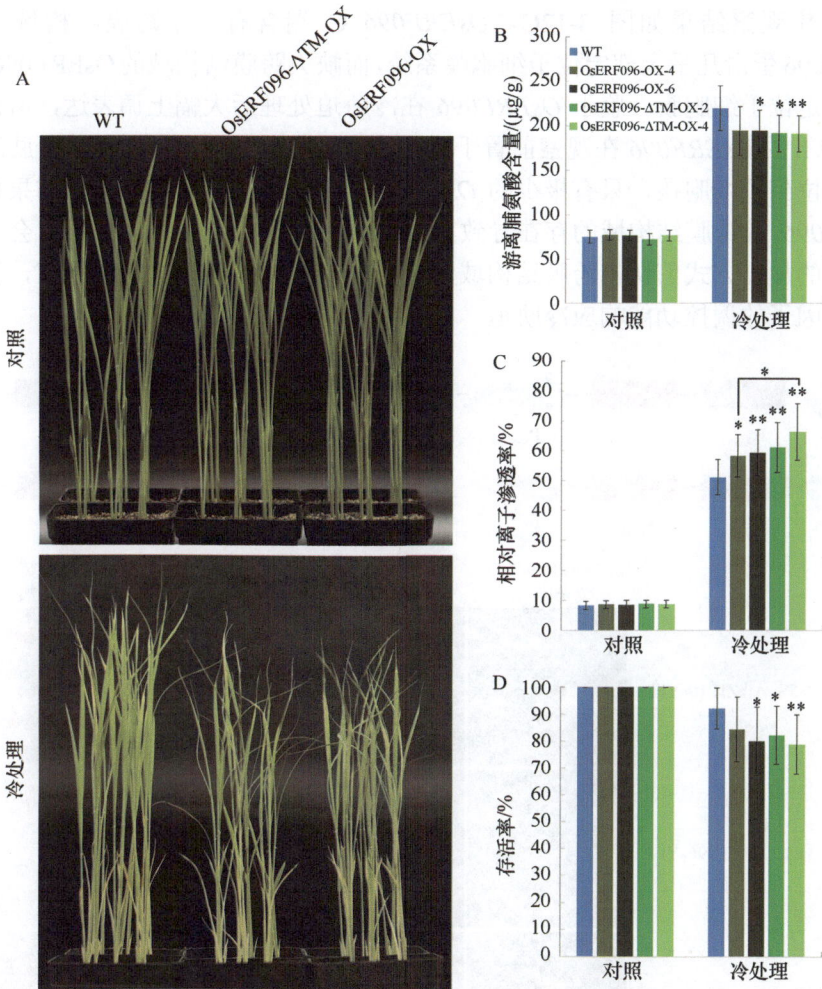

图 3-11 OsERF096-ΔTM-OX 转基因水稻幼苗期耐冷功能分析

A. OsERF096-ΔTM-OX 和 OsERF096-OX 转基因水稻幼苗期冷胁迫表型；B/C. OsERF096-ΔTM-OX 和
OsERF0967-OX 转基因植株冷胁迫处理后游离脯氨酸含量/相对离子渗透率的测定；D. OsERF096-ΔTM-OX 和
OsERF096-OX 转基因植株冷胁迫处理后存活率统计

1. OsERF096 蛋白亚细胞定位分析

（1）OsERF096.1 蛋白亚细胞定位分析

鉴于 OsERF096 存在一个跨膜结构域，所以构建了 OsERF096 和 OsERF096-ΔTM 亚细胞定位载体。根据 OsERF096 基因序列设计引物，将不含终止密码子的 OsERF096 和 OsERF096-ΔTM 构建到 pCAMBIA2300-35s N-term YFPU 植物表达载体上（图 3-12A，图 3-12B），以 AtbZIP10-YFP 为阳性对照转化原生质体，激光共聚焦观察结果如图 3-12C。*OsERF096* C 端含有一个跨膜结构域，导致 OsERF096 蛋白几乎全部定位于细胞膜系统,而缺失跨膜结构域的 OsERF096-ΔTM 则明显定位于细胞膜。鉴于 *OsERF096* 在冷胁迫处理后大幅上调表达，所以以将暗培养 12 h 的 *OsERF096* 在观察前置于冰上冷胁迫 1 h。*OsERF096* 经过冷胁迫后大部分定位到了细胞核，只有极少的 *OsERF096* 还滞留在膜系统。由该结果推测，*OsERF096* 其跨膜结构域的存在导致其定位于膜系统，在冷胁迫来临时会通过某种未知的加工方式剪切掉跨膜结构域，使得 *OsERF096* 可以进入细胞核，行使作为转录因子的调控功能响应冷胁迫。

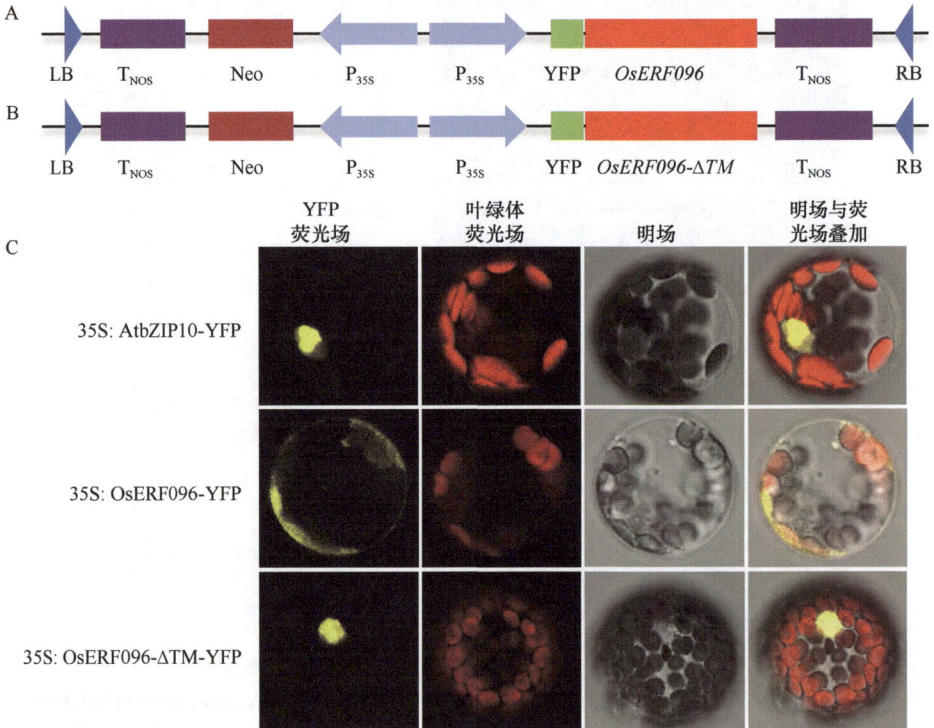

图 3-12　OsERF096 蛋白亚细胞定位分析

A/B. OsERF096/OsERF096-ΔTM 亚细胞定位载体构建示意图；C. OsERF096 蛋白亚细胞定位观察

进一步分析发现，*OsERF096* 基因共有两个转录本，分别是 *OsERF096.1*（主要转录本）和 *OsERF096.2*。如图 3-13 所示，通过对 OsERF096 蛋白序列进行分析发现，该蛋白具有 ERF 亚家族转录因子共有的 AP2 结构域（89~153 位氨基酸）。值得注意的是，*OsERF096.1* 编码 273 个氨基酸，其 C 端具有一个跨膜结构域；而 *OsERF096.2* 具有 246 个氨基酸，无 C 端跨膜结构域。

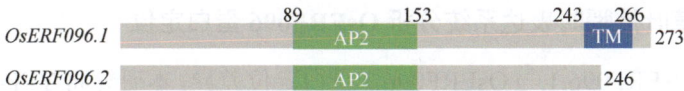

图 3-13　OsERF096 蛋白序列分析

本研究利用烟草瞬时表达和转基因水稻稳定表达 2 个系统进一步证明：*OsERF096.1* 定位于细胞核和膜系统；*OsERF096.2* 严格定位于细胞核；4℃冷胁迫 1 h，*OsERF096.1* 也严格定位于细胞核。

（2）OsERF096.2 亚细胞定位载体构建

本研究利用 USER™ 载体将不含终止密码子的 *OsERF096.2* 构建于 pCAMBIA230035s N-term-YFPU 植物表达载体。如图 3-14A 所示为 YFP-OsERF096.2 亚细胞定位载体构建示意图，以 '日本晴' 水稻 cDNA 为模板扩增 *OsERF096.2* 转录本，胶回收获得 *OsERF096.2* 转录本片段大小为 732 bp（图 3-14B）。如图 3-14C 所示，以 *OsERF096.2* 的 PCR 回收产物为模板作为菌落 PCR 的阳性对照，ddH$_2$O 为阴性对照，重组载体阳性单克隆菌落 PCR 扩增片段大小与阳性对照一致，说明 *OsERF096.2* 序列已成功插入 pCAMBIA230035s N-term-YFPU 载体相应位置。测序结果显示，*OsERF096.2* 的插入位置和方向正确无误，说明 YFP-OsERF096.2 亚细胞定位载体构建成功。

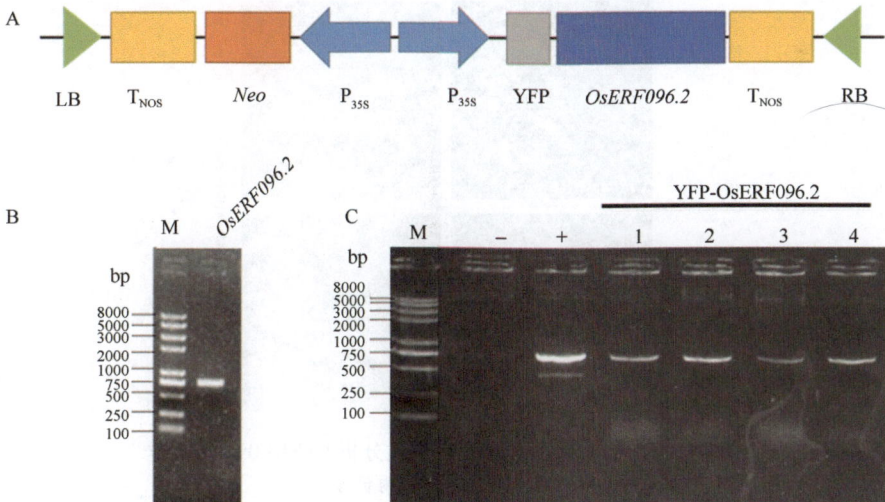

图 3-14　YFP-OsERF096.2 亚细胞定位载体构建

A：YFP-OsERF096.2 载体构建示意图；B：胶回收 OsERF096.2 片段；C：菌落 PCR 鉴定 YFP-OsERF096.2 载体。
M. DNA Marker；−. ddH$_2$O 为阴性对照；+. PCR 回收产物阳性对照；1~4. 阳性单菌落

（3）烟草叶片瞬时表达系统分析 OsERF096 蛋白定位

为研究 OsERF096.1 与 OsERF096.2 蛋白定位差异，本研究将 YFP-OsERF096.1 和 YFP-OsERF096.2 分别转化农杆菌感受态 LBA4404 中，使 YFP-OsERF096.1 和 YFP-OsERF096.2 在烟草叶片中瞬时表达。激光共聚焦显微镜观察结果如图 3-15 所示，YFP-OsERF096.2 严格定位于细胞核，而 YFP-OsERF096.1 除定位于细胞核外，还分布在内质网、细胞质膜等膜系统。

前期研究还发现，当缺失跨膜结构域后，OsERF096.1-ΔTM 严格定位于细胞核。为进一步研究冷胁迫对 OsERF096.1 蛋白定位的影响，本研究观察了 4℃冷胁迫 1 h 后烟草叶片中 YFP 荧光信号分布。结果显示，冷胁迫后，YFP-OsERF096.1 全部定位于细胞核，说明在冷胁迫下，膜定位的 YFP-OsERF096.1 可转移进入细胞核，以保证其发挥转录因子的转录调节活性。

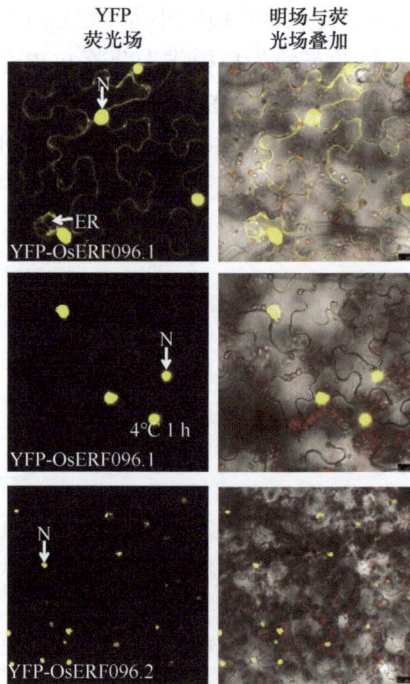

图 3-15　冷胁迫前后烟草瞬时表达分析 OsERF096 的定位
N：细胞核；ER：内质网

（4）转基因水稻稳定表达系统分析 OsERF096 蛋白定位

为排除瞬时表达系统中蛋白表达过量而导致定位不准确的可能性，本研究进一步分析了 YFP-OsERF096.1 转基因水稻稳定株系中的 OsERF096 蛋白定位。将

YFP-OsERF096.1 遗传转化至水稻，共获得 14 个 T₀ 代抗性苗，利用 YFP 基因特异性引物对上述抗性苗进行 PCR 检测。如图 3-16 所示，以 ddH₂O 和 WT 作为阴性对照，YFP-OsERF096.1 质粒为阳性对照，除 5、12 和 14 株系外，其他株系均扩增出与阳性对照一致的 537 bp 条带，说明 YFP-OsERF096.1 已成功整合到水稻基因组中。

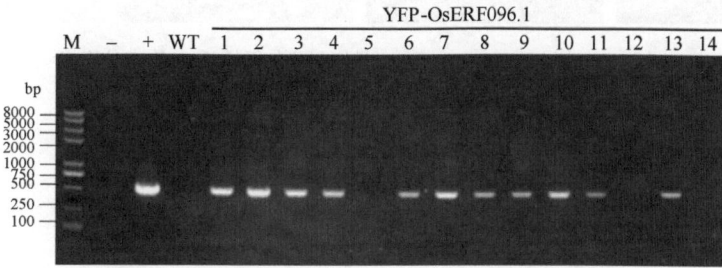

图 3-16　YFP-OsERF096.1 转基因水稻 PCR 检测

M. DNA Marker；−. ddH₂O 阴性对照；+. YFP-OsERF096.1 质粒阳性对照；WT. 野生型阴性对照；1~14. T₀ 代抗性苗样品

将上述 11 个转基因水稻株系的叶片提取 RNA（图 3-17），反转录合成 cDNA，采用 YFP 引物进行 RT-PCR 检测。结果如图 3-18 所示，11 个转基因水稻株系均扩增出亮度不一的条带，其中 3、7 和 11 株系的表达量较高。利用激光共聚焦显微镜观察上述 YFP-OsERF096.1 转基因材料里的荧光，YFP-OsERF096.1 定位在细胞核、内质网和细胞质膜等系统均检测到了 YFP 荧光信号（图 3-19）。说明 YFP-OsERF096.1 转基因水稻稳定表达系统的定位与烟草瞬时表达系统一致。

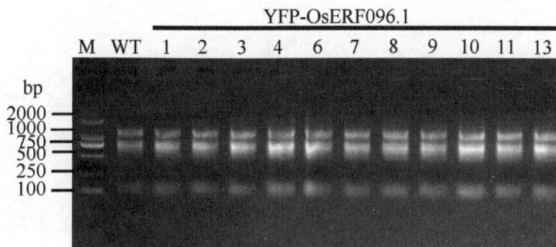

图 3-17　YFP-OsERF096.1 转基因水稻总 RNA 提取电泳检测

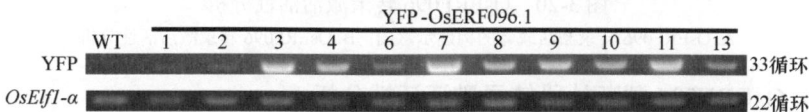

图 3-18　YFP-OsERF096.1 转基因水稻的 RT-PCR 检测

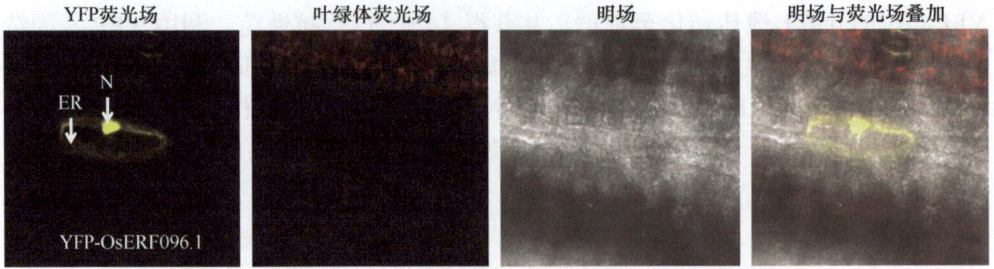

图 3-19　OsERF096.1-YFP 在转基因水稻株系中的定位分析

N. 细胞核；ER. 内质网

2. OsERF096 转录激活特性分析

（1）OsERF096 转录激活活性分析

　　虽然亚细胞定位显示 OsERF096 全长定位于细胞膜系统，但是考虑到极少数转录因子发挥功能并不严格要求定位于细胞核，因此，本研究对 OsERF096 转录激活活性进一步分析。将 OsERF096 构建到 pGBKT7-BD 载体（图 3-20A），然后转化至酵母 AH109 中。结果如图 3-20B 所示，pGBKT7-OsERF096 转化菌株不能在 SD/-Trp-His 培养基上正常生长。这说明 OsERF096 全长蛋白在酵母体内无法进行转录激活，此结果与其亚细胞定位结果相吻合，表明 OsERF096 和大多数转录因子类似，行使功能需要有正确的细胞定位。

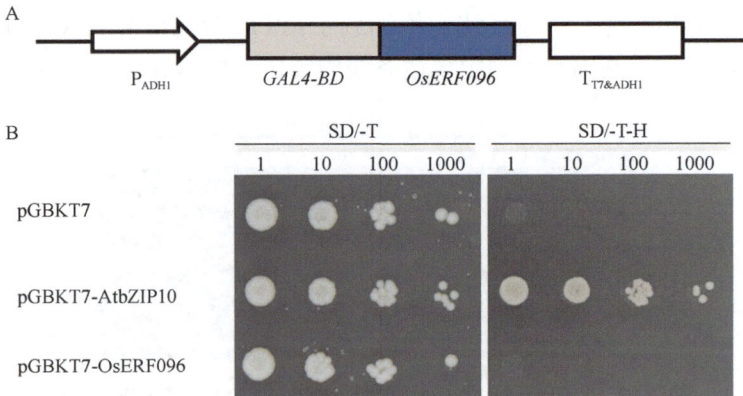

图 3-20　OsERF096 转录激活活性分析

A. OsERF096 转录激活载体的构建示意图；B. OsERF096 转录激活活性分析

（2）OsERF096 截断片段转录激活活性分析

　　我们猜测，OsERF096 全长蛋白定位在膜系统，在酵母体内无法进入细胞核，导致其没有转录激活活性。而 OsERF096-ΔTM 可定位于细胞核，那么其是否具有转录激活活性？为验证这一猜想，我们对 OsERF096 的蛋白结构进行了分析。OsERF096 全长有 273 个氨基酸，其包含的 AP2 结构域位于 89~153 个氨基酸处，因此，我们对其做了如图 3-21A 的截断，并将不同的 OsERF096 片段转化至酵母 AH109 中。

结果如图 3-21B 所示，当缺失跨膜结构域之后，pGBKT7-OsERF096-N-244 可在 SD/-Trp-His 培养基上生长，说明 OsERF096-ΔTM 是具有转录激活活性的。但继续缺失的 OsERF096-N-158 却失去了转录激活活性，而 OsERF096-87 又出现了激活活性，Colony-lift Filter Assay 检测报告基因 *LacZ* 的活性结果也呈现一样的结果。由该结果推测，OsERF096 的 N 端前 87 个氨基酸蛋白片段是 OsERF096 转录激活必不可少结构区域，OsERF096 的 AP2 结构域可能存在对转录激活活性抑制的结构，而 OsERF096-244 由于比 OsERF096-158 多了 86 个氨基酸，可能改变了蛋白结构，从而减小了 AP2 结构域对 N 端转录激活结构域的抑制作用，使得 OsERF096-244 表现出相较于 OsERF096-87 微弱一些的转录激活活性。这一结果暗示了 OsERF096 的 4 个片段在 OsERF096 行使转录因子功能过程中都具有重要作用。

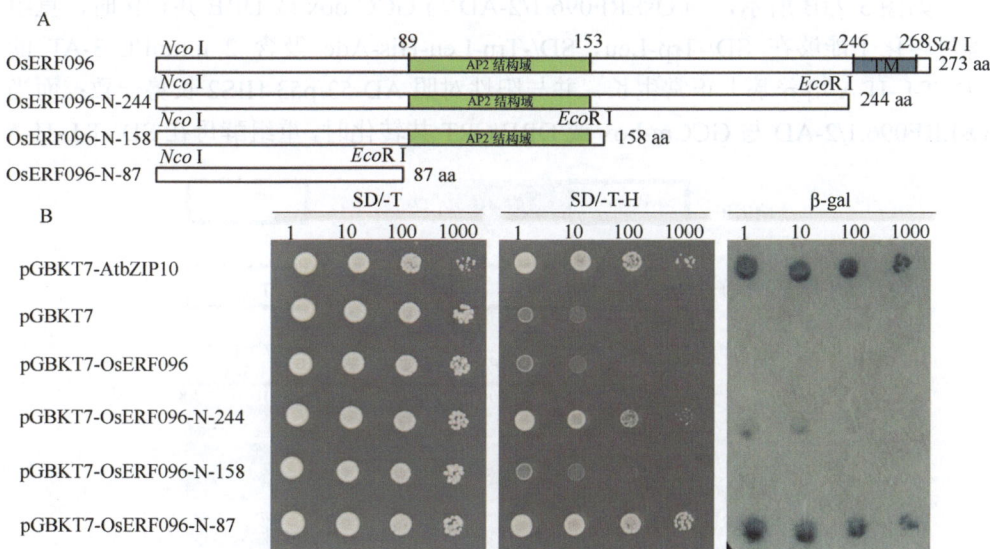

图 3-21　OsERF096 截断片段转录激活活性分析

A. OsERF096 蛋白不同缺失片段示意图；B. 通过报告基因 HIS 活性确定 OsERF096 转录激活区

3. OsERF096 与 GCC-box 和 DRE/CRT 元件结合分析

目前已有研究报道，AP2/ERF 转录因子家族成员可与 GCC-box 和 DRE/CRT 顺式元件结合，调控靶基因的表达（Fales，1951）。本研究利用酵母单杂交 Y1H 和双萤光素酶报告系统 LUC 证实了 OsERF096 能够与 GCC-box 和 DRE/CRT 元件结合。

（1）Y1H 分析 OsERF096 与 GCC-box 和 DRE/CRT 元件结合

本研究首先通过 Y1H 实验分析 OsERF096 与 GCC-box 和 DRE/CRT 元件的结合活性。如图 3-22 所示，GCC-box 核心序列为 AGCCGCC，将其关键碱基进行突变记为 GCCm（AACCGCC）；DRE 元件核心序列为 ACCGAC，突变序列 mDRE 为 ATTGAC（图 3-22）。将上述元件核心序列重复 3 次，克隆到 pHIS2 载体做为报告载体，将 OsERF096.1 和 OsERF096.2 分别构建到 pGADT7 载体作为效应载体（图 3-23A）。

GCC   -AATTCT**AGCCGCC**G**AGCCGCC**G**AGCCGCC**GAGCT-

mGCC -AATTCT**AACCGCC**G**AACCGCC**G**AACCGCC**GAGCT-

DRE   -AATTCT**ACCGAC**ATT**ACCGAC**ATT**ACCGAC**ATGAGCT-

mDRE -AATTCT**ATTGAC**ATT**ATTGAC**ATT**ATTGAC**ATGAGCT-

图 3-22　GCC/DRE 和 mGCC/DRE 元件突变示意图

如图 3-23B 所示，当 OsERF096.1/2-AD 与 GCC-box 或 DRE 共转化时，重组酵母转化子能够在 SD/-Trp-Leu、SD/-Trp-Leu-His-Ade 及含 2 mmol/L 3-AT 的 SD/-T-L-H-A 培养基上正常生长，并与阳性对照 AD-53/p53-HIS2 长势一致；而当 OsERF096.1/2-AD 与 GCCm-box 或 DRE/CRT 共转化时，重组酵母在 SD/-T-L-H-A

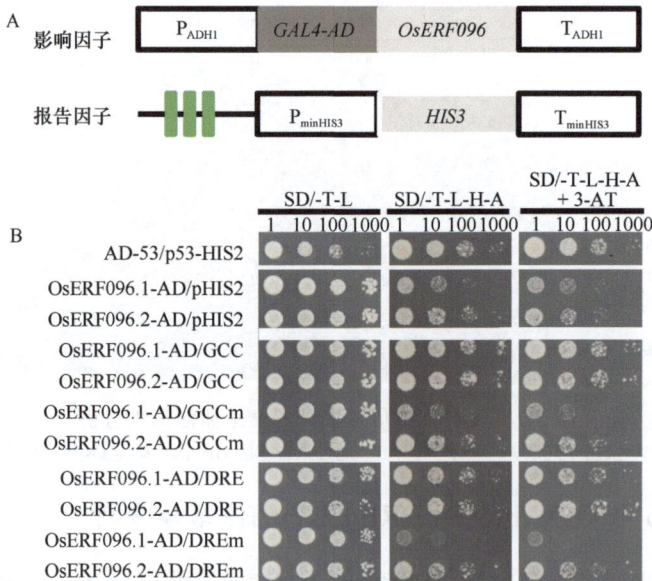

图 3-23　OsERF096 与 GCC-box 和 DRE/CRT 元件结合特性分析

A. 酵母载体示意图；B. Y1H 验证 OsERF096 与 GCC-box 和 DRE/CRT 元件结合特性

和 SD/-T-L-H-A+2 mmol/L 3-AT 培养基上的长势明显变弱。这一结果说明 OsERF096.1 和 OsERF096.2 能够识别 GCC-box 和 DRE/CRT 元件并与之结合，激活报告基因的表达。

（2）LUC 分析 OsERF096 与 GCC-box 和 DRE/CRT 元件结合

为验证 OsERF096 的反式激活活性和结合的 DNA 元件，采用 LUC 进一步分析 OsERF096 与 GCC-box 和 DRE/CRT 元件结合活性。将 3 个 GCC-box 和 DRE/CRT 或 mGCC-box 和 mDRE/CRT 元件序列插入 pGreen II 0800-LUC 载体中 FLUC 报告基因的上游，作为报告载体，使用 OsERF096-OE 作为效应载体（图 3-24A）。将报告载体和效应载体转化至农杆菌感受态 GV3101 中，注射到烟草后通过活体成像分析表明，GCC-box 和 DRE/CRT 元件与 OsERF096-OE 共注射的烟草生物发光更亮（图 3-24B）。同时图 3-25 的定量分析也表明，共注射 OsERF096-OE 与

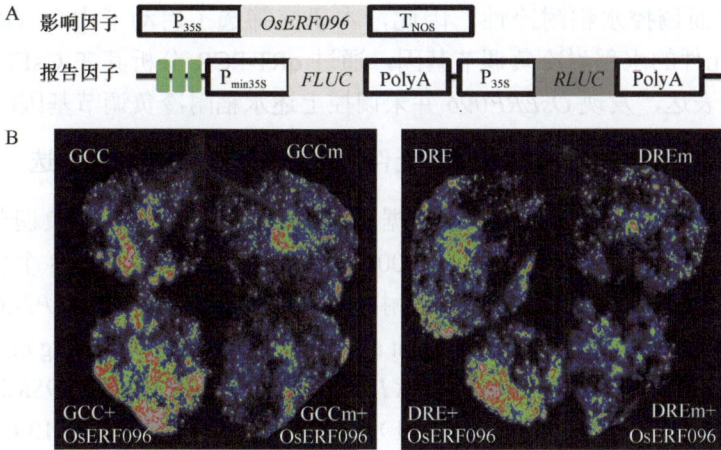

图 3-24 双萤光素酶定性分析 OsERF096 与 GCC-box 和 DRE/CRT 元件结合活性

A. LUC 载体示意图；B. 烟草注射活体成像

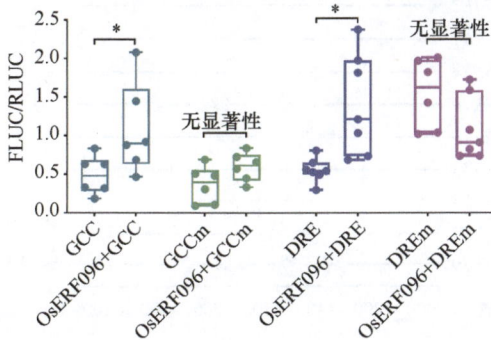

图 3-25 双萤光素酶定量分析 OsERF096 与 GCC-box 和 DRE/CRT 元件结合特性

GCC-box 的 FLUC/RLUC 值显著高于单注射 GCC-box，然而 OsERF096-OE 与 mGCC-box 共注射的比值无显著变化；共注射 OsERF096-OE 与 DRE/CRT 的结果 与 GCC-box 相似。上述结果说明，OsERF096 可与 GCC-box 和 DRE/CRT 顺式作 用元件结合，并激活植物体内 FLUC 基因的表达。

3.3.3 OsERF096 转基因水稻冷胁迫 RNA-seq 分析

1. *OsERF096* 调控的水稻耐冷负调节基因筛选

诸多研究表明，AP2/ERF 转录因子正调控植物逆境胁迫（陈悦等，2022）。研究发现 OsERF096 具有转录激活功能，且负调控水稻耐冷性。已有研究报道，OsDERF1 和 OsERF109 通过直接上调两个负调节因子 OsERF3 和 OsAP2-39 的表达，进而降低水稻耐旱性。因此推测 *OsERF096* 可能靶向并激活冷胁迫应答的负调控基因进而调控水稻耐冷性。因此，本研究筛选了启动子中含 GCC-box 和 DRE/CRT 元件的水稻耐冷负调节基因，通过 qRT-PCR 分析其在 OsERF096 转基因水稻中的表达，发现 *OsERF096* 并未调控上述水稻耐冷负调节基因的表达。

（1）含 GCC-box 和 DRE/CRT 元件的水稻耐冷负调节基因筛选

本研究利用国家水稻数据中心数据库检索已报道的水稻耐冷负调节基因，通过 New PLACE 对其启动子序列（–2000 bp）进行分析，共筛选出 8 个启动子中含有 GCC-box 和 DRE/CRT 元件的水稻耐冷负调节基因，分别是 *OsAP2-39*（Rehman and Mahmood，2015）、*OsERF3*（Wan et al.，2011）、*OsMYB30*（Zhang et al.，2013）、*OsWRKY53*（Lv et al.，2017）、*OsCRK10*（田晓杰等，2021）、*OsOSK24*（田晓杰 等，2021）、*OsLRK1*（田晓杰等，2021）和 *OsGRX10*（王艳丽，2013）。如图 3-26

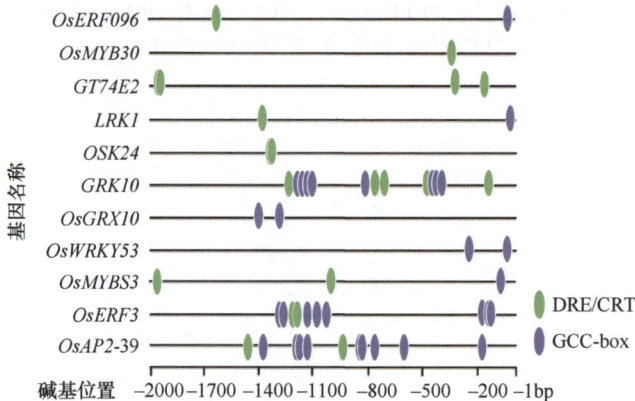

图 3-26 水稻耐冷负调节基因启动子 GCC-box 和 DRE/CRT 元件分布示意图

所示，*OsMYB30* 启动子中只包含一个 DRE/CRT 元件，*OsWRKY53* 和 *OsGRX10* 启动子中均包含 2 个 GCC-box 元件，*OsCRK10* 启动子中包含 5 个 DRE/CRT 元件和 8 个 GCC-box 元件，*OsOSK24* 仅有 2 个 DRE/CRT 元件，*OsLRK1* 启动子中包含 1 个 DRE/CRT 元件和 1 个 GCC-box 元件，*OsAP2-39* 启动子包含 2 个 DRE/CRT 元件和 9 个 GCC-box 元件，*OsERF3* 启动子中包含 2 个 DRE/CRT 元件和 8 个 GCC-box 元件。

（2）水稻耐冷负调节基因在 OsERF096 转基因株系中的表达分析

本研究通过 qRT-PCR 验证上述 8 个水稻耐冷负调节基因在冷胁迫下 OsERF096 转基因水稻中的表达。结果如图 3-27 所示，冷胁迫前后 *OsMYB30* 的表达在野生型、OsERF096-KD 和 OsERF096-OE 中并未发生显著变化（图 3-27A）；冷胁迫前 *OsWRKY53* 在野生型、OsERF096-KD 和 OsERF096-OE 中的整体表达量较低，冷胁迫后，*OsWRKY53* 在各株系中表达量均大幅度上升，但三个株系间并无显著性差异（图 3-27B）；冷胁迫前，*OsGRX10* 的表达在 OsERF096-KD 中显著高于野生型和 OsERF096-OE，冷胁迫后，*OsGRX10* 的表达在 OsERF096-KD 中下调（图 3-27C）；冷胁迫前，*OsCRK10* 在野生型、OsERF096-KD 和 OsERF096-OE 中的表达较低，且其在 OsERF096-KD 和 OsERF096-OE 中的表达低于野生型，而冷胁迫后，*OsCRK10* 在 3 个株系中的表达整体升高，且其在野生型和 OsERF096-KD 中的表达远高于 OsERF096-OE（图 3-27D）；冷胁迫前后，*OsOSK24* 在野生型、OsERF096-KD 和 OsERF096-OE 中的表达均无显著变化（图 3-27E）；

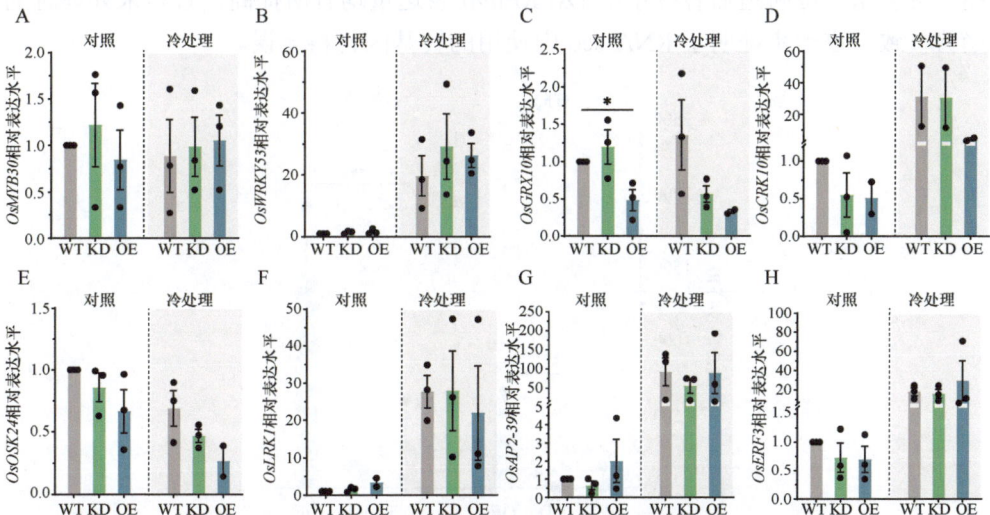

图 3-27　*OsERF096* 转基因株系中负调节基因的表达验证

WT. 野生型水稻；KD. OsERF096-KD 水稻；OE. OsERF096-OE 水稻

冷胁迫前，*OsLRK1* 在野生型、OsERF096-KD 和 OsERF096-OE 中的表达较低，但相对来说，其在 OsERF096-OE 中的表达要高于野生型和 OsERF096-KD，冷胁迫后 *OsLRK1* 在 3 个株系中的表达均显著上调，但三者之间并无显著性差异（图3-27F）；冷胁迫前，*OsAP2-39* 和 *OsERF3* 基因在野生型、OsERF096-KD 和 OsERF096-OE 的表达较低，而冷胁迫后，*OsAP2-39* 和 *OsERF3* 基因在 3 个株系中的表达上调 100 倍和 20 倍（图 3-27G/H）。以上结果表明 *OsERF096* 并未调控上述负调节基因的表达。

2. OsERF096 转基因水稻冷胁迫 RNA-seq 分析

为进一步研究 *OsERF096* 参与的冷胁迫应答途径，本研究对 OsERF096 转基因水稻进行冷胁迫 RNA-seq 数据分析。

（1）测序样品质控分析

实验室前期研究发现 OsERF096 转基因水稻在 4℃冷胁迫 12 h 时表达水平达到最高。故本研究对未处理（no treatment，NT）及冷胁迫（cold treatment，CT）12 h 的野生型、OsERF096-KD 和 OsERF096-OE 3 叶期水稻幼苗进行 RNA-seq。每个株系每个处理设置 3 次生物学重复。送交青岛百迈客生物科技有限公司进行 RNA-seq 测序。

RNA-seq 数据中不同转基因材料冷胁迫前后 *OsERF096* 的 FPKM 值，如图 3-28 所示。未处理时，OsERF096-KD 的 FPKM 值低于野生型，而 OsERF096-OE 则远高于野生型；冷胁迫后各株系中 *OsERF096* 表达量均有所提高，且与未处理时的趋势一致，进一步证明了 RNA-seq 中使用的转基因材料无误。

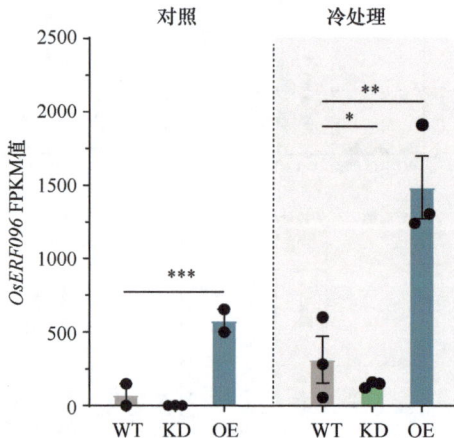

图 3-28 冷胁迫前后 *OsERF096* 表达量分析

WT. 野生型水稻；KD. OsERF096-KD 水稻；OE. OsERF096-OE 水稻

已有研究报道 *OsDREB1A/1B*、*OsTPP1/2*、*OsMYB2/4* 等基因均响应冷胁迫，并起到正调控的作用（Liu et al., 2018; Zhang et al., 2017a; Ito et al., 2006; Nakashima et al., 2007; Mega et al., 2015），基于这些发现，本研究进一步分析了这些基因在 RNA-seq 数据中的表达情况。这些逆境胁迫关键基因冷胁迫前后在野生型水稻中的表达量，如图 3-29 所示，各个胁迫响应的关键基因表达均显著上调，表明本研究所采用的冷胁迫方式有效。

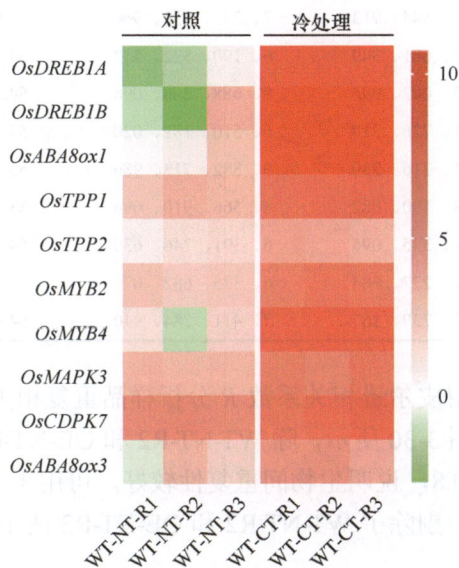

图 3-29　冷胁迫前后水稻胁迫关键基因表达量分析

Illumina 平台对野生型、OsERF096-KD 和 OsERF096-OE 3 叶期水稻幼苗叶片 18 个样品的总 RNA 进行测序。如表 3-4 所示，从原始片段中过滤获得 clean reads，每个样本均产生超过 2000 万个读数。每个样本均获得超过 60 亿个 clean data 总碱基数，为了评估 RNA-seq 的测序质量，FastQ 软件处理获得每个碱基分配质量得分（Q）。每个样品的测序 Q30 均高于 92%，GC 含量达到 50% 以上，表明测序数据质量较高。最后利用所选的参考基因组，通过多个数据库（NCBI、GO、KEGG）对表达的基因和转录本进行注释。

表 3-4　冷胁迫前后水稻胁迫关键基因表达量分析

样品编号	有效测序片段	有效数据	GC 含量/%	质量分数≥Q30/%
WT-NT-R1	20、189、203	6、027、714、038	59.07	92.78
WT-NT-R2	21、549、913	6、450、308、800	57.94	92.77
WT-NT-R3	22、366、053	6、695、771、928	56.76	93.24
WT-CT-R1	21、898、325	6、556、979、568	57.30	92.95

续表

样品编号	有效测序片段	有效数据	GC 含量/%	质量分数≥Q30/%
WT-CT-R2	21、810、010	6、527、120、120	57.80	93.15
WT-CT-R3	21、933、858	6、561、498、488	57.64	93.21
KD-NT-R1	27、634、295	8、278、087、638	56.95	93.39
KD-NT-R2	27、189、139	8、147、888、472	56.57	93.32
KD-NT-R3	26、204、411	7、849、644、068	56.79	93.16
KD-CT-R1	24、544、913	7、345、932、966	56.98	92.78
KD-CT-R2	20、661、349	6、190、522、552	54.10	92.44
KD-CT-R3	29、002、996	8、688、886、098	54.19	92.67
OE-NT-R1	21、726、310	6、510、182、020	53.99	92.15
OE-NT-R2	31、316、239	9、382、713、986	53.79	92.34
OE-NT-R3	28、590、082	8、566、910、096	53.44	93.03
OE-CT-R1	21、335、095	6、391、246、630	54.15	92.92
OE-CT-R2	21、277、684	6、375、682、070	54.27	92.84
OE-CT-R3	24、739、167	7、411、784、940	54.05	92.57

本研究进一步利用皮尔逊相关系数 R 分析样品重复相关性。R^2 越接近于 1，样品相关性越强。如图 3-30 所示，除 WT-NT-R2 和 OE-NT-R3 两个样品的 $R^2<0.8$ 外，其他样品的 $R^2 \geqslant 0.8$，说明生物间重复性较好，可用于下一步 DEG 分析。因此，本研究后续分析中剔除了 WT-NT-R2 和 OE-NT-R3 两个样本数据。

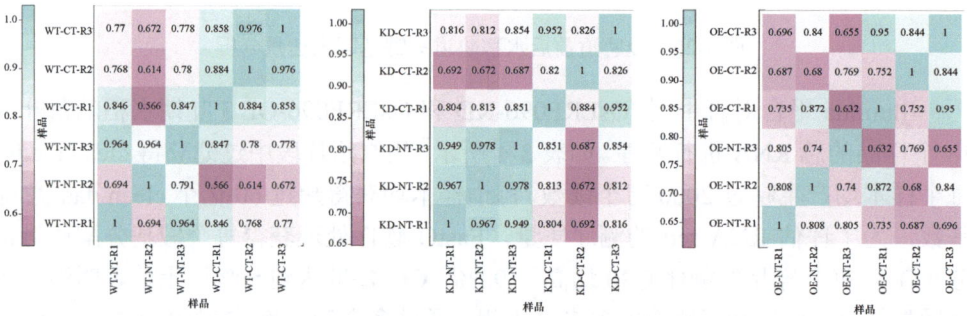

图 3-30　测序样品重复相关性分析

图 3-31A 所示为个样品 FPKM 密度分布对比图，16 个样品的平均 $\log_{10}$（FPKM）都在-2.5~2.5。如图 3-31B 所示，通过箱线图检测数据分布程度，发现 OE-NT、OE-CT、KD-NT、KD-CT、WT-NT 和 WT-CT 处理的各重复之间离散程度相似，具有较高重复性。

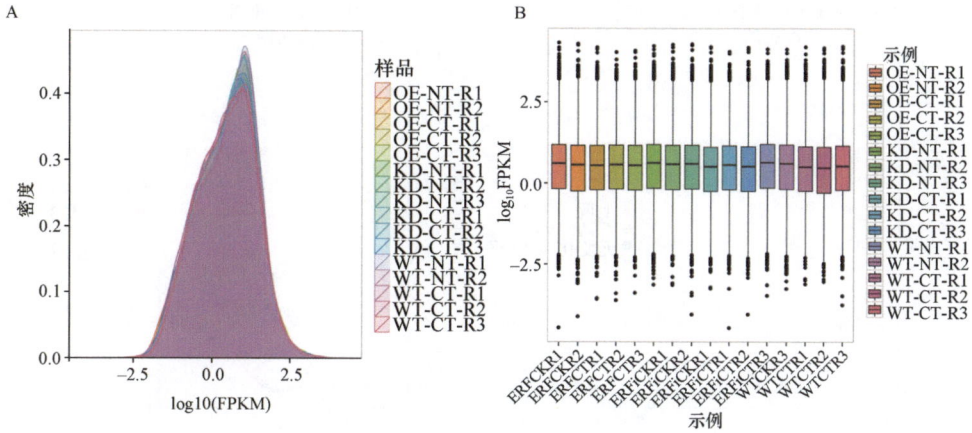

图 3-31　RNA-seq 样品基因表达量分布

A. 各样品 FPKM 密度图；B. 各样品 FPKM 箱线图

（2）差异表达基因数目统计

利用 DESeq2 法筛选冷胁迫前后 OsERF096-KD、OsERF096-OE 与野生型之间的差异表达基因（DEG），用于 GO 和 KEGG 富集分析。差异表达基因数量统计如表 3-5 所示，以 WT-NT 为对照，KD-NT 共有 286 个 DEG，OE-NT 中有 403 个 DEG。与 WT-CT 相比，KD-CT 共有 3243 个 DEG，OE-CT 共有 1498 个 DEG。综上，与 WT 相比，KD-NT 的差异表达基因数小于 OE-NT，KD-CT 差异表达基因数远大于 OE-NT。冷胁迫后 DEG 数 KD＞WT＞OE，说明冷胁迫下 OsERF096-KD 对基因表达的影响较大。

表 3-5　差异表达基因数量统计

差异分组	差异表达基因数
WT-NT 比 KD-NT	286
WT-NT 比 OE-NT	403
WT-CT 比 KD-CT	3243
WT-CT 比 OE-CT	1498

根据差异倍数（FC）变化值将差异表达基因中上调和下调的基因数目进行统计和分析，如图 3-32 所示，以 WT-NT 为对照，KD-NT 中上调 DEG 92 个，下调 DEG 194 个（图 3-32A）；OE-NT 中上调 DEG 123 个，下调 DEG 280 个（图 3-32B）。与 WT-CT 相比，KD-CT 中上调 DEG 1936 个，下调 DEG 1307 个（图 3-32C）；OE-CT 中上调 DEG 1087 个，下调 DEG 411 个（图 3-32D）。综上结果发现，冷胁迫后 DEG 数显著增加，并且上调 DEG 数显著高于下调 DEG 数，表明冷胁迫对基因表达产生较大影响。

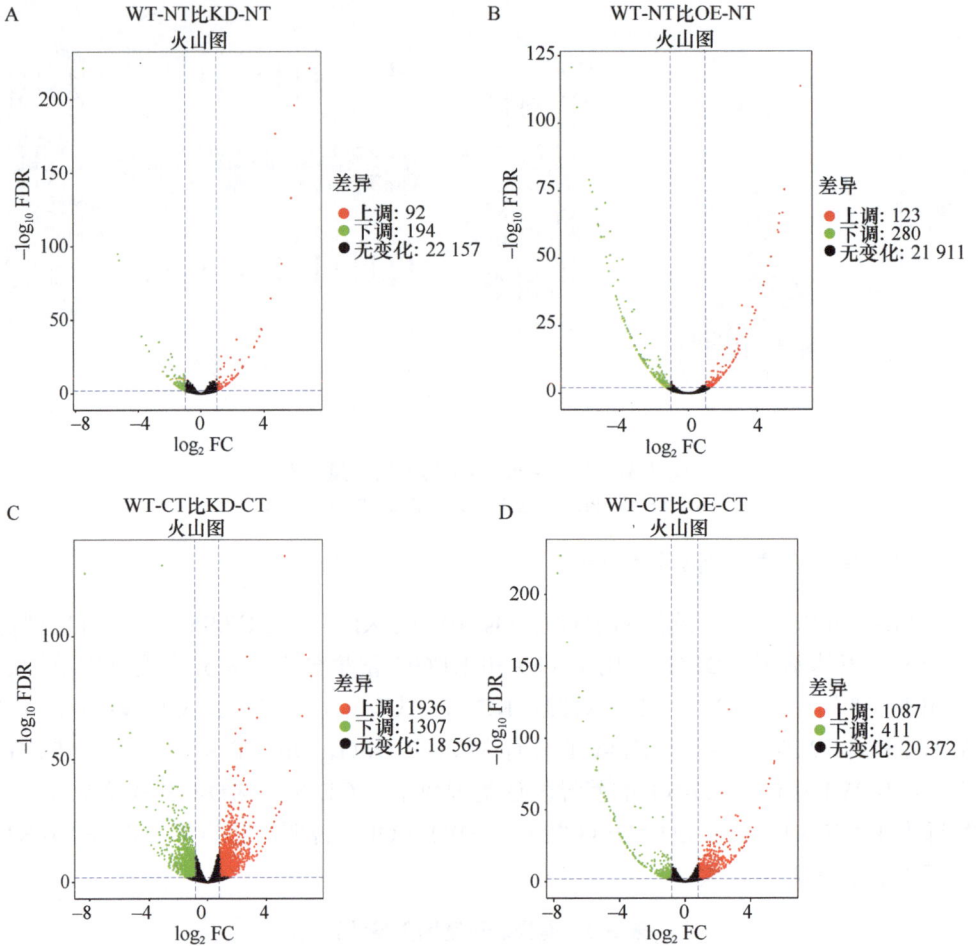

图 3-32 差异表达基因上/下调数目统计

3.3.4 *OsERF096* 调控冷胁迫下 ROS 平衡、糖代谢和激素合成

1. GO 富集发现 *OsERF096* 调控冷胁迫下 ROS 平衡

为深入研究 *OsERF096* 调控冷胁迫应答的信号途径，本研究对冷胁迫处理后 OsERF096-KD 和 OsERF096-OE 转基因株系中的差异表达基因进行了 GO 富集分析，发现其显著富集到了氧化还原进程。进一步结合 NBT 染色及抗氧化酶活测定，明确 *OsERF096* 参与调控冷胁迫下 ROS 平衡。

（1）差异表达基因 GO 富集分析

本研究对冷胁迫下 *OsERF096* 转基因株系中的差异表达基因进行 GO 富集分

析。如图 3-33 所示，以 WT-CT 为对照，KD-CT 和 OE-CT 中分别有 3423 和 1498 个 DEG；以 KD-CT 为对照，OE-CT 中有 909 个 DEG。

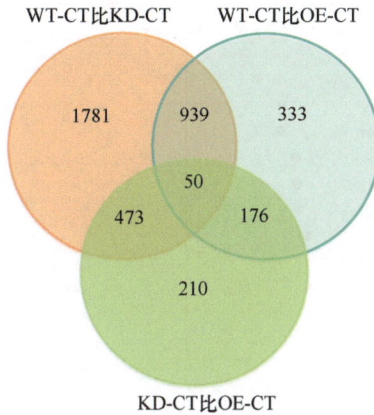

图 3-33　差异表达基因维恩图

将上述差异表达基因取并集进行 GO 注释富集分析，结果如图 3-34A 所示，GO term 的富集包括 21 个生物学过程（biological process）、15 个细胞组分（cellular component）和 14 个分子功能（molecular function），其中在分子功能中较多的差

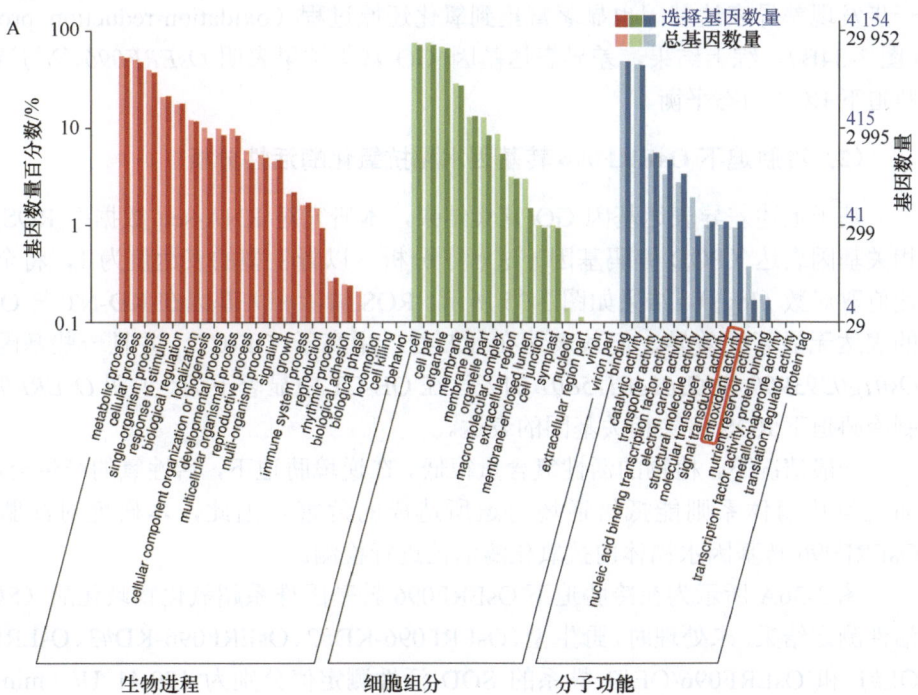

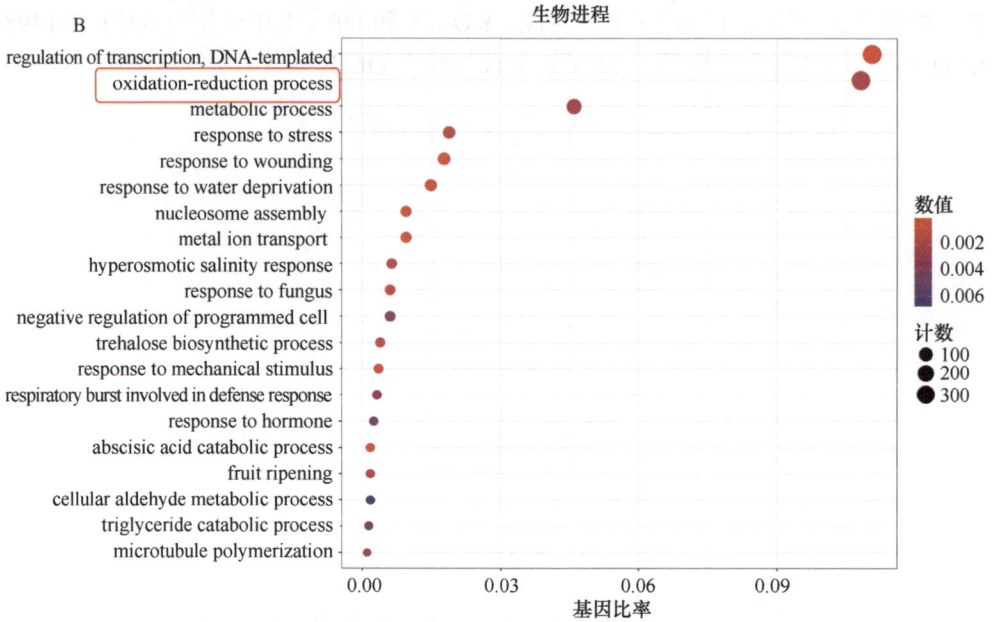

图 3-34　差异表达基因 GO 富集分析

异表达基因富集到抗氧化活性（antioxidant activity）。生物学过程 GO term 分析进一步发现差异表达基因也显著富集到氧化还原过程（oxidation-reduction process）（图 3-34B）。综上结果，差异表达基因 GO 富集结果表明 *OsERF096* 参与调节冷胁迫下 ROS 动态平衡。

（2）冷胁迫下 OsERF096 转基因水稻抗氧化酶活性分析

基于上述差异表达基因 GO 富集结果，本研究对 RNA-seq 数据中 ROS 清除相关基因表达（POD 编码基因）进行了分析。以野生型的表达值为 1，将全部表达值取对数（$\log_2$），结果如图 3-35 所示，ROS 清除相关基因在 KD-NT 与 OE-NT 的表达无显著性差异，但其表达在 KD-CT 中高于 OE-CT，并且一些基因，如 *Os01g0293900* 和 *Os02g0115801* 的表达在 OE-CT 中显著下调。说明 *OsERF096* 抑制冷胁迫下 ROS 清除相关基因的表达。

一般情况下，植物的活性氧含量很低。在逆境胁迫下，活性氧的产生会增多，而抗氧化酶体系则能抵抗逆境胁迫所造成的危害。因此，本研究对冷胁迫下 OsERF096 转基因水稻体内抗氧化酶活性进行检测。

图 3-36A 所示为在冷胁迫下 OsERF096 转基因株系超氧化物歧化酶（SOD）活性测定结果。未处理时,野生型、OsERF096-KD#2、OsERF096-KD#3、OsERF096-OE#1 和 OsERF096-OE#3 株系的 SOD 活性测定值分别为 179.41 U/（min·g）、

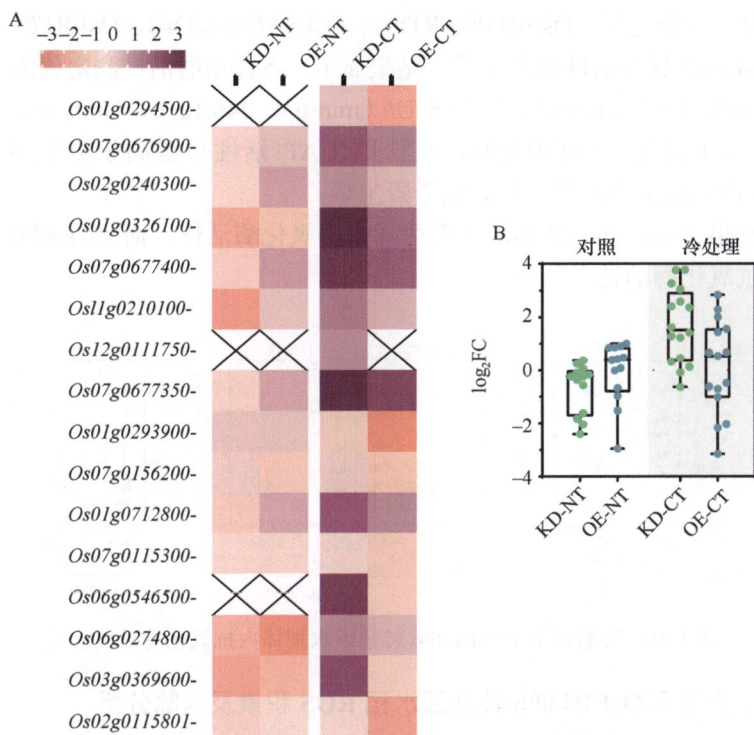

图 3-35　OsERF096 转基因水稻 ROS 清除相关基因表达分析

A. ROS 清除相关基因表达热图；B. ROS 清除相关基因表达箱线图

196.26 U/（min·g）、204.02 U/（min·g）、158.67 U/（min·g）、176.19 U/（min·g），各株系间均无显著性差异；在经过 4℃冷胁迫 12 h 后，各株系的 SOD 活性均显著增高，以应对冷胁迫带来的损害冷胁迫，野生型、OsERF096-KD#2、OsERF096-KD#3、OsERF096-OE#1 和 OsERF096-OE#3 株系 SOD 活性测定值为 315.75 U/（min·g）、392.62 U/（min·g）、401.66 U/（min·g）、254.02 U/（min·g）、254.86 U/（min·g），其中，OsERF096-KD 株系 SOD 活性显著高于 WT，而 OsERF096-OE 株系显著低于 WT。

如图 3-36B 所示，未处理时野生型、OsERF096-KD#2、OsERF096-KD#3、OsERF096-OE#1 和 OsERF096-OE#3 株系的过氧化物酶（POD）活性为 22.42 U/（min·g）、23.14 U/（min·g）、20.96 U/（min·g）、20.34 U/（min·g）、24.01 U/（min·g），各株系间无显著性差异；冷胁迫后，野生型、OsERF096-KD#2、OsERF096-KD#3、OsERF096-OE#1 和 OsERF096-OE#3 株系 POD 活性为 67.38 U/（min·g）、68.71 U/（min·g），显著高于野生型，OsERF096-OE 株系酶活性为 28.08 U/（min·g）、27.84 U/（min·g），其 POD 活性显著低于野生型。

图 3-36C 为野生型、OsERF096-KD#2、OsERF096-KD#3、OsERF096-OE#1 和 OsERF096-OE#3 株系活性测定结果。结果显示，各株系酶活性测定值为 254.26 U/（min·g）、262.57 U/（min·g）、221.58 U/（min·g）、246.12 U/（min·g）、257.00 U/（min·g）。综上所述，OsERF096-KD 株系 CAT 活性显著高于野生型，相反，OsERF096-OE 株系 CAT 活性显著低于野生型。

以上结果表明，*OsERF096* 过表达降低抗氧化酶活性，而 *OsERF096* 表达敲减可提高抗氧化酶活性。

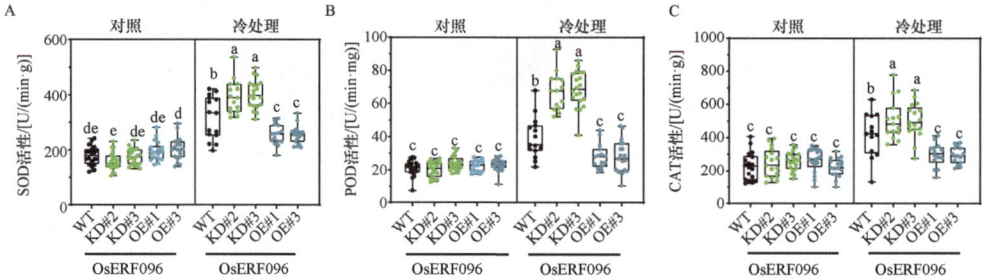

图 3-36　冷胁迫下 OsERF096 转基因水稻体内抗氧化酶活性检测

（3）冷胁迫下 OsERF096 转基因水稻 ROS 积累及清除分析

鉴于抗氧化酶在 ROS 清除中的重要作用，本研究对冷胁迫下野生型、OsERF096-KD 和 OsERF096-OE 转基因水稻进行 NBT 染色。

如图 3-37 所示，未处理时野生型、OsERF096-KD 和 OsERF096-OE 株系的 NBT 染色几乎一致，说明未处理时水稻叶片超氧化物（O_2^-）的积累较少。4℃低温冷胁迫 12 h 后，与野生型相比，OsERF096-O 形成的蓝色络合物更多，OsERF096-KD

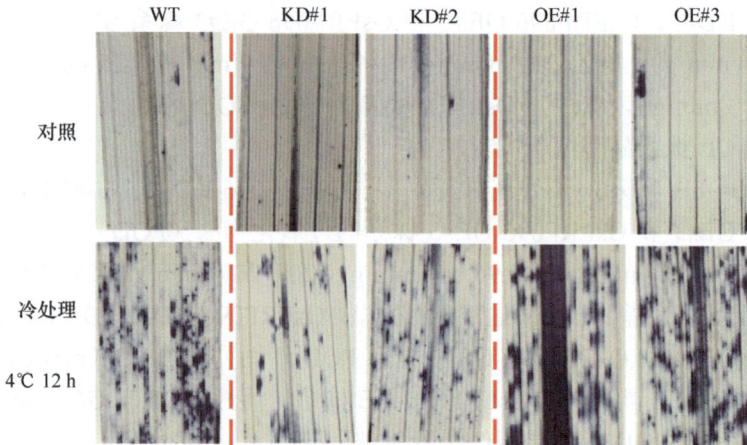

图 3-37　冷胁迫下 OsERF096 转基因水稻 NBT 染色

的颜色更浅，说明 OsERF096-OE 水稻叶片 O_2^- 的积累更多，OsERF096-KD 水稻叶片 O_2^- 的积累更少。NBT 染色结果说明，*OsERF096* 过表达促进了体内 ROS 积累，而 *OsERF096* 表达敲减抑制了水稻体内 ROS 积累。

对萌发期和幼苗期的野生型、miR1320-OX、OsERF096-OX 及 OsERF096-RNAi 转基因株系，4℃处理 24 h 后，进行了 DAB 染色。结果如图 3-38A 所示，处理前幼苗期各株系叶片中并未出现 H_2O_2，处理后 OsERF096-OX 转基因株系中出现了较多的 H_2O_2，而 miR1320-OX 转基因株系中 H_2O_2 含量较低，而 OsERF096-RNAi 转基因株系则与野生型结果类似，说明 *OsERF096* 影响水稻 H_2O_2 的清除。图 3-39 结果显示，活性氧清除相关基因冷胁迫后均未发生显著变化，暗示了 *OsERF096* 可能是通过影响相关酶活性，或者影响 ROS 积累过程，来调控水稻中 ROS 的积累与清除。

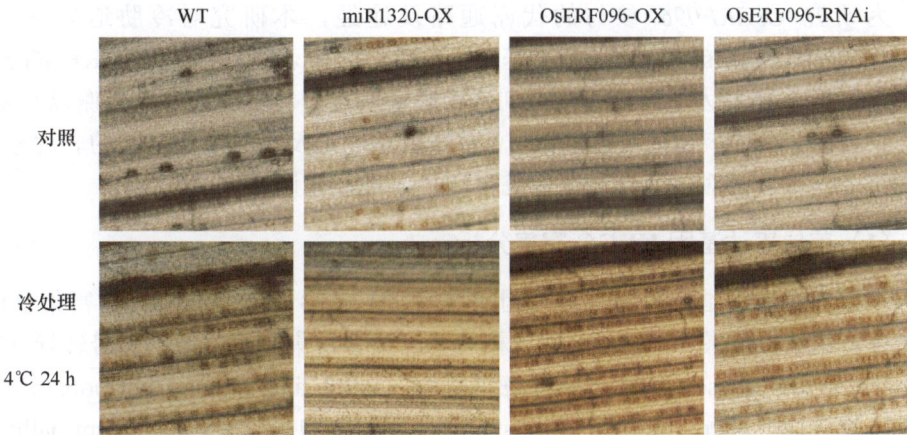

图 3-38　冷胁迫下 OsERF096 转基因水稻 NBT 染色

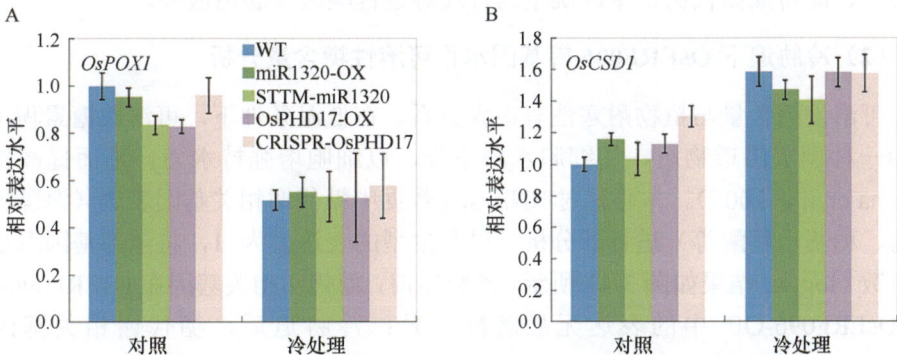

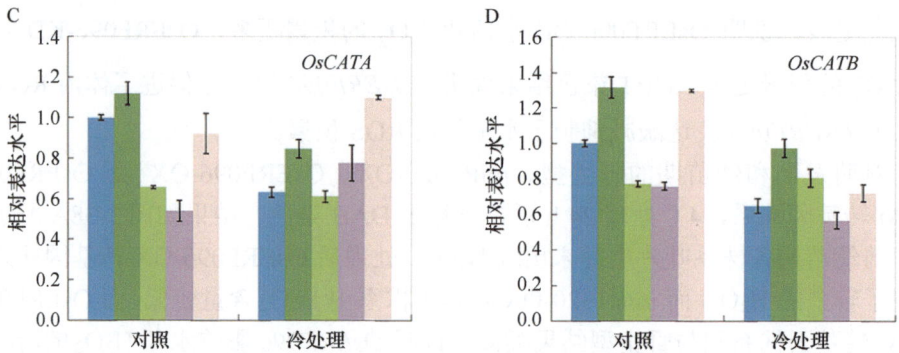

图 3-39　冷胁迫后 ROS 相关基因表达分析

2. KEGG 富集发现 *OsERF096* 调控糖代谢和苯丙烷生物合成

为研究 *OsERF096* 参与的代谢通路及途经，本研究对冷胁迫处理后的 OsERF096-KD 和 OsERF096-OE 转基因株系中的差异表达基因进行了 KEGG 富集分析，发现差异表达基因显著富集到植物激素信号转导、淀粉蔗糖代谢以及苯丙烷生物合成。进一步通过可溶性糖、总黄酮含量测定及相关通路基因的表达分析，明确了 *OsERF096* 对糖代谢和苯丙烷生物合成过程有调控作用。

（1）差异表达基因 KEGG 富集分析

本研究对冷胁迫后差异表达基因的并集（图 3-33）进行了 KEGG 富集分析。KEGG 富集结果如图 3-40 所示，发现相关基因显著富集到植物激素信号转导（plant hormone signal transduction）、淀粉蔗糖代谢（starch and sucrose metabolism）、苯丙烷生物合成（phenylpropanoid biosynthesis）和植物病原菌互作（plant-pathogen interaction）。综上 KEGG 富集结果分析，初步表明 *OsERF096* 可通过植物激素信号转导、淀粉蔗糖代谢、苯丙烷生物合成等过程响应冷胁迫应答。

（2）冷胁迫下 OsERF096 转基因水稻可溶性糖含量分析

可溶性糖含量与植物耐寒性有很大关系。在低温条件下，可溶性糖累积可以作为一种调节渗透物质，使细胞水势下降，以细胞增强持水力，进而提高抗性（Shima et al.，2007）。本研究对 RNA-seq 数据中糖代谢相关基因表达（海藻糖磷酸酶、糖基水解酶等）进行了分析。以野生型的表达值为 1，将全部基因表达值取对数（log$_2$）。结果如图 3-41 所示，冷胁迫前，糖代谢相关基因在 OsERF096-KD 和 OsERF096-OE 中的表达无显著性差异；冷胁迫后，糖代谢相关基因在 OsERF096-KD 的表达高于 OsERF096-OE。这说明 *OsERF096* 对糖代谢相关基因的表达有抑制作用。

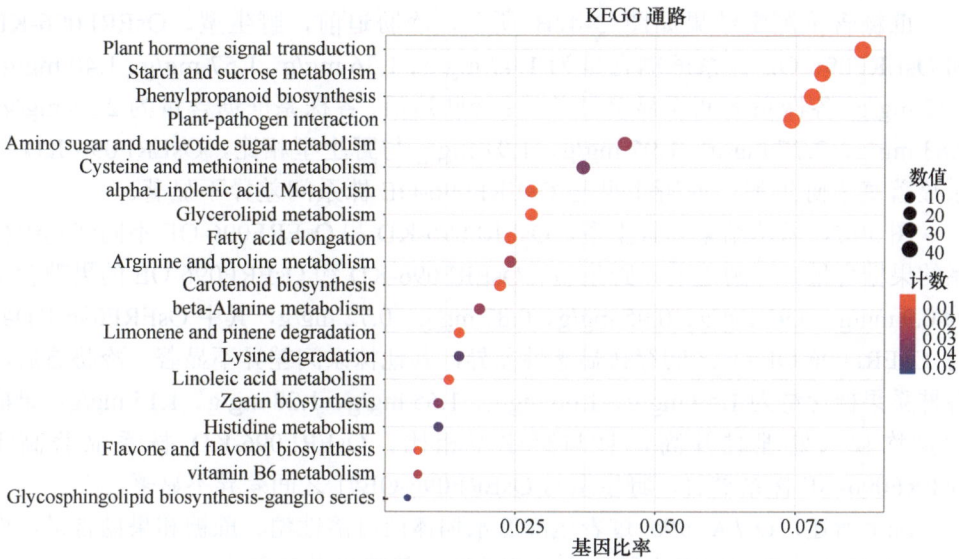

图 3-40　差异表达基因 KEGG 富集分析

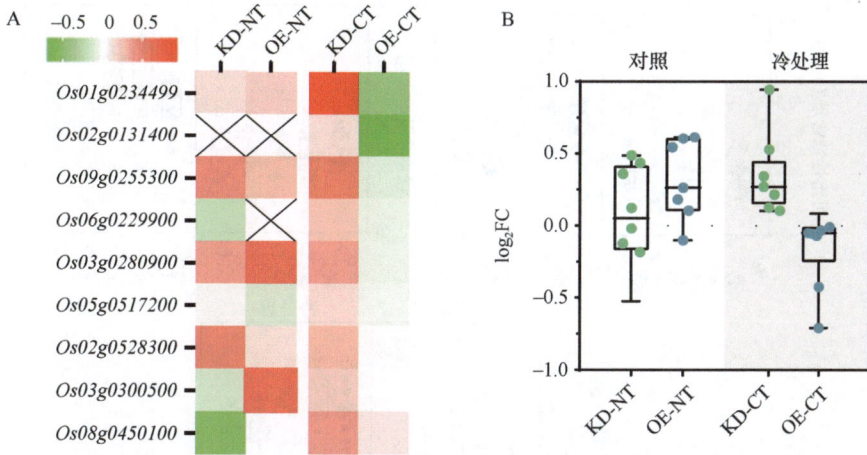

图 3-41　冷胁迫下 OsERF096 转基因水稻部分糖代谢相关基因表达

　　基于上述结果，本研究进一步对冷胁迫下 OsERF096 转基因水稻中可溶性糖含量的积累进行测定。如图 3-42A 所示，冷胁迫前，野生型、OsERF096-KD和 OsERF096-OE 株系的可溶性糖含量在 5.71~6.58 mg/g，OsERF096-OE#1 与 OsERF096-OE#3 和 OsERF096-KD#3 株系间有显著性差异，其株系间无显著性差异。冷胁迫后，各株系的可溶性糖含量均显著增高，各株系可溶性糖含量测定值为 11.68 mg/g、13.61 mg/g、13.22 mg/g、8.88 mg/g、8.62 mg/g。结果显示，OsERF096-KD 株系显著高于野生型，而 OsERF096-OE 株系显著低于野生型。

　　蔗糖含量测定结果如图 3-42B 所示，冷胁迫前，野生型、OsERF096-KD 和 OsERF096-OE 株系蔗糖含量为 1.47 mg/g、1.36 mg/g、1.57 mg/g、1.40 mg/g、1.32 mg/g，各株系之间无显著性差异；冷胁迫后，各株系蔗糖含量为 2.28 mg/g、2.83 mg/g、2.77 mg/g、1.97 mg/g、1.91 mg/g 与野生型相比，OsERF096-KD 株系显著高于野生型，而野生型与 OsERF096-OE 株系间差异不显著。

　　图 3-42C 所示结果为野生型、OsERF096-KD 和 OsERF096-OE 不同转基因株系的果糖含量。冷胁迫前，野生型、OsERF096-KD 和 OsERF096-OE 的果糖含量为 0.9 mg/g、0.91 mg/g、0.95 mg/g、0.87 mg/g、0.72 mg/g，其中 OsERF096-KD#3 与 OsERF096-OE#3 之间存在显著性差异，其他株系间差异不显著。冷胁迫后，各株系果糖含量为 1.49 mg/g、1.66 mg/g、1.65 mg/g、1.28 mg/g、1.15 mg/g，果糖含量均较未处理时升高，且与野生型相比，OsERF096-KD 株系显著高于 OsERF096-OE 株系显著，野生型与 OsERF096-OE#1 之间差异不显著。

　　综上所述，*OsERF096* 过表达降低水稻体内可溶性糖、蔗糖和果糖含量，而 *OsERF096* 表达敲减提高水稻体内可溶性糖、蔗糖和果糖含量。

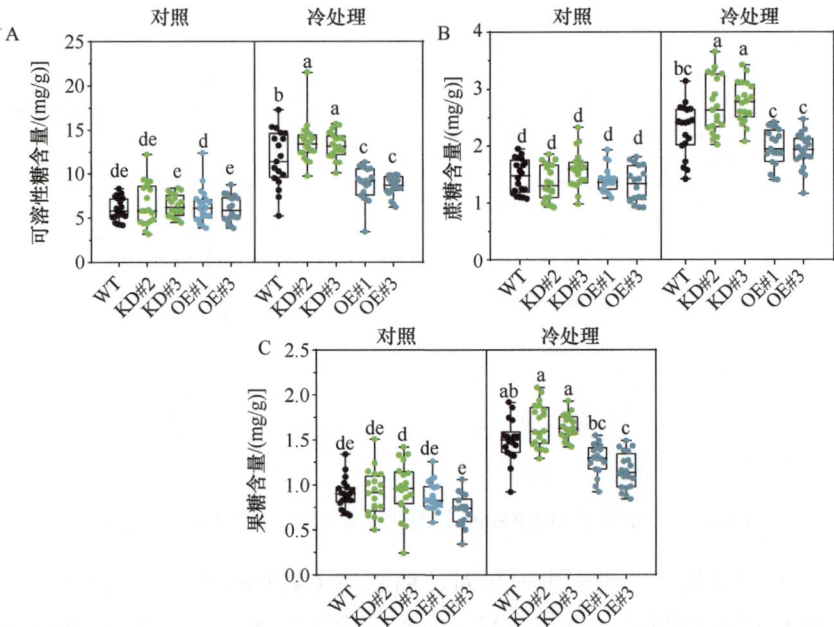

图 3-42　冷胁迫下 OsERF096 转基因水稻可溶性糖含量

（3）冷胁迫下 OsERF096 转基因水稻总黄酮含量分析

　　植物苯丙烷生物合成途径主要包括类黄酮和木质素两大类。其中，类黄酮是分支最多的途径（Du et al.，2020）。本研究对 RNA-seq 数据中部分苯丙烷代谢相关基因表达进行分析。结果如图 3-43 所示，冷胁迫前，苯丙烷代谢相关基因在 KD-NT 与 OE-NT 中表达均较低且无显著性差异，而冷胁迫后，苯丙烷代谢相关基因的表达在 KD 中显著高于 OE。这说明 *OsERF096* 抑制了苯丙烷代谢相关基因的表达。

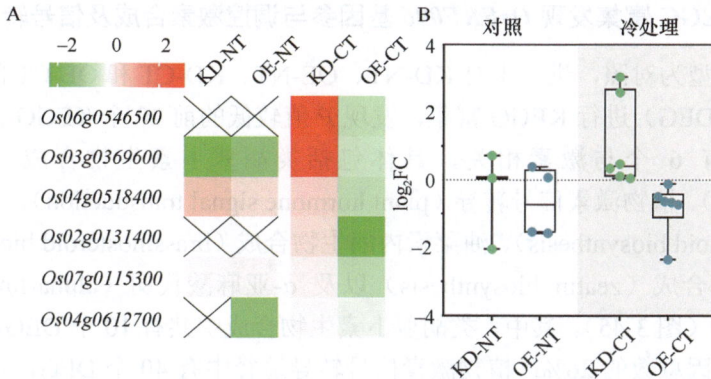

图 3-43　冷胁迫下 OsERF096 转基因水稻部分苯丙烷生物合成相关基因表达

基于上述结果，本研究对冷胁迫下 OsERF096 转基因水稻总黄酮含量进行测定。结果如图 3-44 所示，冷胁迫前，野生型、OsERF096-KD 和 OsERF096-OE 转基因水稻的总黄酮含量无显著性差异，而 4℃冷胁迫 48 h 后，与野生型相比，OsERF096-OE#1 的总黄酮含量显著低于野生型，OsERF096-KD#2 和 OsERF096-KD#3 均显著高于野生型。这说明 *OsERF096* 过表达降低水稻体内总黄酮含量，而 *OsERF096* 表达敲减提高水稻体内总黄酮含量。

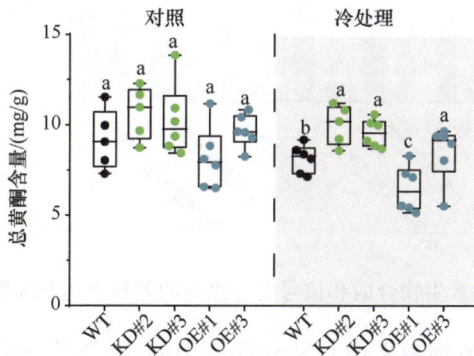

图 3-44　冷胁迫处理前后 OsERF096 转基因水稻总黄酮含量

3. *OsERF096* 调控冷胁迫下激素合成及信号转导

为进一步明确 *OsERF096* 参与的激素信号转导通路，本研究对 KEGG 富集到的差异表达基因中激素相关基因数目进行分析，发现大多差异表达基因与 IAA、JA 和

ABA 相关。基于此，运用靶向代谢组学，测定冷胁迫下 OsERF096 转基因水稻中激素含量，利用 RNA-seq 数据和 qRT-PCR 验证相关激素信号通路基因表达，明确 *OsERF096* 对冷胁迫下 OsERF096 转基因水稻激素含量及相关信号转导的调控作用。

（1）KEGG 富集发现 *OsERF096* 基因参与调控激素合成及信号转导

以野生型为对照，进一步对 KD-NT、OE-NT、KD-CT 和 OE-CT 的全部差异表达基因（DEG）进行 KEGG 富集，发现 P 值较低的前 20 个 KEGG 富集的代谢途径中，有 6 个与激素相关，具体包括类胡萝卜素生物合成（carotenoid biosynthesis）、植物激素信号转导（plant hormone signal transduction）、二萜生物合成（diterpenoid biosynthesis）、油菜素内酯生物合成（brassinosteroid biosynthesis）、玉米素生物合成（zeatin biosynthesis）以及 α-亚麻酸代谢（alpha-linolenic acid metabolism）（图 3-45）。其中，类胡萝卜素生物合成中共有 10 个 DEG，占该途径差异表达基因总数的 26%；植物激素信号转导途径中有 40 个 DEG，占 17%；二萜生物合成中共有 8 个 DEG，占 20%；油菜素内酯生物合成共有 4 个 DEG，占 29%；玉米素生物合成有 5 个 DEG，占 23%；α-亚麻酸代谢共有 5 个 DEG，占 10%。综上结果，说明 *OsERF096* 参与了上述 6 个激素信号转导途径。激素相关基因表达 FPKM 值见附表 7。

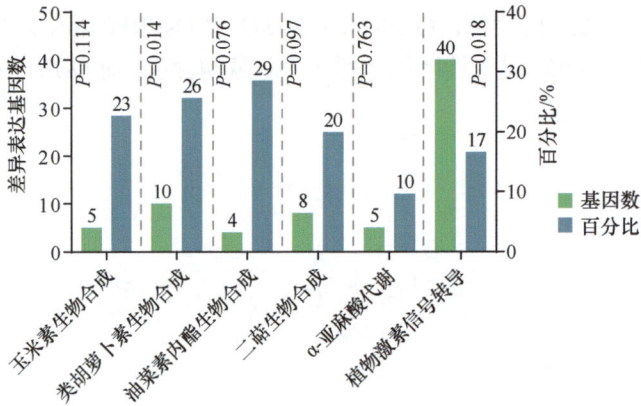

图 3-45　激素生物合成和信号转导途径的差异表达基因数和百分比

本研究进一步对植物激素信号转导途径中的 40 个差异表达基因展开分析。在涉及生长素信号转导的 82 个基因中，分别有生长素（auxin）DEG 18 个，占该途径差异表达基因总数的 22%；脱落酸（ABA）相关基因 9 个，占比 21%；细胞分裂素（CK）相关基因 6 个，占比 21%；茉莉酸（JA）相关基因 4 个，占比 25%，水杨酸（SA）相关基因 1 个，占比 2%，乙烯（ET）相关基因 2 个，占比 8%，油菜素内酯（BR）相关基因 1 个，占比 7%（图 3-46）。上述结果表明，*OsERF096*

可能调控冷胁迫水稻体内激素含量和激素信号转导途径。

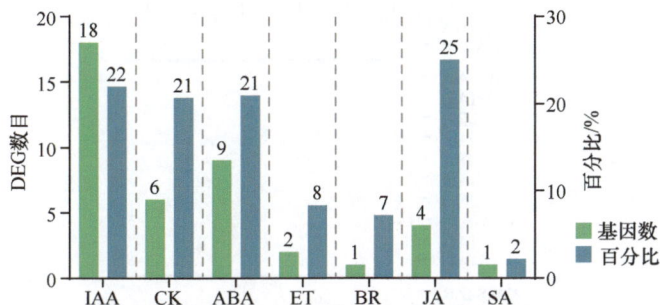

图 3-46　植物激素信号转导途径中富集差异表达基因数和百分比

（2）靶向代谢组学分析 OsERF096 转基因水稻激素含量

本研究运用靶向代谢组学检测冷胁迫前后的 OsERF096 转基因水稻激素含量。图 3-47 所示为测定激素含量取对数后的结果，共测定到 38 种激素含量发生变化，主要是与 ABA、IAA、CK、ET、GA、JA、SA 和独脚金内酯（SL）8 种激素相关。与野生型相比，ABA 含量在 KD-NT 和 OE-CT 中显著高于野生型；与 IAA 相关激素共有 9 种，其中冷胁迫下 4 种激素 ICAld、ICA、IAA-Asp 和 IAA-Ala 含量均在 OE-CT 中显著升高，TRA 则在 KD-CT 中显著升高，但 MEIAA、OxIAA、TRP、和 IAA 的含量并未发生变化；与 CK 相关的激素共有 14 种，冷胁迫下大部分激素在 OE-CT 中显著升高；与 ET 相关的 ACC、GA7/19 含量在 OE-CT 中显著升高，GA53 含量并未发生显著变化；与 JA 相关的 JA-Ile、JA-Val、OPDA 含量在 KD-CT 和 OE-CT 均显著升高；SA 与 5DS 的含量也在 OE-CT 中显著升高。综上对冷胁迫下 OsERF096 转基因水稻的激素含量的分析，冷胁迫下 OsERF096-OE 株系中激素含量发生显著变化，说明 *OsERF096* 影响了冷胁迫下水稻体内激素含量。

（3）OsERF096 转基因水稻体内 IAA 含量和信号转导基因表达分析

基于上述结果发现差异表达基因显著富集到植物激素信号转导，且 IAA 相关基因数占比最大，本研究进一步关注了冷胁迫下野生型、OsERF096-KD 和 OsERF096-OE 水稻的 IAA 相关激素含量。如图 3-48 所示，3-吲哚丙酸（IPA）在对照条件下，KD-株系中含量显著高于其他株系（图 3-48A）；色胺（TRA）含量在冷胁迫后的 KD 株系中显著高于野生型（图 3-48B）；对照条件下，吲哚-3-乙酸（IAA）和吲哚-3-乙酸甲酯（MEIAA）含量在 KD 株系显著高于野生型，冷胁迫下 WT、KD 和 OE 株系中 IAA 含量均显著升高，但 3 个株系间并无显著性差异（图 3-48C，图 3-48D）；冷胁迫前后 *N*-(3-吲哚乙酰基)-L-丙氨酸（IAA-Ala）和吲哚乙酸-天冬氨酸（IAA-Asp）含量均在 OE 中显著高于 WT（图 3-48E，图 3-48F）；

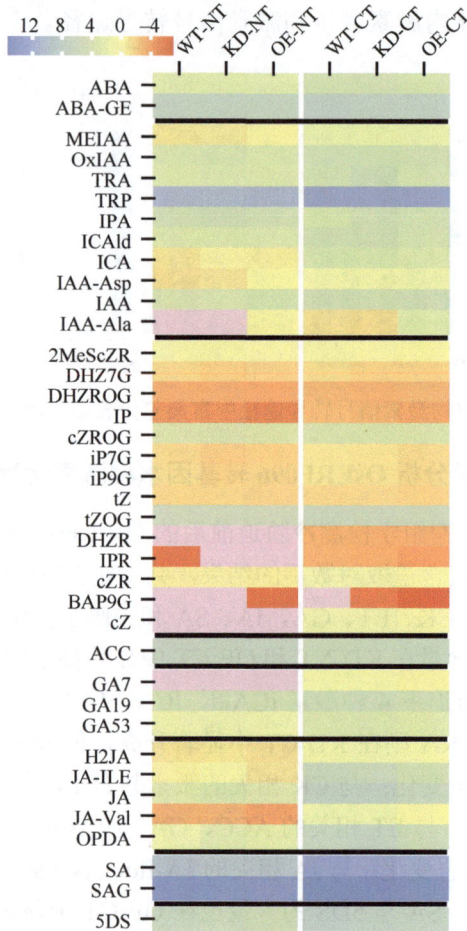

图 3-47 冷胁迫下 OsERF096 转基因水稻激素含量分析

冷胁迫下，吲哚-3-甲酸（ICA）和吲哚-3-甲醛（ICAld）的含量在 OE 株系中显著低于野生型（图 3-48G，图 3-48H）；对照条件下，氧化吲哚乙酸（OxIAA）的含量在 KD 株系中显著高于野生型，OE 株系显著低于野生型，冷胁迫下 OxIAA 均显著升高（图 3-48I）。综上所述，说明 *OsERF096* 影响了冷胁迫下生长素相关激素含量。

本研究初步对 RNA-seq 数据中生长素原初响应基因（*OsIAAs*）表达趋势进行分析。以野生型中 IAA 相关基因的 FPKM 值作为 1 进行倍数计算，取对数后的表达如图 3-49A 所示，发现冷胁迫下 *OsIAAs* 基因在 OsERF096-KD 和 OsERF096-OE 中既有同时上调，又有同时下调。基于此，选取 4 个 *OsIAAs* 进行 qRT-PCR 验证。*OsIAA6* 参与 ABA 介导的抗旱作用，其作用机制是调节植物生长激素合成基因的表达来响应干旱胁迫（Dong and Lin，2021）。*OsOsIAA21* 是早期生长素应答基因，其在低生长激素浓度下能明显抑制其表达（Jung et al.，2015）。*OsIAA8* 和 *OsIAA24*

均为 Aux/IAA 家族成员（Jain et al.，2006），尚未有研究报道其功能。

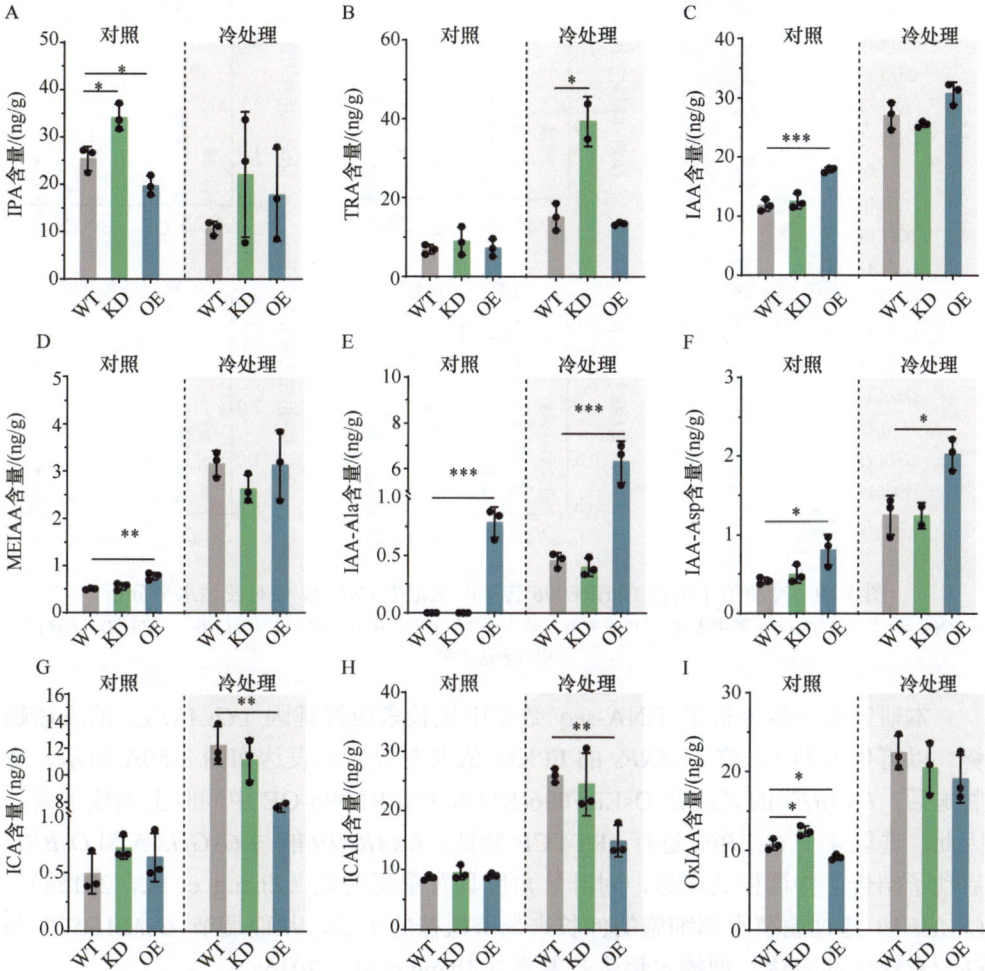

图 3-48 冷胁迫下 OsERF096 转基因水稻 IAA 相关激素含量

本研究将野生型和 OsERF096-KD 和 OsERF096-OE 转基因株系水培至 3 叶期，冷胁迫 0 h 和 12 h 后，分别提取 RNA，以 *OsElf1-α* 为内参基因，将野生型的表达量设为 1。结果如图 3-49B~E 所示，冷胁迫 12 h 后，*OsIAA6*、*OsIAA8*、*OsIAA21* 和 *OsIAA24* 在 OsERF096-KD 株系中表达量显著低于野生型，且 *OsIAA6* 和 *OsIAA21* 在 OsERF096-OE 株系中表达量也显著低于野生型，其中 *OsIAA21* 在 OsERF096-OE 株系中表达量显著高于 OsERF096-KD 株系。这说明，在冷胁迫下 *OsIAAs* 的表达均在 OsERF096 转基因株系中显著下调。

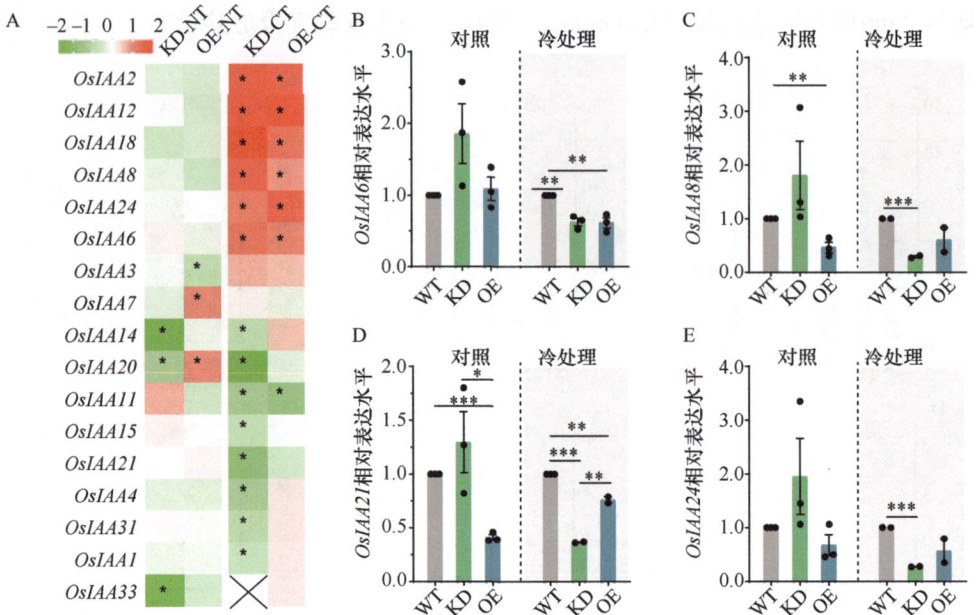

图 3-49 冷胁迫下前后 OsERF096 转基因水稻中 *OsIAAs* 相对表达水平分析

A. RNA-seq 数据中 *OsIAAs* 基因表达，*代表差异倍数大于 2，下同；B~E. *OsIAA6*、*OsIAA8*、*OsIAA21*、*OsIAA24* 相对表达水平

　　本研究进一步分析了 RNA-seq 数据中生长素应答基因（*OsARFs*）的表达趋势。以野生型为 1，将 *OsARFs* 的 FPKM 值取对数后的表达如图 3-50A 所示，冷胁迫后，*OsARFs* 的表达在 OsERF096-KD 和 OsERF096-OE 中同时上调或下调。因此，选取 4 个 *OsARFs* 进行 qRT-PCR 验证。*OsARF19* 能与 *OsGH3-5* 和 *OsBRI1* 启动子结合，并调控其表达，对叶片角度具有重要功能（Zhang et al.，2015a）。*OsARF19* 通过调节水稻细胞的伸长来调节植株的生长，从而调节 *OsMADS29* 和 *OsMADS22* 的表达，调控水稻生长发育（Zhang et al.，2015a）。

　　本研究将野生型和 OsERF096-KD 和 OsERF096-OE 转基因水稻培养至 3 叶期，冷胁迫 0 h 和 12 h 后，分别提取 RNA，以 *OsElf1-α* 为内参基因，将 WT 的表达量设为 1。结果如图 3-50B~E 所示，未处理时，*OsARF2*、*OsARF10*、*OsARF19* 和 *OsARF22* 在 OsERF096-KD 株系中的表达量均显著高于野生型；而冷胁迫 12 h 后，*OsARF2* 和 *OsARF19* 在 OsERF096-KD 株系的表达量显著低于野生型，且 *OsARF22* 在 OsERF096-OE 株系的表达量显著高于野生型和 OsERF096-KD 株系。这说明，冷胁迫下 *OsERF096* 促进 *OsARFs* 基因表达，但目前 IAA 介导的冷胁迫应答机制尚未明确。

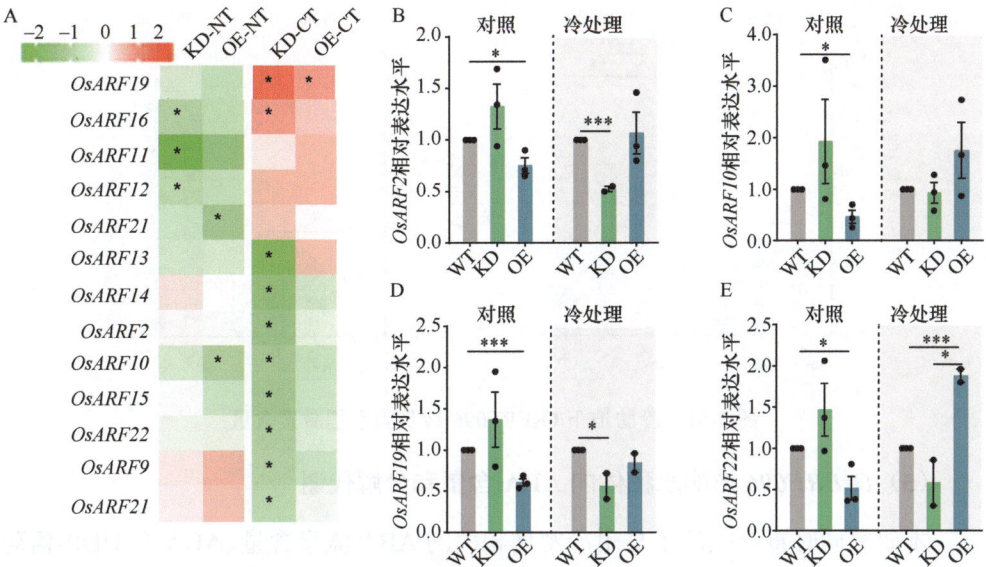

图 3-50　冷胁迫后 OsERF096 转基因水稻 OsARFs 表达

A. RNA-seq 数据中 *OsARFs* 基因表达；B~E. *OsARF2*、*OsARF10*、*OsARF19*、*OsARF22* 相对表达量

（4）*OsERF096* 影响水稻体内 JA 含量

本研究重点关注了与耐冷密切相关的 JA 相关激素含量。OPDA 是 JA 生物合成的前体，需要从叶绿体运输至过氧化物酶体，最终生成 JA。JA-异亮氨酸（JA-Ile）和 JA-缬氨酸（JA-Val）属于结合态 JA，结合态 JA 既能单独发挥功能，又能在体内降解释放游离态的 JA 发挥功能。冷胁迫后，OsERF096-KD 株系中 OPDA、JA 和 JA-Val 的含量显著高于野生型，而 OsERF096-OE 株系的中 OPDA、JA、JA-Ile 和 JA-Val 的含量显著低于野生型（图 3-51）。这说明 *OsERF096* 抑制了冷胁迫下水稻体内 JA 相关激素含量，负调控水稻耐冷性。

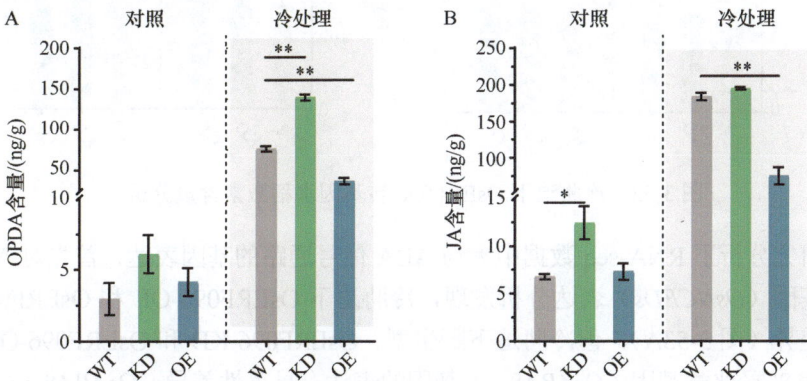

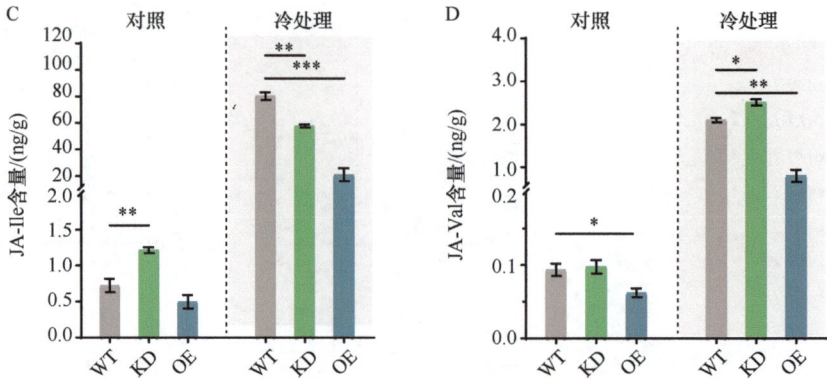

图 3-51　冷胁迫下 OsERF096 转基因水稻激素含量

（5）*OsERF096* 影响水稻体内 ABA 含量和分解代谢

本研究同时重点关注了与耐冷密切相关的 ABA 激素含量。ABA 在 UDP-葡萄糖基转移酶（UDP）的作用下，在一定程度上能形成一种糖基化的 ABA-葡萄糖酯 ABA-GE，而 ABA-GE 则能迅速地释放出 ABA。在正常条件下，OsERF096-KD 株系中的 ABA 含量相对高于野生型和 OsERF096-OE，在冷胁迫下，OsERF09-OE 中的 ABA 积累显著低于野生型（图 3-52A）。冷胁迫前后 ABA-GE 含量在各株系间无显著性差异（图 3-52B）。综上结果表明 *OsERF096* 抑制冷胁迫下水稻体内 ABA 含量，负调控水稻耐冷性。

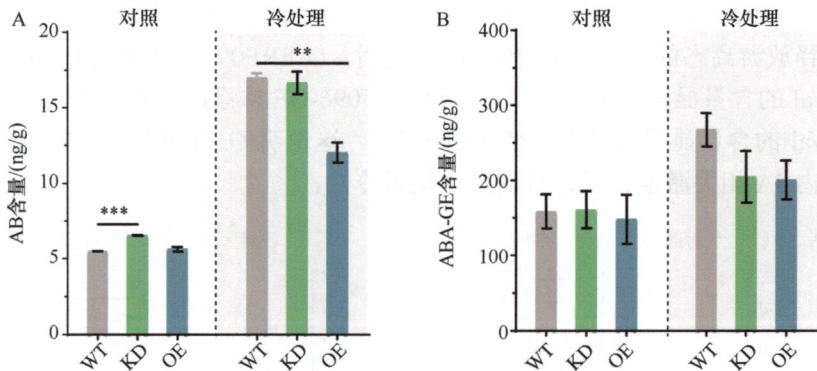

图 3-52　冷胁迫下 OsERF096 转基因水稻激素含量分析

本研究分析了 RNA-seq 数据中参与 ABA 信号通路的基因表达，首先对 ABA 生物合成基因（*OsNCEDs*）表达分析发现，冷胁迫下 OsERF096-OE 和 OsERF096-KD 间并无差异（图 3-53A），但冷胁迫下野生型、OsERF096-KD 和 OsERF096-OE 株系间脱落酸 8′-羟化酶基因（*OsABA8ox*）基因的表达有显著性差异。*OsABA8oxs* 是体内

ABA 降解的关键酶基因，目前对其功能的研究少有报道。结果如图 3-53B 所示，以野生型为 1，将 *OsABA8oxs* 的 FPKM 值取对数，冷胁迫前后的 OsERF096-OE 和 OsERF096-KD 株系中 *Os09g0457250*、*Os09g0457100*（*OsABA8ox3*）、*Os08g0472800*（*OsABA8ox2*）的表达呈相反趋势；冷胁迫后 *Os05g0101600* 在 OsERF096-KD 和 OsERF096-OE 株系中显著下调；未处理时 *Os08g0473200* 在 OsERF096-KD 株系中显著下调。*OsABA8ox3* 主要叶片中表达，且在根中表达较低（Zhang et al.，2016b）。

本研究将野生型、OsERF096-KD 和 OsERF096-OE 株系培养至 3 叶期，进行冷胁迫 0 h 和 12 h，分别提取 RNA，以 *OsElf1-α* 为内参基因，将 WT 的表达量设为 1。qRT-PCR 验证 *OsABA8ox3* 基因表达，结果如图 3-53C 所示，与野生型相比，冷胁迫前 *OsABA8ox3* 的表达在各株系中均无显著变化；冷胁迫后，其在 OsERF096-OE 株系中显著上调，OsERF096-KD 株系中显著下调。综上所述，*OsABA8ox3* 的表达符合 RNA-seq 数据的表达趋势。这说明 *OsERF096* 促进 *OsABA8ox3* 基因表达，从而负调控水稻耐冷性。

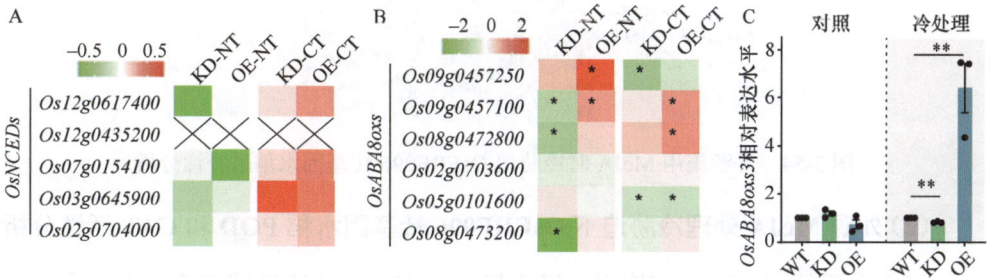

图 3-53　冷胁迫下 OsERF096 转基因水稻 ABA 信号通路基因表达分析

A. RNA-seq 数据中 *OsNCEDs* 基因表达分析；B. RNA-seq 数据中 *OsABA8oxs* 基因表达分析；C. *OsABA8ox3* 相对表达量

3.3.5　*OsERF096* 依赖 JA 调控的冷胁迫信号通路

1. *OsERF096* 抑制 JA 调控的冷胁迫信号通路

上述研究发现冷胁迫下 *OsERF096* 抑制水稻体内 JA 相关激素含量。本研究通过对外源施用 MeJA 时冷胁迫下 OsERF096 转基因水稻耐冷性进行评价，并通过测定 POD/CAT 活性和 qRT-PCR 验证下游 *OsCBFs* 基因表达，明确 *OsERF096* 抑制 JA 调控的冷胁迫信号通路。

（1）外源 MeJA 处理冷胁迫下 OsERF096 转基因水稻表型分析

本研究对冷胁迫下，外源施用 10 μmol/L MeJA 时 OsERF096 转基因水稻的耐冷性进行评价。挑选长势一致的野生型、OsERF096-KD 和 OsERF096-OE 水稻 3 叶期幼苗进行冷胁迫处理。如图 3-54 所示，4℃冷胁迫 12 h 后，与野生型相比，OsERF096-OE 幼苗的叶片卷曲得更为严重，而 OsERF096-KD 株系的水稻叶片卷曲较少，而加入 10 μmol/L MeJA 的 OsERF096 转基因水稻，野生型、OsERF096-KD 和 OsERF096-OE 株系水稻叶片整体叶片卷曲更少，且 3 个株系间观察不到明显差异。以上结果表明外源 MeJA 的施用可以恢复 *OsERF096* 的冷敏感表型。

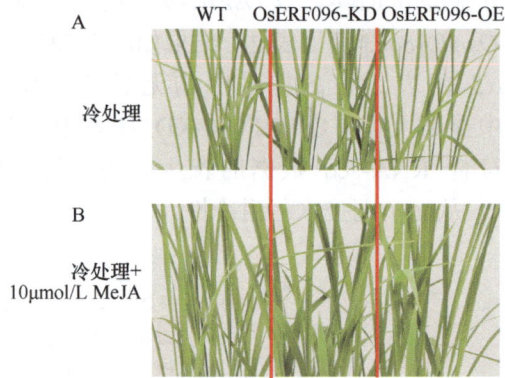

图 3-54　外源施用 MeJA 时冷胁迫 OsERF096 转基因水稻耐冷性分析

(2) 外源 MeJA 处理冷胁迫下 OsERF096 转基因水稻 POD 和 CAT 活性分析

鉴于上述外源 MeJA 的施用可以恢复 *OsERF096* 的冷敏感表型，本研究对外源 MeJA 处理冷胁迫下 OsERF096 转基因水稻 POD 和 CAT 活性进行测定。

如图 3-55A 所示，冷胁迫下，野生型、OsERF096-KD 和 OsERF096-OE 的 POD 活性为 10.81 U/（min·g）、15.89 U/（min·g）、8.87 U/（min·g）。其中，OsERF096-KD 株系的 POD 活性显著高于野生型，而 OsERF096-OE 显著低于野生型。当加入 10 μmol/L MeJA 并同时进行冷胁迫时，各株系的 POD 活性分别为 18.05 U/（min·g）、15.88 U/（min·g）、17.34 U/（min·g）。此时，外源施用 10 μmol/L MeJA 的冷胁迫条件下，野生型、OsERF096-KD 和 OsERF096-OE 各株系间的 POD 活性均无显著性差异。

图 3-55B 为冷胁迫下野生型、OsERF096-KD 和 OsERF096-OE 的 CAT 活性测定结果。结果显示，各株系 CAT 活测定值为 146.6 U/（min·g）、170.90 U/（min·g）、120 U/（min·g）。经统计学分析发现，OsERF096-KD 株系 CAT 活性显著高于野生型，与之相反，OsERF096-OE 株系 CAT 活性显著低于野生型。当加入 10 μmol/L MeJA 并同时进行冷胁迫时，各株系的 CAT 活性分别为 168.21 U/（min·g）、157.58 U/（min·g）、166.15 U/（min·g）。这种外源施用 10 μmol/L MeJA 的冷胁迫条件下，

野生型、OsERF096-KD 和 OsERF096-OE 各株系间的 CAT 活性则无显著性差异。

　　综上所述，外源施用 MeJA 可以恢复冷胁迫下 OsERF096 过表达株系水稻的 POD 和 CAT 活性。

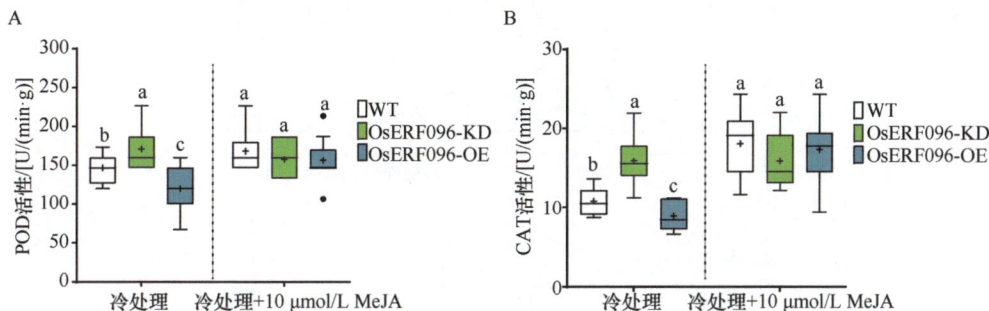

图 3-55　外源施用 MeJA 时冷胁迫下 OsERF096 转基因水稻的 POD 和 CAT 活性

（3）外源 MeJA 处理冷胁迫下 OsERF096 转基因水稻 OsCBFs 基因表达分析

　　已有研究表明，JA 是 ICE-CBF 途径的上游信号分子，JA-Ile 可促进 JAZ 蛋白（jasmonate ZIM-domain protein）的泛素化，进而激活 ICE-CBF 通路响应冷胁迫应答。OsDREB1A 能激活环核苷酸门控离子通道 OsCNGC9 的转录表达，从而进一步促进胞外 Ca^{2+} 内流、胞内 Ca^{2+} 浓度上升和冷胁迫相关的基因表达，提高水稻的耐寒性（Cai et al., 2015）。OsDREB1B 和 OsDREB1C 受低温诱导（Wang et al., 2021a）。本研究利用 qRT-PCR 验证外源施用 10 μmol/L MeJA 时冷胁迫下 OsERF096 转基因水稻中 OsCBFs（OsDREB1A/B/C）基因表达。

　　如图 3-56 所示，与野生型相比，在冷胁迫 1 h 和 6 h, OsDREB1A 和 OsDREB1B 的表达显著高于野生型，但 4℃冷胁迫 12 h，各株系间的表达量无显著性差异。OsERF096-KD 株系在冷胁迫 6 h 和 12 h, OsDREB1C 的表达量均显著高于野生型。然而，外源施用 10 μmol/L MeJA 后，冷胁迫 0 h, OsERF096-OE 中 OsDREB1A 的表达显著高于野生型，随着冷胁迫时间的增长，在野生型、OsERF096-KD 和 OsERF096-OE 株系中未观察到 OsDREB1A/B/C 表达的显著性差异。以上基因表达结果与上述冷胁迫下激素处理表型的结果相一致，综上结果说明 OsERF096 抑制 JA 介导的冷胁迫信号通路。

2. OsERF096 不依赖 ABA 介导的冷胁迫应答通路

　　基于上述研究发现 OsERF096 抑制冷胁迫下水稻体内 ABA 含量，且 OsERF096 抑制冷胁迫下 OsABA8oxs3 基因表达。本研究通过对外源施用 ABA 时

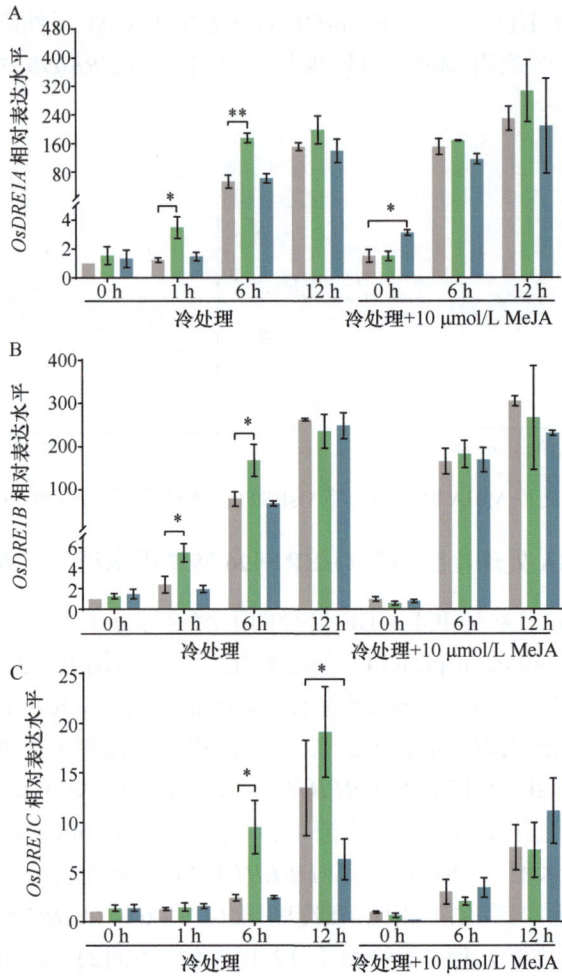

图 3-56　OsERF096 转基因水稻 JA 激活的 *OsCBFs* 基因表达分析
灰色. 野生型；绿色. OsERF096-KD 株系；蓝色. OsERF096-OE 株系

冷胁迫下 OsERF096 转基因水稻耐冷性进行评价，并通过测定 POD/CAT 活性和 qRT-PCR 验证 ABA 信号通路基因表达，明确 *OsERF096* 不依赖 ABA 介导的冷胁迫信号通路。

（1）外源 ABA 处理冷胁迫下 OsERF096 转基因水稻表型分析

本研究对外源施用 5 μmol/L ABA 时冷胁迫下 OsERF096 转基因水稻耐冷性进行评价。挑选长势一致的野生型、OsERF096-KD 和 OsERF096-OE 水稻进行 4℃ 冷胁迫，并在冷胁迫 12 h 时观察耐冷表型。如图 3-57 所示，4℃冷胁迫 12 h 时，与野生型相比，OsERF096-OE 幼苗的叶子卷曲得更为严重，而 OsERF096-KD 株系的水稻叶片卷曲较少。然而，外源施用 5 µmol/L ABA 同时冷胁迫下，在野生型、OsERF096-KD 和 OsERF096-OE 之间未见显著性差异。以上结果表明 ABA 的施用可以恢复 *OsERF096* 的冷敏感表型。

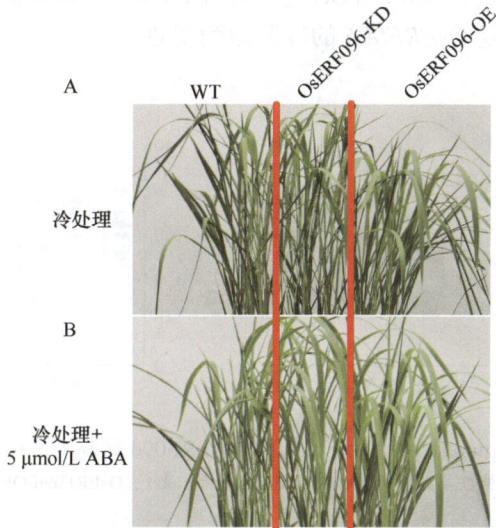

图 3-57　外源 ABA 处理冷胁迫下 OsERF096 转基因水稻表型

（2）外源 ABA 处理冷胁迫下 OsERF096 转基因水稻 POD 和 CAT 活性分析

将长势一致的 WT 和 OsERF096 转基因水稻提前 1 天加入 5 µmol/L ABA，次日转移到 4℃植物生长培养箱中进行冷胁迫 12 h，每个处理取样 0.1 g，各取 20 次生物学重复。

如图 3-58A 所示，只进行冷胁迫时，WT、OsERF096-KD 和 OsERF096-OE 的 POD 酶活性为 10.81 U/（min·g）、15.89 U/（min·g）、8.87 U/（min·g），OsERF096-KD 株系显著高于 WT，而 OsERF096-OE 酶活显著低于 WT。当加入 5 µmol/L ABA 进行冷胁迫时，各株系的 POD 活性测定值为 18.78 U/（min·g）、16.01 U/（min·g）、15.66 U/（min·g），冷胁迫后，外源施用 5 µmol/L ABA 是冷胁迫下，WT、OsERF096-KD 和 OsERF096-OE 各株系间的 POD 活性均无显著性差异。

图 3-58B 为冷胁迫下 WT、OsERF096-KD 和 OsERF096-OE 的 CAT 活性测定结果，结果显示，各株系酶活测定值为 146.60 U/（min·g）、170.90 U/（min·g）、12.00 U/（min·g），经过统计学分析发现，OsERF096-KD 株系 CAT 活性显著高于 WT，相反，OsERF096-OE 株系 CAT 活性显著低于 WT。当加入 5 µmol/L ABA 进行冷胁迫时，各株系的 CAT 活性为 177.78 U/（min·g）、163.64 U/（min·g）、172.00 U/（min·g），或加入 10 µmol/L MeJA 且同时进行冷胁迫的条件下，各株系的 CAT

活性分别为 168.21 U/(min·g)、157.58 U/(min·g)、166.15 U/(min·g)，加入 5 μmol/L ABA 时冷胁迫下，WT、OsERF096-KD 和 OsERF096-OE 各株系间的 CAT 活性则无显著性差异。

综上所述，外源施用 ABA 可以恢复 OsERF096-OE 株系的 POD 和 CAT 活性，故推测 ABA 可以恢复 *OsERF096* 的冷胁迫耐受性。

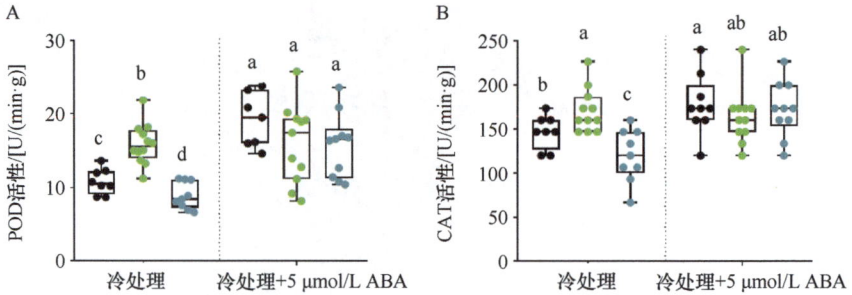

图 3-58　外源施用 5 μmol/L ABA 时冷胁迫下 OsERF096 转基因水稻的 POD 和 CAT 活性
黑色. 野生型；绿色. OsERF096-KD 株系；蓝色. OsERF096-OE 株系

（3）外源 ABA 处理冷胁迫下 OsERF096 转基因水稻 ABA 信号通路基因表达分析

目前已有研究报道 *OsABF2*（*OsbZIP46*）、*OsNAC5* 和 *OsNAC6* 是 ABA 信号通路中的关键基因（Mao et al., 2012），为进一步明确 *OsERF096* 是否也通过响应 ABA 介导的冷胁迫信号通路，采用 qRT-PCR 验证了冷胁迫下 OsERF096 转基因水稻中 *OsABF2*、*OsNAC5* 和 *OsNAC6* 的表达。结果如图 3-59 所示，外源施用 5 μmol/L ABA 处理，冷胁迫 0 h，*OsABF2* 在 OsERF096-KD 和 OsERF096-OE 株系中的表达量显著低于野生型，冷胁迫 12 h，*OsABF2* 在各株系间的表达量则无显著性差异（图 3-59A）。冷胁迫 0 h，*OsNAC5* 在 OsERF096-KD 株系中的表达显著低于野生型；加入 5 μmol/L ABA 处理，在冷胁迫 0 h 和 12 h 整体下调，但在各株系间无显著性

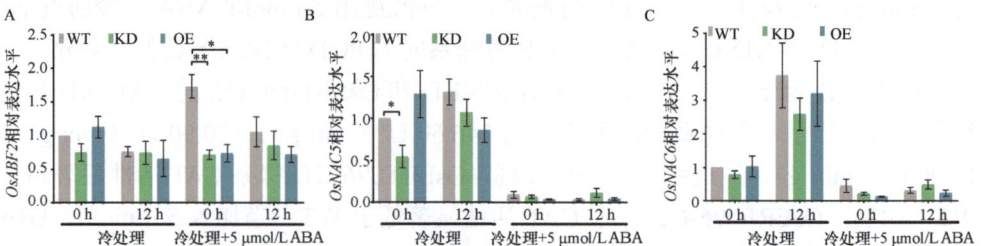

图 3-59　OsERF096 转基因水稻 ABA 通路基因表达分析

差异（图 3-59B）。无论是否施用 ABA，*OsNAC6* 的表达在各株系均无显著性差异，且加入 ABA 后，各株系中 *OsNAC6* 的表达整体呈下降趋势（图 3-59C）。综上结果，说明 *OsERF096* 可能未影响 *OsABF2*、*OsNAC5* 和 *OsNAC6* 的表达来调节水稻耐冷性，推测 *OsERF096* 不依赖 ABA 介导的冷信号通路调控水稻耐冷性。

3.4　讨　　论

目前已有研究表明，*miR1320* 参与 *miR168* 调节免疫胁迫应答（Zhang et al.，2015b）。本研究系统阐述一个水稻 *miR1320* 通过靶向转录因子 OsERF096 调节耐寒性，*OsERF096* 抑制 JA 介导的冷胁迫信号通路。下面将对本研究得到结果进行讨论。

3.4.1　*OsERF096* 基因在水稻冷胁迫应答中的作用

本研究鉴定出的 *OsERF096*，属于水稻 ERF/AP2 家族成员。ERF/AP2 蛋白在参与植物生长发育以及逆境胁迫应答中研究较为广泛，但 OsERF096 不同于其他 ERF/AP2 家族蛋白成员，其 C 端含有一个跨膜结构域，亚细胞定位显示其定位细胞膜，鉴于这一点，我们对它产生不小的兴趣。*OsERF096* 作为 *miR1320* 的靶基因，在水稻冷胁迫应答方面也表现出与 *miR1320* 相反的功能，*OsERF096* 过表达在萌发期和幼苗期均降低了水稻对冷胁迫的耐受性，其 RNA 干扰株系也表现出一定程度的耐冷性增强。

本研究对其作用机制的研究具有较大局限性，ERF/AP2 蛋白家族众多成员可以通过结合 DRE、GCC 顺式作用元件参与植物冷胁迫应答，但通过 Y1H 分析并未发现 OsERF096 与这两个元件存在特异性结合，可能是由于 Y1H 实验中背景较高，也可能是由于 OsERF096 响应低温可能是通过其他方式。

3.4.2　膜结合转录因子 OsERF096 调控水稻耐冷性的分子机制探讨

大多数转录因子定位于细胞核，在核中通过与启动子顺式作用元件结合调控基因表达。本研究中的 OsERF096 定位于细胞膜，属于膜结合转录因子（membrane-bound transcription factor，MTF）。MTF 在翻译后会被转移到细胞膜系统，包括细胞膜、叶绿体膜、线粒体膜等，当细胞受到外界刺激后，再从膜上释放，并重新转运到细胞核行使功能。几乎所有转录因子超家族均含有膜定位转录因子成员，其中比例最高的是 NAC 转录因子家族，拟南芥中该家族有 16% 的成员定位于膜系统（Tang et al.，2012；Kim et al.，2007）。但 ERF 家族未见含有 TMD

成员功能的相关报道。

　　最近几年，逆行信号转导作为转录后水平的一个重要调控方式，受到越来越多研究人员的关注。目前，叶绿体逆行信号和线粒体逆行信号是研究的热点（Kleine and Leister，2016），然而，对细胞膜定位转录因子的研究却鲜有报道。目前已发现的膜结合转录因子逆行至核所需要的加工方式主要有两种：一是通过可控的 26S 蛋白酶体途径进行泛素化降解（regulated ubiquitin/proteasome-dependent processing，RUP）（Finley，2009），释放具有活性的转录因子核心组分转运至细胞核；二是通过可控的膜内蛋白水解作用（regulated intramembrane proteolysis，RIP）释放（Mccarthy et al.，2017）。这两种加工方式可独立或协同作用于 MTF。多数含有跨膜结构域的 MTF 都会通过 RIP 途径发生膜释放，考虑到 OsERF096 含有一个跨膜结构域，猜测 OsERF096 跨膜结构域会被某种蛋白酶水解，通过 RIP 进行膜释放加工。另外，OsERF096 转录激活核心序列位于蛋白 N 端 83 个氨基酸区域，所以也不能排除 OsERF096 通过 RUP 途径进行膜释放。虽然 OsERF096-ΔTM 定位于细胞核，但 OsERF096-ΔTM 在核内是否进行进一步加工还未可知，或许生物体内 OsERF096 在膜释放过程中，会直接被泛素化降解成具有激活活性的 N 端小片段，进而逆行入核发挥作用。

　　此外，在 OsERF096-OX 与 OsERF096-ΔTM-OX 转基因株系耐冷性评价中，发现在 OsERF096-OX 和 OsERF096-ΔTM-OX 株系中 OsERF096 转录水平基本一致的情况下，OsERF096 跨膜结构域缺失，并未给 *OsERF096* 基因功能带来显著变化。推测造成该结果的原因，一方面可能是 *OsERF096* 基因本底表达较低，转基因株系中 OsERF096-OX 与 OsERF096-ΔTM 使用 35S 启动子，导致目的基因表达倍数太高（过表达倍数达到 300~2000 倍），弱化了 OsERF096 与 OsERF096-ΔTM 之间的功能差异；另一方面，可能是 *OsERF096* 基因表达量大幅升高后，OsERF096 蛋白大量翻译，影响了 OsERF096 蛋白的膜定位，可能会导致部分 OsERF096 蛋白进入细胞核，从而发挥其转录因子作用。

3.4.3　OsERF096 蛋白定位与结合元件的探讨

　　OsERF096 有两个转录本 *OsERF096.1* 和 *OsERF096.2*，OsERF096.1 的 C 端具有一个跨膜结构域。YFP-OsERF096.1 分布在细胞核、内质网和细胞质膜等系统，冷胁迫下 OsERF096.1 可以从细胞膜重新定位到细胞核。然而目前尚未可知 OsERF096.1 是通过何种方式重定位到细胞核，已有研究报道，外界刺激导致的可变剪切在激活植物的信号转导过程中发挥重要作用。PCP 是一个与可变剪接相关的因子，能够影响温度依赖性选择性剪接，进而调控植物的发育（Dressano et al.，2020）。OsERF096.1 也可能受低温影响而可变剪切以响应冷胁迫。除此之外，OsERF096.1 也定位于内质网系统，那是否有可能内质网蛋白的合成也在响应冷胁

迫过程中减慢，以提高水稻对冷胁迫的耐受性。

目前，大多数研究报道 AP2/ERF 蛋白的结合元件是 GCC-box 和 DRE/CRT，响应低温、干旱、盐等非生物胁迫，也有少数研究报道 AP2/ERF 蛋白可与 GT-1 顺式作用元件结合，响应盐胁迫应答（Duan et al.，2016）。本课题组前期研究发现，*OsERF096* 基因响应冷胁迫应答，所以主要对 OsERF096 蛋白与 GCC-box 和 DRE/CRT 顺式元件的结合进行了研究。结合 Y1H 和 LUC 结果表明 OsERF096 蛋白可与 GCC-box 和 DRE/CRT 顺式元件特异结合，并通过与 GCC-box 和 DRE/CRT 顺式元件结合来激活下游信号转导，并最终调控水稻对冷的耐受性。

3.4.4　miR1320-OsERF096 调控水稻耐冷机制的探讨

遗传学证据表明，*miR1320* 过表达提高了水稻耐冷性，*miR1320* 表达敲减降低了水稻耐冷性。已有研究表明，*miR1320* 在 *miR168-AGO1* 的下游发挥功能（Wang et al.，2021b）。本实验室前期通过 5′-RACE 明确 *miR1320* 靶向 *OsERF096* mRNA，并通过 LUC 进一步证实了 miR1320-OsERF096 的靶向关系。qRT-PCR 表明冷胁迫下 *OsERF096* 表达显著升高。然而，冷胁迫下 *OsERF096* 启动子驱动的 GUS 活性没有变化。冷胁迫下 *miR1320* 表达被抑制，因此推测冷胁迫下 *OsERF096* 表达升高是由 *miR1320* 切割所致。进一步明确 miR1320-OsERF096 调控参与冷胁迫应答。

本研究利用 RNA-Seq 对差异表达基因进行 GO 和 KEGG 富集分析，发现 *OsERF096* 可能参与了多种信号途径响应冷胁迫应答。其中，主要包括氧化还原过程、淀粉蔗糖代谢、植物激素信号转导及类黄酮生物合成。淀粉是水稻储存能量的重要方式，蔗糖主要以葡萄糖和果糖的形态贮存在组织中，在淀粉蔗糖代谢途径中会产生大量的可溶性糖，维持细胞稳定性（陈雅玲和包劲松，2017）。水稻中 *OsTPP1* 编码参与海藻糖的合成的海藻糖-6-磷酸磷酸酶，海藻糖的合成在植物应对冷胁迫早期发挥重要作用，海藻糖-6-磷酸磷酸酶活性和海藻糖含量会在冷胁迫后迅速升高（Xia et al.，2021）。有研究给出了初步解释，植物遭受冷伤害后体内 ROS 会大量积累，而糖类含量升高可帮助植物清除 ROS，减轻 ROS 对植物细胞的伤害（Thomashow，1999）。研究人员在烟草中发现，温度的变化会影响烟草糖代谢相关基因的表达水平，以实现影响到相关酶的活性，甚至影响蔗糖的代谢和运输（Bogdanović et al.，2008）。本研究通过分析冷胁迫下 OsERF096 转基因水稻的抗氧化酶活性、NBT 染色、可溶性糖含量及相关基因表达，证实 *OsERF096* 负调控水稻冷胁迫耐受性，说明 *OsERF096* 调控冷胁迫应答过程中参与了 ROS 清除和蔗糖代谢。

低温来临后，植物通过提高黄酮合成途径中相关酶的活性，实现体内类黄酮含量的提高（赵莹等，2021）。植物一方面可以通过外界刺激来诱导调节类黄酮合成，另一方面也可以通过转录因子直接调节相关酶活基因的表达精细调控类黄酮含量。花色素是类黄酮代谢的终产物之一，其合成受 bHLH 和 MYB 两个转录因子转录活性和 mRNA 表达水平协同调节。植物保持转录因子表达水平恒定，稳定调节合成途径中各种酶的活性，最终实现精细调节产物的合成量（邢文和金晓玲，2015）。本研究通过分析冷胁迫下 OsERF096 转基因水稻苯丙烷生物合成基因表达和总黄酮含量，发现 *OsERF096* 负调控水稻耐冷性。推测冷胁迫下 *OsERF096* 也可能调控黄酮合成途径中相关酶的活性，从而调控类黄酮的合成。

植物激素信号转导在水稻冷胁迫信号通路中发挥重要作用，很多研究表明，ABA 和 JA 是植物应答生物胁迫与非生物胁迫过程中的重要信号分子。植物应对多种逆境时，会通过调节体内 ABA 或 JA 含量，增强个体抗逆性（曲凌慧 等，2010）。水稻幼苗遭受冷胁迫后，其内源 ABA 含量升高，NCED（9-cis-epoxycarotenoid dioxygenase）作为 ABA 合成途径当中重要的加氧酶，冷胁迫处理后，其家族成员的编码基因 *OsNCED1* 和 *OsNCED3* 表达显著上调，位于 ABA 下游的冷胁迫应答基因 *LEA* 表达也受冷胁迫诱导表达（Bang et al.，2013；Zhu et al.，2009）。本研究通过测定冷胁迫前后激素含量以及相关基因表达，发现 *OsIAAs*、*OsARFs* 以及 *OsABA8oxs* 在 OsERF096-KD 株系中的表达量下调。也有研究发现，冷胁迫会导致水稻幼苗体内游离生长素含量增加，但基因芯片和实时定量的结果却显示生长素信号转导通路中若干基因表达下调（Du et al.，2012）。这与本研究的结果类似，说明生长素可能与冷胁迫反应有密切关系，但生长素如何参与各种冷胁迫反应的通路仍是未解之谜。

3.4.5 *OsERF096* 抑制 JA 调控的冷胁迫信号通路的探讨

许多水稻 AP2/ERF 转录因子已被鉴定为耐寒性的正调节因子，如 *OsERF62/OsLG3*（Xiong et al.，2018）、*OsDREB1A*、*OsDREB1F*（Wang et al.，2008a）。然而，本研究发现 *OsERF096* 负调控水稻耐冷性。一方面已有研究表明，*OsERF922* 负调控水稻耐盐性（Liu et al.，2012），且 OsDERF1 通过激活 2 个负调节因子 OsERF3 和 OsAP2-39 的表达，从而负调控水稻耐旱性（Yaish et al.，2010）。因此，随着基因编辑技术的快速发展，利用 CRISPR 技术将 *OsERF096* 基因敲除是水稻耐寒分子育种的理想途径。另一方面，揭示 *OsERF096* 负调控冷胁迫应答的信号转导途径具有十分重要的意义。本研究发现 *OsERF096* 抑制 JA 调控的冷胁迫信号通路。目前已有研究表明，JA 通过激活 *CBFs* 基因的表达来提高水稻耐冷性（Hu et al.，2013）。JA-Ile 促进 JAZ 与 F-box 蛋白 COI1 的相互作用，以诱导泛素降解 JAZ，从而使 ICE1/2 结合并激活 *CBFs* 表达。在 OsERF096-KD 株系中促进 JA 生物合成，但在 OsERF096-OE 系中被抑制。此外，冷胁迫下 OsERF096-KD 株系中 OsDREB1A/B/C 表达上调。表型和抗氧化酶活性进一步证实外源施用 MeJA 恢复

了 *OsERF096* 的冷敏感表型。本研究为揭示 AP2/ERF 转录因子在非生物胁迫反应中的分子基础提供了新的线索。另外，冷胁迫应答过程中 *OsERF096* 通过靶向哪些基因表达影响 JA 生物合成，仍需进一步探索。

综上，本研究发现，在冷胁迫下 *miR1320* 表达降低，并且 *miR1320* 可以靶向并切割 *OsERF096* mRNA，从而导致 *OsERF096* 的 mRNA 水平升高。*OsERF096* 通过与 GCC-box 和 DRE 顺式作用元件结合，激活某个靶基因的表达，同时以某种方式抑制 JA 生物合成以及 JA 介导的冷信号转导途径。另外，*OsERF096* 或许还会通过其靶基因抑制 ROS 清除。*OsERF096* 如何修饰 JA 生物合成或 ROS 清除？解决这一问题的关键是鉴定 *OsERF096* 直接靶向的候选基因。此外，确定 miR1320-OsERF096 是否参与稻瘟病抗性也有待探索。

本研究对 *OsERF096* 的耐冷功能进行了分析，并初步探究了 miR1320-OsERF096 调控水稻耐冷性的分子机制，但仍有 3 个问题需进一步研究解决。一是研究发现 OsERF096 定位于细胞膜，冷胁迫处理可能会导致其跨膜结构域剪切，随后重新定位于细胞核发挥作用。在此过程中，OsERF096 的跨膜结构域如何丢失，加工后的蛋白如何入核，是一个极具研究价值的问题。二是研究已表明 *OsERF096* 抑制 JA 调控的冷胁迫信号通路，但 OsERF096 直接靶向哪个基因来修饰 JA 的生物合成或信号转导，仍需深入研究探讨。后续可进一步根据 RNA-seq 数据筛选 OsERF096 的靶基因，并利用 LUC、EMSA 和 ChIP 进一步验证 OsERF096 与靶基因启动子的结合特性。三是通过差异表达基因 KEGG 富集分析，发现差异表达基因显著富集到植物病原菌互作代谢途径中。关于 *OsERF096* 调控水稻抗病性的机制，*OsERF096* 是如何调控下游抗病基因（如 *PRs* 基因）的表达，以及是否与 *miR168-AGO1* 调控模式相关，都需进一步深入研究。

3.5　结　　论

（1）OsERF096.1 和 OsERF096.2 均能发挥功能

OsERF096.1 亚细胞定位在细胞核和膜系统，4℃冷胁迫后，膜系统定位的 OsERF096.1 可重定位于细胞核。OsERF096.2 仅定位在细胞核。OsERF096.1 和 OsERF096.2 均能与 GCC-box 和 DRE/CRT 元件结合，激活下游基因表达。

（2）*OsERF096* 负调控水稻耐冷性

通过冷胁迫表型和生理指标分析等，从过表达和表达敲减两个角度，准确鉴定了 *OsERF096* 在冷胁迫应答中的功能。*OsERF096* 过表达降低了转基因水稻对冷胁迫的耐受性，*OsERF096* 表达敲减株系表现为耐冷性提高。

深入研究发现，*OsERF096* 通过抑制 ROS 清除基因、糖代谢相关基因以及苯丙烷生物合成基因的表达，降低了抗氧化酶活、可溶性糖含量和总黄酮含量，导致冷胁迫下体内 ROS 过量积累，细胞渗透调节失衡，从而降低水稻耐冷性。

（3）*OsERF096* 抑制 JA 介导的冷胁迫信号通路

OsERF096 能抑制 JA 含量，但外源施用 MeJA 后，不仅能恢复 *OsERF096* 的冷敏感表型和 POD/CAT 活性，还能激活下游 *OsCBFs* 基因的表达，从而提高水稻耐冷性。

第 4 章　miR1320-OsPHD17 调控水稻耐冷性

前期研究发现一个水稻特异的 *miR1320* 可正调水稻耐冷性，其靶基因 *OsPHD17* 表达受 *miR1320* 抑制。为揭示 *OsPHD17* 调控水稻耐冷的分子机制及生理功能，首先分析 *OsPHD17* 过表达和功能缺失转基因株系的冷胁迫表型、形态指标和生理指标，发现 *OsPHD17* 过表达转基因水稻耐冷性降低，利用 RNA-seq 技术对冷胁迫前后的 *OsPHD17* 基因敲除（OsPHD17-KO）和过表达（OsPHD17-OE）转基因水稻进行测序，结合测序数据及水稻冷胁迫生理代谢变化分析，发现 *OsPHD17* 参与调控冷胁迫下水稻 ROS 平衡、糖代谢以及黄酮和木质素的合成过程。同时发现 *OsPHD17* 抑制 JA 生物合成，参与 JA 信号转导过程，推测其可通过 JA 介导的信号途径调控水稻冷胁迫应答。

4.1　研　究　背　景

4.1.1　PHD 家族转录因子的结构及功能研究现状

组蛋白氨基酸序列末端的翻译后修饰在染色质介导的基因表达调控过程中起着关键作用，因此，识别组蛋白共价修饰位点、识别招募染色质重塑复合物的蛋白结构域对调节基因表达、控制植物发育至关重要。植物同源结构域（plant homeo domain，PHD）可通过特异性结合多个组蛋白修饰位点激活或抑制基因表达，参与植物生长发育、胁迫应答等生理过程。

1. PHD 转录因子结构与作用机制

作为调控转录和染色质结构的关键因子，锌指蛋白普遍存在于真核生物中。锌指蛋白具有由半胱氨酸和/或组氨酸组成的锌结合结构域，与锌离子结合的保守半胱氨酸和组氨酸残基可以稳定锌指蛋白空间结构。根据锌结合残基的排列，锌指蛋白被分为不同类型，如 RING（really interesting new gene）、LIM（lin11，isl-1 and mec-3）和 PHD。PHD 锌指蛋白通常具有一个或几个 PHD-finger 结构域，每个 PHD 结构域约由 60 个氨基酸组成，具有一个交叉支撑拓扑结构的 Cys4-His-Cys3 [C-X2-C-X(8-25)-C-X(2-4)-C-X(4-5)-H-X2-C-X(12-32)-C-X(2-3)-C] 双环锌指基序，序列上与 RING（Cys3-His-Cys4）和 LIM（Cys2-His-Cys5）有些类似（Takatsuji，1998）。

1993 年，在拟南芥中首次发现了 PHD 同源蛋白 HAT3.1（Schindler et al., 1993），直到 2006 年，才有报道 PHD 蛋白在组蛋白 H3 赖氨酸 4 三甲基化（H3K4me3）尾部识别中发挥重要作用。PHD 蛋白与 H3K4me3 结合，通过招募组蛋白乙酰转移酶（HAT）或组蛋白脱乙酰基酶（HDAC）复合物来激活或抑制基因表达（Wysocka et al., 2006; Shi et al., 2006; Li et al., 2006）。随后鉴定出与 H3K4me2/3 互作的 PHD 蛋白，同时鉴定出其他能与 PHD 蛋白结合的组蛋白成员，如 H3K9me3、H3K36me3 等。此外，研究人员还发现，PHD 蛋白可识别未修饰的 H3K4 及乙酰化的 H3K14（Musselman and Kutateladze, 2011），除了特定标记的组蛋白外，PHD 蛋白还可识别非组蛋白型蛋白质，说明 PHD 蛋白可通过多种途径发挥其调控功能。

2. PHD 转录因子调控植物生长发育的研究进展

减数分裂是植物孢子发育过程中的重要过程，拟南芥 PHD 蛋白包含 DUET/MMD1（Male Meiocyte Death 1）和它的同系基因 *AtSCC2/EMB2773*，在复制过程中参与建立姐妹染色单体内聚过程，保证有丝分裂和减数分裂过程中染色体的正确分离。MMD1 功能缺失会造成减数分裂过程中雄性细胞死亡，*AtSCC2* 基因敲除株系表现出由减数分裂染色体组织缺陷造成的不育表型（Yang et al., 2003; Sebastian et al., 2009）。此外，包含 PHD 结构域的 ASHR3，通过与 bHLH 转录因子 AMS 相互作用，参与雄蕊发育（Gomez and Wilson, 2014）。

研究发现，PHD 蛋白参与调控胚胎起始分生组织和根的发育，植物 OBE1 和 OBE2 可通过自身的 PHD 结构域识别染色质中参与生长素积累基因的 H3K4 甲基化标记位点，通过组蛋白修饰调控基因转录，控制植物脉管系统和初生根分生组织发育（Saiga et al., 2012）。除了调控根的发育，PHD 蛋白也参与根对环境的适应过程，低磷条件下，拟南芥 *AL6*（Alfin Like 6）基因可通过自身 PHD 结构域结合 H3K4me，控制调节根毛延伸关键基因的转录（Chandrika et al., 2013）。含 PHD 结构域的蛋白除了在配子体和根发育过程中发挥作用外，还在种子萌发过程中调控相关基因的表达，许多 AL 蛋白可以与 PRC1 复合物相互作用，参与 H3K27me 标记的特异性识别，通过促进染色质 H3K4me3 到 H3K27me3 富集，实现对种子发育相关基因表达的调控，促进种子萌发（Molitor et al., 2014）；糖诱导基因 *HSI2*（high-level expression of sugar inducible 2）和 HSI2-LIKE1 抑制拟南芥种子成熟，将 *HSI2* 的 PHD 结构域点突变后导致拟南芥种子数量增多，突变体株系中调控种子成熟的相关基因上调表达，而这些基因富含 H3K27me 抑制位点（Veerappan et al., 2012）。

除此之外，PHD 蛋白还被发现调控植物开花。拟南芥 *FLC* 基因编码一个 MADS-box 蛋白，在抑制开花与春化反应中起着重要作用。拟南芥 VEL 家族蛋白 VIN3、VIL1/VRN5、VIL2/VEL1 和 VIL3/VEL2 均含有 PHD 结构域。体外实验表明这些蛋白虽然可结合 H3K4me2，却优先识别 H3K9me2 组蛋白结合位点；其中

VIN3 和 VRN5 通过提高 H3K9 和 H3K27 甲基化水平和组蛋白去乙酰化水平，抑制 FLC 表达，调控春化反应（Kim and Sung，2010）。水稻 OsVIL2 作为水稻开花激活因子，通过其 PHD 结构域与组蛋白 H3 结合，增加开花抑制基因 *OsLFL1* 染色质的 H3K27me 水平，降低 *OsLFL1* 基因表达水平（Yang et al.，2013b）。拟南芥 ATX1 含有两个 PHD 结构域，通过抑制 FLC 的 H3K4me2，促进 H3K27me2，促进拟南芥早花（Pien et al.，2008）。

目前，已初步明确了 PHD 蛋白在调节不同组蛋白修饰间的重要作用，以及组蛋白修饰在调控植物发育，特别是调控植物开花过程中的生物学意义。未来对 PHD 蛋白作用机制的研究，应进一步探索染色质重塑复合物在多种细胞途径，调节植物发育和分化的功能，以及 PHD 蛋白在染色质重塑复合物形成过程中的关键作用。

3. PHD 转录因子参与植物逆境胁迫应答的研究进展

目前，对 PHD 蛋白家族的研究多集中于通过识别下游基因启动子中 H3K4me，通过甲基化调控植物生长和发育，对其参与植物应对非生物胁迫的研究鲜有报道。

2009 年，陈受宜课题组从大豆中鉴定出 6 个胁迫响应的 PHD 蛋白，它们可作为转录因子，识别并结合顺式作用元件 "GTGGAG"。其中，GmPHD2 过表达拟南芥表现出较强的耐盐性（Wei et al.，2009），而 *GmPHD5* 也响应盐胁迫，它可以识别特定的组蛋白甲基化 H3K4，与乙酰转移酶 GmGNAT1 互作，乙酰化组蛋白 H3。进一步研究发现 GmPHD5 可结合一些已经证实的大豆盐胁迫诱导基因的启动子（Wu et al.，2011）。而其他对 PHD 蛋白家族的研究多集中于家族成员的鉴定以及对不同胁迫类型的响应。发现水稻中有 59 个 *PHD-finger* 基因，具有明显组织表达差异性，其中多个基因响应 ABA、干旱、低温以及高镉胁迫（Sun et al.，2017）。玉米中有 67 个 PHD 基因，其中 15 个可能是潜在的非生物胁迫应答基因（Wang et al.，2015b）。毛果杨中有 73 个 PHD 基因，其中 9 个响应高盐、干旱、冷胁迫（Wu et al.，2016）。毛竹中有 60 个 PHD 基因，具有明显组织表达差异性，其中 16 个响应 ABA、高盐、干旱、冷胁迫（Gao et al.，2018）。众多研究表明，PHD 蛋白不仅参与植物响应非生物胁迫，在植物抗病、果实成熟过程也发挥功能，该家族基因在植物物种进化中保守性较低，且家族成员间蛋白序列、结构差异较大，这有助于实现该家族蛋白在不同生物学过程中功能的多样性。

4. 水稻 PHD 蛋白研究进展

前期研究发现，水稻 PHD 基因的 59 个成员可分为 8 个亚家族组，不同组亚家族成员的蛋白结构差异较大，而同组亚家族成员结构域相似性较高，暗示了不同组亚家族的 PHD 蛋白可能功能差异较大（图 4-1）（Sun et al.，2017）。其中，OsPHD17 蛋白位于第 5 个亚家族组，包含一个 RING 结构域和 PHD 结构域。

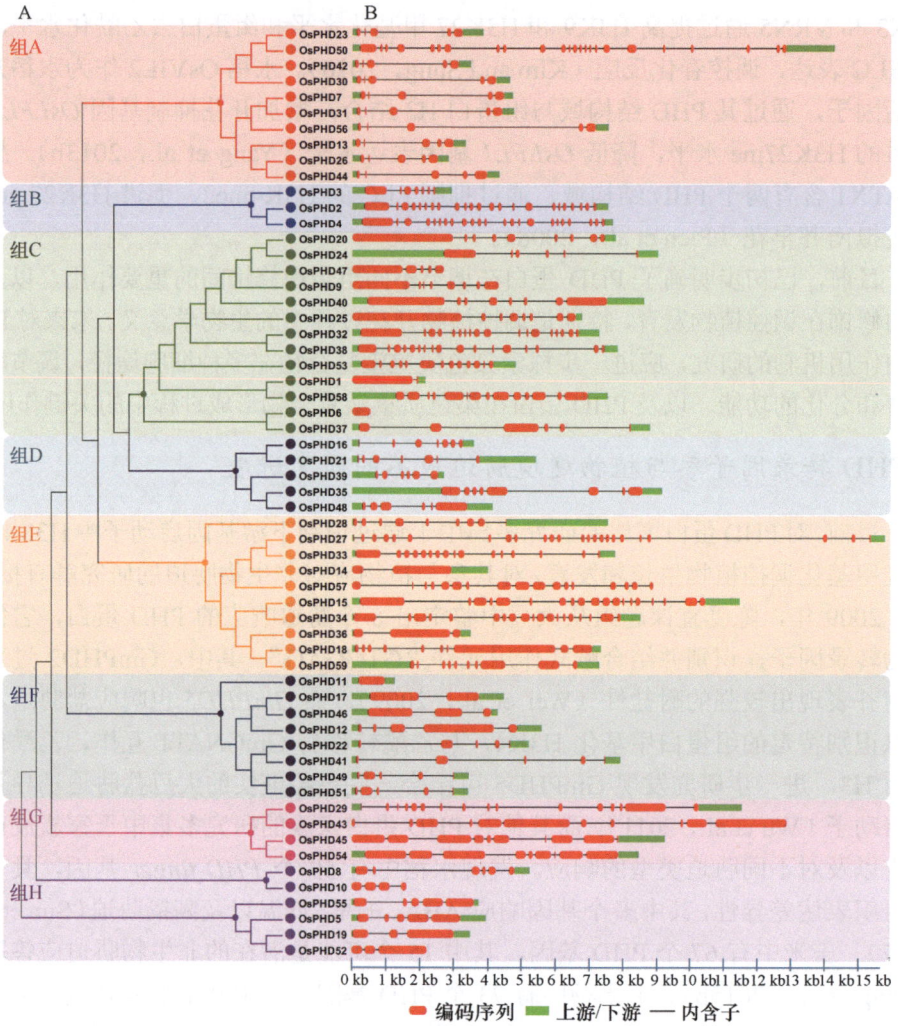

图 4-1　水稻 PHD 蛋白家族的结构域

多研究表明，PHD 蛋白不仅通过甲基化调控植物生长发育，它还在植物响应非生物胁迫中发挥重要作用。实验室前期从水稻（*Oryza sativa* subsp. *japonica*）中鉴定出 59 个 PHD 基因，其中有 49 个参与植物生长发育调控；另外 10 个与玉米、大豆和苜蓿的 PHD 家族成员响应逆境胁迫（图 4-2）。值得注意的是，只有 *OsPHD17* 表达响应冷胁迫，在前期研究基础上，本研究综合 RNA-seq 测序与生理指标测定，明确 *OsPHD17* 参与调控的生物进程及生物学途径，揭示 *OsPHD17* 调控水稻耐冷分子机制。

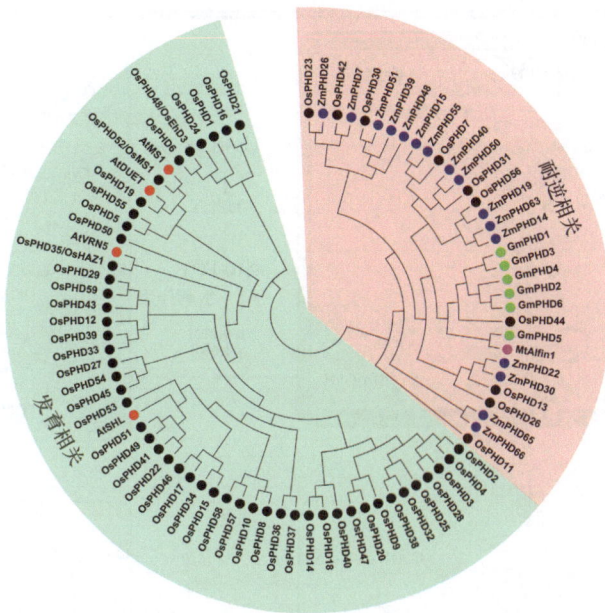

图 4-2 其他物种 PHD 蛋白和水稻 PHD 蛋白的系统发育树分析

4.1.2 茉莉酸调控植物冷胁迫应答研究进展

1. 茉莉酸生物合成与信号转导

茉莉酸（jasmonic acid，JA）广泛参与植物花粉育性、根的生长发育及衰老等众多生命进程，同时在生物胁迫和非生物胁迫中发挥重要作用（Ueda et al., 2020；Wasternack and Hause，2013）。

茉莉酸生物合成的主要成分 α-亚麻酸在叶绿体脂膜会合成后（Bannenberg et al., 2009），被脂肪氧合酶（LOX）氧化生成 13S-氢过氧十八碳三烯酸（13-HPOT），可根据引入分子氧的碳原子将 LOX 分为 9-LOXs 和 13-LOXs（Glauser et al., 2009），拟南芥中有 4 个 13-LOXs（AtLOX2、AtLOX3、AtLOX4 和 AtLOX6）和 2 个 9-LOXs（AtLOX1 和 AtLOX5）（Caldelari et al., 2011；Chauvin et al., 2013；Fernández-Calvo et al., 2011）。13-丙二烯氧化物合酶（13-AOS）和丙二烯氧化物合酶（AOS）催化 13-HPOT 生成顺式-（+）-氧络植物二烯酸 cis-（+）-OPDA（Ohkama-Ohtsu et al., 2011），进入过氧化物酶体中继续合成（Maynard et al., 2018），OPDA-CoA 通过 CTS 转运蛋白（comatose ATP-binding cassette transporter）进入过氧化物酶体（Floková et al., 2016；Stintzi and Browse，2000），由 OPDA 还原酶 OPR3 还原成 OPC8（Tani et al., 2008）。随后 OPC8 经过乙酰辅酶 A 氧化酶 ACX 的三次 β-氧化形成游离的茉莉酸（Chini et al., 2018）（图 4-3）。

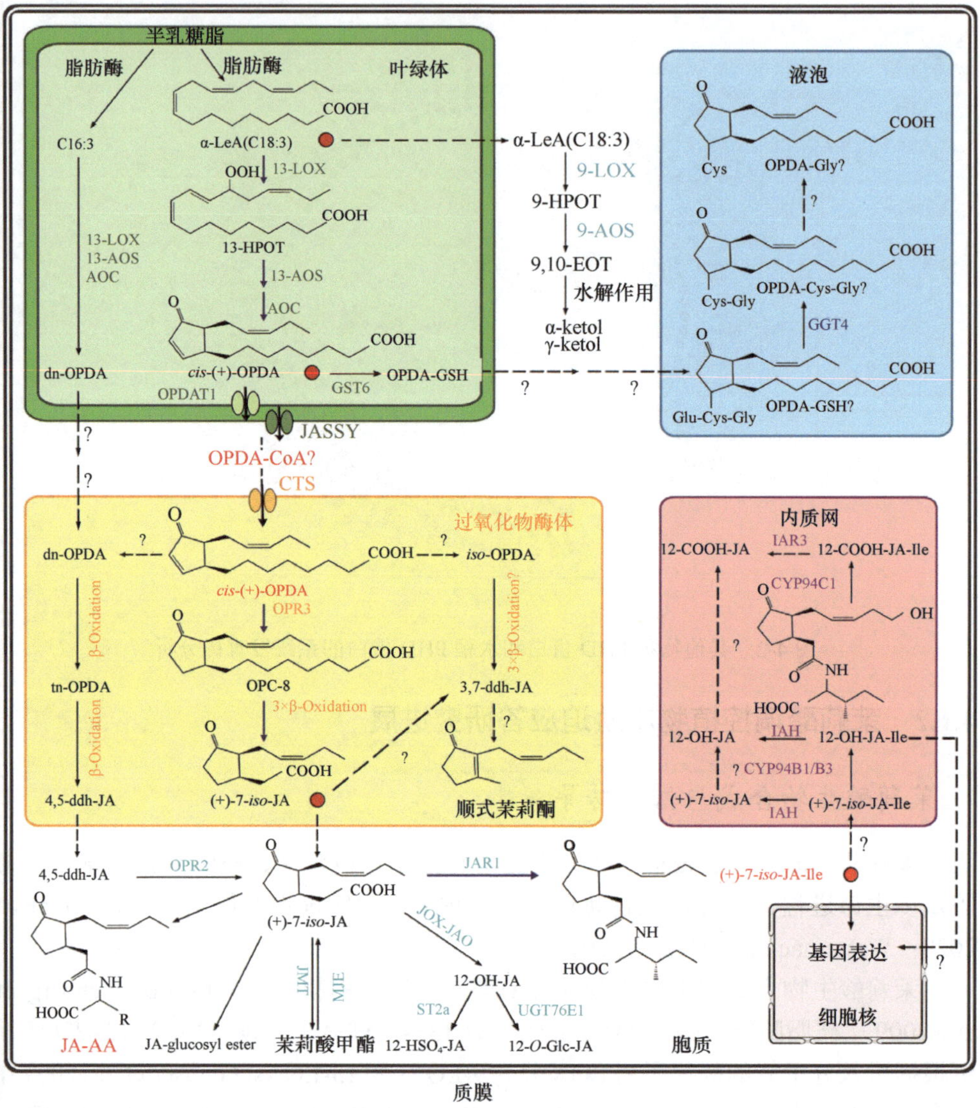

图 4-3 茉莉酸生物合成途径

在植物体内，活性与非活性 JA 衍生物之间可进行相互转化（图 4-3），JA 可在茉莉酸羧基甲基转移酶 JMT（jasmonic acid carboxyl methyltransferase）的催化下生成挥发性的莉酸甲酯 MeJA（methyl-jasmonate），同时 MeJA 可在茉莉酸甲酯脂酶 MJE（methyl-jasmonate esterase）的催化下进行逆反应生成 JA（Staswick and Tiryaki，2004）。JA 还可依赖 ATP 的腺苷形成酶（JAR1）（jasmonic acid resistant 1）作用下形成生物活性较高的茉莉酸-异亮氨酸（JA-Ile）（jasmonic acid-Isoleucine）（Staswick，2008）。

除 JA-Ile 外，JAR1 还可以催化 JA 与其他氨基酸（Val、Leu、Ala、Phe、Met、Thr、Trp 和 Gln）形成轭合物,但这几种 JA-氨基酸共轭物没有生物活性（Katsir et al.,2008）。

在正常条件下,JAZ 蛋白与 MYC2 及其他转录因子结合抑制其转录激活活性，受到外界胁迫后，植物产生大量茉莉酸，在 JAR1 的催化下生成 JA-Ile 促进 SCFCOI1 复合体与 JAZ 结合，使 JAZ 被 26S 蛋白酶体降解，从而解除对 MYC2 的抑制，进而激活茉莉酸下游基因的转录（Ruan et al.，2019）（图 4-4）。

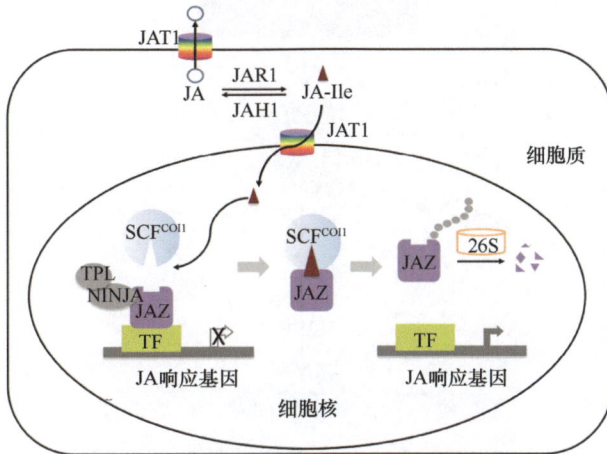

图 4-4　细胞内茉莉酸的信号转导

2. 茉莉酸介导冷胁迫应答信号途径

低温会诱导植物叶绿体膜质产生 α-亚麻酸，增加 JA 及其衍生物含量，缓解冷胁迫对植物造成的损伤，增强植物抗寒能力（Kazan，2015）。

冷胁迫来临时，施用茉莉酸可缓解冷胁迫造成的生理损伤，以此提高水稻耐冷性（段小华等，2009；蔡克桐等，2014）。在冷驯化小麦幼苗时，外源喷施 MeJA 可提高 *TaCBF* 基因表达,增强小麦的抗寒能力(李杨洋和焦浈,2018)；外施 MeJA 可以增强水稻体内抗氧化系统酶活性、渗透物质含量、叶绿素含量、植物激素含量，提高耐冷相关基因表达，进而提高水稻耐冷胁迫的能力（朱春权等，2019）；番茄叶片喷施 JA 会激活 *CBF* 通路基因表达，增强番茄的耐冷性（Wang et al.，2016a）。冷胁迫下，拟南芥 JA 生物合成基因 *LOX1*、*AOS1*、*AOC1* 和 *JAR1*（Hu et al.，2013）以及水稻 JA 生物合成基因 *OsAOS*、*OsOPR1*、*OsAOC* 和 *OsLOX2* 表达水平均上升（Du et al.，2013），促进内源 JA 合成。正常情况下，JAZ 抑制因子 JAZ1 和 JAZ4 互作并抑制 ICE1/2 转录激活活性；受到冷胁迫后，内源 JA 含量升高，诱导 COI1 泛素化降解 JAZ 蛋白，ICE1/2 被激活与 *CBF/DREB1* 基因的 DRE/CRT 元件结合，促进下游冷应答基因表达（李杨洋和焦浈，2018）（图 4-5）；

香蕉中也发现同样的调控机制，MaMYC2a 和 MaMYC2b 与 MaICE1 互作调控香蕉耐冷性（Zhao et al.，2013；Peng et al.，2013）。此外，拟南芥中还存在冷冻敏感蛋白 SFr6 可同时调节低温和茉莉酸途径（Knight et al.，1999；Knight et al.，2009；Wathugala et al.，2012；Zhang et al.，2012）。上述研究结果表明，JA 可以通过 *CBF* 通路调控植物对冷胁迫的相关应答。

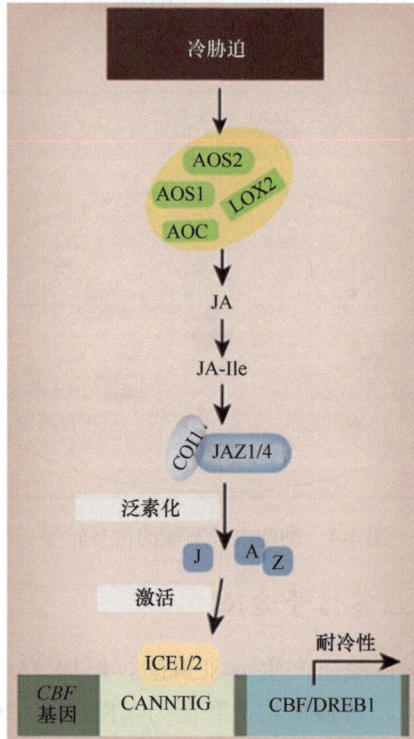

图 4-5 水稻中茉莉酸调节的冷信号通路模型

3. 本研究的课题来源

课题组前期研究发现一个水稻 *miR1320* 靶向 *OsPHD17* 调控耐冷性，但具体调控机制仍不清楚。本研究关注 *OsPHD17* 调控水稻冷胁迫应答的分子机制这一科学问题。首先，对未处理和 4℃冷胁迫 12 h 的野生型、OsPHD17-KO 和 OsPHD17-OE 水稻进行转录组测序，筛选差异表达基因；通过 GO 注释分析和 KEGG 富集，明确 *OsPHD17* 调控水稻耐冷的分子机制和生理功能，结合 GO 注释、KEGG 富集结果以及相关生理指标测定，验证 *OsPHD17* 是否参与调控 ROS 稳态、糖代谢以及黄酮和木质素的合成的过程。此外，通过 K 均值聚类分析发现 *OsPHD17* 抑制 JA 的生物合成，并通过 RT-PCR 验证 JA 的合成和信号转导通路关键基因表达情况。最后，通过对冷胁迫下转基因水稻外施 MeJA 和 JA 合成抑制剂 IBU，结合表型分析、抗氧化酶活性分析以及 CBF 通路基因表达分析，验证了 *OsPHD17* 通过 JA 介导的信号途径调控水稻耐冷性。本研究初步阐明了 *OsPHD17* 调控水稻耐冷的生理和分子机制，进一步完善了 miR1320-OsPHD17 调控的水稻冷胁迫信号转导通路，为水稻耐冷分子设计育种提供重要理论指导。

4.2　材料与方法

4.2.1　实验材料

1. 植物材料

水稻品种'日本晴'、拟南芥哥伦比亚野生型由黑龙江八一农垦大学作物逆境分子生物学实验室保存。

2. 菌株与质粒

大肠杆菌（*Escherichia coli*）、根癌农杆菌（*Agrobacterium tumefaciens*）和酵母菌（*Saccharomyces cerevisiae*）等菌株由黑龙江八一农垦大学作物逆境分子生物学实验室保存。

克隆载体、原核表达载体、亚细胞定位载体及植物过表达载体等由黑龙江八一农垦大学作物逆境分子生物学实验室保存，CRISPR 基因敲除载体由中国科学院上海植物逆境生物学中心朱健康院士惠赠。

3. 生物信息学软件及数据库

（1）所用生物信息学软件

qRT-PCR 数据分析：Stratagene Mxpro

引物设计：Primer Premier 5.0

sgRNA 序列设计：Optimized CRISPR Design

多重数据比对：Clustal X

数据分析及图表绘制软件：GraphPad Prism 8

（2）所用数据库

植物基因组数据库：Phytozome

美国国家生物技术信息中心数据库：NCBI

水稻转录因子数据库：DRTF

水稻表达谱数据库：RiceXPro

水稻基因组注释数据库：RGAP

转录组数据处理平台：百迈客云数据处理平台

基因注释数据库：GO 数据库

4. 试剂与培养基

（1）试剂 RNA 核酸纯化及反转录、常规 PCR 试剂、引物合成及测序同第 2 章 2.2 材料与方法，其他试剂均为常规分子生物学试剂。

（2）本研究用到的大肠杆菌培养基（LB）、农杆菌培养基（YEB）、酵母培养基（YPD）、酵母筛选培养基（SD）等配方见第 2 章 2.2 材料与方法。

（3）本研究用到的植物培养包括 Youshida 营养液，配方见附表 1；基本培养基为 MS 无机盐，配方见附表 2；水稻组织培养基本培养基 NB，配方见附表 3；水稻愈伤组织培养各阶段的使用培养基见附表 4。

（4）本研究用到的主要仪器设备见第 2 章 2.2 材料与方法。

4.2.2 实验方法

1. 利用 RT-PCR 进行基因表达分析

水稻培养及冷胁迫处理、水稻叶片总 RNA 提取、RNA 反转录、RT-PCR 及数据分析见第 2 章 2.2 材料与方法。引物见附表 8。

2. 植物表达载体的构建

（1）*OsPHD17*（*-M*）过表达载体构建

根据 *OsPHD17* 序列设计 OsPHD17-BD-F/R 引物，以水稻 cDNA 为模板 PCR 克隆 *OsPHD17* 全长基因，连接到 pGBKT7 酵母表达载体，构建 Myc-OsPHD17 融合表达载体。用 OsPHD17-BD-U-F/R 引物 PCR 扩增 Myc-OsPHD17，采用 USER 酶连接至 pCAMBIA330035sU。

在 *miR1320* 识别位点处设计点突变引物 OsPHD17-M-U-R/F，配合 OsPHD17-BD-U-F/R 扩增 Myc-OsPHD17-M，并构建至 pCAMBIA330035sU。

（2）CRISPR-OsPHD17 基因敲除载体构建

在 Optimized CRISPR Design 设计用于构建 CRISPR-OsPHD17 的 sgRNA 序列，由公司合成两条单链引物 OsPHD17-sgRNA-F/R，退火合成双链 sgRNA，与经 *BbsI* 消化的 psgR-Cas9-Os 载体连接，连接产物转化大肠杆菌感受态，获得中间载体 psgR-Cas9-OsPHD17。采用 *Hind* III 与 *Eco*R I 双酶切中间载体，获得 sgRNA-Cas9 表达卡盒片段，与 *Hind* III、*Eco*R I 消化过的 pCAMBIA1300 载体连接获得 CRISPR-OsPHD17 基因敲除载体。

3. 水稻遗传转化及分子生物学鉴定

水稻遗传转化、抗性苗的抗生素筛选、PCR 检测、RT-PCR 检测见第 2 章 2.2 材料与方法。

4. 转基因水稻耐冷功能分析

转基因水稻萌发期及幼苗期耐冷功能分析见第 2 章 2.2 材料与方法。

5. OsPHD17 亚细胞定位分析

根据 *OsPHD17* 基因序列和植物瞬时表达载体载体 pBSK-eGFP 的多克隆位点，添加酶切位点设计引物 OsPHD17-eGFP-F/R，PCR 扩增后克隆至 pBSK-eGFP 载体上。原生质体分离及转化采用 PEG 介导法。

用移液枪小心吸取过夜培养的原生质体，置于激光共聚焦显微镜（Leica SP8，Wetzlar，Germany）下进行观察，采用 488 nm 激光激发 GFP 荧光信号，513 nm 激光下观察 YFP 荧光信号。

6. OsPHD17 的转录激活活性分析

分别构建 OsPHD17-BD-FL、OsPHD17-BD-C-551、OsPHD17-BD-C-461、OsPHD17-BD-C-404、OsPHD17-BD-N-404、OsPHD17-BD-N-460 酵母表达载体 6 个，克隆基因后连接至酵母表达载体 pGBKT7，经酶切鉴定送测序，选取测序正确质粒进行后续实验。

采用 PEG/LiAc 法，将上述测序正确含有目的基因的重组载体，与阴性对照 pGBKT7 空载及阳性对照 pGBKT7-AtbZIP10 转化至酵母菌 AH109 中。酵母感受态制备及转化方法，详见 Clontech 说明书。

用 SD/-Trp 液体培养基将重组酵母菌活化至 $OD_{600}=0.6$，按 $1:10$、$1:100$、$1:1000$ 稀释菌液，取 1 μL 稀释菌液点种于 SD/-Trp、SD/-Trp-His 固体培养基，30℃ 倒置培养 4 天，统计分析重组菌在不同选择培养基上的生长状态。同时采用蓝白斑显色检测 β-半乳糖苷酶的活性，操作流程详见 Clotech 说明书。

7. OsPHD17 的 DNA 元件结合特性分析

将 OsPHD17 构建至酵母载体 pGADT7 上，将 GTGGNG 顺式作用元件核心序列或其突变序列以 3 个串联的方式构建到酵母载体 pHIS2 上，该序列为人工合成。

采用 TE-LiAC 法将 pGADT7-OsPHD17 与 pHIS2-GTGGNG/gtggng 载体共转化酵母菌 Y187 中，在 SD/-Trp/Leu 双缺培养基上筛选阳性转化子。以含有 pGADT7-OsPHD17 和 pHIS2 空载共转酵母菌为阴性对照，涂布至含有不同 3-AT 浓度的 SD/-Trp/-Leu/-His 三缺培养基上，筛选出能够抑制内源 HIS 表达的 3-AT 浓度。将含有不同质粒组合的酵母菌点在含有该浓度 3-AT 的 SD/-Trp/-Leu/-His 三缺培养基上点种，统计分析重组菌在不同选择培养基上的生长状态。

8. OsPHD17 转基因水稻转录组测序分析

（1）水稻培养及冷胁迫

将野生型、OsPHD17-OE 和 OsPHD17-KO 水稻种子灭菌、清洗后，经 37℃ 处理 3 天打破休眠，黑暗条件浸种催芽，将萌发情况一致的水稻种子转移至 Youshida 营养液水培，28℃光照 14 h/24℃黑暗 10 h，培养至 3 叶期。挑选长势一致的水稻移至 4℃生物培养箱中 12 h 为实验组，未处理水稻为对照组，分别对实验组和对照组的水稻地上部分进行取样，每份样品 0.5g，设置 3 次生物学重复。

（2）转录组测序及质控分析

将样品送交青岛百迈客生物科技有限公司进行转录组测序，以水稻基因数据库为 *Oryza sativa* v7_JGI 进行参考基因组比对，测序样品编号见表 4-1。

获得测序数据后，首先进行质控分析，检测转录组数据中的冷 Marker 基因和 *OsPHD17* 基因表达情况，再对样本生物学重复和样本相关性进行分析。

表 4-1 OsPHD17 转基因水稻的转录组测序样品统计表

序号	样品编号	序号	样品编号
1	WT-NT-R1	10	WT-CT-R1
2	WT-NT-R2	11	WT-CT-R2
3	WT-NT-R3	12	WT-CT-R3
4	KO-NT-R1	13	KO-CT-R1
5	KO-NT-R2	14	KO-CT-R2
6	KO-NT-R3	15	KO-CT-R3
7	OE-NT-R1	16	OE-CT-R1
8	OE-NT-R2	17	OE-CT-R2
9	OE-NT-R3	18	OE-CT-R3

注：OE. 过表达；KO. 基因敲除；WT. 野生型；NT. 未冷胁迫处理；CT. 4℃处理 12 h；R1~R3. 重复 1~3 次。

（3）差异表达基因筛选及分析

为确保基因片段能准确反映基因表达水平，将样品中的基因长度进行标准化处理，FPKM 可用来检测转录产物和基因的表达水平，计算公式为

$$FPKM = \frac{cDNA片段}{映射片段(百万) \times 转录本长度(kb)}$$

在筛选差异表达基因时，筛选标准为：$|\log_2 FC| \geq 2$，$FDR \leq 0.01$。比较冷胁迫后野生型、OsPHD17-KO 和 OsPHD17-OE 株系中的差异表达基因，用于后续 GO 注释和 KEGG 富集分析。

（4）GO 注释及 KEGG 富集分析

为分析水稻响应冷胁迫的生物学途径，首先将野生型、OsPHD17-KO 和 OsPHD17-OE 株系冷胁迫前后的差异表达基因取并集（记为并集 1）。前期研究发现 OsPHD17 蛋白具有转录激活功能，推测其通过激活下游靶基因的表达发挥功能。为分析 OsPHD17 参与调控的冷胁迫应答生物学途径，将冷胁迫后 KO-CT 上调、OE-CT 下调的差异表达基因取并集（记为并集 2）；将 KO-CT 下调、OE-CT 上调的差异表达基因取并集（记为并集 3）。

对上述 3 个并集的差异表达基因及基因分别进行功能注释、Top GO 富集和 KEGG 富集分析。

（5）K 均值聚类分析

将所有样本的差异表达基因进行 K 均值聚类，根据冷胁迫前后各株系表达变化趋势，对得到的集群分组进行分析。将各分组的差异表达基因进行 KEGG 富集分析。

9. 水稻冷胁迫生理生化指标分析

（1）水稻培养及冷胁迫

处理条件见第 2 章 2.2 材料与方法"利用 RT-PCR 进行基因表达分析"部分。

（2）外施 MeJA 和 IBU 处理

选取长势一致的水稻幼苗，在冷胁迫前更换新鲜的营养液并加入 10 μmol/L MeJA 和 100 μmol/L IBU 处理 24 h，4℃冷胁迫 3 天后恢复培养，拍照记录。随机取相同部位叶片，液氮速冻，存于–80℃冰箱，用于后续生理指标的测定和总 RNA 提取。

（3）NBT 和 DAB 染色

将转基因和野生型水稻正常培养至 3 叶期，分别剪取未处理和冷胁迫 48 h 相同部位叶片放入 NBT 和 DAB 染色液中，真空抽取 1 h 后，染色 6 h，弃染色液，加入脱色液，沸水浴至叶片叶绿素完全褪去，拍照记录。实验设置 3 次生物学重复，每次生物学重复样本 10 个叶片。

3, 3′-二氨基联苯胺（DAB）染色液：1 mg/ml DAB 溶于水，HCl 调至 pH=3.7，立即使用，遮光存储。

硝基四氮唑（nitroblue tetrazolium，NBT）染色液：0.5 mg/ml NBT 溶于磷酸钠缓冲液（pH=7.5），遮光于冰箱 4℃存储。

（4）抗氧化酶活性测定

将转基因和野生型水稻正常培养至 3 叶期，未处理和 4℃冷胁迫 48 h，剪取 0.1 g 叶片，液氮速冻，测定超氧化物歧化酶（SOD）、过氧化物酶（POD）和过氧化氢酶（CAT）活性，具体步骤参考李合生主编的《植物生理生化实验原理和技术》（李合生，2000）。每个株系单次生物学重复样本量为 20。

（5）黄酮和木质素含量测定

水稻的总黄酮和木质素采用苏州格锐思生物科技有限公司的试剂盒提取，具体操作参考试剂盒说明书。每个株系各取 10 个样本，每个样本测定 3 次。

（6）可溶性糖、蔗糖和果糖含量测定

可溶性糖含量测定采用蒽酮法，蔗糖和果糖测定采用间二苯酚法，具体步骤参照李合生主编的《植物生理生化实验原理和技术》（李合生，2000）。

（7）激素含量测定

将野生型和转基因水稻培养至 3 叶期，分别取未处理和 4℃冷胁迫 48 h 植株地上部分 0.1 g，立即放入液氮中冻存，干冰保存运输至南京瑞源生物技术有限公司，采用 HPLC-MSMS 方法检测 JA、MeJA 和 JA-Ile 含量。实验设置 3 次生物学重复。

4.3　结果与分析

4.3.1　OsPHD17 转录因子特性研究

1. OsPHD17 蛋白亚细胞定位分析

OsPHD17 作为转录因子要发挥功能首先需要有正确的亚细胞定位。根据

OsPHD17 基因序列及 pBSK-eGFP 载体多克隆位点, 设计引物, 将不含终止密码子的 *OsPHD17* 基因全长构建到 eGFP 的 5′端, 确保 OsPHD17 蛋白与 eGFP 融合表达。通过 PEG 法, 将构建好的 OsPHD17-eGFP 融合表达载体转化拟南芥原生质体, 以 eGFP 空载和核定位转录因子 AtbZIP10-eGFP 为对照。将经过 12~16 h 暗培养的原生质体置于激光共聚焦下观察。结果如图 4-6 所示, eGFP 空载的绿色荧光蛋白在细胞中遍在表达, 而 OsPHD17 和 AtbZIP10 一样, 明显定位于细胞核, 推测 OsPHD17 可能在细胞核中参与调节下游基因转录发挥功能。

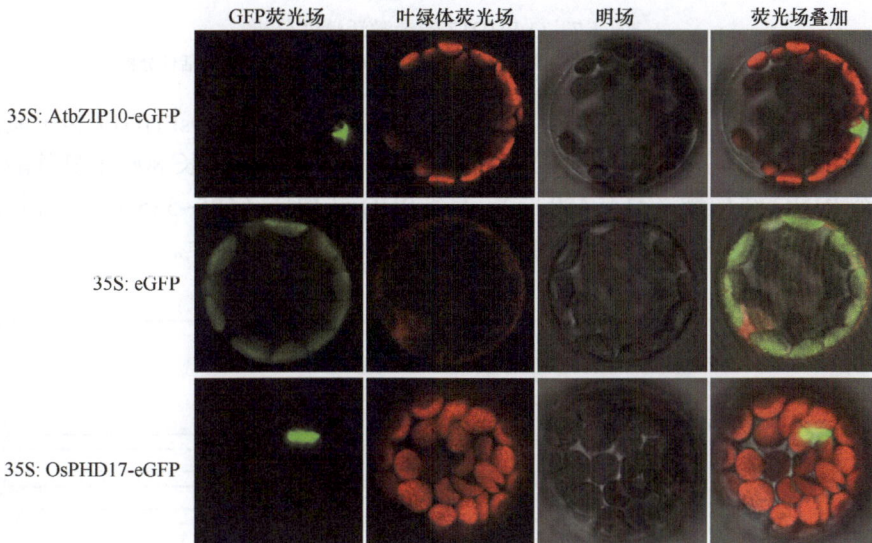

图 4-6   OsPHD17 蛋白亚细胞定位分析

2. OsPHD17 转录激活活性分析

亚细胞定位结果显示 OsPHD17 定位于细胞核, 已经具有转录因子发挥作用的潜在可能, 为了进一步确认 OsPHD17 蛋白是否具有转录激活活性, 对其在酵母体内的转录激活活性进行分析。将 *OsPHD17* 基因全长构建到 pGBKT7 载体, 使 *OsPHD17* 与 GAL4 DNA 结构域的 3′端融合, 构建 pGBKT7-OsPHD17 (图 4-7A), 以 pGBKT7 空载作为阴性对照, 以具有转录激活活性的 pGBKT7-AtbZIP10 作为阳性对照, 转化至酵母 AH109 中。SD/-Trp 培养 48 h, 所有转化子都能正常生长并且长势一致, 说明各个载体已转入酵母细胞中。图 4-7B 结果显示, pGBKT7-OsPHD17 转化菌株和 pGBKT7-AtbZIP10 一样可在 SD/-Trp-His 培养基上正常生长, 说明 OsPHD17 和 AtbZIP10 一样, 在酵母体内都具有转录激活活性。

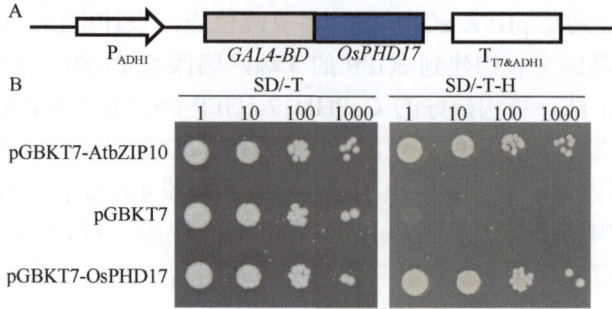

图 4-7　OsPHD17 转录激活活性分析

A. OsPHD17 转录激活载体的构建示意图；B. OsPHD17 转录激活活性分析

　　以上结果表明 OsPHD17 具有转录激活活性，接下来对 OsPHD17 转录激活具体区域进行分析。分析了 OsPHD17 蛋白结构，*OsPHD17* 全长 800 个氨基酸，包含 1 个 RING 结构域（414~458 aa），1 个 PHD 结构域（505~535 aa），对其做了图 4-8A 的截断。将不同 OsPHD17 片段转化至酵母 AH109 中。

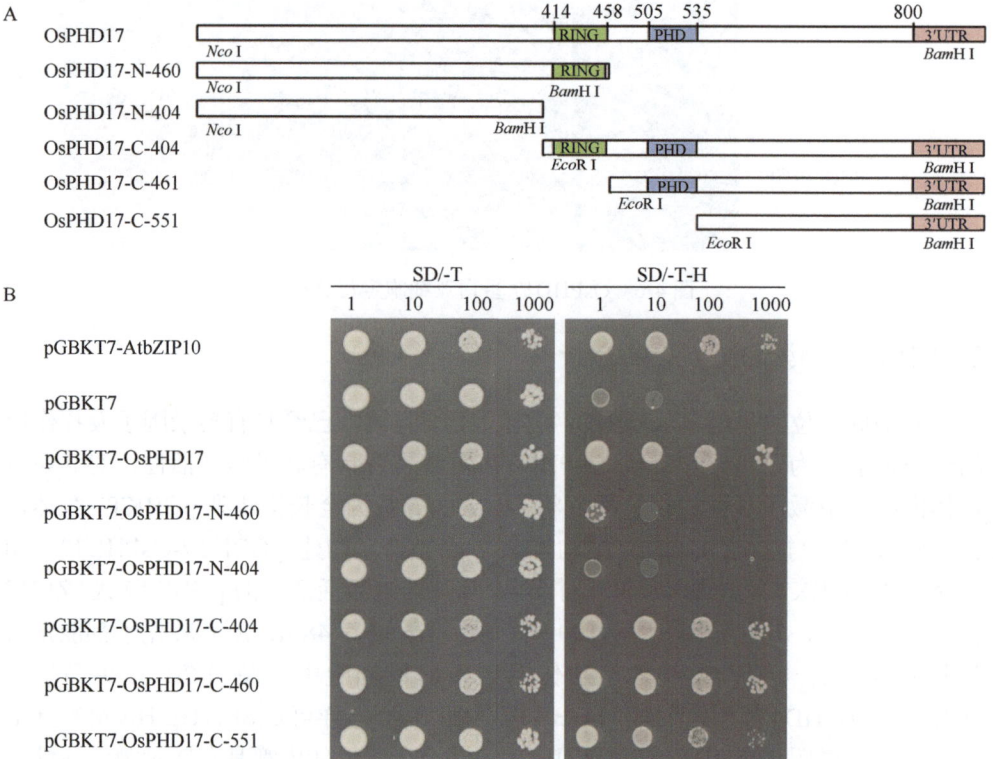

图 4-8　OsPHD17 截断片段转录激活活性分析

A. OsPHD17 蛋白不同缺失片段示意图；B. 通过报告基因 *HIS* 活性确定 OsPHD17 转录激活区

图 4-8B 结果显示,OsPHD17 蛋白 N 端 460 个氨基酸片段并无转录激活活性,OsPHD17 蛋白 C 端 3 个截断片段的酵母转化菌株可在 SD/-Trp-His 培养基上正常生长,可推测 OsPHD17 转录激活的作用区域位于蛋白 C 端 551~800 aa 结构区域。

3. OsPHD17 DNA 元件结合活性分析

有研究报道大豆 PHD 转录因子可以与顺式作用元件 GTGGNG 结合,根据核心序列设计了突变序列见图 4-9A,将 GTGGAG 与 gtggag 分别构建到酵母载体 pHIS2 上。将 OsPHD17 构建至酵母表达载体 pGADT7 上,与 pHis2-GTGGAG/gtggag 分别共转酵母细胞,通过筛选 3-AT 的浓度,确定 10 mmol/L 3-AT 为最适浓度,能够抑制本底 HIS 的表达。通过观察不同转化子在含有 10 mmol/L 3-AT 的三缺培养基上生长情况,结果如图 4-9B 所示,含有正常 GTGGAG 元件的转化子能够在缺陷培养基上生长,虽然生长状况不如阳性对照,但却明显优于阴性对照及突变元件转化子,说明 OsPHD17 能够识别 GTGGAG 元件并与之结合,激活报告基因 *HIS* 的表达。

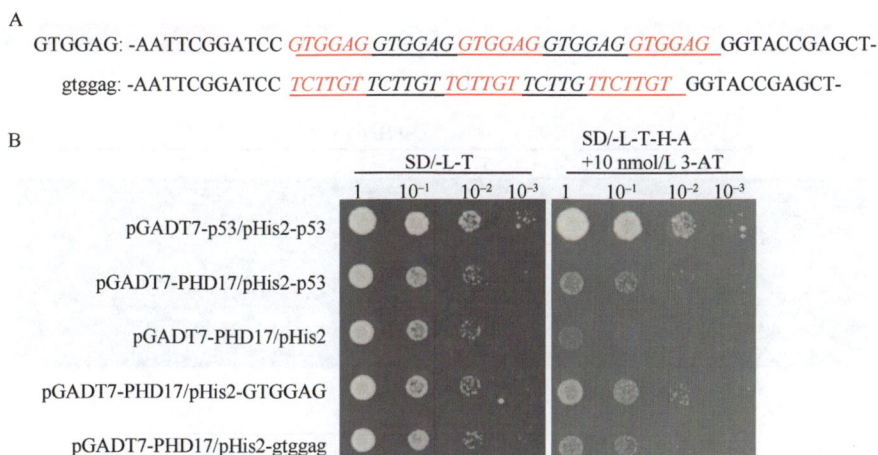

图 4-9　OsPHD17 与 GTGGAG 序列的结合特性分析

A. 用于酵母单杂交分析的 GTGGAG 元件/突变序列示意图；B. 酵母单杂交检测 OsPHD17 与 GTGGAG 元件的结合特性

4.3.2　*OsPHD17* 负调水稻对冷胁迫的耐受性

1. *OsPHD17* 过表达降低水稻冷胁迫耐性

（1）*OsPHD17* 过表达转基因水稻的获得

在 Phytozome 数据库下载 *OsPHD17* 完整转录序列,以水稻 cDNA 为模板,用带有酶切位点的引物 OsPHD17-BD-F/R 进行 PCR 扩增，经 *Nde* I、*Bam*H I 酶切后与 pGBKT7 载体连接，酶切鉴定后送交测序。以测序正确的 pGBKT7-OsPHD17 质粒为模板，使用 OsPHD17-BD-U-F/R 引物进行 PCR 扩增，连接到 pCAMBIA330035sU。采用农杆菌介导法对水稻愈伤组织遗传转化，获得了抗性水稻植株 31 株（OsPHD17-OX），并对抗性植株进行 PCR 和 RT-PCR 的分子鉴定。

PCR 检测：以标记基因对抗性植株进行 PCR 检测（图 4-10B），以质粒为模板作为阳性对照，以 ddH₂O 为模板作为阴性水对照，以野生型植株提取的基因组 DNA 为模板作为阴性 WT 对照，PCR 阴性对照均未扩增出条带，而抗性植株出现与阳性对照大小相同的目的带，表明包含目的片段的序列已成功整合到水稻基因组中。

RT-PCR 检测：经过连续两代的固杀草筛选以及 PCR 鉴定，获得纯合转基因株系，随机选取若干纯合株系，进行 RT-PCR 鉴定。图 4-10C 结果表明，相较于野生型，*OsPHD17* 转基因株系中 *OsPHD17* 均有不同程度的上调表达，表明 *OsPHD17* 片段在转基因水稻中可正常转录。

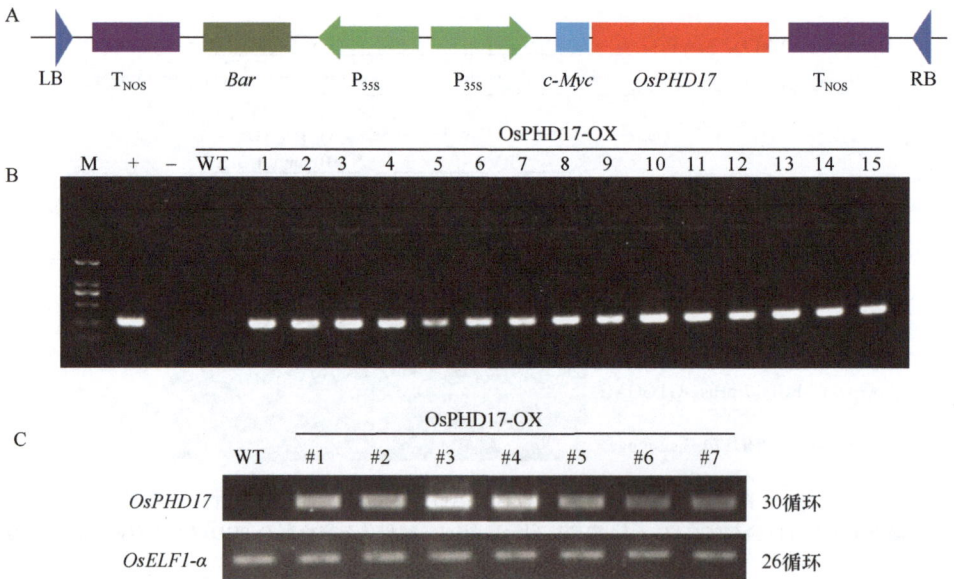

图 4-10　*OsPHD17* 过表达转基因水稻的获得

A. 载体结构示意图；B. OsPHD17-OX 抗性植株 PCR 检测；C. OsPHD17-OX 转基因植株中 *OsPHD17* 表达量检测

（2）*OsPHD17* 过表达降低了水稻萌发期的冷胁迫耐受性

将野生型和 OsPHD17-OX 转基因水稻进行萌发期冷胁迫处理。图 4-11 结果表明，*OsPHD17* 的过表达并未影响正常情况下水稻幼苗生长，但冷胁迫处理后，与野生型相比较，转基因水稻的生长受抑制更为明显。数据统计结果显示，冷胁迫后野生型芽长为（2.34±0.34）cm，转基因水稻芽长分别为（1.64±0.41）cm、（2.04±0.44）cm，显著低于野生型，对根长的统计得到的结果与芽长一致。这表明 *OsPHD17* 过表达降低了水稻萌发期对冷胁迫的耐受性。

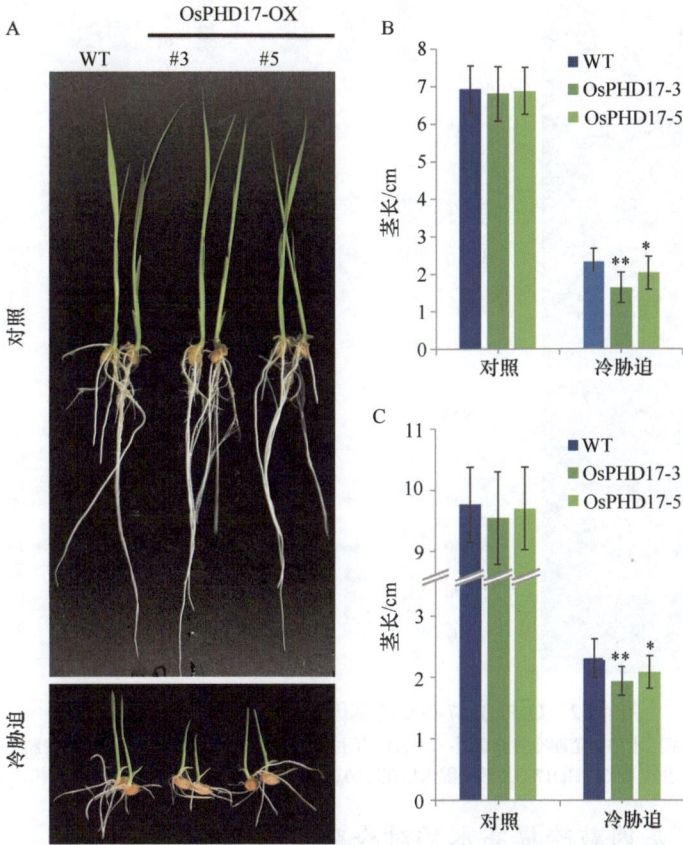

图 4-11　OsPHD17-OX 转基因水稻萌发期耐冷功能分析

A. OsPHD17-OX 转基因水稻萌发期冷胁迫表型；B/C. OsPHD17-OX 转基因水稻冷胁迫处理芽长/根长统计

（3）*OsPHD17* 过表达降低了水稻幼苗期的冷胁迫耐受性

将野生型和 OsPHD17-OX 转基因水稻进行幼苗期冷胁迫处理。对 4℃ 处理后的野生型与转基因幼苗，检测其游离脯氨酸及相对离子渗透率并统计存活率。结果如图 4-12 所示，野生型植株冷胁迫处理后长势明显好于 *OsPHD17* 过表达植株，且转基因株系的根长、芽长、鲜重显著低于野生型。可溶性糖、游离脯氨酸及相对离子渗透率测量结果表示，*OsPHD17* 可能通过减少细胞可溶性糖及游离脯氨酸含量减少，增大细胞膜通透性，降低转基因植株幼苗期对冷胁迫的耐受性。

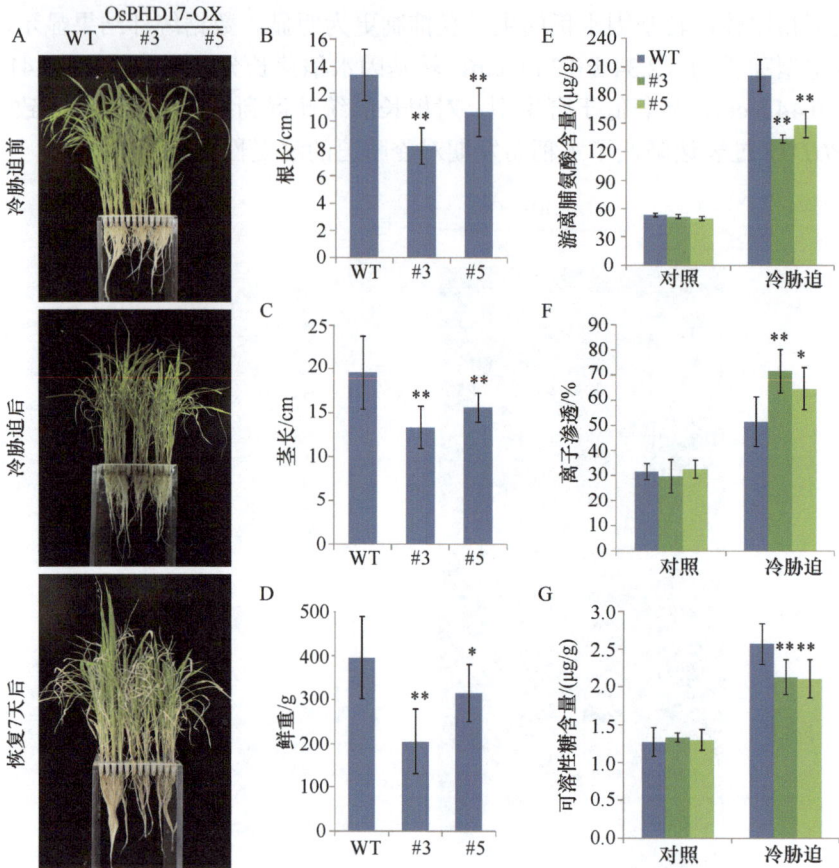

图 4-12　OsPHD17-OX 转基因水稻幼苗期耐冷功能分析

A. OsPHD17-OX 转基因水稻幼苗期冷胁迫表型；B/C/D. 野生型及 OsPHD17-OX 转基因水稻在冷胁迫处理后根长/芽长/鲜重统计；E/F/G. 野生型及 OsPHD17-OX 转基因水稻在冷胁迫后游离脯氨酸含量/相对离子渗透率/可溶性糖含量的测定

2. OsPHD17 基因敲除提高水稻对冷胁迫的耐性

（1）CRISPR-OsPHD17 转基因水稻的获得

设计 CRISPR-OsPHD17 的 sgRNA 序列（图 4-13B），连接到 psgR-Cas9-Os 载体，使用 HindⅢ 与 EcoRⅠ 对 psgR-Cas9-OsPHD17 载体进行酶切（图 4-13C），酶切产物连接到 pCAMBIA1300 载体，转化大肠杆菌感受态，酶切鉴定后（图 4-13D）送交测序。

采用农杆菌介导法对水稻愈伤组织遗传转化，获得了抗性水稻植株 29 株，并对抗性植株进行 PCR 鉴定。选取 T₂ 代水稻使用 CRISPR-CJ-OsPHD17-F/R 进行 PCR 扩增并测序，除去无效敲除及杂合敲除株系，获得敲入 1 bp、敲除 1 bp、敲除 2 bp 3 个转基因株系（图 4-14）。

A

| LB | T_{NOS} | Hyg | P_{35S} | P_{OsU3} | sgRNA | P_{OsUBQ} | Cas9 | T_{NOS} | RB |

B　*OsPHD17*-sgRNA Seq

　　5′-TGGCGGACTGAACCCACCTTCCGAC　　　-3′
　　3′-　　　CCTGACTTGGGTGGAAGGCTGCAAA　　-5′

C

5822 bp →

D

5822 bp →

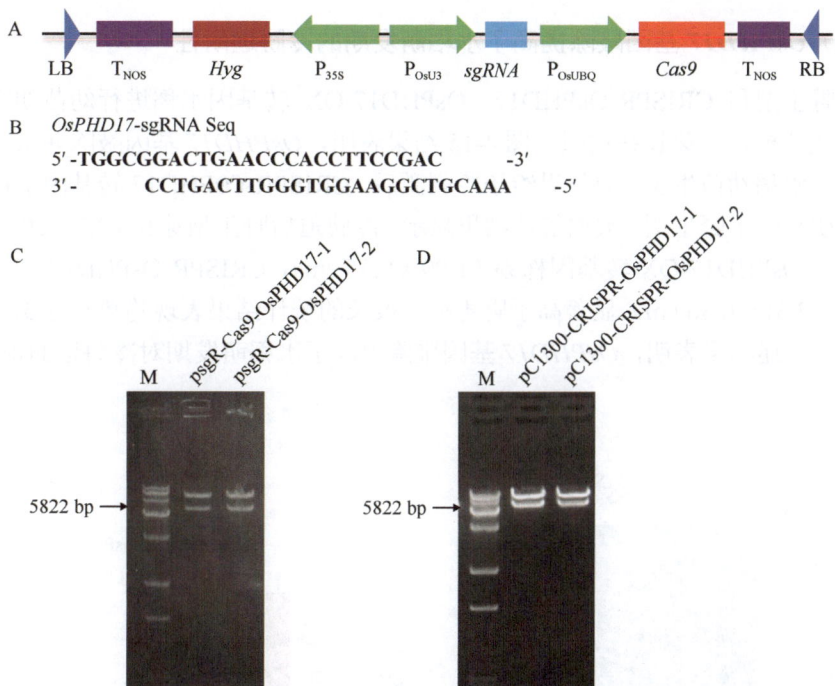

图 4-13　CRISPR-OsPHD17 基因敲除载体的构建

A. CRISPR-OsPHD17 载体结构示意图；B. OsPHD17-sgRNA 序列；C. psgR-Cas9-OsPHD17 载体的 *Hin*d Ⅲ、*Eco*R I
酶切；D. pC1300-CRISPR-OsPHD17 载体的 *Hin*d Ⅲ、*Eco*R I 酶切鉴定

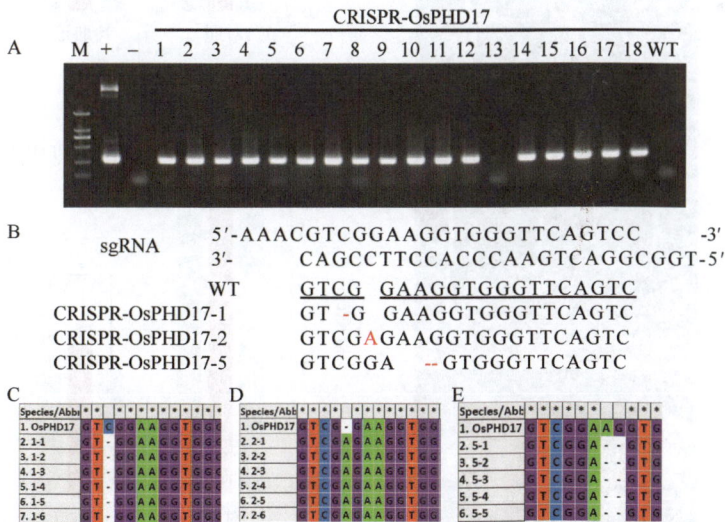

CRISPR-OsPHD17

A

B

sgRNA　　5′-AAACGTCGGAAGGTGGGTTCAGTCC　　　-3′
　　　　　3′-　CAGCCTTCCACCCAAGTCAGGCGGT-5′

WT　　　　　GTCG GAAGGTGGGTTCAGTC
CRISPR-OsPHD17-1　GT -G GAAGGTGGGTTCAGTC
CRISPR-OsPHD17-2　GTCGAGAAGGTGGGTTCAGTC
CRISPR-OsPHD17-5　GTCGGA --GTGGGTTCAGTC

C D E

图 4-14　CRISPR-OsPHD17 转基因水稻敲除情况

A. CRISPR-OsPHD17 转基因水稻 PCR 鉴定；B. CRISPR-OsPHD17 基因敲除位置；C~E. CRISPR-OsPHD17-1/2/5
敲除测序结果

（2）*OsPHD17* 基因敲除提高了水稻萌发期的冷胁迫耐性

将野生型和 CRISPR-OsPHD17、OsPHD17-OX 转基因水稻进行幼苗期冷胁迫处理，统计根长、芽长并拍照。图 4-15 结果表明，*OsPHD17* 基因敲除并未影响正常情况下水稻幼苗生长，但外界给予冷刺激后，CRISPR-OsPHD17 转基因水稻的生长速度明显快于野生型。数据统计结果显示，冷胁迫后野生型芽长（2.27±0.36 cm）显著高于 OsPHD17-OX 转基因株系（1.99±0.35 cm），CRISPR-OsPHD17 转基因水稻芽长（2.51±0.36 cm）显著高于野生型。根长的统计结果表现趋势与芽长统计结果一致。上述结果表明，*OsPHD17* 基因敲除提高了水稻萌发期对冷胁迫的耐受性。

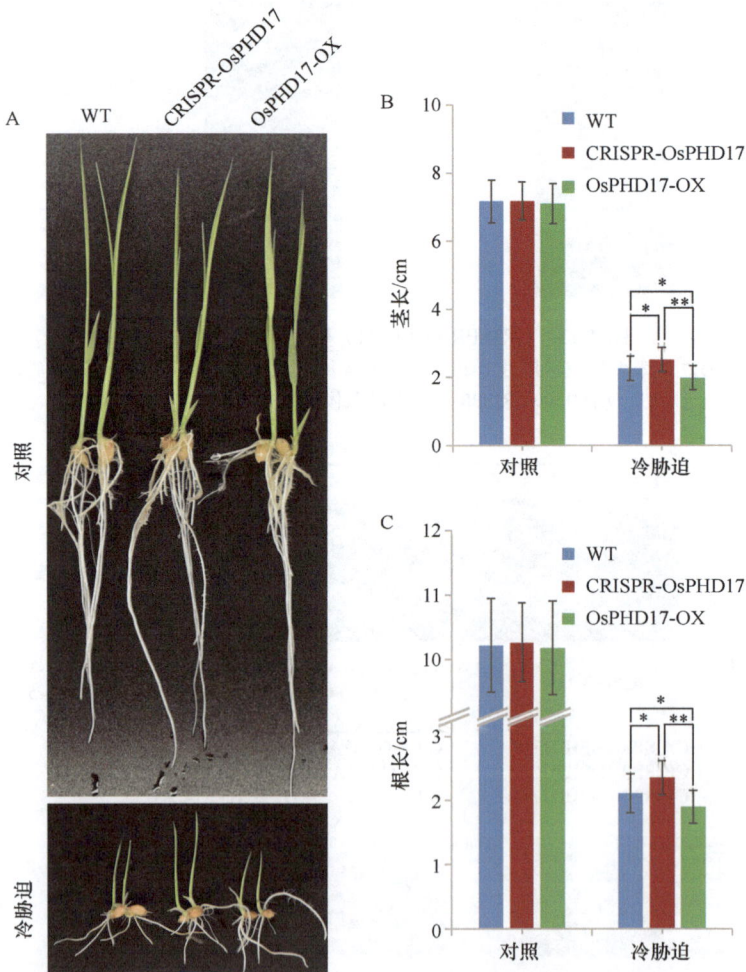

图 4-15　CRISPR-OsPHD17 转基因水稻萌发期耐冷功能分析

A. CRISPR-OsPHD17 转基因水稻萌发期冷胁迫表型；B/C. CRISPR-OsPHD17 转基因水稻冷胁迫处理芽长/根长统计

（3）*OsPHD17* 基因敲除提高了水稻幼苗期的冷胁迫耐性

将野生型和 CRISPR-OsPHD17、OsPHD17-OX 转基因水稻进行幼苗期冷胁迫处理。检测 4℃ 处理后的野生型与转基因幼苗游离脯氨酸含量及相对离子渗透率，并统计存活率。结果如图 4-16 所示，CRISPR-OsPHD17 转基因植株冷胁迫处理后长势明显好于野生型，表现为死亡植株较少，株高较高，游离脯氨酸及相对离子渗透率测量结果也与表型结果一致。综上，*OsPHD17* 基因敲除提高了转基因植株幼苗期对冷胁迫的耐受性。

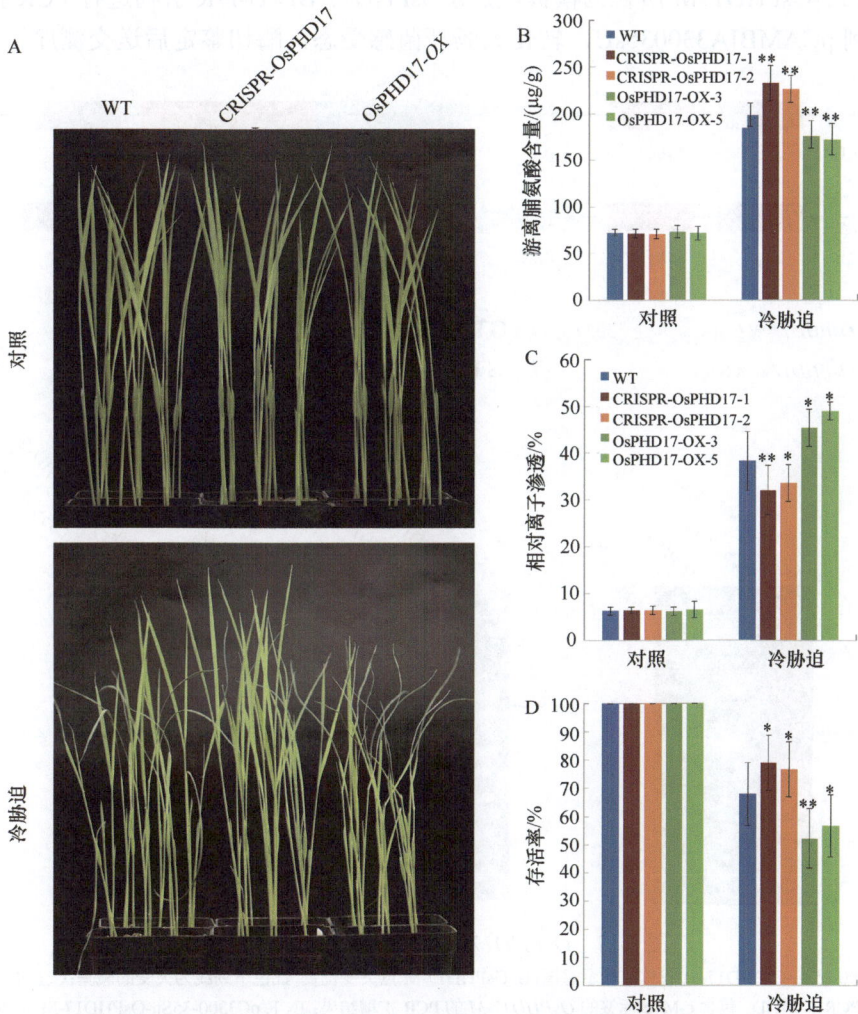

图 4-16　CRISPR-OsPHD17 转基因水稻幼苗期耐冷功能分析

A. CRISPR-OsPHD17 转基因水稻幼苗期冷胁迫表型；B/C. CRISPR-OsPHD17 转基因植株冷胁迫处理后游离脯氨酸含量/相对离子渗透率的测定；D. CRISPR-OsPHD17 转基因植株冷胁迫处理后存活率统计

3. *OsPHD17-M* 过表达降低水稻冷胁迫耐性

（1）*OsPHD17-M* 过表达转基因水稻的获得

使用 OsPHD17-M-U-F/OsPHD17-U-R 和 OsPHD17-M-U-R/OsPHD17-U-F 分别进行点突变序列扩增，使用 USER 酶将 PCR 产物连接（图 4-17C），转化大肠杆菌感受态后送交测序。以测序正确的质粒为模板，使用引物 OsPHD17-BD-F/R 扩增（图 4-17D），连接 pGBKT7 载体，酶切鉴定后送交测序。以测序正确的 pGBKT7-OsPHD17M 质粒为模板，使用 OsPHD17-BD-U-F/R 引物进行 PCR 扩增，连接到 pCAMBIA330035sU，转化大肠杆菌感受态，酶切鉴定后送交测序。

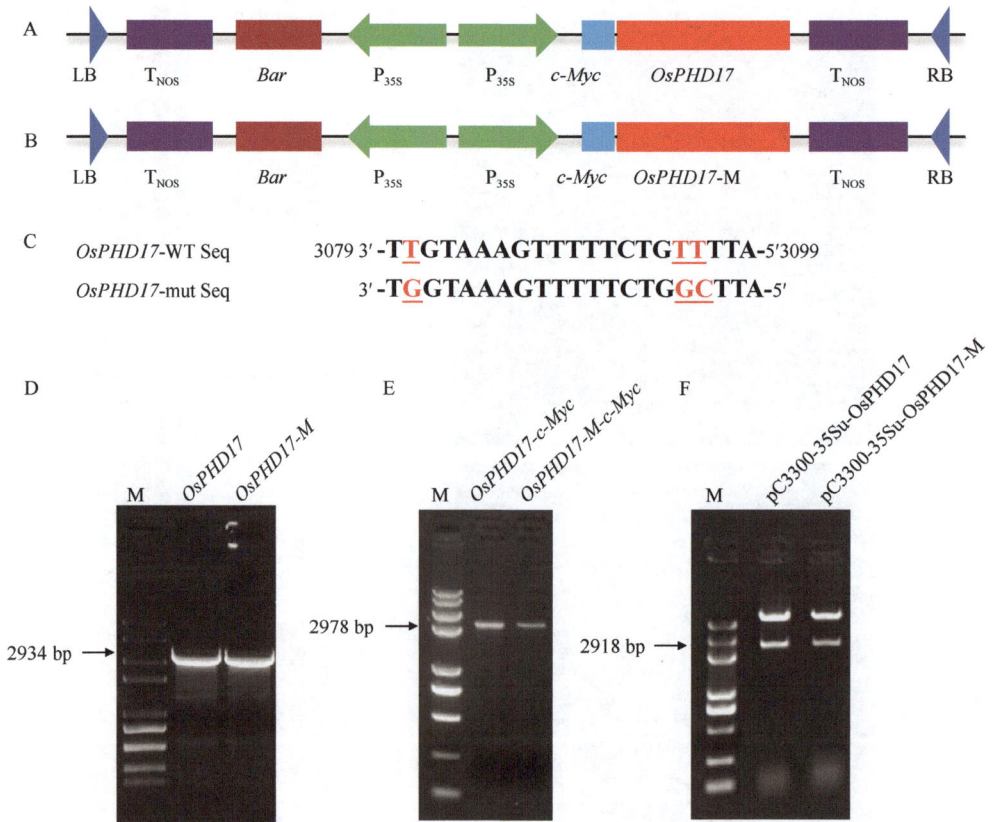

图 4-17　*OsPHD17-M* 植物过表达载体的构建

A. pC3300-35Su-OsPHD17-M 载体结构示意图；B. OsPHD17-M 点突变位置，红色下划线为突变的碱基；C. *OsPHD17-M* 基因的 PCR 扩增；D. 包含 c-myc 标签的 *OsPHD17-M* 的 PCR 扩增结果；E、F. pC3300-35Su-OsPHD17-M 载体 *Nde* I、*Bam*H I 酶切鉴定

采用农杆菌介导法对水稻愈伤组织遗传转化，获得了抗性水稻植株 42 株

（OsPHD17-M-OX），并对抗性植株进行 PCR 和 RT-PCR 的分子鉴定（图 4-18）。PCR 阴性对照均未扩增出条带，而抗性植株均出现与阳性对照大小相同的目的带，表明包含目的片段的序列可能已成功整合到水稻基因组中。经过连续两代的固杀草筛选以及 PCR 鉴定，获得纯合转基因株系，随机选取若干纯合株系，进行 RT-PCR 鉴定。图 4-18B 结果表明，相较于野生型，OsPHD17-M-OX 转基因株系中 *OsPHD17* 均有不同程度的上调表达，表明 *OsPHD17-M* 片段在转基因水稻中可正常转录。

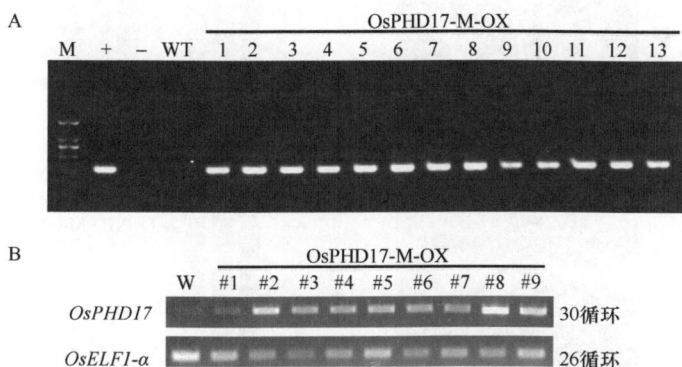

图 4-18　OsPHD17-M-OX 转基因水稻的分子鉴定

A. OsPHD17-M-OX 抗性植株 PCR 检测；B. OsPHD17-M-OX 转基因植株中 OsPHD17 表达量检测

（2）OsPHD17-M 转基因水稻降低了对冷胁迫耐受性

将野生型和 OsPHD17-M-OX 转基因水稻进行萌发期冷胁迫处理。图 4-19 结果表明，OsPHD17-M 对水稻的转化并未影响正常情况下水稻幼苗的生长，冷胁迫处理条件下，转基因水稻受抑制程度明显比野生型严重。数据统计结果显示，冷胁迫后野生型芽长为（2.28±0.32）cm，转基因水稻芽长分别为（2.0±0.38）cm、（2.05±0.31）cm，显著低于野生型，根长统计结果与芽长统计结果基本一致。这表明 OsPHD17-M 过表达与 *OsPHD17* 过表达一样，降低了水稻萌发期对冷胁迫的耐受性。

（3）OsPHD17-M 与 OsPHD17 转基因水稻耐冷性比较

miR1320 可能对 OsPHD17 蛋白翻译具有抑制作用，所以用 RT-PCR 检测 OsPHD17-OX 与 OsPHD17-M-OX 转基因株系中 OsPHD17 的表达量，结果如图 4-20 所示，选取转录水平 *OsPHD17* 表达量近似的株系 OsPHD17-3/5 与 OsPHD17-M-2/8，进行幼苗期冷胁迫处理。

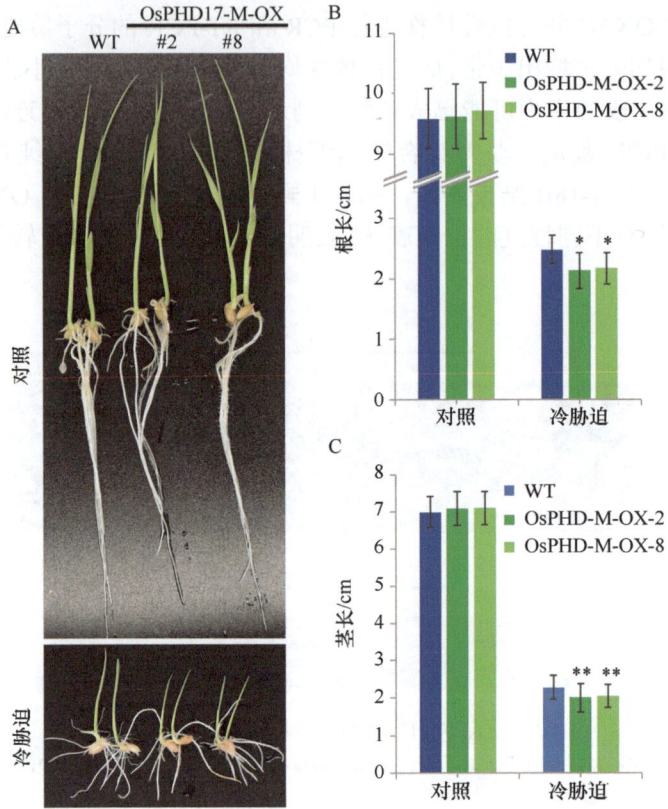

图 4-19　OsPHD17-M-OX 转基因水稻萌发期耐冷功能分析

A. OsPHD17-M-OX 转基因水稻萌发期冷胁迫表型；B. OsPHD17-M-OX 转基因水稻冷胁迫处理根长统计；C. OsPHD17-M-OX 转基因水稻冷胁迫处理芽长统计

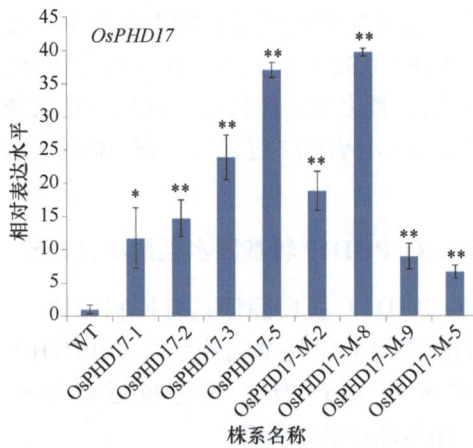

图 4-20　OsPHD17-OX 与 OsPHD17-M-OX 转基因水稻中 OsPHD17 表达量检测

图 4-21A 结果显示，OsPHD17-OX 转基因植株与 OsPHD17-M-OX 转基因植株冷胁迫后长势均弱于野生型，但二者之间表型上并未出现明显差异。存活率统计结果显示，2 个 OsPHD17-OX 的株系存活率为（58.3%±7.9%）和（60%±11.7%），略高于 OsPHD17-M-OX 的 2 个株系存活率（55.8%±10.4%）和（54.2%±8.1%），无显著性差异（图 4-21D）。但游离脯氨酸含量测定结果显示，OsPHD17-OX 两个株系游离脯氨酸含量值显著高于 OsPHD17-M-8 株系（图 4-21B），而相对离子渗透率结果

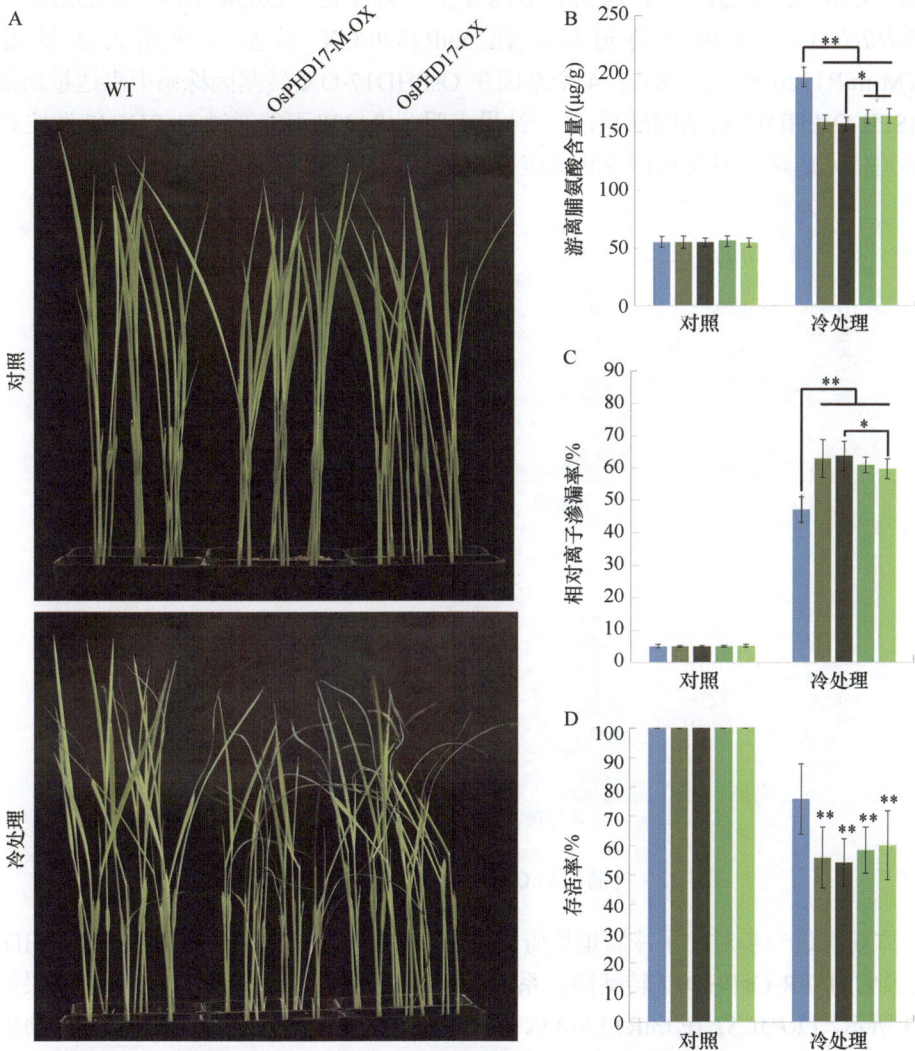

图 4-21　OsPHD17-M-OX 和 OsPHD17-OX 转基因水稻幼苗期耐冷功能分析

A. OsPHD17-M-OX 和 OsPHD17-OX 转基因水稻幼苗期冷胁迫表型；B/C. OsPHD17-M-OX 和 OsPHD17-OX 转基因植株冷胁迫处理后游离脯氨酸含量/相对离子渗透率的测定；D. OsPHD17-M-OX 和 OsPHD17-OX 转基因植株冷胁迫处理后存活率统计

显示，OsPHD17-OX-5 相对离子渗透率显著低于 OsPHD17-M-8 株系（图 4-21C）。上述结果说明，在 OsPHD17-OX 和 OsPHD17-M-OX 株系中 *OsPHD17* 转录水平基本一致的情况下，相对于 OsPHD17-OX 株系，OsPHD17-M-OX 表型指标要更加显著，推测 *miR1320* 对 OsPHD17 在蛋白翻译水平上可能存在一定的抑制作用。

针对野生型、miR1320-OX、STTM-miR1320、OsPHD17-OX 及 CRISPR-OsPHD17 转基因株系，4℃处理 12 h 后，检测 CBF 信号通路相关基因表达变化。结果如图 4-22 所示，CBF 信号通路相关基因表达均发生显著变化，*OsDREB1A*、*OsDREB1B*、*OsDREB1C*3 个基因冷胁迫后，在 miR1320-OX 转基因株系表达量高于 STTM-miR1320 转基因株系；4 个基因在 OsPHD17-OX 转基因株系中表达量均低于 CRISPR-OsPHD17 转基因株系，这一结果表明 *miR1320* 可能通过 *OsPHD17* 调控 CBF 冷胁迫信号通路，参与水稻冷胁迫应答过程。

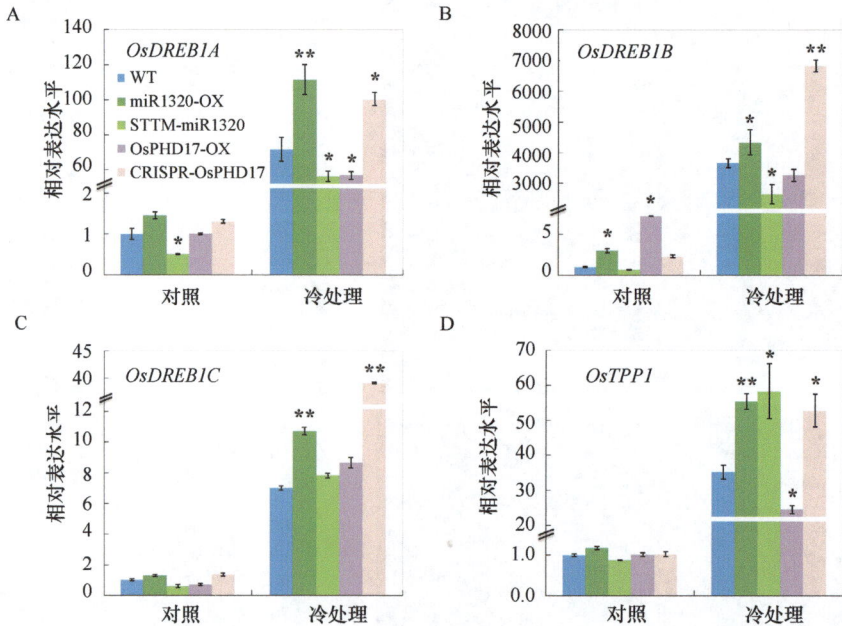

图 4-22 冷胁迫后 CBF 信号通路相关基因表达分析

本研究进一步对比了冷胁迫后野生型、miR1320-OX、STTM-miR1320、OsPHD17-OX 及 CRISPR-OsPHD17 转基因株系中冷胁迫相关 Marker 基因表达变化。结果如图 4-23 所示，*OsP5CS1* 在 miR1320-OX 和 CRISPR-OsPHD17 转基因株系中，冷胁迫后表达量升高，且高于野生型及其他 2 个转基因株系，这与表型分析中的游离脯氨酸含量测定结果相吻合。*OsRAB16A*、*OsRAB16B*、*OsRAB21*、*OsCOR410* 在 miR1320-OX、CRISPR-OsPHD17 转基因株系中冷胁迫后表达量高于 STTM-miR1320 和

OsPHD17-OX 转基因株系，但 *OsP5CR* 表达量并未发生显著变化，推测可能是因为 *OsP5CR* 基因是胁迫早期应答基因，由于处理时间较长，表达量并未表现出差异显著。

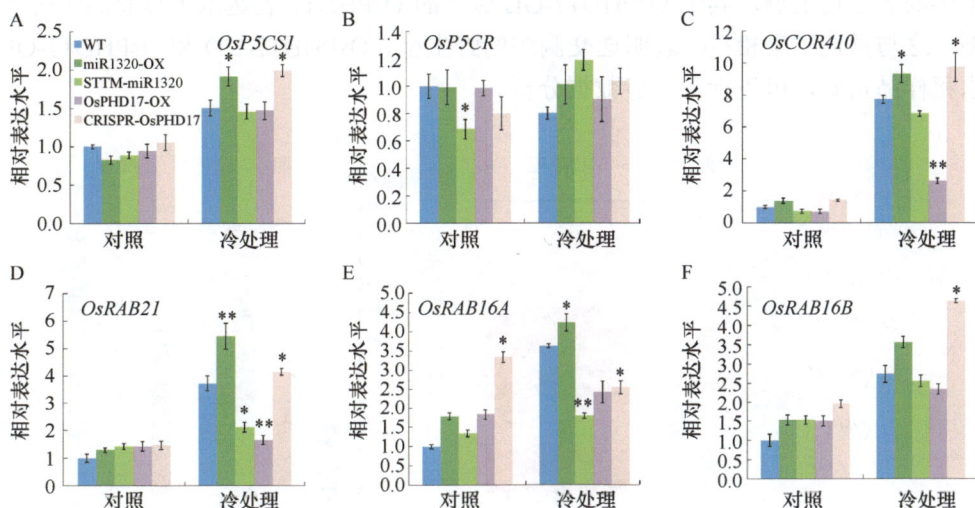

图 4-23　冷胁迫后胁迫相关 Marker 基因表达分析

4.3.3　OsPHD17 转基因水稻冷胁迫转录组测序及差异表达基因分析

以上研究发现 *miR1320* 正调控水稻冷胁迫应答过程。*OsPHD17* 作为 *miR1320* 的靶基因，其表达显著受冷胁迫诱导，表型分析显示 *OsPHD17* 过表达降低了转基因水稻萌发期和幼苗期的耐冷性，而 *OsPHD17* 功能缺失增强了转基因水稻的耐冷性。为进一步研究 *OsPHD17* 在水稻冷胁迫应答中的分子机制，采用 RNA-seq 技术分析了 OsPHD17 功能缺失 OsPHD17-KO（CRISPR-OsPHD17）和过表达 OsPHD17-OE 转基因水稻株系在冷胁迫下的差异表达基因。

1. OsPHD17 转基因水稻冷胁迫转录组测序

对野生型、OsPHD17-KO 和 OsPHD17-OE3 叶期水稻幼苗进行 4℃冷胁迫处理，在处理前（NT）及冷胁迫（CT）后进行取材。前期研究发现，冷胁迫下 *OsPHD17* 表达量显著上升，且 4℃处理 12 h 表达水平最高，因此冷胁迫后 12 h 作为取材时间点。每个株系设置 3 次生物学重复，共 18 个样品，送交公司进行转录组测序。

获得测序数据后，首先选取 6 个已报道显著受冷胁迫诱导表达的基因，利用 RNA-seq 数据分析了其在野生型中冷胁迫前后的表达变化。结果显示，6 个基因在野生型中均存在不同程度的上调表达（图 4-24A），说明 4℃处理 12 h 对水稻幼苗造成了有效冷胁迫。此外，还分析了冷胁迫前后各株系中 *OsPHD17* 基因表达情况。如图 4-24B 所示，在未处理时，野生型与 OsPHD17-KO 株系中 *OsPHD17* 表达无显著性差异，OsPHD17-OE 株系中则显著上调；冷胁迫后，各株系 *OsPHD17* 基因的表达均上调，其中 OsPHD17-OE 株系的 OsPHD17 表达水平显著高于野生型。这与预期结果相符，表明送交测序的野生型、OsPHD17-KO 和 OsPHD17-OE 水稻样品正确，可进行下一步数据分析。

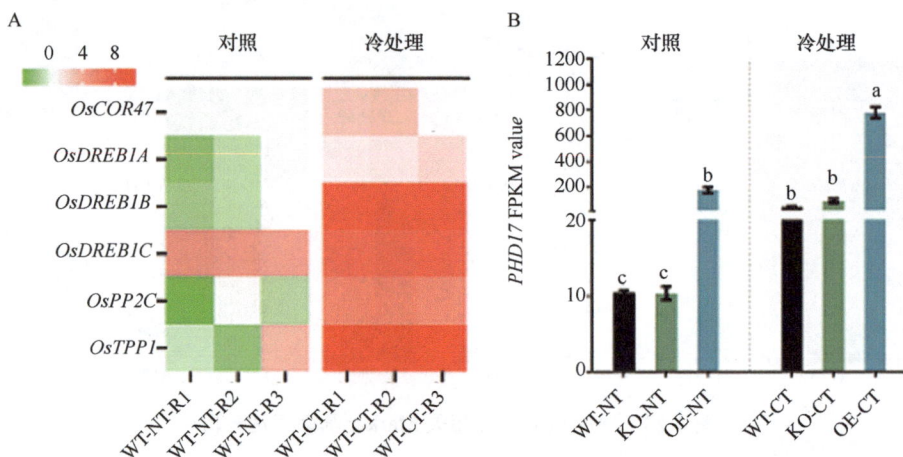

图 4-24　冷应答 Marker 基因（A）以及 *OsPHD17*（B）基因表达情况分析

在确认测序材料和处理条件准确后，利用皮尔逊相关系数 R 进行了生物学重复性评估。R^2 越接近 1，说明样品重复性越强。统计结果如表 4-2 所示，剔除 R^2 值为 0.69、0.62、0.75 的 WT-NT-R2、KO-CT-R3 和 OE-CT-R1 样本后，对 WT-NT 比 WT-CT（图 4-25A）、KO-NT 比 KO-CT（图 4-25B）和 OE-NT 比 OE-CT（图 4-25C）三组中剩余的样品进行分析，各组样品的 R^2 值均≥0.80，说明各生物学重复间具有较高相关性，生物学重复性较高。

表 4-2　生物学重复相关性 R^2 值统计表

分组	编号	样品	R^2 值
WT-NT	1	WT-NT-R1 比 WT-NT-R2	0.69
	2	WT-NT-R1 比 WT-NT-R3	0.96
	3	WT-NT-R2 比 WT-NT-R3	0.79
WT-CT	4	WT-CT-R1 比 WT-CT-R2	0.88
	5	WT-CT-R1 比 WT-CT-R3	0.86
	6	WT-CT-R2 比 WT-CT-R3	0.98
KO-NT	7	KO-NT-R1 比 KO-NT-R2	0.83
	8	KO-NT-R1 比 KO-NT-R3	0.85
	8	KO-NT-R2 比 KO-NT-R3	0.90

续表

分组	编号	样品	R^2 值
KO-CT	10	KO-CT-R1 比 KO-CT-R2	0.85
	11	KO-CT-R1 比 KO-CT-R3	0.62
	12	KO-CT-R2 比 KO-CT-R3	0.84
OE-NT	13	OE-NT-R1 比 OE-NT-R2	0.90
	14	OE-NT-R1 比 OE-NT-R3	0.89
	15	OE-NT-R2 比 OE-NT-R3	0.80
OE-CT	16	OE-CT-R1 比 OE-CT-R2	0.83
	17	OE-CT-R1 比 OE-CT-R3	0.75
	18	OE-CT-R2 比 OE-CT-R3	0.96

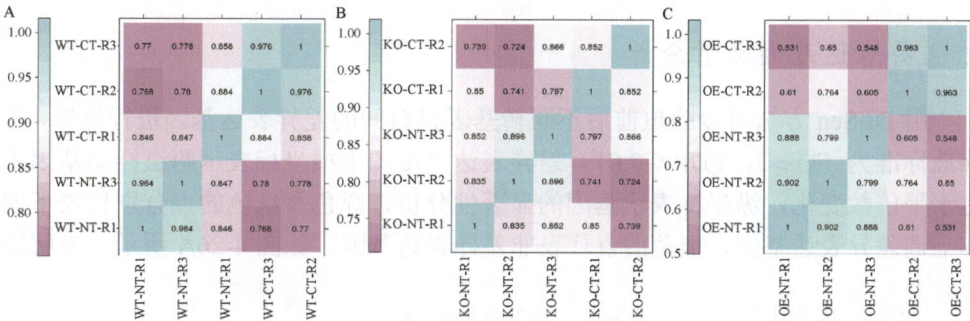

图 4-25　样品的相关性热图

　　为分析冷胁迫前后各组的差异性，对各转基因材料冷胁迫前后样本进行主成分 PCA 分析，第一主成分和第二主成分的方差贡献率分别为 47.2% 和 28.4%，这表明不同条件下的样本区分明显，两个分组的差异性较大。对各样本的测序数据质量进行了分析。如表 4-3 所示，每个样本均产生超过 5.9 Gb 的读数，各样本测序的 Q30 均高于 92.12%。从原始片段中过滤获得 Clean Reads，然后将总的 Clean Reads 映射到基因组，由表可知映射到基因组的 Clean Reads 与 Mapped Reads 比例从 95.43% 到 96.47% 不等，表明测序数据的各项指标均达标，可信度较高。

表 4-3　测序数据统计表

样品变化	有效测序片段	有效碱基	比对率/%	GC 含量/%	质量分数≥Q30/%
WT-NT-R1	21, 768, 356	6, 522, 300, 562	96.47	54.09	92.61
WT-NT-R3	23, 895, 494	7, 159, 478, 896	96.40	54.48	92.52
WT-CT-R1	21, 474, 282	6, 431, 905, 052	95.43	54.00	92.52
WT-CT-R2	30, 246, 527	9, 063, 622, 434	95.80	54.28	92.23
WT-CT-R3	19, 701, 881	5, 904, 028, 186	95.88	53.73	92.12
KO-NT-R1	36, 222, 108	10, 852, 280, 096	95.61	54.37	92.59

续表

样品变化	有效测序片段	有效碱基	比对率/%	GC 含量/%	质量分数≥Q30/%
KO-NT-R2	23，159，398	6，936，376，194	95.52	53.94	92.88
KO-NT-R3	36，394，419	10，900，443，022	96.08	53.81	92.60
KO-CT-R1	25，461，034	7，630，538，620	95.97	53.91	92.17
KO-CT-R2	22，250，181	6，666，228，354	96.07	53.67	92.82
OE-NT-R1	23，257，086	6，967，497，446	96.00	53.94	92.69
OE-NT-R2	21，824，240	6，536，523，604	95.87	54.32	92.57
OE-NT-R3	34，801，860	10，428，311，022	95.82	54.22	92.61
OE-CT-R2	20，937，889	6，272，665，744	95.82	54.27	93.41
OE-CT-R3	28，912，709	8，664，986，670	95.94	54.08	93.08

2. 差异表达基因数量分析

用 DESeq 方法对冷胁迫前后不同转基因材料间的差异表达基因进行筛选，其筛选标准为 FC≥2，FDR≤0.01。差异表达火山图中横坐标表示两组样品基因表达水平倍数变化，纵坐标表示基因的显著性分析，绿色和红色的点分别代表下调和上调差异表达基因，黑色的点代表非差异表达基因。如图 4-26A 所示，冷胁迫

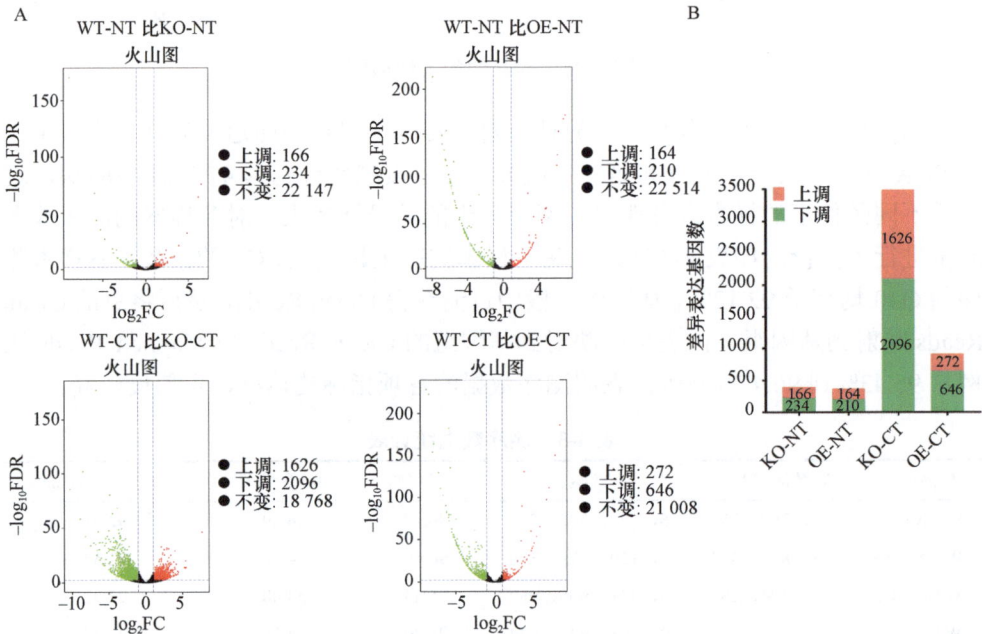

图 4-26 冷胁迫前后 OsPHD17 转基因水稻差异表达基因

A. 以 WT 为对照，KO 和 OE 差异表达基因火山图；B. 冷胁迫前后各株系差异表达基因数

前各组差异表达基因数较少，而冷胁迫后 KO-CT 的差异表达基因数显著大于 OE-CT。

差异表达基因统计结果如图 4-29B 所示，以 WT-NT 为对照，KO-NT 中有 400 个差异表达基因，其中 166 个基因表达上调，234 个基因表达下调；OE-NT 中有 374 个差异表达基因，其中 164 个基因表达上调，210 个基因表达下调。以 WT-CT 为对照，KO-CT 中有 3722 个差异表达基因，其中 1626 个基因表达上调，2096 个基因表达下调；OE-CT 中有 918 个差异表达基因，其中 272 个基因表达上调，646 个基因表达下调。综合分析上述结果发现，冷胁迫后差异表达基因数显著大于未处理的，说明 *OsPHD17* 参与水稻冷胁迫响应；冷胁迫下 OsPHD17-KO 株系中差异表达基因数明显大于 OsPHD17-OE，说明 *OsPHD17* 敲除比过表达对水稻转录组造成的影响更大。

4.3.4　miR1320-OsPHD17 调控冷胁迫下水稻体内 ROS 平衡

为分析 *OsPHD17* 参与的水稻冷胁迫应答的生物学途径，对差异表达基因进行了 GO 注释分析，发现冷胁迫后差异表达基因显著富集到氧化还原进程，推测 *OsPHD17* 可能影响冷胁迫下水稻体内的 ROS 平衡。进一步利用 NBT 和 DAB 染色结合抗氧化酶活性检测，明确了 *OsPHD17* 参与调控水稻体内 ROS 平衡。

1. DEG GO 注释分析

首先将野生型、OsPHD17-KO 和 OsPHD17-OE 株系中冷胁迫前和冷胁迫后的差异表达基因取并集（记为并集 1）。结果显示，野生型、OsPHD17-KO 和 OsPHD17-OE 在冷胁迫前后分别有 4804、2844 和 4155 个差异表达基因（图 4-27A）。

将并集 1 的差异表达基因进行 GO 注释统计，结果显示这些差异表达基因可注释到 GO 功能下的 47 个 Term，包括细胞组分（cellular component）15 类、生物学过程（biological process）21 类和分子功能（molecular function）11 类（图 4-27B）。在分子功能分类下，差异表达基因同样显著富集到了抗氧化活性（antioxidant activity）。Top GO 富集结果显示，差异表达基因显著富集在氧化还原进程，暗示了 *OsPHD17* 可能影响冷胁迫下水稻体内的 ROS 平衡（图 4-27C）。

前期研究发现 OsPHD17 蛋白具有转录激活功能，其可能通过激活下游靶基因表达发挥功能。为分析 *OsPHD17* 参与调控的冷胁迫应答生物学途径，分别将冷胁迫后 KO-CT 上调、OE-CT 下调的差异表达基因取并集（记为并集 2）；将 KO-CT 下调、OE-CT 上调的差异表达基因取并集（记为并集 3）。

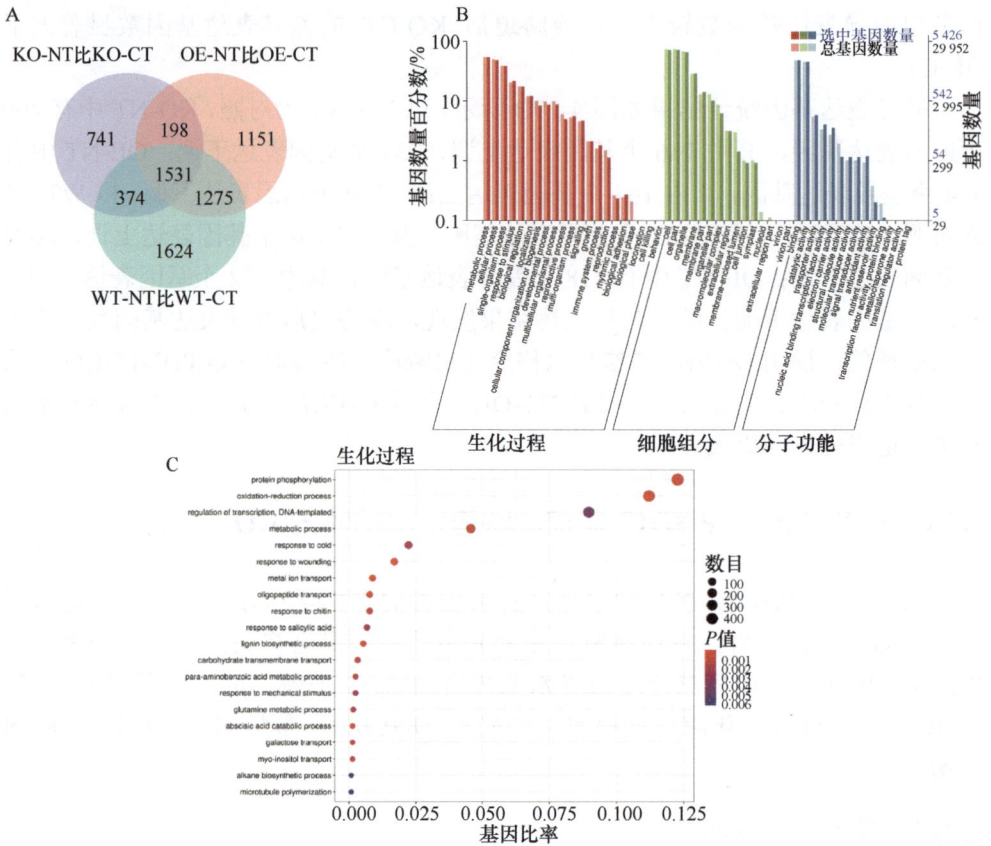

图 4-27　冷胁迫前后的 OsPHD17 转基因水稻的差异表达基因 GO 富集分析
A. 差异表达基因维恩图；B. 差异表达基因 GO 分类分析；C. 差异表达基因 GO 富集分析

并集 2 中 KO-CT 上调差异表达基因和 OE-CT 中下调差异表达基因分别有 1626 和 646 个（图 4-28A）；并集 3 中 KO-CT 下调差异表达基因和 OE-CT 中上调差异表达基因分别有 2097 和 272 个（图 4-28B）。

将上述所有 DEG 分别进行 GO 注释统计分析，结果显示差异表达基因均注释到 GO 功能下的 50 个 Term，包括细胞组分（cellular component）15 类、生物学过程（biological process）21 类和分子功能（molecular function）14 类，这表明冷胁迫下水稻的细胞组分、生物学过程和分子功能均发生了变化（图 4-29A 和图 4-29C）。在分子功能分类下，差异表达基因显著富集了抗氧化活性（antioxidant activity）。Top GO 富集结果显示，差异表达基因显著富集在氧化还原进程（oxidation-reduction process），进一步证实了 OsPHD17 可能影响水稻体内的 ROS 平衡（图 4-29B 和图 4-29D）。

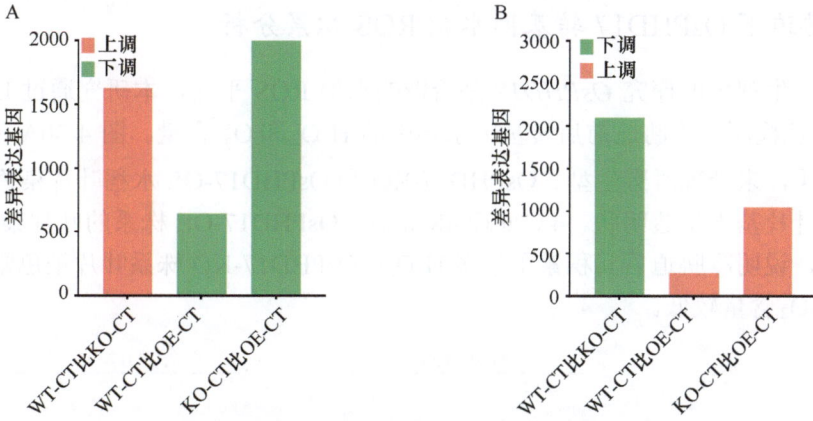

图 4-28   冷胁迫后的 OsPHD17 转基因水稻的差异表达基因统计

A. 并集 2 差异表达基因统计图；B. 并集 3 差异表达基因统计图

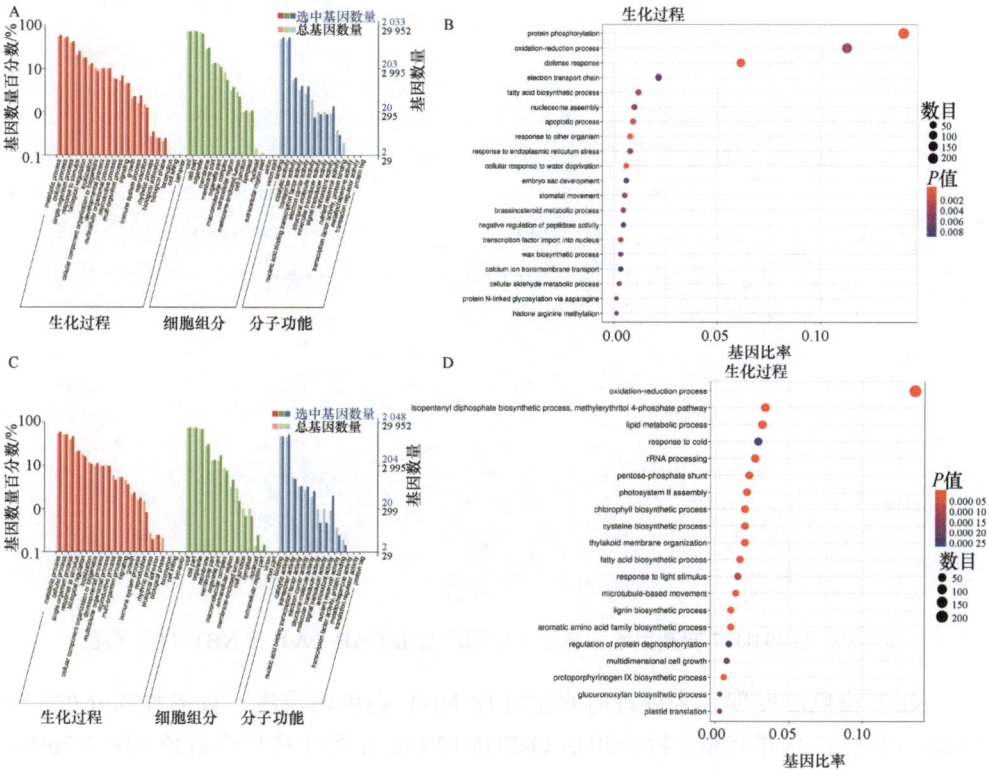

图 4-29   冷胁迫后的 OsPHD17 转基因水稻的差异表达基因 GO 分析

A. 并集 2 差异表达基因 GO 分类分析；B. 并集 3 差异表达基因 GO 分类分析；C. 并集 2 差异表达基因 GO 富集
分析；D. 并集 3 差异表达基因 GO 富集分析

2. 冷胁迫下 OsPHD17 转基因水稻 ROS 积累分析

为从生理角度探究 *OsPHD17* 是否影响水稻 ROS 平衡，本研究通过 DAB 和 NBT 染色检测了冷胁迫前后转基因水稻中的 H_2O_2 和 O_2^- 含量。图 4-30A 为 DAB 染色结果，未处理时野生型、OsPHD17-KO 和 OsPHD17-OE 水稻叶片染色很浅，脱色后叶片基本呈透明状。4℃处理 48 h 后，OsPHD17-OE 株系的叶片染色较野生型深，说明冷胁迫后其积累了较多 H_2O_2；OsPHD17-KO 株系叶片染色则较浅，说明 H_2O_2 含量较低。

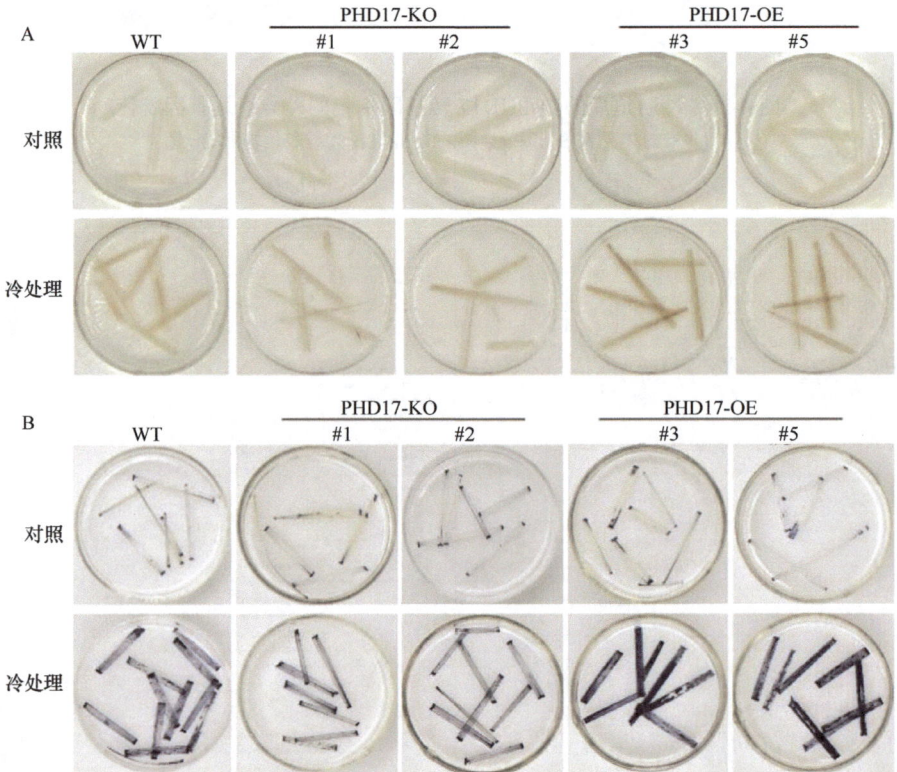

图 4-30   OsPHD17 转基因水稻株系 3 叶期冷胁迫 DAB（A）和 NBT（B）染色

NBT 染色后发现，未处理时水稻叶片 NBT 染色均较浅，且多数都分布在伤口处，说明 O_2^- 含量较低。冷胁迫后 OsPHD17-OE 株系叶片呈深蓝色（图 4-30B），积累了较多的 O_2^-，而 OsPHD17-KO 株系叶片中积累 O_2^- 含量较少，形成的蓝色络合物较少，叶片呈浅蓝色。

综合 DAB 和 NBT 染色结果，表明 *OsPHD17* 影响冷胁迫下水稻体内 ROS 积累和/或清除过程。

同时对萌发期和幼苗期的野生型和转基因株系进行 4℃处理 24 h，进行了
DAB（图 4-31）和 NBT（图 4-32）染色。幼苗期 DAB 染色结果如图 4-31A 所示，
处理前各株系叶片中并未出现 H_2O_2，处理后 STTM-miR1320 和 OsPHD17-OX 转
基因株系中出现了较多的 H_2O_2，而 miR1320-OX 和 OsPHD17-KO 转基因株系中
H_2O_2 含量较低。萌发期 DAB 染色结果如图 4-31B 所示，所有株系根处理前后染
色较深，可能与平皿滤纸培养方式有关。地上部分呈现出与幼苗期相同的结果，
处理后 miR1320-OX 和 OsPHD17-KO 转基因株系染色较浅，而 STTM-miR1320
和 OsPHD17-OX 转基因株系中 H_2O_2 含量较高。这说明 *OsPHD17* 影响水稻 H_2O_2
的清除。

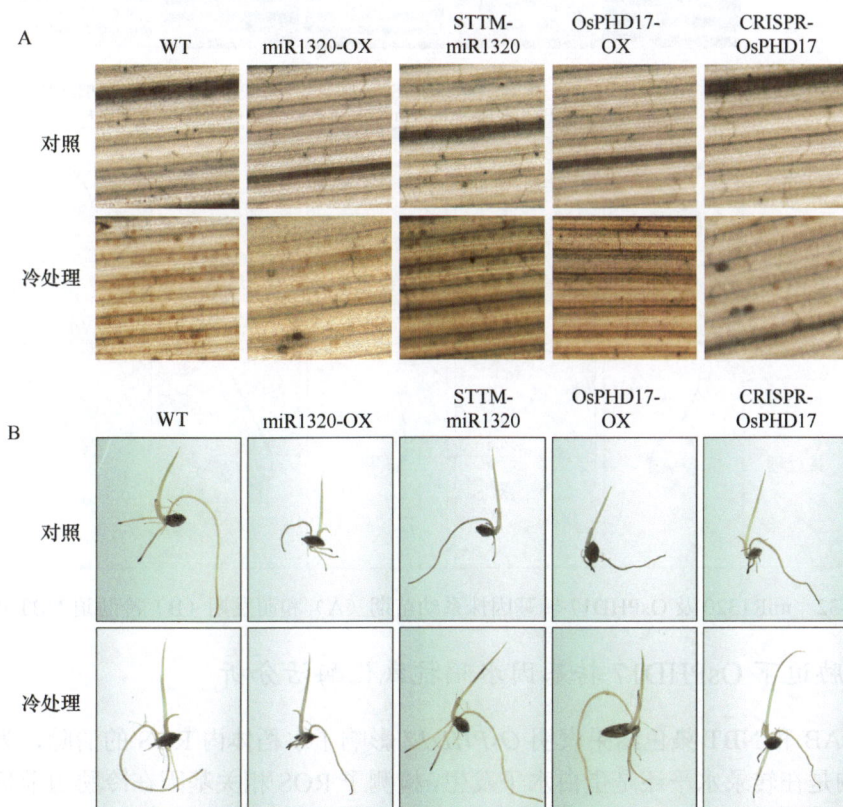

图 4-31　miR1320 及 OsPHD17 转基因株系幼苗期（A）和萌发期（B）冷胁迫 DAB 染色

图 4-32A 的 NBT 染色结果显示处理前叶片中几乎未见 O_2^-，处理后
STTM-miR1320 和 OsPHD17-OX 转基因株系叶片中积累了较多的 O_2^-，而
miR1320-OX 和 OsPHD17-KO 转基因株系中 O_2^- 含量较低，与 DAB 染色结果一致。
图 4-32B 萌发期染色结果中，所有幼苗地上部分染色较深，无法区分 O_2^- 含量高

低，可能因为幼苗太小，处理强度偏高，但幼苗根的染色差异较为明显，与幼苗期的 DAB 染色及 NBT 染色结果一致。

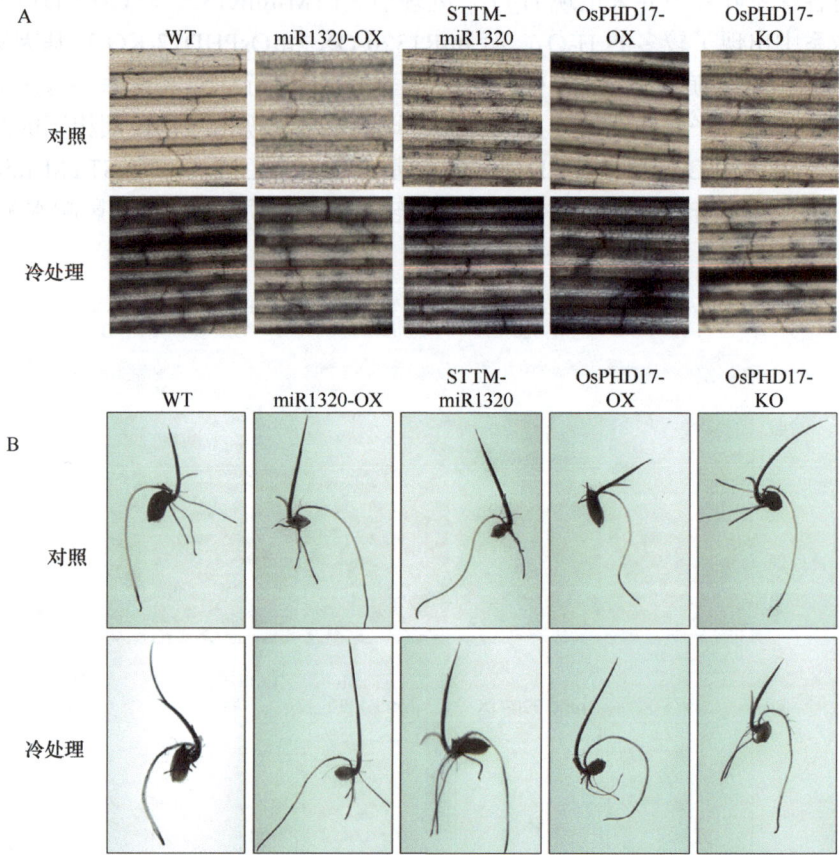

图 4-32　miR1320 及 OsPHD17 转基因株系幼苗期（A）和萌发期（B）冷胁迫 NBT 染色

3. 冷胁迫下 OsPHD17 转基因水稻抗氧化酶活分析

DAB 和 NBT 染色结果表明 *OsPHD17* 影响了水稻体内 ROS 的清除，为检测该影响是在转录水平还是蛋白水平发生，检测了 ROS 相关基因在冷胁迫前后的表达变化。结果如图 4-33 所示，ROS 通路中活性氧清除相关基因 *OsPOX1*、*OsCSD1*、*OsCATA* 和 *OsCATB* 4 个基因在冷胁迫后均未发生显著变化，暗示了 *OsPHD17* 可能是通过影响相关酶活，调控水稻 ROS 的积累与清除过程。

对 3 叶期的野生型、OsPHD17-KO 和 OsPHD17-OE 水稻进行 4℃冷胁迫，并测定了过氧化氢酶（CAT）、过氧化物酶（POD）和超氧化物歧化酶（SOD）活性。如图 4-34A 所示，未处理时，野生型和各转基因株系间的 CAT 活性无显著性差异，

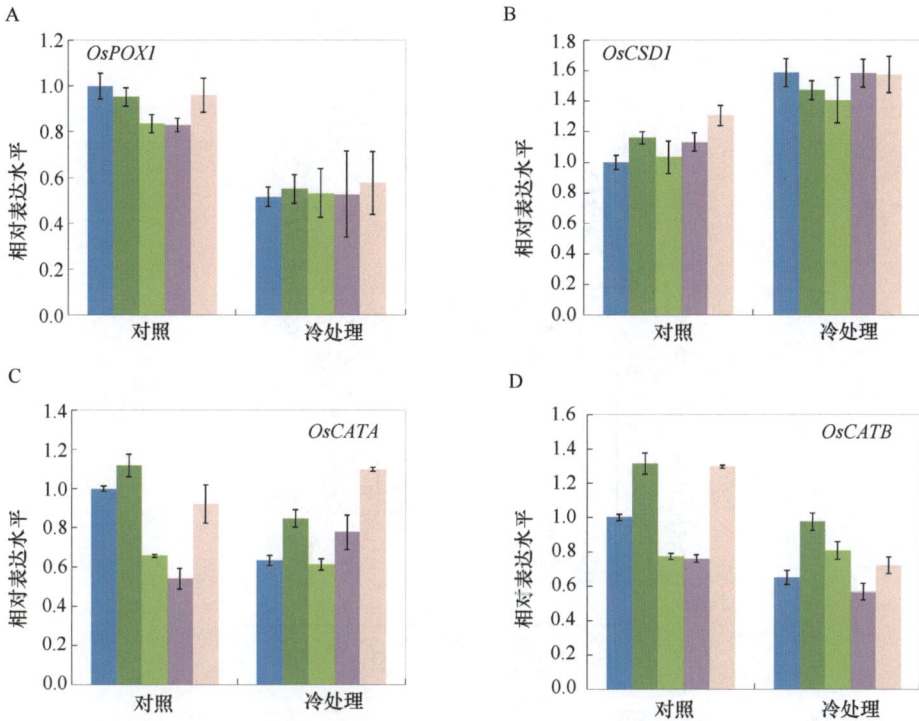

图 4-33　冷胁迫后 ROS 相关基因表达分析

且酶活性水平较低，均在 55 U/（min·g）左右。冷胁迫后，野生型、OsPHD17-KO 和 OsPHD17-OE 株系中 CAT 活性显著提高，以清除冷胁迫下水稻体内过量 ROS。与野生型 [77.8 U/（min·g）] 相比，OsPHD17-KO 株系中 CAT 活性显著增加至 112.95 U/（min·g）和 115.12 U/（min·g），而 OsPHD17-OE 株系中 CAT 活性显著低于野生型，分别为 70.66 U/（min·g）和 58.28 U/（min·g）。

POD 和 SOD 活性变化趋势与 CAT 相似。各水稻株系 POD（图 4-34B）和 SOD（图 4-34C）活性在未处理时无显著性差异。冷胁迫后，野生型中 POD 活性为 4.23 U/（min·g），OsPHD17-KO 株系中分别为 4.69 U/（min·g）和 5.02 U/（min·g），显著高于野生型；OsPHD17-OE 株系中 POD 活性为 2.35 U/（min·g）和 3.12 U/（min·g），显著低于野生型。冷胁迫后，野生型的 SOD 活性为 47.45 U/（min·g），OsPHD17-KO 株系的 SOD 活性分别为 54.91 U/（min·g）和 69.08 U/（min·g），显著高于野生型，OsPHD17-OE 株系则显著低于野生型，分别为 42.69 U/（min·g）和 35.18 U/（min·g）。

综上所述，OsPHD17 基因过表达抑制了水稻体内抗氧化酶活性，削弱了 ROS 清除能力，导致水稻体内过量积累 H_2O_2 和 O_2^-，最终表现为水稻耐冷性降低。

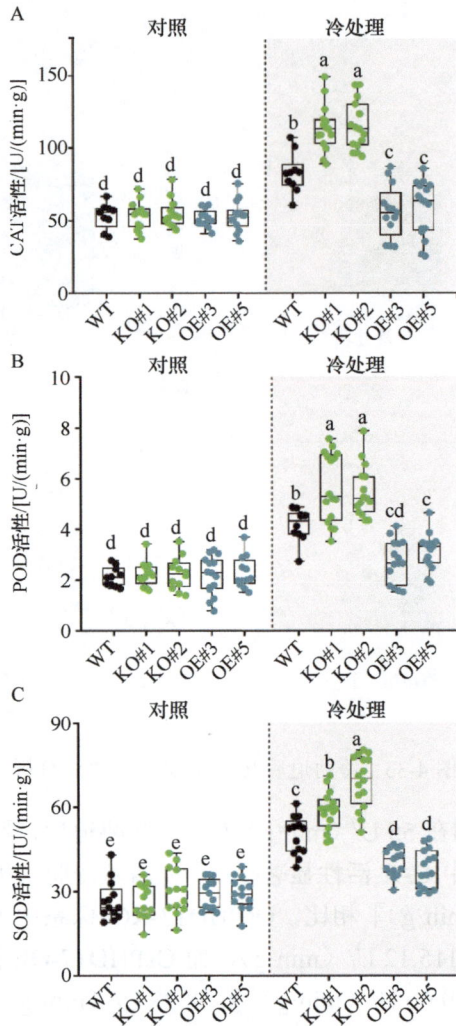

图 4-34　冷胁迫下 OsPHD17 转基因水稻株系体内抗氧化酶活性检测

4.3.5　*OsPHD17* 调控冷胁迫下水稻黄酮、木质素合成及糖代谢途径

　　代谢物是植物体生理状态的直接体现和物质基础，为分析冷胁迫下 *OsPHD17* 是否参与调控植物代谢，筛选 *OsPHD17* 调控的代谢通路，本研究对差异表达基因进行了 KEGG 富集分析。发现 *OsPHD17* 显著影响了苯丙烷生物合成以及淀粉和蔗糖代谢通路。结合差异表达基因表达情况分析和相应指标定量检测，确定了冷胁迫下 *OsPHD17* 调控水稻体内黄酮和木质素合成以及糖代谢过程。

1. DEG KEGG 富集分析

为了进一步明确冷胁迫下 *OsPHD17* 参与调控的信号通路，对并集 1 中 DEG 上调和下调两类基因分别进行 KEGG 富集分析。如图 4-35 所示，冷胁迫前后野生型共鉴定出 4804 个差异表达基因，其中上调表达和下调表达的基因分别 2312 和 2492 个；OsPHD17-KO 共鉴定出 2844 个差异表达基因，其中上调表达和下调表达的基因分别 1611 和 1233 个；OsPHD17-OE 共鉴定出 4151 个差异表达基因，其中上调表达和下调表达的基因分别 1859 和 2292 个。KEGG 富集结果显示，上调的差异表达基因主要富集到苯丙烷生物合成（phenylpropanoid biosynthesis）、淀粉与蔗糖的代谢（starch and sucrose metabolism）、植物激素信号转导（plant hormone signal transduction）和植物-病原相互作用（plant-pathogen interaction）通路。下调的差异表达基因富集到苯丙烷生物合成和植物激素信号转导通路（图 4-36）。冷胁

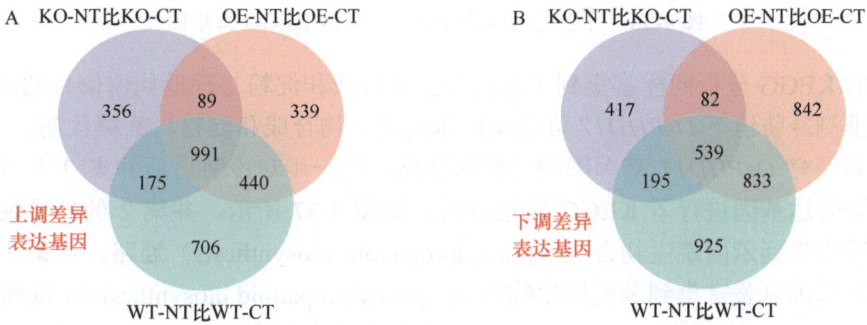

图 4-35　冷胁迫前后的 OsPHD17 转基因水稻的差异表达基因维恩图

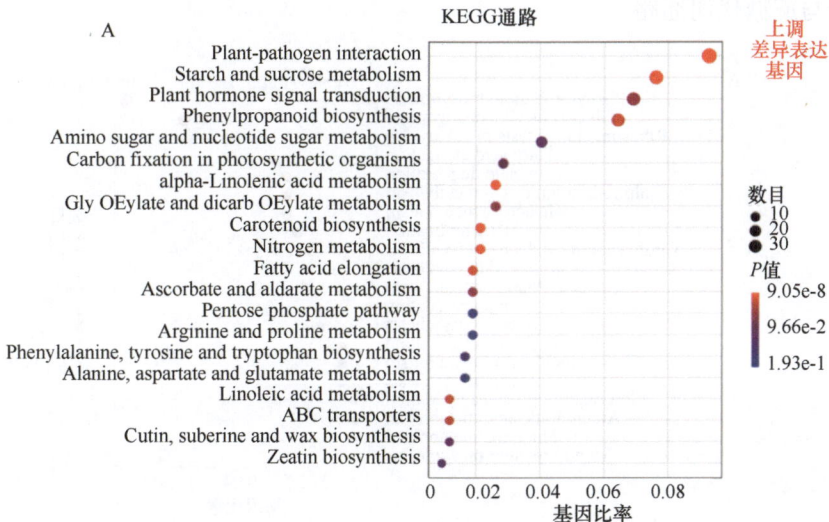

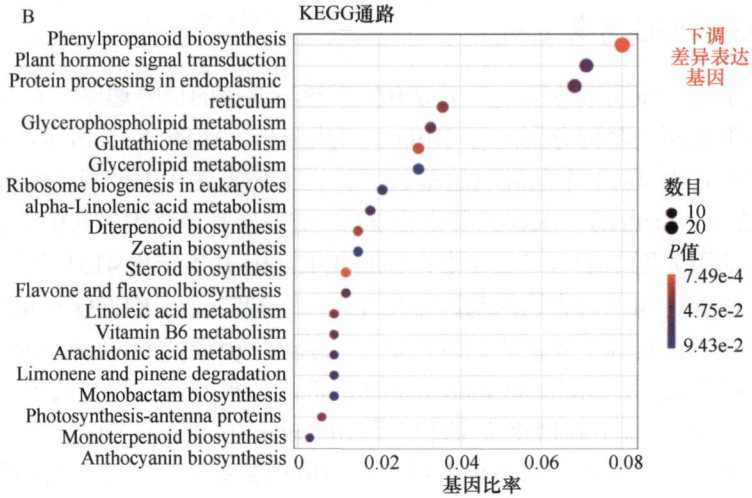

图 4-36 冷胁迫前后的差异表达基因 KEGG 富集图

迫后的 KEGG 分析同样富集到了苯丙烷生物合成和淀粉与蔗糖代谢信号通路。因此，推测冷胁迫下 *OsPHD17* 可能调控苯丙烷生物合成和淀粉与蔗糖代谢。

为探究 *OsPHD17* 基因影响的代谢通路，进一步对冷胁迫后并集 2 和并集 3 的差异表达基因进行了 KEGG 富集分析。如图 4-37 所示，并集 2 的差异表达基因显著富集到苯丙烷生物合成（phenylpropanoid biosynthesis）通路。并集 3 的差异表达基因显著富集到苯丙烷生物合成（phenylpropanoid biosynthesis）、淀粉与蔗糖代谢（starch and sucrose metabolism）和氨基酸生物合成（biosynthesis of amino acids）等生物学途径。据此，推测 *OsPHD17* 可能参与调控的苯丙烷生物合成以及淀粉与蔗糖代谢通路。

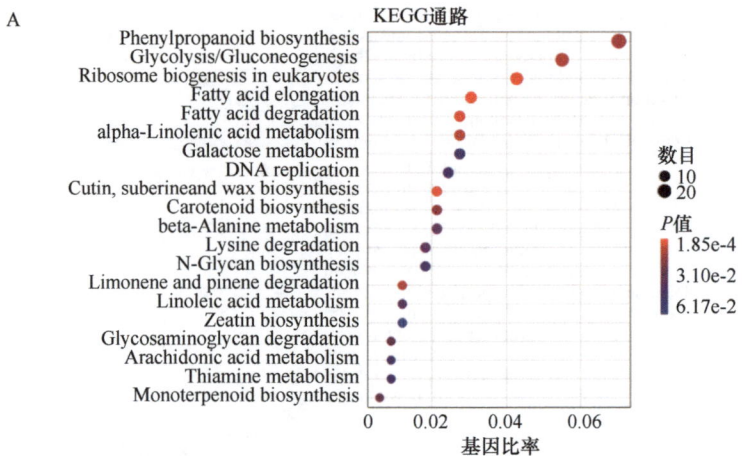

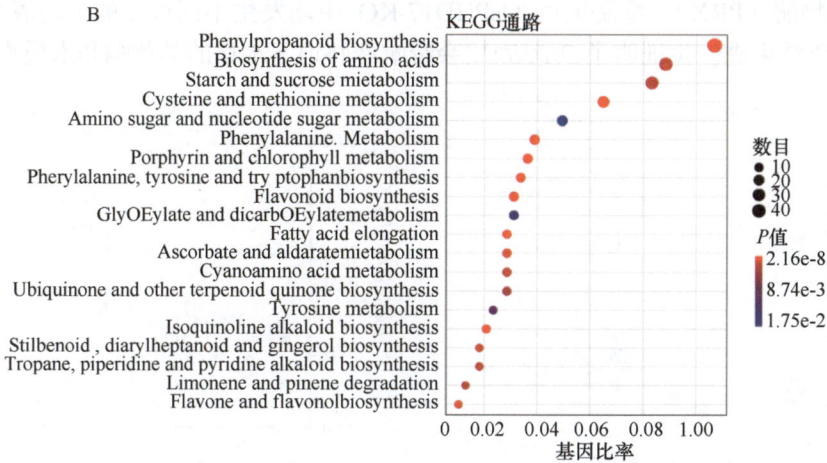

图 4-37　冷胁迫后的差异表达基因 KEGG 富集图

A. 并集 2 DEG KEGG 富集分析；B. 并集 3 DEG KEGG 富集分析

2. *OsPHD17* 调控冷胁迫下水稻黄酮和木质素生物合成

苯丙烷代谢起始于苯丙氨酸，苯丙氨酸由苯丙氨酸解氨酶（Phenylalanine ammonia-lyase，PAL）、肉桂酸 4-羟化酶（Cinnamate 4-hydroxylase，C4H）和 4-香豆酸辅酶 A 连接酶（4-Coumarate-CoA ligase，4CL）催化，进而生成对香豆酸-辅酶 A，为下游不同分支代谢途径提供前体。黄酮途径与木质素途径是本研究重点讨论的两个苯丙烷代谢分支途径。黄酮化合物是苯丙烷代谢途径中代谢物种类最多的成分。有研究表明，黄酮物质参与植物抗氧化胁迫应答过程，在植物应对非生物胁迫过程中发挥重要功能。木质素主要在植物次生细胞壁中积累。此外，木质素还参与植物花药发育、病原菌入侵防御等。

本研究测定冷胁迫前后水稻体内总黄酮和木质素含量，发现冷胁迫前各水稻株系总黄酮和木质素含量无显著性差异，冷胁迫后各水稻株系总黄酮含量均有上升，其中 OsPHD17-KO 株系中总黄酮含量显著高于野生型，OsPHD17-OE 株系总黄酮含量低于野生型（图 4-38A）。冷胁迫后各水稻株系木质素的含量也表现出与总黄酮同样的趋势，冷胁迫后 OsPHD17-KO 株系的木质素含量显著高于野生型（图 4-38B）。上述结果表明，冷胁迫下 *OsPHD17* 会抑制转基因水稻木质素和黄酮的生物合成。

进一步对苯丙烷代谢的差异表达基因进行分析，发现冷胁迫后 OsPHD17-KO 中 PAL 的表达显著上调，对类黄酮途径与木质素途径主要的差异表达基因进行分析发现，它们的表达水平在冷胁迫后均发生改变，包括类黄酮生物合成途径富集到植物类黄酮 3-羟化酶 F3H 以及木质素合成相关的关键酶肉桂醇脱氢酶（CAD）和过氧化物酶（PRX），冷胁迫后 OsPHD17-KO 中均发生不同程度的上调表达（图 4-39）。该结果进一步证明了 *OsPHD17* 会影响冷胁迫下水稻的类黄酮和木质素合成。

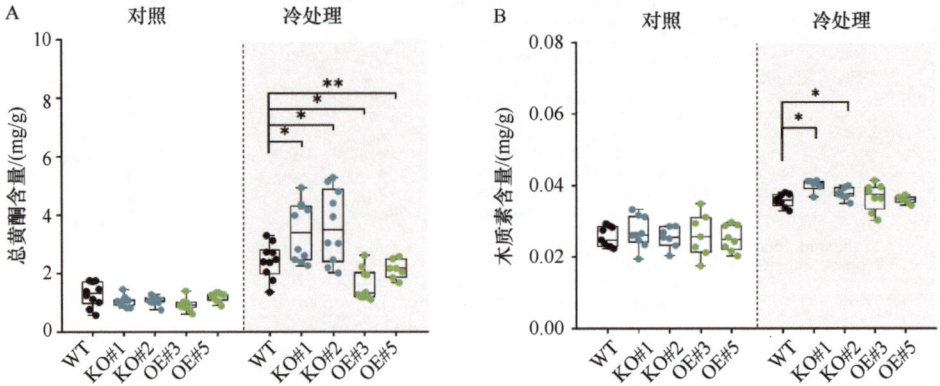

图 4-38　OsPHD17 转基因水稻株系体内总黄酮和木质素含量分析

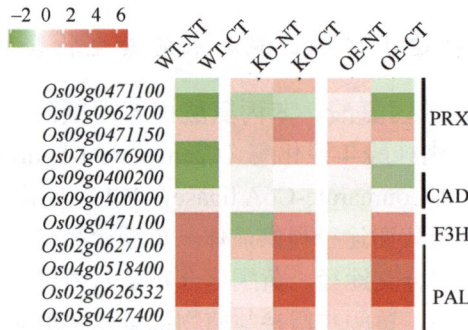

图 4-39　类黄酮与木质素生物合成基因表达热图

3. *OsPHD17* 调控冷胁迫下水稻可溶性糖含量

前期 KEGG 富集分析发现，*OsPHD17* 可能调控冷胁迫下水稻淀粉与蔗糖代谢信号通路。为验证这一发现，首先检测了冷胁迫前后野生型、OsPHD17-KO 和 OsPHD17-OE 水稻株系体内的蔗糖和果糖含量。如图 4-40A 和 4-40B 所示，各株系蔗糖和果糖含量在未处理时没有显著性差异，冷胁迫后野生型、OsPHD17-KO 和 OsPHD17-OE 株系中蔗糖和果糖含量均显著上升，其中，OsPHD17-KO 水稻株系蔗糖和果糖含量显著高于野生型，而 OsPHD17-OE 水稻株系体内蔗糖和果糖含量显著低于野生型。进一步测定了可溶性糖含量，发现冷胁迫的 OsPHD17-KO 水稻株系可溶性糖含量显著高于野生型，OsPHD17-OE 水稻株系体内可溶性糖含量则显著低于野生型（图 4-40C）。

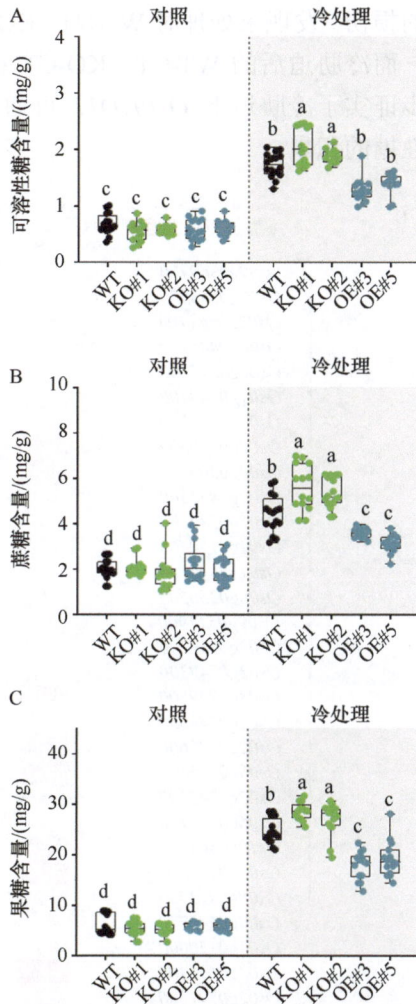

图 4-40　OsPHD17 转基因水稻株系体内可溶性糖含量分析

以上结果表明，*OsPHD17* 可能通过影响蔗糖与淀粉代谢，进而影响水稻中可溶性糖的积累，以此调控水稻冷胁迫抵御能力。

为进一步验证上述结论，对淀粉与蔗糖代谢信号通路的差异表达基因进行分析，如图 4-41 所示，a 和 b 类基因编码的 6-磷酸海藻糖磷酸化酶（trehalose-6-phosphate phosphorylase）和磷酸海藻糖合成酶（trehalose 6-phosphate synthase）可以将海藻糖转化为蔗糖；蔗糖可以被 c-e 类基因编码的蔗糖合酶（sucrose synthase）、己糖激酶（hexokinase）和葡萄糖-6-磷酸异构酶（glucose-6-phosphate isomerase）转化为葡萄糖；g 和 f 类编码的 β-葡萄糖苷酶（β-glucosidase）可将纤维素分解为可溶性的葡萄糖。冷胁迫下，植物通过累积可溶性糖调节细胞渗透势，以减轻低温对细胞造成的损伤。发现未处理时 WT-NT、KO-NT 和 OE-NT 中 DEG 的表达水平差异不显著，而冷胁迫后的 WT-CT、KO-CT 和 OE-CT 中 DEG 的表达水平显著上升。进一步证实了冷胁迫下 *OsPHD17* 可通过参与蔗糖和淀粉代谢途径，影响水稻中可溶性糖的积累。

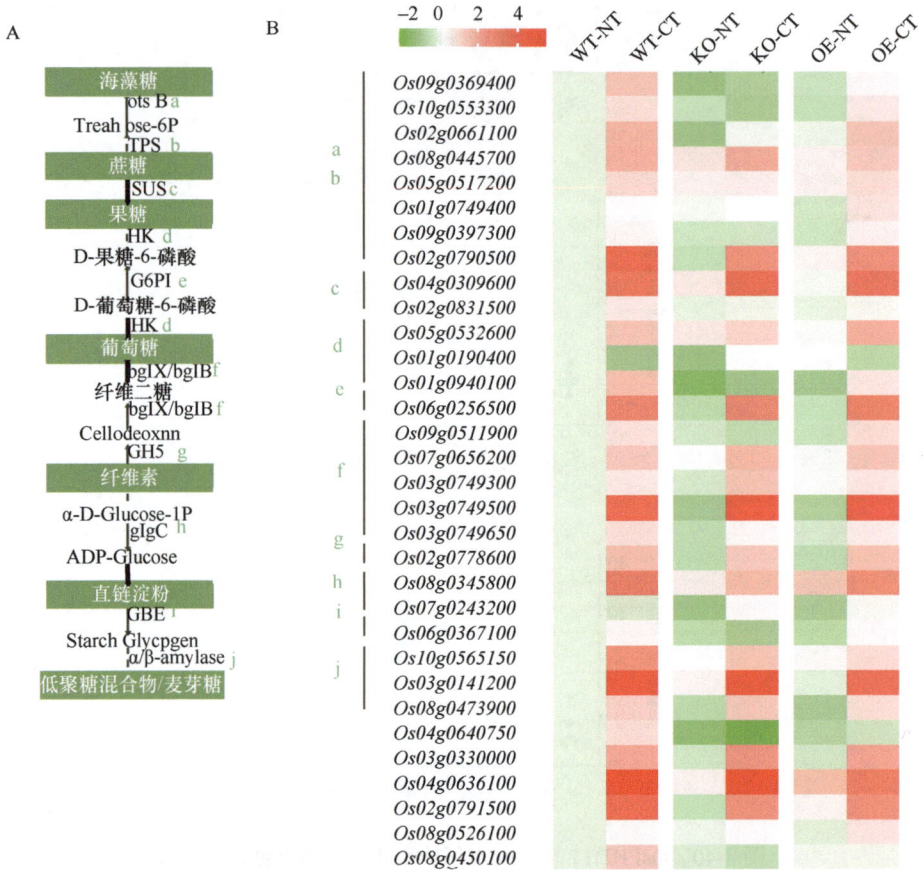

图 4-41　OsPHD17 转基因水稻株系中蔗糖与淀粉代谢相关基因表达
A. 蔗糖和淀粉代谢通路；B. 蔗糖和淀粉相关基因表达热图

4.3.6　*OsPHD17* 通过 JA 介导的信号途径调控水稻耐冷性

本研究通过对冷胁迫下各转基因材料中的差异表达基因进行 K 均值聚类分析，得到 5 组趋势不同的基因簇。结合 KEGG 富集分析结果，推测 *OsPHD17* 可能影响 JA 生物合成和信号转导。为验证这一猜想，本研究进一步检测了冷胁迫下水稻 JA 生物合成与信号转导途径相关基因表达情况及 JA 浓度变化。

1. DEG K 均值聚类分析

本研究将各样品中的 DEG 进行了 K 均值聚类分析。如表 4-4，将 7926 个差异表达基因划分为 13 个集群，并将这些基因簇根据趋势分析，归为 5 个组别 Group I~Group V。

表 4-4　基于 K 均值聚类的 OsPHD17 转基因水稻差异表达基因类别数目统计

分组	集群	趋势	差异表达基因数
Group I	1, 8	OsPHD17-KO 冷胁迫后上调或不变，OsPHD17-OE 和野生型下调	1588
Group II	2, 6	OsPHD17-KO 冷胁迫后下调，OsPHD17-OE 和野生型上调或不变	1472
Group III	4, 9	OsPHD17-KO 与野生型不变，OsPHD17-OE 株系中上调或下调	247
Group IV	3, 7, 10	野生型、OsPHD17-KO 和 OsPHD17-OE 冷胁迫后下调	2143
Group V	5, 11, 12, 13	野生型、OsPHD17-KO 和 OsPHD17-OE 冷胁迫后上调	2476

如图 4-42 所示，K 均值聚类分析发现 Group（组合）I 包含 cluster（集群）1 和 cluster 8，Group I 基因冷胁迫后表达趋势为 OsPHD17-KO 株系的 DEG 表达水平上调或保持不变，Group I 中 DEG 数为 1588。Group II 包含 cluster 2 和 cluster 6 且与 Group I 表达趋势相反，它们的基因表达趋势为冷胁迫后，OsPHD17-KO 株系的 DEG 表达水平下调，而野生型和 OsPHD17-OE 株系的 DEG 表达水平上调或不变，这一类 DEG 的数量为 1472。Group III 包含 cluster 4 和 cluster 9，它们的 DEG 数量较少，仅有 247 个，冷胁迫前后野生型和 OsPHD17-KO 株系的 DEG

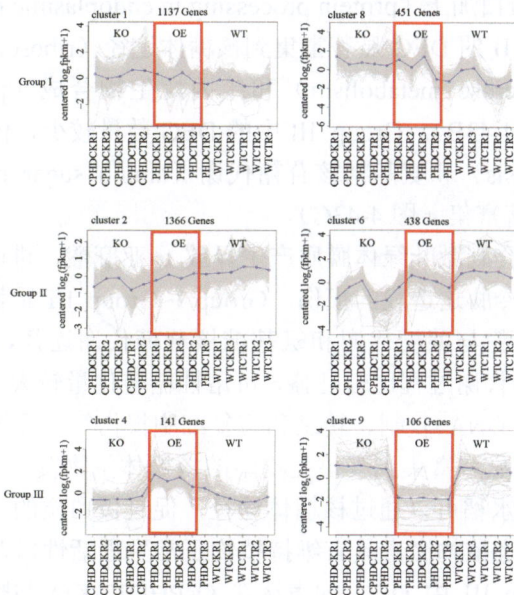

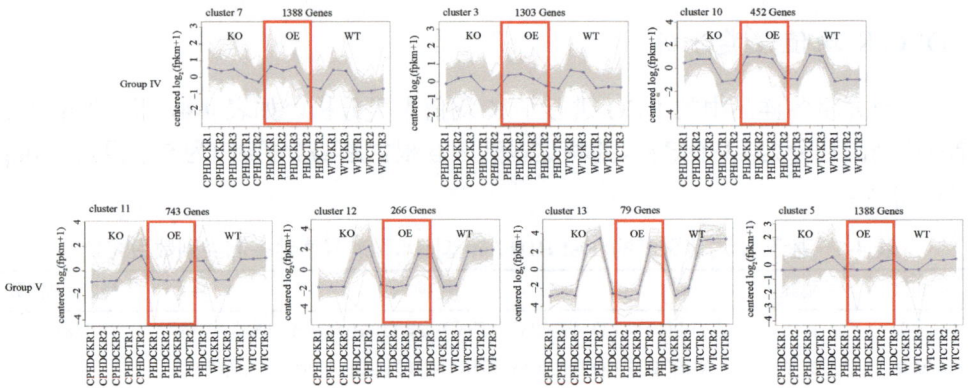

图 4-42　冷胁迫前后 OsPHD17 转基因水稻差异表达基因 K 均值聚类分析

表达水平不变，OsPHD17-OE 株系中的 DEG 表达水平上调或下调。Group I~Group III 的 DEG 响应冷胁迫。最后的两组 Group IV 和 Group V，它们的基因表达趋势分别为在冷胁迫后野生型、OsPHD17-KO 和 OsPHD17-OE 株系中上调或下调表达，包含 cluster 3、cluster 7 和 cluster 10 以及 cluster 5、cluster 11、cluster 12 和 cluster 13，DEG 数量分别为 2143 和 2476。由于 Group IV 和 Group V 的 DEG 与冷胁迫不相关，下一步将重点对 Group I~Group III 的 DEG 进行 KEGG 富集分析。

　　通过对 Group I~Group III 的 DEG 进行 KEGG 富集分析发现，Group I 的 DEG 显著富集到 α-亚麻酸生物合成（alpha-Linolenic acid metabolism）、真核生物中的核糖体生物发生（ribosome biogenesis in eukaryotes）、半乳糖代谢（galactose metabolism）和内质网蛋白加工（protein processing in endoplasmic reticulum）等途径（图 4-43A）。Group II 的 DEG 显著富集到核糖体途径（ribosome）、淀粉与蔗糖代谢（starch and sucrose metabolism）和苯丙烷生物合成（phenylpropanoid biosynthesis）途径（图 4-43B）。Group III 中的 DEG 数量较少，仅在类固醇生物合成（steroid biosynthesis）和氨基糖核苷糖代谢（amino sugar nucleotide sugar metabolism）途径中显著富集（图 4-43C）。

　　植物受到冷胁迫时会刺激叶绿体膜质产生释放 α-亚麻酸，进而增加 JA 及其衍生物的含量，以缓解冷胁迫造成的损伤。Group I~Group III 显著富集到碳代谢相关的半乳糖代谢、淀粉与蔗糖代谢和氨基糖核苷糖代谢途径，说明冷胁迫下 OsPHD17 转基因水稻碳代谢过程比较旺盛，可溶性糖转化量较大。核糖体负责细胞内的蛋白质合成，在 DNA 复制、转录和修复细胞损伤等方面发挥重要作用。在 KEGG 富集分析中还显著富集到真核生物中的核糖体生物发生和核糖体途径，说明 OsPHD17 转基因水稻可以通过核糖体途径，促进蛋白质的合成来应对冷胁迫造成的损伤。类固醇类植物激素具有维持植物正常生理活性以及抵御生物和非生物胁迫的能力，Group III 中 DEG 的表达在 OsPHD17-KO 与野生型中不变，

OsPHD17-OE 株系中上调或下调，这说明 OsPHD17-OE 株系可能通过类固醇生物合成途径来缓解低温造成的不利影响。

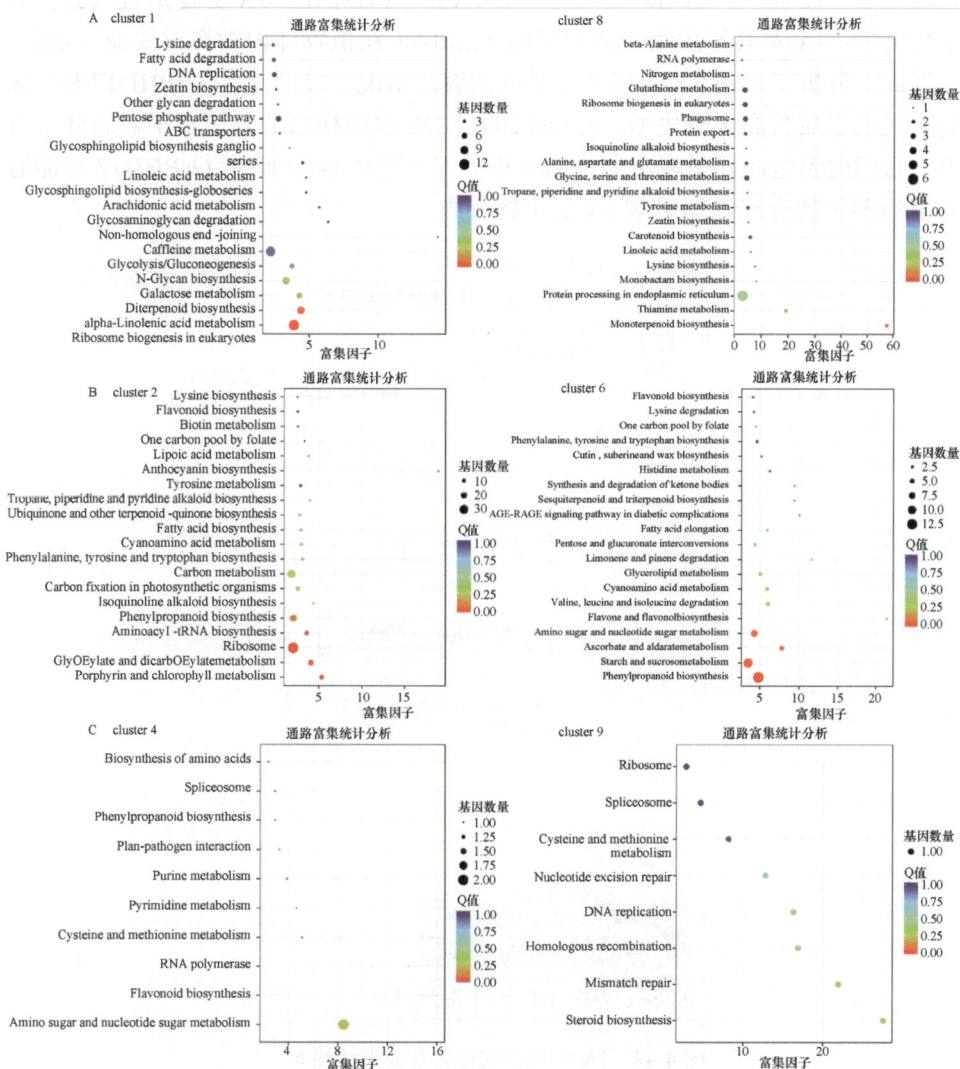

图 4-43　Group I~Group III 差异表达基因 KEGG 富集图

A. Group I 的 KEGG 富集；B. Group II 的 KEGG 富集；C. Group III 的 KEGG 富集

2. JA 合成关键基因表达分析

α-亚麻酸是 JA 生物合成的主要成分之一，经过脂氧合酶催化可生成脂肪酸氢过氧化物 13（S）-HpOTrE，在 JA 合成过程中发挥重要功能。OPDA 还原酶催化

OPDA 的还原反应，最终生成 OPC8，说明 OPR 对 JA 的合成至关重要。OPC8 经过酰基辅酶 A 氧化酶（ACX）和烯脂酰辅酶 A 水合酶（MFP2）催化进行 3 次 β-氧化反应后生成 JA 和 JA-Ile（(+)-7-iso-JA）。两者相比，JA 更稳定且具有更高的生物活性，JA 及其衍生物茉莉酸甲酯（MeJA）在植物体内发挥重要调节功能。

据此，分析了上述 JA 合成关键基因的表达情况。冷胁迫后 OsPHD17-KO 株系的表达水平显著高于野生型，而 OsPHD17-OE 水稻株系的表达水平显著低于野生型，它们的表达同样呈现出典型的负相关性（图 4-44），暗示 OsPHD17 可能通过 α-亚麻酸生物合成通路影响 JA 的生物合成。

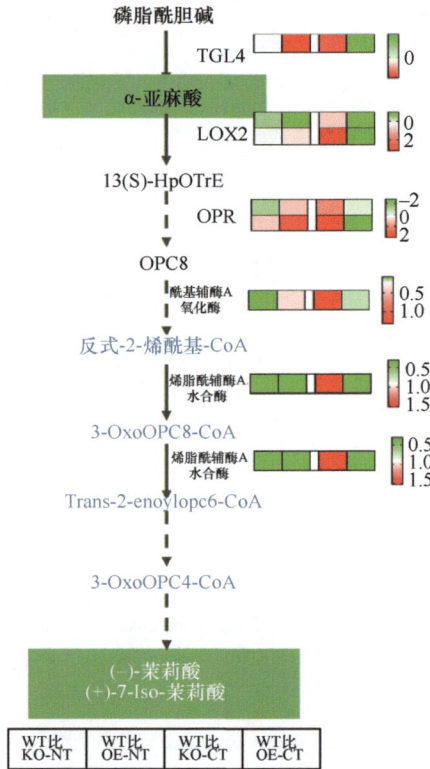

图 4-44　JA 生物合成相关基因表达热图

为了从分子实验角度验证上述结果，利用 RT-PCR 检测了转基因水稻株系中 JA 合成相关基因的表达情况。以 OsELFα 为内参，未处理时野生型的基因表达量为 1 进行分析。结果显示，冷胁迫后 OsACX 和 OsMFP2 和在 OsPHD17-KO 株系中表达水平显著高于野生型，OsTGL4 在 OsPHD17-OE 株系中表达水平显著低于野生型，与 RNA-seq 结果一致。由此可见，OsPHD17 抑制水稻 JA 生物合成途径相关基因表达（图 4-45）。

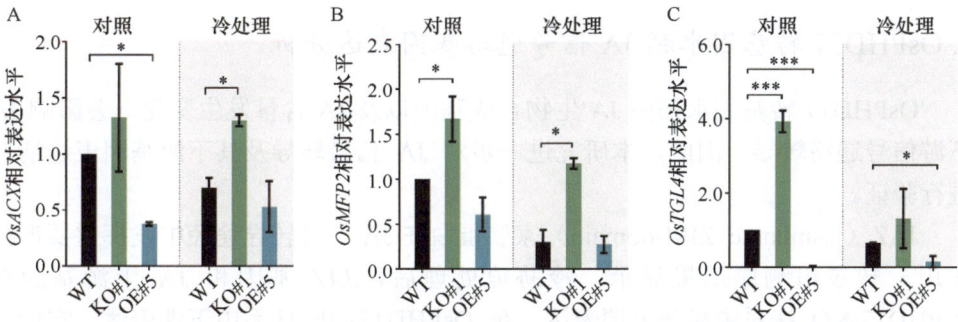

图 4-45　OsPHD17 转基因水稻株系中 JA 生物合成相关基因表达 RT-PCR 验证

3. OsPHD17 转基因水稻 JA 浓度测定

OsPHD17 抑制了水稻 JA 生物合成途径相关基因表达，可能会导致 JA 浓度发生变化。因此，本研究进一步测定了冷胁迫前后野生型、OsPHD17-KO 和 OsPHD17-OE 水稻株系的茉莉酸（JA）、茉莉酸-异亮氨酸（JA-Ile）和茉莉酸甲酯（MeJA）浓度。如图 4-46A 所示，未处理时，OsPHD17-KO 和 OsPHD17-OE 水稻株系的 JA 浓度显著低于野生型；4℃冷胁迫 48 h 后，野生型以及转基因株系中的 JA 浓度均显著提高，其中 OsPHD17-KO 株系的 JA 浓度显著高于野生型，但野生型和 OsPHD17-OE 株系的 JA 浓度无显著性差异。

JA-Ile 和 MeJA 的测定也得到了类似结果。未处理时，OsPHD17-KO 和 OsPHD17-OE 水稻株系的 JA-Ile 浓度（图 4-46B）和 MeJA 浓度（图 4-46C）显著低于野生型；4℃冷胁迫 48 h 后，OsPHD17-KO 株系的 JA-Ile 浓度和 MeJA 浓度均显著高于野生型。

上述结果表明，冷胁迫后，OsPHD17-KO 株系中的 JA、JA-Ile 和 MeJA 浓度均显著上升，*OsPHD17* 通过抑制 JA 生物合成基因的表达，降低了冷胁迫下水稻体内 JA 含量。

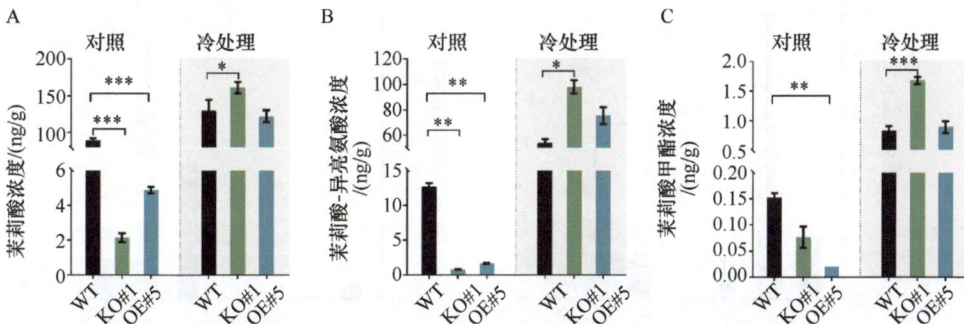

图 4-46　冷胁迫前后 OsPHD17 转基因水稻株系中 JA 激素浓度分析

4. OsPHD17 转基因水稻 JA 信号通路基因表达分析

OsPHD17 转基因水稻中 JA 生物合成基因以及 JA 含量发生变化，会影响 JA 下游信号通路转导。因此，本研究进一步对 JA 信号转导及其下游基因表达情况进行验证。

JAZ（jasmonate ZIM-domain）家族蛋白在 JA 信号转导途径中发挥重要调控作用。转录组测序结果显示，冷胁迫处理后，*JAZ* 基因和 JA 下游基因在 OsPHD17-KO 株系中显著上调表达，在 OsPHD17-OE 株系中下调表达。它们在 OsPHD17-KO 和 OsPHD17-OE 株系中的表达呈现出明显负相关性（图 4-47）。

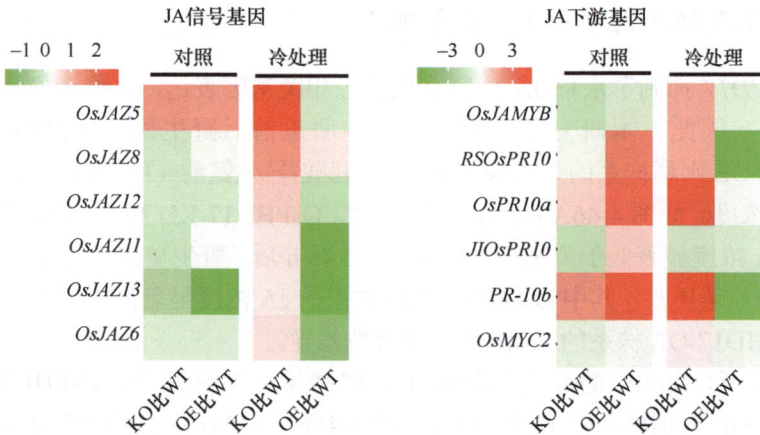

图 4-47 OsPHD17 转基因水稻株系中 JA 信号转导基因表达热图

为验证上述结果，利用 RT-PCR 检测了 4 个 JA 信号转导基因在不同水稻株系中的表达情况（图 4-48），冷胁迫后 *OsJAZ8*、*OsJAZ11*、*OsJAMYB* 和 *OsPR10a*

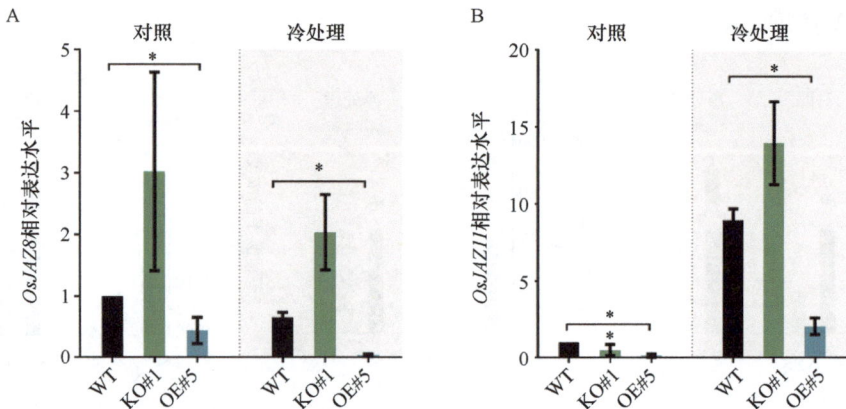

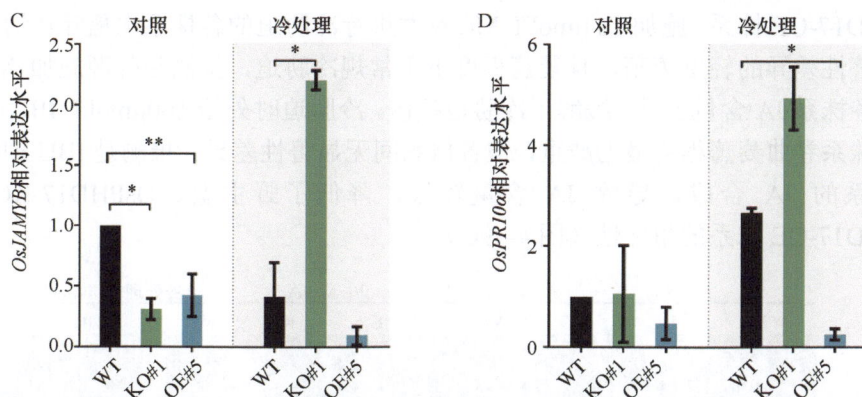

图 4-48　OsPHD17 转基因水稻株系中 JA 信号转导基因表达 RT-PCR 验证

在 OsPHD17-KO 株系中的表达水平高于野生型，在 OsPHD17-OE 株系中的表达水平低于野生型，与 RNA-seq 结果一致。因此，认为 *OsPHD17* 抑制了冷胁迫下水稻 JA 信号转导基因的表达。

5. 外施 MeJA 和 IBU 对冷胁迫下 OsPHD17 转基因水稻耐冷性的影响

JAZ 蛋白与 MYC2 及其他转录因子结合抑制其转录激活活性，水稻受到冷胁迫后，产生大量 JA 在腺苷酸形成酶 JAR1 催化下生成 JA-Ile。SCF^{COI1} 复合体在 JA-Ile 介导下促进 JAZ 被 26S 蛋白酶体降解，解除对 MYC2 的抑制，进而激活下游耐冷基因的转录。由于 OsPHD17 转基因水稻在受到冷胁迫后，JA 的含量会发生变化，因此进一步分析了冷胁迫下施加 MeJA 和 JA 合成抑制剂 IBU 不同水稻株系的耐冷性的影响。

选取长势一致的野生型、OsPHD17-KO 和 OsPHD17-OE3 叶期水稻，在冷胁迫前分别加入 10 μmol/L MeJA 和 100 μmol/L IBU 预处理 24 h，随后 4℃冷胁迫 3 天后进行恢复培养。

冷胁迫前，野生型的长势与 OsPHD17-KO 和 OsPHD17-OE 株系基本一致，各株系间无显著性差异（图 4-49A）。

常规冷胁迫 8 h 后，OsPHD17-OE 水稻叶片出现轻微萎蔫的症状，而野生型和 OsPHD17-KO 株系无明显变化；施加 10μmol/L MeJA 的各水稻株系冷胁迫 8 h 无明显变化，施加 100μmol/L IBU 的各水稻株系冷胁迫 8 h 损伤明显，大部分叶片出现卷曲萎蔫（图 4-49B）。

常规冷胁迫 48 h 后，各水稻株系呈现出不同程度的萎蔫症状，与野生型相比，OsPHD17-OE 株系表现出更严重的萎蔫现象，而 OsPHD17 OsPHD17-KO 株系则表现出较轻的萎蔫症状，说明 OsPHD17-KO 株系中 JA 含量高于野生型和

OsPHD17-OE 株系。施加 10 μmol/L MeJA 并进行冷胁迫的各株系水稻叶片均出现无显著性差异的轻度萎蔫，且萎蔫程度小于常规冷胁迫，推测是外源施加 MeJA 导致各株系 JA 含量上升，缓解了冷胁迫损伤。冷胁迫时外施 100μmol/L IBU 的各水稻株系卷曲萎蔫程度最为严重，但各株系间无显著性差异，推测是 IBU 抑制了各株系的 JA 合成，导致 JA 含量较低，降低了野生型、OsPHD17-KO 和 OsPHD17-OE 株系的耐冷性（图 4-49C）。

图 4-49　OsPHD17 转基因水稻 3 叶期 MeJA 和 IBU 处理后的耐冷性分析

A. 冷胁迫前；B. 冷胁迫 8 h 水稻表型；C. 冷胁迫 48 h 水稻表型；D. 恢复培养 7 天水稻表型

恢复培养 7 天后，常规冷胁迫的各水稻株系出现失绿的现象，OsPHD17-KO 株系的萎蔫死亡情况明显弱于野生型，而 OsPHD17-OE 株系的死亡情况明显优于野生型。施加 10 μmol/L MeJA 的冷处理的各转基因水稻的变化趋势与冷胁迫一致，但失绿和死亡情况要优于仅进行冷胁迫水稻。施加 100 μmol/L IBU 的冷胁迫的各水稻株系则全部枯萎死亡（图 4-49D）。

在上述试验中，冷胁迫促进了 OsPHD17-KO 株系中 JA 的合成（图 4-45 和图 4-49B），致使该株系的 JA 含量显著高于野生型和 OsPHD17-OE，表现出更强耐冷性；外源施用 MeJA 使得各株系 JA 含量均升高进而增强了耐冷性；反之施用 IBU 后，JA 合成受到抑制，各水稻株系表现为耐冷性降低。

6. 外施 MeJA 和 IBU 对冷胁迫下 OsPHD17 转基因水稻抗氧化酶活性的影响

由于转基因水稻在低温施加 MeJA/IBU 处理时表现出对冷胁迫不同的耐受程度，且 *OsPHD17* 影响水稻 ROS 平衡。为进一步确定 *OsPHD17* 在平衡水稻 ROS 过程和 JA 浓度的关系，测定了冷胁迫且施加 MeJA/IBU 条件下野生型、OsPHD17-KO 和 OsPHD17-OE 水稻的抗氧化酶活性。如图 4-50A 所示，冷胁迫外加施用 10 μmol/L MeJA 的各水稻株系 CAT 活性高于施加 IBU 各株系，冷胁迫条件下 OsPHD17-KO 株系的 CAT 活性高于野生型。常规冷胁迫和施加 IBU 组中野生型和 OsPHD17-OE 株系间 CAT 活性无显著性差异，但冷胁迫+外加施用 10 μmol/L MeJA 和施加 IBU 处理的组间 CAT 活性差异显著。

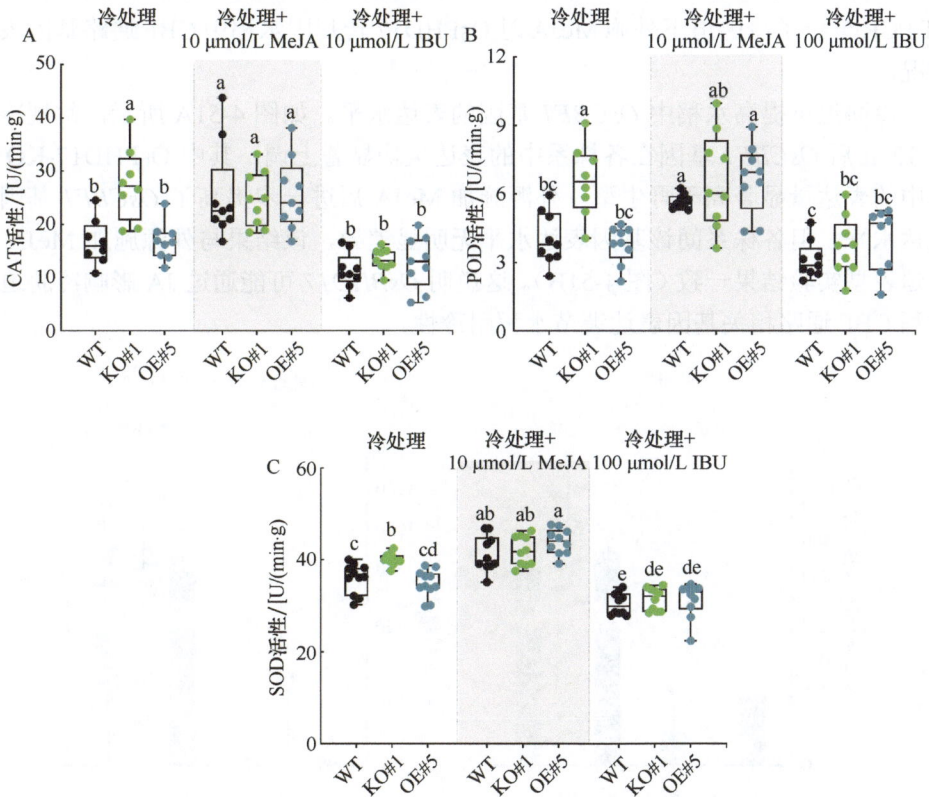

图 4-50　OsPHD17 转基因水稻株系 3 叶期 MeJA 和 IBU 处理后体内抗氧化酶活性检测

不同处理条件下各水稻株系 SOD 和 POD 活性的变化趋势与 CAT 活性结果基本一致。如图 4-50B 和图 4-50C 所示，冷胁迫后 OsPHD17-KO 株系的 SOD 和 POD

活性显著高于野生型，OsPHD17-OE 株系与野生型的 SOD 和 POD 活性无显著性差异；冷胁迫外加施用 10μmol/L MeJA 的野生型、OsPHD17-KO 和 OsPHD17-OE 株系 POD 活性无显著性差异且活性最高；冷胁迫外加施用 100 μmol/L IBU 的各转基因株系中的 SOD 和 POD 活性最低。

以上结果表明，冷胁迫下 OsPHD17-KO 水稻体内抗氧化酶活性显著提高，缓解了水稻体内的氧化损伤；外源添加 MeJA 后均显著提高了野生型、OsPHD17-KO 和 OsPHD17-OE 水稻体内的抗氧化酶活性，增强了水稻的耐冷性；而外源添加 IBU 后，各株系的抗氧化酶活性均较低。这说明 OsPHD17 可通过 JA 通路影响过氧化酶活性调控水稻耐冷性。

7. 冷胁迫下 MeJA 影响 OsPHD17 转基因水稻 CBF 通路基因的表达影响

为深入理解外施 MeJA 对 OsPHD17 转基因水稻耐冷性状的影响，进一步利用 RT-PCR 分析了冷胁迫下外施 MeJA 时 OsPHD17 转基因水稻中 CBF 通路基因表达情况。

冷胁迫可提高水稻中 OsCBF1 基因的表达水平。如图 4-51A 所示，常规冷胁迫 12 h 后 OsCBF1 基因在各株系中的表达量均显著上调，其中 OsPHD17-KO 株系中的表达量显著高于野生型。外源施加 MeJA 后进一步提高了 OsCBF1 基因的表达水平，但各株系间该基因表达水平无明显差异，该结果与外源施加 MeJA 冷胁迫表型实验结果一致（图 4-51B）。这说明 OsPHD17 可能通过 JA 影响冷胁迫下水稻 CBF 通路相关基因表达调节水稻耐冷性。

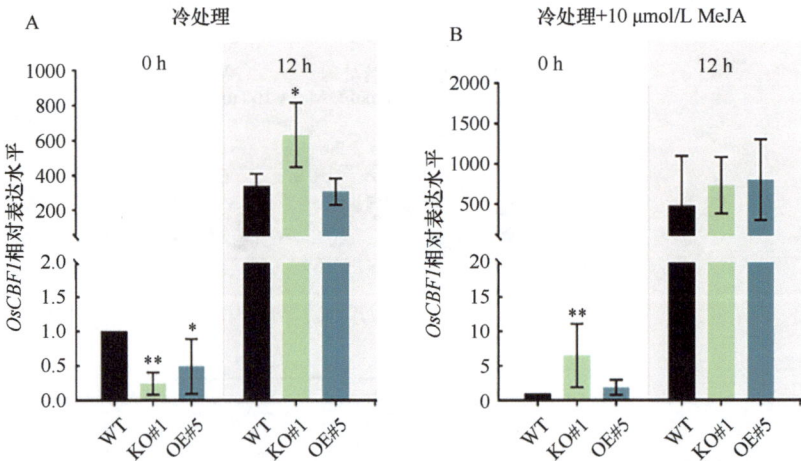

图 4-51　MeJA 处理后 OsPHD17 转基因水稻株系中 CBF 信号通路基因表达 RT-PCR 验证

A. 冷胁迫后 OsCBF1 基因的表达；B. 冷胁迫+10μmol/L MeJA 后 OsCBF1 基因的表达

4.4　讨　论

4.4.1　*OsPHD17* 基因在水稻冷胁迫应答中的作用

PHD 转录因子家族是表观遗传领域研究中的一个大家族，最早是作为 H3K4 甲基化阅读器被鉴定出来（Li et al.，2006）。一直以来，对 PHD 转录因子的研究多集中于调控植物发育方面。本研究鉴定出 *miR1320* 的一个靶基因属于 PHD 转录因子家族，并对水稻中该家族成员进行了鉴定和胁迫应答初步探究。水稻 PHD 家族 59 个基因有 47 个响应 Cd 胁迫，有 11 个和 21 个响应干旱和 ABA，只有 5 个基因响应低温，受冷胁迫诱导上调表达的更是只有 3 个，其中 *OsPHD17* 受冷胁迫诱导上调表达最为显著（Sun et al.，2017）。由此推测，水稻 PHD-finger 转录因子家族最有可能在冷胁迫应答过程中发挥功能的就是 *OsPHD17*。

与 *miR1320* 冷胁迫表达模式相反，*OsPHD17* 受冷胁迫诱导表达，过表达转基因株系也体现出与 miR1320 过表达株系完全相反的表型。*OsPHD17* 在 STTM-miR1320 转基因株系中表达量升高，冷胁迫处理后 OsPHD17-OX 呈现与 STTM-miR1320 相似的表型。这些结果进一步增加了 *OsPHD17* 是 *miR1320* 靶基因的说服力。OsPHD17-KO 表现出与 OsPHD17-OX 转基因株系相反的表型，但 CRISPR/Cas 系统脱靶问题到现在仍未解决（Chen et al.，2019），本研究中获得的 CRISPR-OsPHD17 基因编辑株系并未进行脱靶检测，所以并不能完全确认该表型是由 *OsPHD17* 基因敲除造成。

冷胁迫下，OsPHD17-M-OX 株系表现出稍强于 OsPHD17-OX 株系的耐受性，但并不显著。暗示着 *miR1320* 可能对 *OsPHD17* 存在微弱的蛋白翻译抑制作用。

4.4.2　*OsPHD17* 参与植物冷胁迫应答的分子机制

目前，PHD 转录因子参与植物低温应答的研究鲜有报道，仅有的几篇报道也局限于冷胁迫应答基因的鉴定，并未涉及分子机制层面。OsPHD17 蛋白包含一个 PHD 结构域和一个 RING 结构域，与传统转录因子类似，OsPHD17 定位于细胞核，并具有转录激活活性，且激活区域位于 C 端。转录因子主要通过结合下游基因启动子的顺式作用元件发挥其调控基因表达的功能，OsPHD17 可与顺式作用元件 GTGGAG 结合。

现 *OsPHD17* 特异性调控 *CBF* 信号通路相关基因的表达，并未影响 ABA 依赖的 ABF 信号通路相关基因表达量，但 *OsPHD17* 受冷胁迫诱导上调表达，但过表达株系中的 CBF2/*DREB1C* 冷胁迫后表达量却低于基因敲除株系，这个结果暗示了 *OsPHD17* 与 CBF2/*DREB1C* 可能存在复杂的调控关系。

　　PHD 蛋白除了作为转录因子在转录水平发挥调控作用外，还可以在转录后水平通过组蛋白修饰调控基因表达。所以 OsPHD17 也有可能通过识别 H3K4me，与乙酰转移酶互作乙酰化 H3，激活基因表达；也有可能通过 H3K9、H3K27 甲基化和去乙酰化水平，抑制基因表达。至于 OsPHD17 在转录后水平如何参与水稻冷胁迫应答，还需后续设计实验进行探究。

　　NBT 和 DAB 染色结果显示，*OsPHD17* 参与调控植物体内活性氧的积累与清除过程，但 RT-PCR 结果显示，ROS 清除相关基因表达量并未发生显著变化，推测 OsPHD17 可能是在蛋白水平，通过调控相关酶活参与植物活性氧的积累与清除。同时，OsPHD17 作为一个转录因子，除了与 GTGGAG 元件结合，是否还会结合其他元件或者通过其他方式调控下游基因，也是一个十分有意思的研究方向。

　　水稻细胞具有维持 ROS 平衡的能力，在面对低温等逆境胁迫时细胞会积累过量 ROS 会激活 ROS 清除系统（Bonnecarrère et al.，2011）。抗氧化物酶系统主要包括过氧化物酶 POD、超氧化物歧化酶 SOD、过氧化氢酶 CAT 和抗坏血酸过氧化物酶 APX 等构成（Xie et al.，2009）。SOD 可将多余的 O_2^- 转化为 H_2O_2 和 O_2，POD、CAT 和 APX 会催化 H_2O_2 转化为 H_2O 和 O_2（Sato et al.，2011），清除植物体内积累的 ROS，减轻对细胞膜的物理损伤，增强植物抗逆性。本研究通过 GO 注释分析发现，冷胁迫后 *OsPHD17* 的差异表达基因显著富集到了氧化还原进程。结合这一结果，对转基因水稻 OsPHD17-KO 和 OsPHD17-OE 及野生型冷胁迫前后的抗氧化酶活的生理指标以及 O_2^- 和 H_2O_2 的含量进行了测定。结果表明，OsPHD17-KO 增强了 CAT、POD 和 SOD 活性，提高了水稻体内维持 ROS 平衡的能力，O_2^- 和 H_2O_2 的含量较低，而 OsPHD17-OE 则降低了 ROS 相关酶活性，O_2^- 和 H_2O_2 的含量较高。这说明 *OsPHD17* 抑制冷胁迫下水稻体内 ROS 清除过程。

　　可溶性糖是植物渗透调节的主要物质，能调节细胞渗透压，防止细胞失水，在维持细胞骨架稳定方面发挥重要作用（Baba and Malik，2015）。有研究表明，耐冷水稻品种在低温下可溶性糖的含量会显著上升。研究表明（Wang et al.，2014b），耐冷性不同的拟南芥中可溶性糖总含量几乎没有差异，但可溶性糖比例和淀粉含量却差异显著，表现出与耐冷性一致的差异性，耐冷拟南芥中可溶性糖含量明显高于冷敏感拟南芥。同样，次生代谢物的形成和积累与温度密切相关，低温会影响植物次生代谢产物酶的活性。此外，木质素作为胞壁的重要组成部分，有利于维持细胞骨架稳定，增强水稻抗逆性。

　　本研究分析 OsPHD17 转基因水稻中差异表达基因的表达变化情况，并将这些差异表达基因进行了 KEGG 富集分析，发现他们在苯丙烷生物合成和淀粉与蔗糖的代谢通路中显著富集，进一步分析了这些通路相关基因的表达情况，并测定了相应的生理指标。综合分析发现，*OsPHD17* 调控冷胁迫下水稻黄酮和木质素合成及糖代谢。

4.4.3　*OsPHD17* 通过 JA 介导的信号途径调控水稻耐冷性

植物在受到冷胁迫时会刺激叶绿体膜质上 α-亚麻酸的产生与释放，进而增加 JA 及其衍生物的含量，以缓解冷胁迫造成的损伤，增强水稻抗寒能力（Zhang et al.，2017a）。同时，茉莉酸可通过与转录因子结合来调控防御蛋白的表达与次生代谢产物的合成（Sun et al.，2017），是细胞间和胞内重要的信号传递因子。本研究在进行 K 均值聚类分析时，对不同趋势差异表达基因的基因簇进行了 KEGG 富集分析。与此同时，我们重点关注了表达变化趋势为在 OsPHD17-KO 中冷胁迫后上调或不变，但在 OsPHD17-OE 和野生型水稻中下调的基因簇，发现其中的差异表达基因显著富集到 α-亚麻酸生物合成途径。随后，对 α-亚麻酸生物合成途径的基因表达和 JA 的激素含量进行测定，正如所料，低温显著诱导 OsPHD17-KO 转基因水稻中 *OsACX*、*OsMFP2* 和 *OsTGL4* 的表达，且在 OsPHD17-KO 株系中 JA 和 MeJA 等内源激素的含量显著高于野生型，在 OsPHD17-OE 株系中表达量显著低于野生型，与 RNA-scq 结果一致。由此得出结论，*OsPHD17* 抑制 JA 生物合成，同样，对 JA 下游信号转导的基因进行分析以及 RT-PCR 验证表达，发现它们同样符合趋势。综合以上结果，推测在受到冷胁迫后，*OsPHD17* 会抑制 JA 的生物合成和信号转导。

大量的研究结果表明，JA 对冷胁迫具有缓解效应。段小华等（2009）和蔡克桐等（2014）发现在对水稻幼苗冷胁迫时施用 JA 可显著增强水稻耐冷性，缓解冷胁迫造成的生理损伤。朱春权等（2019）发现 MeJA 能通过调控水稻体内抗氧化系统酶活、渗透物质含量、叶绿素含量、植物激素含量和耐冷基因表达提高水稻耐冷胁迫能力。Wang 等（2016a）发现用 JA 喷施番茄的叶片会激活 CBF 途径，增强番茄的耐冷性。本研究通过对外源施用 MeJA 和 JA 合成抑制剂 IBU 的转基因水稻冷胁迫表型和抗氧化酶活性分析，发现施用 MeJA 后，冷胁迫下水稻体内 JA 含量增多，增强了野生型、OsPHD17-KO 和 OsPHD17-OE 株系的抗氧化酶活性和 CBF 通路基因的表达；反之 JA 含量的减少，各株系的抗氧化酶活性和 CBF 通路基因的表达受到抑制，说明 *OsPHD17* 通过 JA 介导的信号途径调控水稻的耐冷性。

本研究对水稻物种特异 miRNA——*miR1320* 及其靶基因 *OsPHD17* 的耐冷功能进行了分析，并初步探究了 miR1320-OsPHD17 调控水稻耐冷性的分子机制，但仍有两个问题需进一步研究解决。一是 *OsPHD17* 在水稻生殖生长期的耐冷功能分析。水稻抽穗期遭遇低温会造成颖壳不张开、花药不开裂、花粉不发育，从而导致结实率和产量下降。因此，下一步将重点对 OsPHD17 在水稻生殖生长期的耐冷功能进行再解析。二是 OsPHD17 作为一个研究较少的转录因子，仅发现可以与 GTGGAG 元件结合。对处于基因调控网络上游的 OsPHD17,它能够调节下游哪些基因,又是如何调控的,值得进一步挖掘探究。

4.5 结　　论

(1) 确定了 *miR1320* 与 *OsPHD17* 的靶向关系

利用实验室前期构建的水稻冷胁迫 miRNA-mRNA 基因调控网络,结合降解组测序、miRNA 靶基因预测,筛选获得 *miR1320* 靶基因 *OsPHD17*,并对其靶向关系进行研究。5′-RACE 结果显示 *miR1320* 对 *OsPHD17* 的 mRNA 存在剪切降解作用,且 *miR1320* 与靶基因在组织表达、冷胁迫表达模式方面均呈负相关,miR1320-OX 株系中 *OsPHD17* 表达量降低,STTM-miR1320 株系中 *OsPHD17* 表达量升高。以上证据证明 *OsPHD17* 是 *miR1320* 靶基因。

(2) 确定了 miR1320-OsPHD17 在冷胁迫应答中的功能

通过冷胁迫表型和生理指标分析等,从过表达和基因沉默两个角度,准确鉴定了 *miR1320*、*OsPHD17* 在冷胁迫应答中的功能。*miR1320* 过表达提高了转基因水稻对冷胁迫的耐受性,STTM-miR1320 表达敲减水稻表现为耐冷性降低;而 *OsPHD17* 过表达降低了转基因水稻对冷胁迫的耐受性,*OsPHD17* 基因敲除株系表现为耐冷性提高。

(3) *OsPHD17* 参与调控水稻体内 ROS 平衡、黄酮和木质素合成及糖代谢

通过 RNA-seq 的差异表达基因 GO 注释、KEGG 富集,结合 ROS 积累、抗氧化酶活、黄酮和木质素含量的生理指标测定,证实了 *OsPHD17* 参与调控水稻体内 ROS 平衡、黄酮和木质素合成及糖代谢。

(4) *OsPHD17* 通过 JA 介导的信号途径调控水稻耐冷性

通过 K 均值聚类、KEGG 富集、JA 合成关键基因表达分析和 JA 浓度测定,证明 OsPHD17 抑制冷胁迫下 JA 生物合成和信号转导途径的基因表达。此外,通过分析外源施用 MeJA 以及 JA 合成抑制剂后各株系间表型、抗氧化酶活性和 CBF 通路基因的表达,进一步证实了 *OsPHD17* 通过 JA 介导的信号途径调控水稻耐冷性。

第5章 水稻 *miR156k* 和 *miR1435* 耐冷功能分析

MicroRNA（miRNA）在植物应对各种非生物胁迫中发挥重要的作用。本书中，利用基因芯片技术筛选出了冷胁迫下差异表达的 miRNA 基因 *miR1435* 和 *miR156k*。构建了 *miR156k* 过表达转基因水稻，通过萌发期和幼苗期冷胁迫表型分析，确定了 *miR156k* 在冷胁迫应答过程中的功能。进一步预测了 *miR156k* 靶基因，并分析了靶基因的冷胁迫表达模式，通过检测冷胁迫后 miR156k 转基因水稻中相关 Marker 基因表达水平，以及脯氨酸和 SOD 含量，初步揭示了 *miR156k* 调控水稻耐冷性的机制。针对 *miR1435* 基因，首先采用半定量 RT-PCR 验证了其表达受冷胁迫诱导。然后，构建了植物过表达载体，并通过遗传转化获得转基因水稻株系。通过对比野生型和转基因水稻株系的生长发育及农艺性状，发现 *miR1435* 的过表达降低了转基因水稻的结实率。在进一步对野生型和转基因水稻在种子萌发期和幼苗期的耐冷性进行评价时，结果表明，冷胁迫条件下，*miR1435* 并未对水稻种子萌发和幼苗生长产生影响。最后，采用 psRNA Target 软件预测，获得了 *miR1435* 的靶基因，并通过 RT-PCR 技术分析了靶基因在野生型和转基因水稻植株中的表达差异，并对靶基因进行了进化分析。

5.1 研 究 背 景

5.1.1 研究的目的与意义

水稻作为重要的粮食作物，其产量受各种非生物胁迫影响，尤其是低温冷害构成了严重制约（Li et al., 2007；Shi et al., 2012）。低温不仅会抑制水稻生长发育早期种苗萌发和发育（Iba, 2002；Tian et al., 2011；Wang et al., 2013b），还会影响籽粒成熟阶段减数分裂和结实（Xu et al., 2008；Zhang et al., 2011；Shi et al., 2012）。相关研究表明，冷害还会影响水稻株高、穗长、籽粒饱满度、结实率以及花药长度和体积等（Gui et al., 2006；Suh et al., 2010；Waterer et al., 2010；Zhou et al., 2012）。miRNA 是真核生物中广泛存在的非编码小 RNA，它们通过碱基互补配对原则识别靶基因，进而在转录后水平上调控靶基因表达（Bartel, 2004；Kim, 2005；Jones-Rhoades et al., 2006；Kim and Nam, 2006；

Ganie and Mondal，2015）。迄今为止，大量研究已证实 miRNA 可以通过调控包括蛋白激酶、信号蛋白、转录因子等的靶基因表达，参与植物生长发育、生理生化反应以及对生物胁迫应答等多种生物学过程。近年来，越来越多的研究表明 miRNA 及其靶基因参与到植物对非生物胁迫的应答过程（Jones-Rhoades and Bartel，2004；Phillips et al.，2007；Eldem et al.，2013）。例如，冷胁迫处理后，冬青橙多个 miRNA 表达量发生改变，导致多个靶基因表达水平发生变化（Jeong and Green，2013；Zhang et al.，2014a；Nigam et al.，2015）。虽然已有不少研究证实了 miRNA 响应冷胁迫应答，但其具体分子调控机制还有待进一步阐明。

前人研究证实，microRNA156（miR156）家族是物种间高度保守的一类基因，可以通过调控靶基因表达影响植物生长发育进程，并发挥重要作用（Jones-Rhoades and Bartel，2006；Kim and Nam，2006）。例如，土豆 miR156 可以通过调控韧皮部发育调节土豆块茎发育（Bhogale et al.，2014）。也有研究表明，拟南芥 miR156 过表达后其靶基因 GhSPLs 表达随之改变，影响了植株叶片的生长并导致提前开花（Zhang et al.，2015c）。水稻中发现 12 个 miR156（OsmiR156a-l）家族基因，同时水稻中含有 19 个 OsSPLs 基因，对 miR156 靶基因进行预测发现，12 个 miR156 靶向 11 个 OsSPLs 基因。也同时存在一个 OsSPL 被 10 个 miR156 靶向的情况，这说明由于保守性原因，OsSPLs 和 OsmiR156 家族间的互作较为复杂。已有研究报道，水稻中过表达 OsmiR156b 和 OsmiR156h 出现了植株矮化、发育缓慢、花絮减小等发育相关表型（Xie et al.，2006）。也有研究证实，miR156 可以与其他 miRNA，如 miR172，共同调节水稻发育和开花过程，其中 miR156 影响幼苗期的发育，而 miR172 促进植株的成熟和开花（Wu et al.，2009）。类似的结论也在拟南芥（Jung et al.，2011）和玉米（Chuck et al.，2007）中被证实。同时也有研究发现，miR156 及其靶基因 SPL2 在植物应对盐胁迫过程中发挥重要作用（Wang et al.，2013c），在拟南芥 miR156 通过调节靶基因 SPL 使植株花期缩短以响应冷胁迫（Bergonzi et al.，2013）。这些结果表明，miR156 不仅直接参与调控植物发育过程，在植物应对非生物胁迫中也具有重要作用，然而，直到目前仍未见 miR156 响应冷胁迫的相关报道。

课题组前期通过构建水稻冷胁迫基因芯片获得了 18 个响应冷胁迫的 miRNA（Lv et al.，2010），选取了其中 2 个 miRNA 开展研究：一个是保守性很高的 miR156 基因——miR156k，它是水稻 miR156 家族中唯一下调表达的 miRNA；另一个是水稻特异的 miRNA——miR1435。本研究旨在发掘具有自主知识产权的且对耐冷水稻育种价值的重要 miRNA，同时完善水稻响应冷胁迫的分子机制，为耐冷水稻新品种培育提供理论依据及科技支撑。

5.1.2　*miR156* 和 *miR1435* 的研究进展

1. 水稻耐冷机制研究进展

植物需要适宜的生长环境，但现实中常面临各种不利的环境因素，如干旱、高温、低温、高盐、虫害、病害等，这些因素会阻碍植物的正常代谢及生长，严重时导致植物生物量减少乃至死亡。其中低温对植物的影响十分广泛，尤其在我国北方，由于纬度较高，年均气温较低，很多作物在全生育期内都可能遭受低温冷害。冷胁迫可分为零上低温冷害和零下低温冻害两大类。冻害会使植物细胞内结冰，从而对作物造成伤害。冷害可以发生在植物各个生育期，当环境温度低于其所需最低温度时发生，初期难以从形态上观察到明显变化。冷害发生时日均温度通常在零度以上，在某些生育期，如水稻孕穗期，即便是 20℃ 左右的温度也会造成冷害。

低温冷害首先会抑制植物光合作用，通过破坏植物细胞膜结构，导致叶绿体解体形成空洞，此时植物或许不会表现出失绿等现象，但严重时植株无法恢复会导致死亡。低温会抑制根系对水分和无机盐的吸收能力，12℃ 环境下，水稻对氮磷钾等元素的吸收率均比 25℃ 时下降一半以上。同时，低温还会抑制植物体内光合产物及矿物质的运输速率，最终造成一些器官因为营养不足停止生长，严重时导致植株死亡。例如，水稻穗伸长时遭受低温，会导致花药不能向花粉输送碳水化合物，从而影响花粉与花药正常发育（薛桂莉等，2004）。

植物的耐冷能力由两大因素决定，一是取决于低温来临时，植物所处的发育阶段和生理状态，二是由基因决定的。地球上有许多越冬植物是否能否顺利度过寒冬，取决于它们的耐冷能力。为应对冷胁迫，植物也进化出一系列响应机制。

植物细胞最先感知低温的是生物膜（Lyons et al., 1979）。低温来临时，首先对细胞膜造成伤害，导致生物膜流动性变差，并改变生物膜的脂肪酸链。作为生物膜的重要组成部分，脂肪酸链会在低温下发生显著变化，如膜透性增大和膜收缩。这些变化导致细胞内可溶性物质大量外渗漏，造成胞内外离子失衡。同时，质膜表面蛋白结构和含量也会发生变化，如质膜表面酶活力降低、酶促反应失调等，最终影响呼吸反应速率，减少能量产生及供应。细胞膜受损后，胞内有毒物质也会迅速积累升高，严重时导致植株死亡（李美茹等，2000）。植物遭受冷胁迫或渗透胁迫时，细胞内氨基酸、脯氨酸、蔗糖、甘露醇等可溶物以及小分子渗透物质浓度会小范围波动，以维持胞内适当渗透压，确保细胞在逆境下可以进行正常的生理生化反应，这也是植物自我保护的重要手段。植物细胞内可溶物含量上升会增加胞内渗透压，减少细胞水分散失，保护重要亚细胞器（逯明辉和陈劲枫，

2004；Ma et al.，2010）。例如，脯氨酸会在低温时增加，保护质膜稳定性。脯氨酸的偶极疏水端可与相关蛋白结合，亲水端可与水分子结合，这种特性有助于聚集蛋白与更多的水分子，增加蛋白可溶性，更大限度地维持蛋白结构和功能（郭晓丽 等，2009；李海林 等，2006）。植物在长期进化过程中形成了精密且常处于动态平衡的活性氧生成和清除系统（薛国希，2004）。该系统主要包括过氧化物酶、过氧化氢酶、超氧化物歧化酶、抗坏血酸等抗氧化系统（江福英和李延，2002）。植物受到伤害后会产生一定量的活性氧，破坏细胞膜系统和蛋白活性，但植物细胞内活性氧清除系统可在一定范围内清除活性氧，减轻细胞伤害或减少细胞死亡（尚湘莲，2002）。

2. 水稻转基因发展现状

　　水稻作为模式植物，已成功培育出多个具有抗虫、抗病、抗除草剂以及耐盐、耐旱等优异性状的转基因株系。目前，部分转基因水稻已获得应用批文，同时还有若干材料到达中间试验与环境释放阶段（王彩芬等，2005）。水稻遗传转化体系目前已非常成熟，主要包括原生质体受体再生系统（赵宏波和陈发棣，2004；Toriyama et al.，1988）、愈伤组织受体再生系统、花粉/卵细胞/幼胚等受体再生系统。其中，基于原生质体受体再生的遗传转化系统效率相对较高，但缺点是原生质体培养周期长、稳定遗传能力差（Yang et al.，2012）。愈伤组织受体再生系统是目前应用最广泛且技术最成熟的水稻再生体系，转化效率可高达 30 % 左右（Hiei and Komari，2008）。20 世纪 80 年代，我国植物基因工程奠基人周光宇开创了一种新的遗传转化体系——花粉管通道法。该方法通过直接注射将外源 DNA 导入植物子房，避开了烦琐的组织培养过程。该方法在水稻中成功导入 *Bt* 基因，效果显著（谢道昕等，1991）。

　　近年来，水稻耐冷研究发展迅速。Gothandam 等发现，PRP 蛋白（proline-rich protein）具有保护花粉母细胞的作用，在水稻中过表达，可显著提高转基因水稻冷胁迫耐受性（Xie et al.，2012）。研究人员还克隆水稻 MYB 类转录因子 *OsMYB2* 基因，并在水稻中过表达 *OsMYB2*。结果发现，转基因植株耐冷性增强，转基因水稻中脯氨酸与可溶性糖含量均高于野生型，且活性氧清除能力也显著提升（Yang et al.，2012）。此外，水稻中过表达 *OsCDPK7* 也可以提高水稻耐冷性（Saijo et al.，2001）。

3. *miR156* 研究进展

　　miR156 是植物生长发育过程中重要的调控基因，并且在裸子植物、被子植物中高度保守（Cardon et al.，1997），*miR156* 一般在植物营养生长阶段表达水平较高，在成熟阶段表达量逐渐降低。目前，关于 *miR156* 研究较多的是其靶基因 SPL

（SQUAMOSA promoter binding protein-like）（Nonogaki et al.，2010）。有研究发现，*miR156* 和 *miR172* 可以调控靶基因 *SPL* 的表达，从而参与植物营养生长到成熟阶段的发育（Cardon et al.，1999）。同时，*miR156* 通过调控靶基因 *SPL* 表达，影响植物花和果实的发育（Wu and Poethig，2006）。众多研究指出，*miR156* 对植物发育的调控贯穿整个生育期，包括营养生长、生殖生长、形态建成、种子发育（Wang et al.，2009；Wu et al.，2009；Willems et al.，2008；Jiao et al.，2010；Martin et al.，2010）等过程。近年来，越来越多的研究表明，*miR156* 可能也参与植物非生物胁迫应答过程。在高温胁迫下，*miR156* 表达受到抑制，同时在植物高温驯化过程中发挥重要作用。然而，关于 *miR156* 调控植物响应冷胁迫的报道较少。目前，仅观察到在冷胁迫处理后，*miR156* 的表达差异表达，但其耐冷功能及耐冷机制还不清楚。

目前普遍认为，*SPL* 基因是 *miR156* 调控的靶基因。*SPL* 基因最初是在金鱼草中鉴定出的（Stief et al.，2014），含有一个 SBP 结构域，是植物特有的高度保守的转录因子家族。对拟南芥、水稻等植物的 *SPL* 研究表明，其在植物减数分裂、种子萌发、植株形态建成以及花和果实的发育等方面均发挥重要作用（Cardon et al.，1999）。截至目前，已发现 19 个 *SPL* 基因，其中水稻中有 11 个。这些 *SPL* 基因在植物发育不同阶段可独立或协同发挥功能。拟南芥 *SPL3* 可以与 AP1 互作调控花的发育（Yamaguchi et al.，2009），*AtSPL3* 过表达会引起拟南芥早花，而在拟南芥中过表达 *miR156* 则会延迟开花（Yu et al.，2012）。拟南芥 *SPL8* 在调控植物花发育的同时，也参与赤霉素生物合成过程（Xing et al.，2013），拟南芥 *SPL14* 可以调控植物营养生长到生殖生长的进程，*SPL9* 和 *SPL15* 突变后会减少叶原基形成间隔时间，改变花结构，还能增加植株分枝数量（Wang et al.，2008b）。桦树 *SPL1* 可以与 MADS5 蛋白互作影响桦树开花（Yan et al.，2025）。水稻 *SPL* 基因，目前发起其主要在花和愈伤组织中表达（Nodine and Bartel，2010）。

4. *miR1435* 的研究进展

截至目前，关于水稻 *miR1435* 的研究尚未见报道。

5.2　材料与方法

5.2.1　实验材料

1. 植物材料

水稻采用粳稻品种 '空育 131'（*Oryza sativa* cv. Kongyu131），由东北农业大学农学院提供。

2. 数据库及生物软件

本研究用到的数据库及生物软件见第 2 章材料与方法。

3. 菌株及质粒

大肠杆菌（*Escherichia coli*）：大肠杆菌 JM109 菌株购自 Novagen 公司，DH5α 由东北农业大学植物生物工程研究室保存。

农杆菌（*Agrobacterium tumefaciems*）：EHA105、GV3101 菌株由东北农业大学植物生物工程研究室保存。

植物表达载体：pCAMBIA330035sU 由东北农业大学植物生物工程研究室保存。

4. 试剂

RNA 提取反转录试剂、PCR 及载体构建试剂、质体提取、Southern 杂交等试剂盒均为常规产品。引物合成工作都由生工生物工程（上海）股份有限公司。

5. 培养基及营养液

本研究中，水稻水培营养液采用的 Yoshida 营养液及 MS 培养基配方见附表 1 及附表 2。

6. 仪器及耗材

本研究用到的主要仪器设备见第 2 章表 2-1。

5.2.2 实验方法

1. 冷胁迫应答 miRNA 在水稻中的过表达

（1）植物表达载体的构建

根据 *pre-miRNA* 序列设计上游带有 GGCTTAAU，下游带有 GGTTTAAU 酶切位点的引物，克隆 *pre-miR156k* 并与通用植物表达载体卡盒 pCAMBIA330035sU 连接。取大肠杆菌感受态细胞，冰中融化后加入 10 μL 连接产物轻柔混匀，冰水浴后 42℃ 热激，加入液体 LB 培养基震荡培养，将培养物离心后去上清液重悬，涂布于含有 Km 的固体 LB 培养基上；培养 12 h 后取出并进行菌落 PCR 鉴定，将鉴定 *pre-miR1435* 植物表达载体构建。

利用 CTAB 法提取水稻基因组 DNA，采用 KOD 高保真酶（TOYOBO，Osaka，Japan）PCR 扩增获得 *pre-miR1435*，与 pGEM-T 载体连接，转化大肠杆菌 JM109，

PCR 鉴定获得阳性转化子送交测序。

设计基因特异性引物，并在上游引物添加 GGCTTAAU 接头序列，在下游引物添加 GGTTTAAU 接头序列，用于和植物表达载体 pCAMBIA330035SU 连接。以 pGEM-T-miR1435 质粒为模板，PCR 扩增 *pre-miR1435* 基因，产物经 USER 酶切后，与经 Pac I 及 Nt. *BbvC* I 消化的 pCAMBIA330035SU 载体连接，转化大肠杆菌 JM109, 37℃培养 12 h 至长出单菌落，PCR 鉴定获得阳性转化子，送交测序。

（2）水稻的遗传转化

将成熟的水稻种子灭菌后平铺于诱导愈伤培养基上，由盾片处诱导愈伤组织并继代培养。将阳性农杆菌接种于 YEB 液体培养基中，并进行二次活化，用含有 20 mg/L 乙酰丁香酮的 YEB 液体培养基重悬备用。挑选第三代颗粒状、结构紧密的愈伤，加入适量重悬的农杆菌菌液，充分接触后弃掉菌液进行愈伤菌体共培养，并持续对愈伤除菌、继代和筛选。最后诱导抗性愈伤组织分化并进行根诱导，获得抗性植株后进行移栽与驯化。

（3）抗性植株的分子生物学检测

a. 抗性植株 PCR 检测

设计以植物表达载体上的筛选标记基因为靶序列的抗性植株 PCR 检测引物，或使用与 35S 启动子匹配的上游引物（5′-ATAAGGAAGTTCATTTCATTTGGA-3′）和 *pre-miR1435/156k* 基因特异的下游引物作为 PCR 检测引物。取 100 mg 抗性植株新鲜叶片，利用 CTAB 法或 SDS 法提取基因组 DNA，以基因组 DNA 为模板，进行 PCR 检测。

b. 抗性植株的 Southern 杂交检测

随机选取 PCR 阳性植株，提取水稻总 DNA，以筛选标记基因 *Bar* 设计探针合成引物，制备探针。

取 10 μg 水稻 DNA，用未转基因的水稻做阴性对照，对水稻总 DNA 进行酶切。采用毛细管法转膜，后将含有 DNA 的面向上，放入 2×SSC 溶液中清洗，在室温中晾干后放入紫外交联仪中交联。然后放入杂交袋置于杂交炉中孵育，将变性后的 DNA 探针与杂交液混匀，杂交过夜后洗膜。将膜放入杂交袋，加入封闭液，室温封闭后用马来酸–0.3% 吐温-20 洗膜。将骤孵育后的膜在黑暗环境中压片后进行显影、定影并晾干。

2. mi156k 和 miR1435 转基因水稻冷胁迫表型分析

（1）转基因植株的常规表型分析及农艺性状调查。

选取饱满一致的野生型和 T$_2$ 代转基因水稻种子，清水浸泡至种子破胸露白后播种于营养土中，随机选取转基因与野生型植株各 50 株，对其形态特征、产量等农艺性状进行观察记录。调查株高、分蘖数、有效穗数及穗粒数；单株正常结实粒中随机选取 100 粒称重，重复 3 次，计算平均值（mg），得百粒重。

（2）转基因水稻冷胁迫表型分析

转基因水稻萌发期和幼苗期冷胁迫处理方式见第 4 章 4.2.2 实验方法。

3. 水稻 *miR156k* 耐冷分子机制研究

（1）*miR156k* 调控基因的确定

利用 miRNA 靶基因预测软件工具（psRNA Target）进行预测，Expection 值设为 2.5。部分 miRNA 预测 Expection 值根据靶基因匹配程度进行调整。

T_1 代阳性植株的 RNA 提取、mRNA 反转录，方法同本章 5.2.2 实验方法"抗性植株的分子生物学检测"部分。RT-PCR 引物设计、反应体系及数据处理方法见第 4 章 4.2.2 实验方法。

（2）靶基因在冷胁迫处理下的表达分析

种子的处理、取材及样品处理、RNA 提取、mRNA 的反转录同本章 5.2.2 实验方法"冷胁迫应答 miRNA 在水稻中的过表达"部分 RT-PCR 引物设计及反应体系、数据分析第 4 章 4.2.2 实验方法。

（3）miR156k 转基因水稻中冷胁迫 Marker 基因表达分析

T_1 代阳性植株的总 RNA 提取、mRNA 的反转录同本章 5.2.2 实验方法"冷胁迫应答 miRNA 在水稻中的过表达"部分。Marker 基因选择脯氨酸合成基因 *OsP5CS*，ROS 清除基因 *Os01g22249*。

4. *miR1435* 靶基因预测及生物信息学分析

（1）*miR1435* 靶基因预测

采用靶基因预测软件 psRNA Target（http://bioinfo3.noble.org/psRNATarget）对水稻基因组数据库（TIGR genome cDNA OSA1 Release 5（OSA1R5），version 5）进行 *miR1435* 靶基因搜索。Exception 值设为 3.5。

（2）靶基因 RT-PCR 验证

提取 3 叶期转基因水稻幼苗总 RNA，反转录合成 cDNA。采用 SYBR 定量试剂盒 SYBR Premix ExTaq™ II Mix 于荧光定量 PCR 仪 ABI 7500 上进行 RT-PCR 检测。定量分析采用比较 CT 法，以 *Osa-EF1-α* 基因为内参基因。经内参基因均一化处理后，通过 $2^{-\Delta\Delta CT}$ 法计算靶基因表达量变化差异，以野生型植株表达量为 1 计算。实验包括 3 次生物学重复和 3 次技术重复。

（3）*miR1435* 靶基因生物信息学分析

对经 RT-PCR 验证的靶基因，用其氨基酸序列在 Phytozome 中进行"Blastp"搜索，挖掘其同源基因，采用 ClustalX 软件（Ver.1.81）进行多重比对，并利用 MEGA 5.0 构建该家族基因的进化树。

5.3　结果与分析

5.3.1　水稻 *miR156k* 的过表达

植物响应冷胁迫需要一个复杂的调控网络，其中有多个基因参与，一个 miRNA 通常可以调控多个靶基因，一个 miRNA 就可以启动信号传导网络，通过调控众多功能靶基因表达。因此，本研究首先创制了 *miR156k* 过表达转基因水稻，进行 *miR156k* 耐冷功能分析。

本研究采用 pCAMBIA330035sU 植物过表达载体，该载体以 35S 启动子驱动外源目的基因表达，以 *Bar* 基因作为标记基因。根据 *miR156k* 前体序列设计克隆引物，并在 5′端添加酶切位点。以水稻基因组 DNA 为模板，克隆 *pre-miR156k*，获得与预期片段大小相符的 PCR 产物，结果如图 5-1 所示。

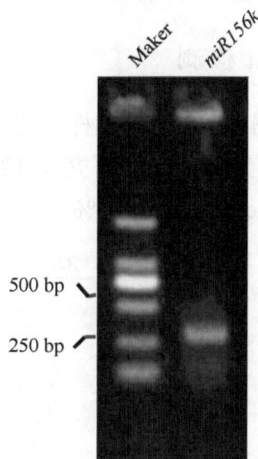

图 5-1　*miR156k* 前体序列的基因克隆

将 PCR 产物回收，使用 USER 酶与经 *Pac* I 和 Nt. *Bbv*C I 消化过的载体连接，转化大肠杆菌感受态，挑取阳性克隆送交公司测序，测序结果显示插入片段方向无误且序列正确。将测序正确的植物表达载体采用农杆菌介导的遗传转化法转化粳稻品种'空育 131',经过愈伤组织诱导、筛选及幼苗分化等流程,最终获得 *miR156k* 过表达抗性植株 15 株,并进行抗性植株的分子生物学检测

1. 抗性植株的 PCR 检测

为排除水稻内源 *miR156k* 序列干扰,采用载体上游引物和标记基因的下游引物作为 PCR 检测引物。提取抗性水稻基因组 DNA,以质粒为模板作为阳性对照,以 ddH$_2$O 为模板作为阴性水对 I,以野生型水稻基因组 DNA 为模板作为阴性 WT 对照。采用上述引物进行 PCR 检测。图 5-2 结果显示,阴性对照均未扩增出条带,而抗性植株则能扩增出与阳性对照大小相同的目的带,大多数抗性植株均可扩增出目的条带,表明外源片段已整合到水稻的染色体中。本研究中获得 12 株 PCR 阳性植株,PCR 阳性率 80%。

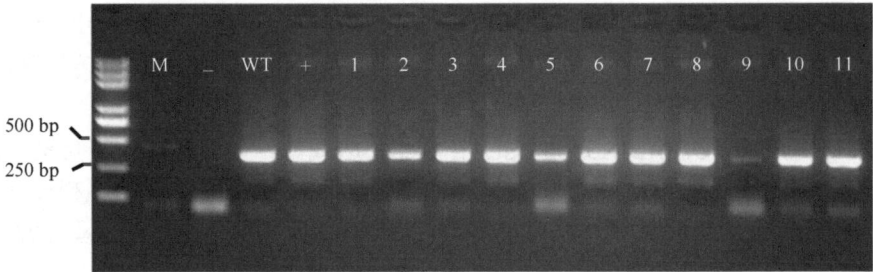

图 5-2　miR156k 转基因水稻 PCR 检测

2. 抗性植株的 Southern blot 检测

选取 miR156k 转基因水稻 PCR 阳性植株,进行 Southern 杂交检测。图 5-3 显示,PCR 阳性植株均出现杂交信号。本研究在 12 株 PCR 阳性植株中检测获得 9 株 Southern 阳性植株,Southern 阳性率 75%。

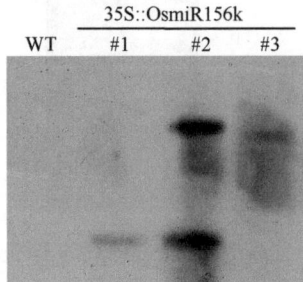

图 5-3　miR156k 转基因水稻 Southern 杂交结果

5.3.2　水稻 *miR156k* 耐冷功能分析

1. miR156k 转基因水稻萌发期耐冷功能分析

　　将野生型和 miR156k-OX 转基因水稻种子打破休眠，经消毒浸种后置于湿滤纸 37℃催芽 2 天，待芽长至 2 mm，选取长势一致的种芽使用 Yoshika 营养液水培，对照组置于 28℃光照 12 h/24℃黑暗 12 h 培养箱中，实验组置于 15℃光照 12 h/15℃黑暗 12 h 培养箱中。每天统计萌发率，培养 7 天后统计根长和芽长并拍照。结果如图 5-4 所示，*miR156k* 过表达并未影响正常情况下水稻幼苗的生长，但在冷胁迫处理条件下，转基因水稻的生长速度明显低于野生型。统计分析显示，冷胁迫后野生型根长显著高于转基因株系，对芽长的统计也得到了相同的结果。表明 *miR156k* 过表达降低了水稻萌发期对冷胁迫的耐受性。

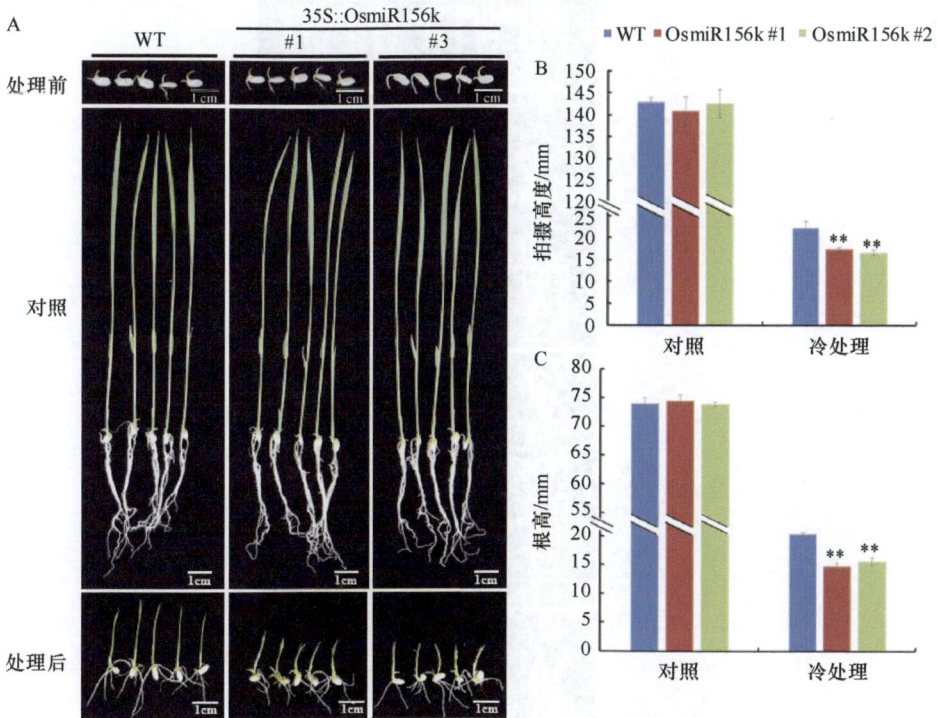

图 5-4　miR156k-OX 转基因水稻萌发期耐冷功能分析

A. miR156k-OX 转基因水稻萌发期冷胁迫表型；B/C. miR156k-OX 转基因水稻冷胁迫处理芽长/根长统计

2. miR156k 转基因水稻幼苗期耐冷功能分析

　　将野生型和 miR156k-OX 转基因水稻种子打破休眠，经消毒浸种后置于湿滤纸 37℃催芽 2 天，待芽长至 2 mm，选取长势一致的种芽置于 Yoshika 营养液中 28℃光照 12 h/24℃黑暗 12 h 培养。待幼苗长至 3 叶期拍照，4℃冷胁迫 48 h 后恢复培养 7 天并拍照。结果如图 5-5 所示，miR156k-OX 转基因植株冷胁迫处理后长势明显差于野生型。存活率统计表明，冷胁迫 7 天后转基因水稻存活率低于 30%，而野生型水稻存活率高于 40%。水稻株系冷胁迫 24 h 后叶片会发生卷曲，图 5-6 显示，转基因水稻叶片较野生型水稻相比叶片卷曲更明显。综上，*miR156k* 过表达降低了转基因植株幼苗期对冷胁迫的耐受性。

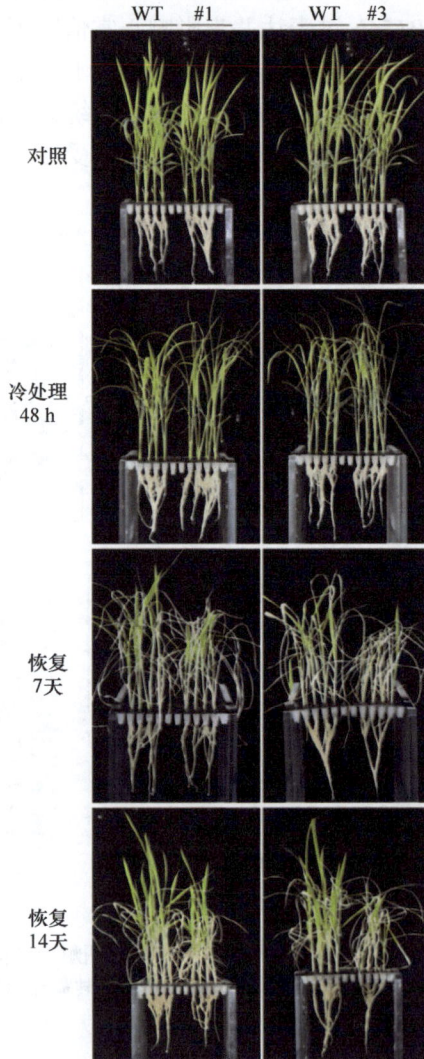

图 5-5   miR156k 转基因水稻冷胁迫表型分析

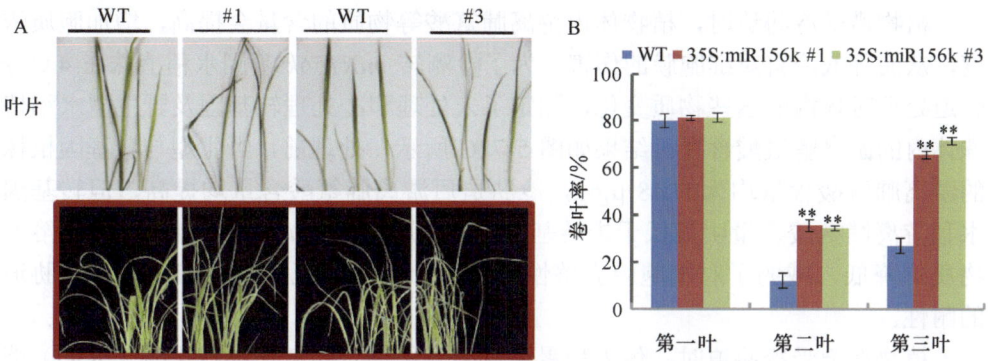

图 5-6　miR156k 转基因水稻冷胁迫处理 2 天卷叶情况

5.3.3　水稻 *miR156k* 耐冷分子机制研究

1. miR156k 转基因水稻生理指标测定

在未处理时野生型与转基因植株叶绿素总量没显著差别，总量都在 1.6 μg/g，但是 4℃ 冷胁迫 24 h 后，*miR156k* 过表达植株叶绿素总量比野生型的低 33% 左右（图 5-7 B），说明 *miR156k* 的过表达可以使植物在冷胁迫下叶绿素总量降低。

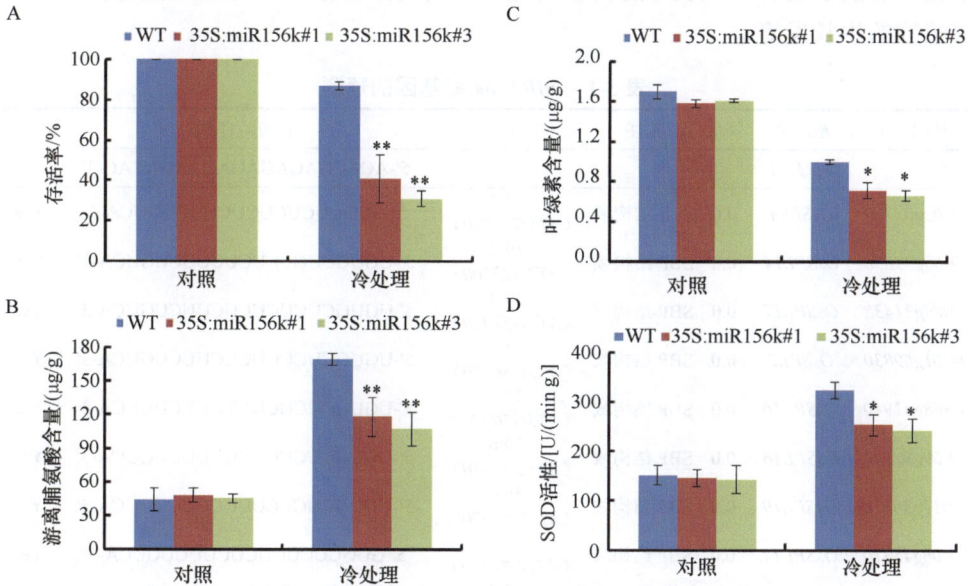

图 5-7　冷胁迫处理 2 天水稻存活率统计及生理指标检测

A. 存活率统计；B. 游离脯氨酸含量测定；C. 叶绿素含量测定；D. SOD 活性测定

　　植物遭受冷胁迫时，植物体内游离脯氨酸等物质的含量会提高，增加胞质浓度，从而降低冷害对细胞膜的伤害。为了检测转 *miR156k* 基因水稻植株在 4℃冷胁迫处理时体内的这些物质变化，测定了未处理和冷处理转基因及野生型水稻植株体内的游离脯氨酸含量。结果如图 5-7 C 所示，处理前，野生型与转基因植株的游离脯氨酸含量均为的 48 μg/g，冷胁迫后游离脯氨酸含量均提高，但转基因水稻游离脯氨酸含量明显低于未转基因水稻，过表达，*miR156k* 植株体内可溶性物质的降低，减弱了对细胞膜完整性的保护，从而降低了水稻植株的对冷胁迫的耐性。

　　植物在遭受冷胁迫时，体内积累大量超氧化物，超氧化物歧化酶（SOD）能够催化超氧化物转化为氧气和过氧化氢的酶，通过对 4℃冷胁迫处理野生型及转基因水稻植株体内的 SOD 含量分析。实验结果表明，与野生型相比，冷胁迫后转基因水稻 SOD 含量明显低于野生型，说明 *miR156k* 的过表达可能间接通过降低 SOD 活性提高了水稻的冷敏感性。

2. 靶基因在冷胁迫处理下的表达分析

　　使用 PsRNATarget（http://bioinfo3.noble.org/psRNATarget/）在 TIGR 水稻基因组序列数据库搜索 *miR156k* 的靶基因，由表 5-1 可以看出，*miR156k* 能够调控多个靶基因的表达。*miR156k* 的靶基因是 SPL 家族，大量研究表明该家族基因可调节植物的生长发育。

表 5-1　*miR156k* 靶基因的预测

基因 ID	基因名	阈值	描述	相似性/%	靶位点序列	靶基因
	miR156k				5'-ACACGAGAGAGAGAAGACAG-3'	
Os02g07780	*OsSPL4*	0.0	SBP 结构域	32.3 (*AT5G43270*)	5'-GUGCUCUCUCUCUUCUGUCA-3'	Yes
Os08g39890	*OsSPL14*	0.0	SBP 结构域	19.2 (*AT2G42200*)	5'-UGUGCUCUCUCUCUUCUGUCA-3'	Yes
Os09g31438	*OsSPL17*	0.0	SBP 结构域	39.0 (*AT3G57920*)	5'-UGUGCUCUCUCUCUUCUGUCA-3'	Yes
Os01g69830	*OsSPL2*	0.0	SBP 结构域	22.1 (*AT5G50570*)	5'-UGUGCUCUCUCUCUUCUGUCA-3'	Yes
Os08g41940	*OsSPL16*	0.0	SBP 结构域	23.5 (*AT5G50570*)	5'-UGUGCUCUCUCUCUUCUGUCA-3'	Yes
Os09g32944	*OsSPL18*	0.0	SBP 结构域	20.6 (*AT5G50670*)	5'-UGUGCUCUCUCUCUUCUGUCA-3'	Yes
Os11g30370	*OsSPL19*	0.0	SBP 结构域	36.4 (*AT5G50570*)	5'-UGUGCUCUCUCUCUUCUGUCA-3'	Yes
Os06g45310	*OsSPL11*	0.0	SBP 结构域	24.2 (*AT1G27370*)	5'-GUGCUCUCUCUCUUCUGUCA-3'	Yes
Os02g04680	*OsSPL3*	1.0	SBP 结构域	35.8 (*AT1G27370*)	5'-AUGCUCUCUCUCUUCUGUCA-3'	Yes
Os07g32170	*OsSPL13*	2.0	SBP 结构域	30.6 (*AT2G33810*)	5'-AUGCUCCCUCUCUUCUGUCA-3'	Yes

　　为进一步分析水稻冷胁迫下表型出现的原因，搜索并验证 *miR156k* 的靶基因，提取了 Southern 杂交呈阳性的转基因水稻 3 叶期幼苗的 RNA。以此 RNA 反转录 cDNA 为模板进行 RT-PCR，检测 *miR156k* 过表达植株中靶基因的表达情况。根据溶解曲线，筛选获得能够特异性扩增目的基因，但是不会形成引物二聚体的引物进行 RT-PCR 检测，引物见附表 11。

　　通过对 *miR156k* 过表达植株中 *miR156k* 靶基因的实时定量分析，发现在冷胁迫下 *SPL3*、*SPL14*、*SPL17* 在过表达植株中上调表达，其中 *SPL3* 在 3 h 达到最大值，然后下降；*SPL14* 基因在 0~9 h 的表达量一直趋于稳定，但到 12 h 明显升高；*SPL17* 基因从 3 h 到 12 h 的表达量一直在提高（图 5-8）。

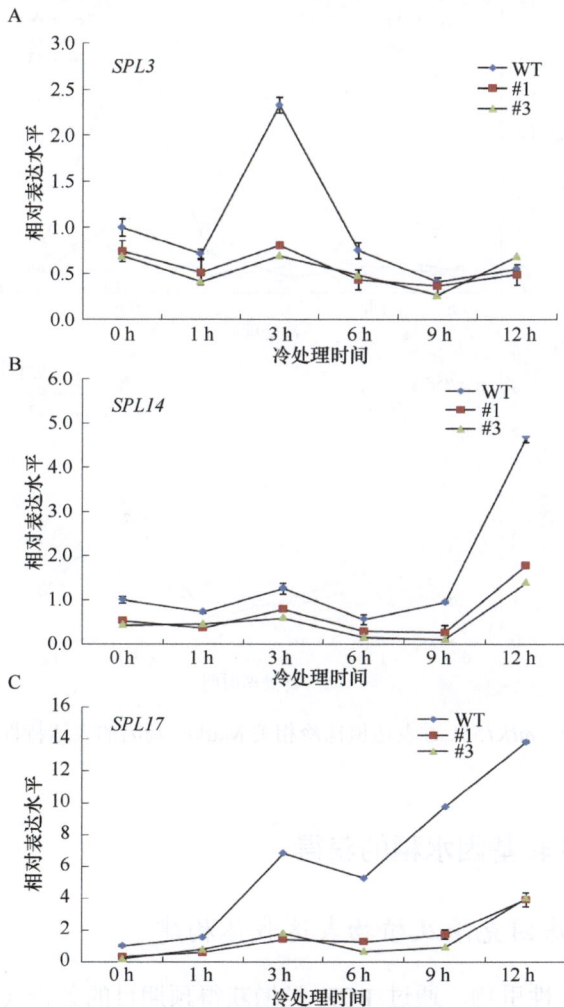

图 5-8　*miR156k* 靶基因的表达特性分析

3. 水稻 *miR156k* 调控冷胁迫 Marker 基因表达分析

为进一步研究 *miR156k* 过表达水稻响应冷胁迫的分子机制，通过查找文献选择了一些与冷胁迫相关基因：*OsP5CS*、*Os01g22249* 等，这些基因在已有的水稻耐冷功能研究中均上调表达。选择的冷相关 Marker 基因及引物序列见附表 11。通过对 *miR156k* 过表达植株冷相关 Marker 基因定量分析，发现在冷胁迫下一些关键的 Marker 基因，如 *01g22249* 基因、*OsP5CS* 在过表达植株中上调表达（图 5-9）。有研究表明 *miR156k* 通过间接调控这些基因的表达，响应冷胁迫耐性。

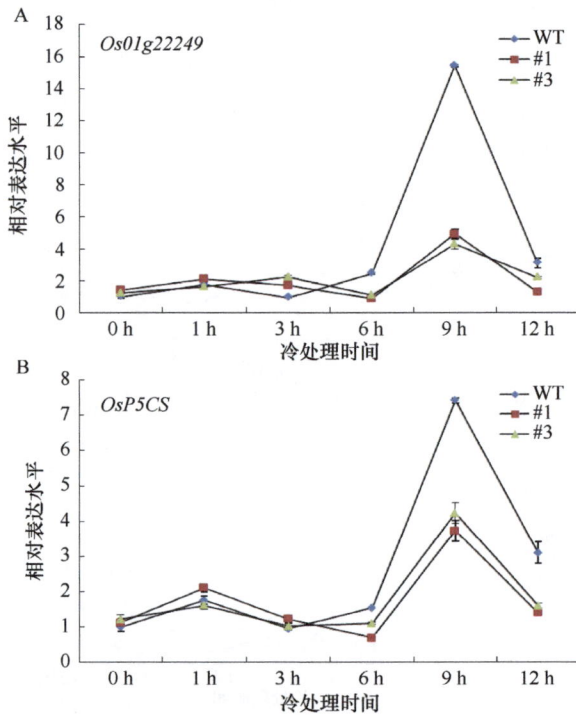

图 5-9   *miR156k* 过表达植株冷相关 Marker 基因的表达特性分析

5.3.4   miR1435 转基因水稻的获得

1. *pre-miR1435* 基因克隆及植物表达载体构建

采用基因特异性引物，通过 PCR 扩增获得预期目的条带（图 5-10A），PCR 产物经 USER 酶切后，与经 *Pac* I 及 Nt. *Bbv*C I 线性化的植物表达载体卡盒

pCAMBIA330035SU 连接，经 PCR 鉴定获得 pC35SU-miR1435 植物表达载体（图 5-10B）。该重组载体含有 *Bar* 植物选择标记基因和 *CaMV35s* 启动子驱动的目的基因，用于下一步农杆菌介导的水稻植物遗传转化。

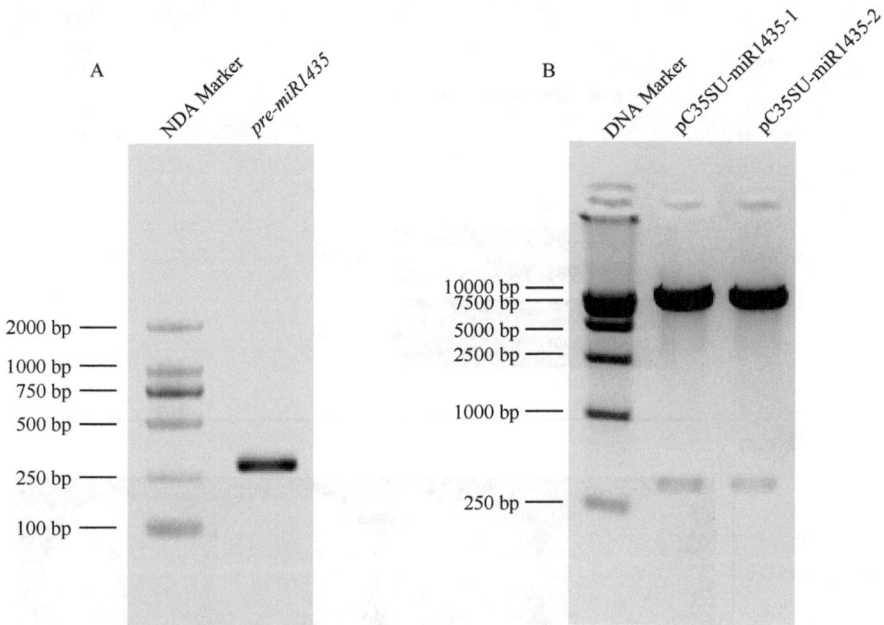

图 5-10　*pre-miR1435* 基因植物表达载体的构建
A. *pre-miR1435* 基因的克隆；B. pC35SU-miR1435 植物表达载体 PCR 鉴定结果

2. *pre-miR1435* 对水稻的遗传转化及抗性植株分子生物学检测

将 pC35SU-miR1435 植物表达载体转化农杆菌 GV3101，并采用农杆菌介导法对水稻愈伤组织进行遗传转化，获得了大量具固杀草抗性的水稻再生植株。提取抗性植株的基因组 DNA 进行 PCR 检测，由图 5-11A 可以看出，以抗性植株 DNA 为模板能够扩增出与阳性对照大小相同的目的条带，而水对照或野生型对照均无扩增产物。对 PCR 阳性植株进行 Southern blot 检测，如图 5-11B 所示，均出现特异性杂交信号，表明 *pre-miR1435* 基因已整合到水稻基因组中。提取 Southern 阳性（#2、#5）的转基因植株 RNA，进行 RT-PCR 检测。如图 5-11C 所示，PCR 扩增 30 循环后，野生型水稻无扩增产物，而转基因株系可以扩增出目的条带，说明 *miR1435* 在转基因植株中的表达量远高于野生型。进一步对转基因植株进行固沙草抗性鉴定，结果显示野生型植株受固沙草抑制，不能发芽，而转基因植株则可以正常生长。

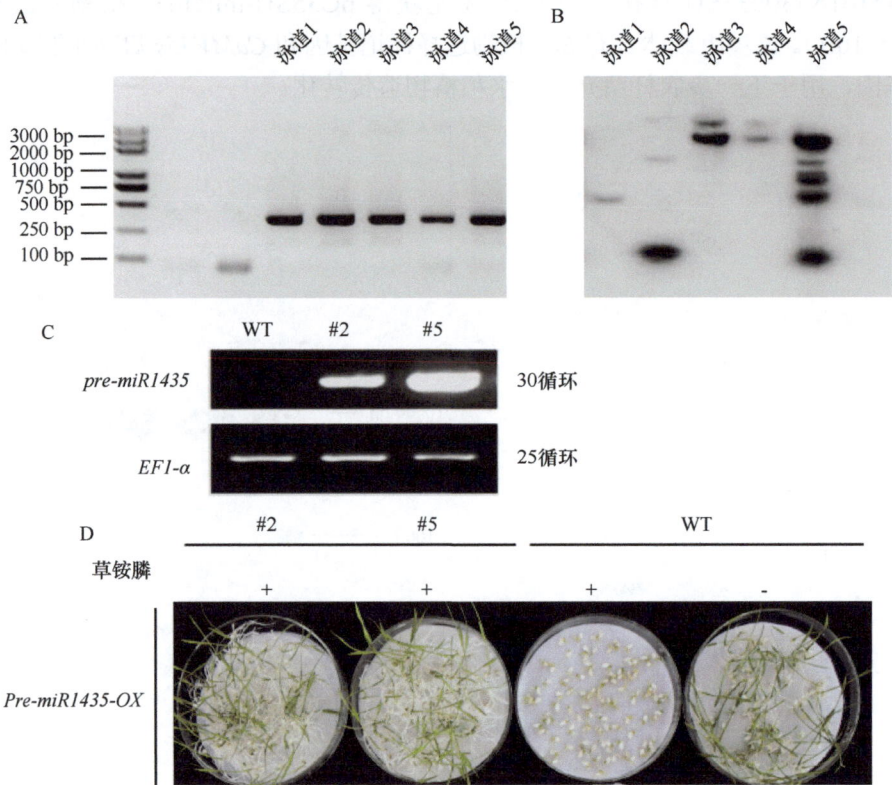

图 5-11　转 *pre-miR1435* 基因抗性植株的分子生物学检测

A. 转 *pre-miR1435* 基因抗性植株的 PCR 检测；B. 转 *pre-miR1435* 基因抗性植株的 Southern blot 检测；C. *pre-miR1435*
转基因植株的 RT-PCR 检测；D. 转 *pre-miR1435* 基因植株对固沙草抗性检测

5.3.5　miR1435 转基因植株农艺性状调查与耐冷性评价

1. Os-miR1435 转基因植株 T_3 代农艺性状调查

选取野生型和 T_3 代转基因水稻种子，播种至大田，观察其生长发育，统计调查主要农艺性状。结果表明，*miR1435* 基因的过表达不影响水稻植株正常的生长发育过程（图 5-12）。农艺性状调查结果显示，转基因水稻的结实率低于野生型水稻（$P<0.05$）。除结实率外，各主要农艺性状指标与野生型相比无显著性差异（表 5-2）。

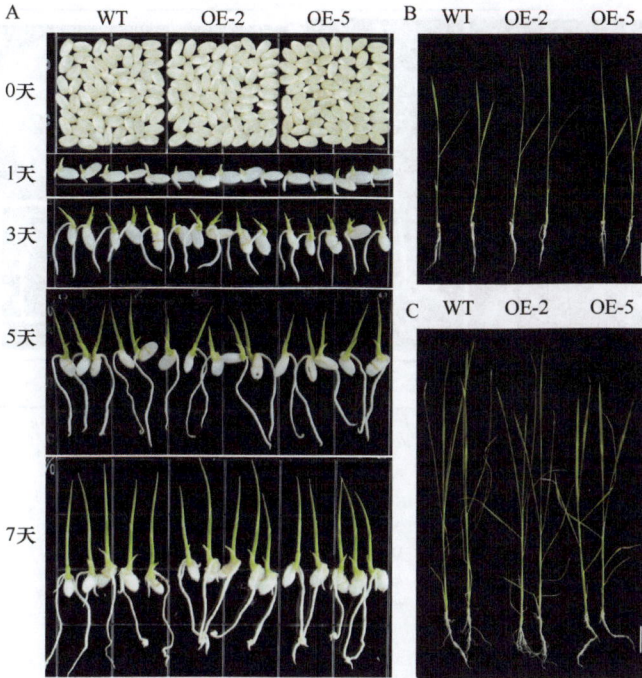

图 5-12　miR1435 转基因水稻 T₃ 代植株常规表型分析

A. miR1435 转基因水稻种子萌发及幼苗生长；B. miR1435 转基因水稻（T₃ 代）2 周龄幼苗；C. Os-miR1435 转基因水稻 35 日龄分蘖期幼苗

表 5-2　miR1435 转基因水稻 T₃ 代主要农艺性状

农艺性状	WT	#2	#5
株高/cm	81.1±4.4	96.0±4.2	88.8±1.9
分蘖数/个	32.6±8.5	37.2±9.6	28.5±5.7
株穗数/个	29.2±7.0	35.8±9.2	25.0±1.0
穗长/cm	14.5±1.1	15.3±0.6	15.7±1.0
穗粒数/个	102.8±8.0	123.0±15.2	105.2±11.6
结实率/%	92.8±2.9	85.3±4.5*	84.7±5.4*
百粒重/mg	2436.5±27.1	2430.6±58.2	2664.6±44.2

注：表中数据平均值±标准差，*代表经过 T 检测与 WT 相比存在显著性差异。

2. miR1435 转基因水稻种子萌发期耐冷性分析

将野生型和 T₃ 代转基因水稻种子表面消毒后播种于湿滤纸上，4℃培养 7 天，统计发芽率及芽长。如图 5-13 所示，冷胁迫条件下，miR1435 转基因株系与野生型水稻种子萌发和生长均受抑制，但二者基本一致，发芽率及芽长统计无显著性差异。

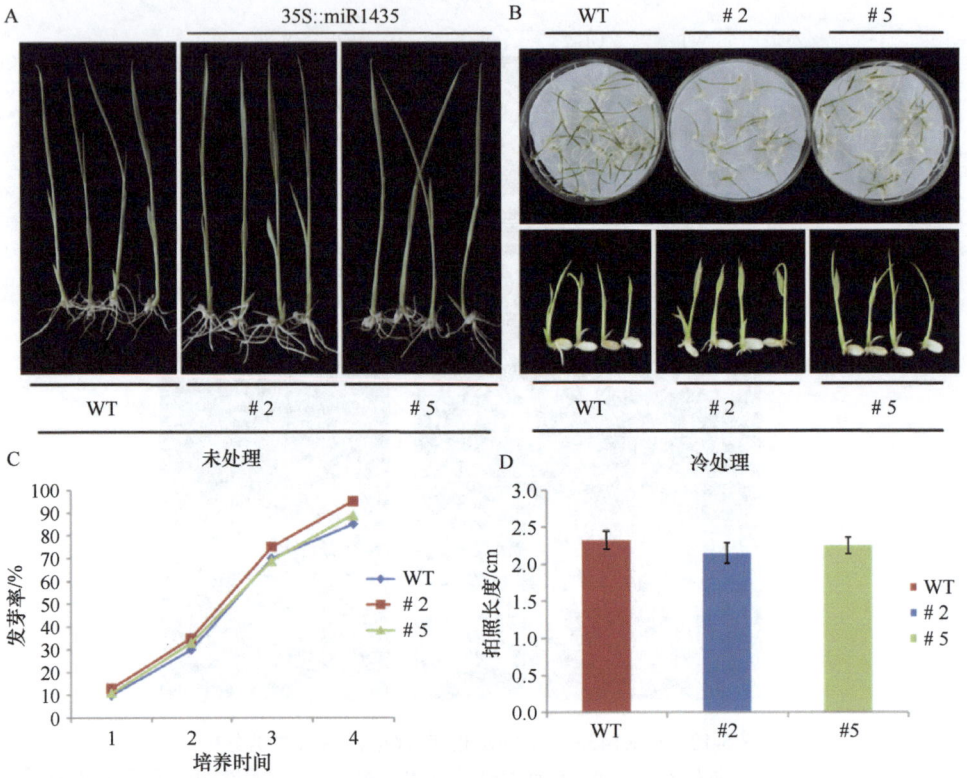

图 5-13 miR1435 转基因水稻萌发期耐冷功能分析

3. miR1435 转基因水稻幼苗期耐冷性分析

将 3 叶期的野生型和 miR1435 转基因水稻幼苗进行冷胁迫处理。如图 5-14 所示，冷胁迫处理后，野生型和转基因水稻幼苗的生长状况无明显差异，存活率统计结果也基本一致。上述结果表明 *miR1435* 基因在水稻中的过表达未影响冷胁迫处理下种子的萌发和幼苗生长。

图 5-14　miR1435 转基因水稻幼苗期耐冷功能分析

5.3.6 *miR1435* 靶基因预测与分析

1. *miR1435* 靶基因预测与 RT-PCR 验证

使用 psRNA Target 软件对 TIGR 水稻基因组序列数据库进行 miR1435 靶基因搜索，共获得 10 个靶基因（表 5-3）。结果显示，*miR1435* 调控的靶基因种类较多，包括转录因子、葡萄糖基转移酶、甲基转移酶等。此外，绝大多数 miR1435-Target 关系对的 Expectation 值大于 2，*miR1435* 与靶基因的匹配程度较低。

随机选取 5 个靶基因，采用 RT-PCR 分析其在野生型和转基因水稻植株中的表达变化。如图 5-15 所示，在转基因植株中，预测的靶基因均发生了不同程度的下调表达，其中 *Os04g44354*、*Os06g43910* 和 *Os03g42280* 的表达量显著下调。说明 *miR1435* 可能通过抑制 *Os04g44354*、*Os06g43910* 和 *Os03g42280* 基因的表达发挥作用。

表 5-3　psRNA Target 软件预测的 *miR1435* 靶基因

基因号	阈值	UPE	位点			基因描述
Os03g42280.1	1.5	18.702	20 :::.::::::::::::::::.: 2799	UUUUUCAAACUGAAUUCUUU AAAAGGUUUGACUUAAGGGA	1 2818	含 B3 DNA 结合域的蛋白质
Os03g48320.1	3.0	16.225	20 :::.:::::::::::::::.:: 1512	UUUUUCAAACUGAAUUCUUU AAAGAGUUAGUCUUAAGGAA	1 1531	抗病性 RPP13 样蛋白 1
Os04g41238.1	3.0	12.696	20 :::::::::::.::::::::.:: 896	UUUUUCAAACUGAAUUCUUU AUAAAGUUUGAUUGAAGAAA	1 915	已表达蛋白
Os04g42444.2	3.0	15.263	20 ::::::::::::::::::::. 69	UUUUUCAAACUGAAUUCUUU AAAAAGUUGGAUUUAAGAGC	1 88	已表达蛋白
Os04g44354.4	2.0	12.022	20 :::.::::::::::::::::: 1370	UUUUUCAAACUGAAUUCUUU AAGAAGUUUGACUUAAAAAA	1 1389	UDP-葡萄糖基和 UDP-葡糖基转移酶家族蛋白
Os06g43910.1	3.0	17.455	20 .:::.:::::::::::::::: 403	UUUUUCAAACUGAAUUCUUU AGAAAGCUUGACAUAAGGAA	1 422	双组分反应调节器
Os07g08120.1	3.0	19.217	20 :::.::::.::.::::::::: 1829	UUUUUCAAACUGAAUUCUUU AAAGGGUUUGGCUUAUGAGA	1 1848	乙烯过量产生蛋白 1
Os07g13020.1	3.0	15.937	20 ::::::::::.::::.::::: 649	UUUUUCAAACUGAAUUCUUU AAAAAGGUUGAUUUCAGAAA	1 668	SWIM 锌指家族蛋白
Os09g07200.1	3.0	14.013	20 .:::::::::.:::::::::: 74	UUUUUCAAACUGAAUUCUUU GAAAGUUUUCACUUAAGAAA	1 93	转座子蛋白质，未分类
Os09g13740.1	3.0	17.891	20 .:::::::::.:::.::::.: 1144	UUUUUCAAACUGAAUUCUUU GAAGAAUUUGAUUUGAGAGA	1 1163	组蛋白-赖氨酸 N-甲基转移酶

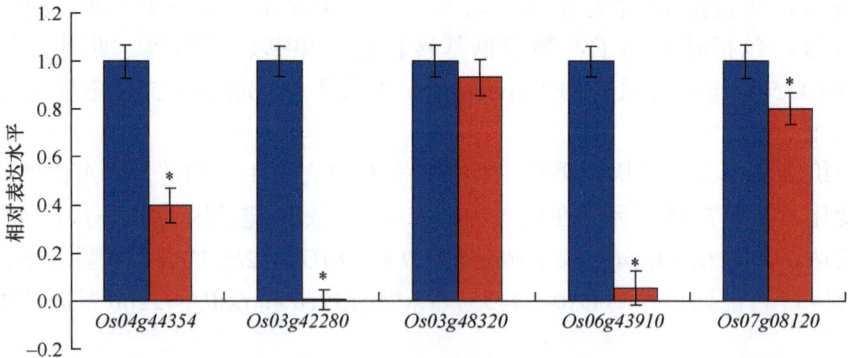

图 5-15　*miR1435* 转基因植株中靶基因 RT-PCR 分析

2. *miR1435* 靶基因生物信息学分析

对经 RT-PCR 验证的靶基因，进行氨基酸序列分析并构建进化树。如图 5-16A 所示，以 *Os04g44354* 基因氨基酸序列进行 Blastp 搜索，共查找到 34 个同源基因。进化树分析显示这些基因可以分为 4 个亚家族，与 *Os04g44354* 基因同源性最高的为 *Os02g42280*。如图 5-16B 所示，以 *Os06g43910* 基因氨基酸序列进行 Blastp 搜索，共查找到 28 个同源基因，如图 5-16C 所示，与 *Os06g43910* 同源性最高的为 *Os05g32890*。以 *Os03g42280* 基因氨基酸序列进行 Blastp 搜索，共查找到 29 个同源基因，分为 2 个亚家族，与 *Os03g42280* 同源性最高的为 *Os03g42290*。

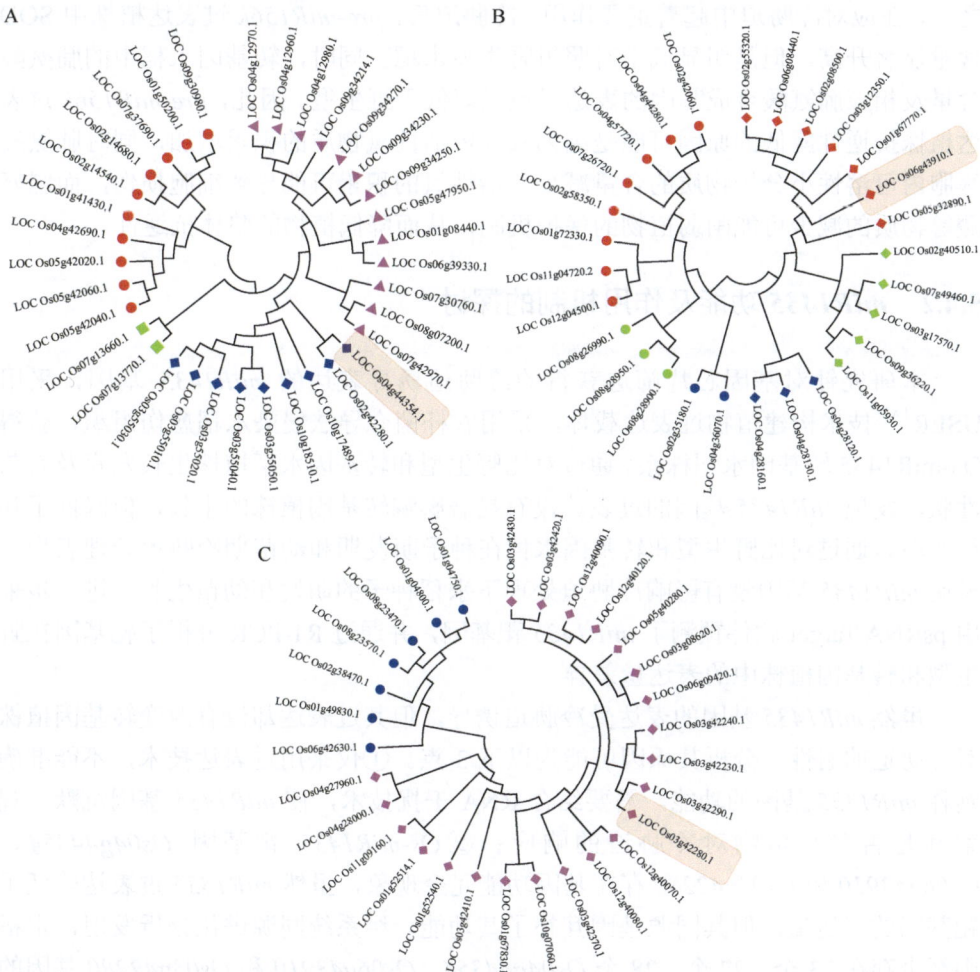

图 5-16　*miR1435* 靶基因家族进化分析

5.4 讨 论

5.4.1 *miR156k* 在冷胁迫应答反应过程中作用机制的探讨

在本研究中，过表达 *pre-miR156k* 的转基因植株在萌发期和幼苗期都对低温的抗性显著降低，而在其他研究中尚未见报道。在水稻植株中，低温冷害会引起植株生长减缓甚至受阻、细胞损伤，严重时甚至可能导致死亡。水稻在遭受非生物逆境胁迫时，植株体内的活性氧类（ROS）物质会大量积累，进而引发严重的细胞损伤甚至死亡。过氧化物歧化酶（SOD）是植物体内清除 ROS 的重要保护酶之一，在应对冷胁迫中起着重要作用。冷胁迫后，*pre-miR156k* 过表达植株中 SOD 含量显著升高，但是明显低于对照组野生型水稻。同时，转基因水稻中的脯氨酸含量及相应脯氨酸合成基因的表达量也显著低于野生型。因此，*pre-miR156k* 过表达植株抗逆性降低的原因可能是因为其体内活性氧物质的积累增加，同时脯氨酸等胞内可溶性小分子物质的含量减少。活性氧的积累可能导致细胞损伤，而脯氨酸等物质的减少可能削弱植物的保护机制，从而降低植物的整体抗逆性。

5.4.2 *miR1435* 功能及作用机制的探讨

本研究针对基因芯片筛选获得的冷胁迫诱导表达的 *miR1435* 基因，采用 USER™ 技术构建植物过表达载体，采用农杆菌介导法侵染水稻愈伤组织，获得 Os-miR1435 转基因水稻株系。通过对比野生型和转基因水稻植株生长发育及农艺性状，发现 *miR1435* 基因的过表达没有显著影响转基因植株的生长，但降低了其结实率。通过对比野生型和转基因水稻在种子萌发期和幼苗期冷胁迫处理表型，表明 *miR1435* 基因没有影响冷胁迫处理下水稻种子的萌发和幼苗生长。进一步采用 psRNA Target 软件预测了 *miR1435* 靶基因，并通过 RT-PCR 分析了靶基因在野生型和转基因植株中的表达量差异。

虽然 *miR1435* 基因的表达受冷胁迫诱导，但其过表达却没有改变转基因植株对冷胁迫的耐性。分析其原因可能为以下 3 点。①仅采用过表达技术，不能准确阐释 *miR1435* 基因的功能，需要结合 RNA 干扰技术，使 *miR1435* 基因沉默，观察其是否参与植物对冷胁迫的响应；②Os-miR1435 靶基因 *Os04g44354*、*Os06g43910* 和 *Os03g42280* 存在基因功能冗余现象，虽然 *miR1435* 过表达降低了靶基因的表达量，但其同源基因互补了其功能。经系统同源进化分析发现，水稻中至少存在 33 个、27 个、28 个 *Os04g44354*、*Os06g43910* 和 *Os03g42280* 基因的同源基因。③*miR1435* 可能并不直接调节植物对冷胁迫的耐性，而是在其他方面发挥功能。如表 5-2 所示，*miR1435* 基因的过表达降低了转基因水稻的结实率。

Lan 等（2012）研究发现，*miR1435* 在水稻种子发育和成熟过程中上调表达，而其通过 RACE 验证的靶基因 *Os04g44354* 表达量则显著下调。本研究中，与野生型相比，*miR1435* 转基因植株中 *Os04g44354* 基因的表达量显著下调。因此推测，*miR1435* 基因可能通过抑制 *Os04g44354* 基因的表达来调控种子的发育和成熟。

本研究通过基因工程技术构建了 pCambia-pre-miR156k 植物表达载体，并通过农杆菌介导转化方法获得 5 个 PCR 阳性转基因水稻株系。未来的研究将聚焦这些靶基因的生物学功能探索，期望能从中发掘适用于水稻耐冷转基因育种的候选基因资源，并进一步研究。

此外，获得的过表达 *miR156k* 基因的转基因水稻和拟南芥也是研究植物冷胁迫耐受机制很好的材料。后续研究可以用这些材料进行基因芯片等高通量分析，以发掘下游冷胁迫相关基因，这不仅有助于阐明水稻耐冷机制，还可以为分离主效耐冷基因提供理论基础与应用价值。

在今后的研究中，一方面需要通过 RNA 干扰技术，进一步验证 *miR1435* 是否参与植物对冷胁迫的响应；另一方面，通过 RACE 等方法验证 *miR1435* 与靶基因的靶向关系，为揭示其生物学功能提供指导；同时，进一步深入研究 *miR1435* 在水稻种子发育和成熟过程中的确切功能和作用机制。

5.5　结　　论

（1）过表达 *miR156* 基因水稻的获得。通过农杆菌介导法将含有 pre-miR156k 的过量植物表达载体转入水稻中，共获得 10 株转 *pre-miR156k* 阳性植株，经过 Southern 杂交鉴定得到具有多拷贝，不同转化事件的转 *pre-miR156k* 水稻 9 株。Southern 阳性率为 75 %

（2）冷敏感转 *miR156* 基因水稻的获得。对获得的 Southern 阳性转 *pre-miR156k* 基因水稻分别进行萌发期和幼苗期冷胁迫处理。冷胁迫结果表明，萌发期转 *miR156k* 水稻经过冷胁迫处理地上部分及根长都降低，说明过表达 *miR156k* 基因降低了水稻萌发期的冷胁迫耐性。3 叶期时，转 *miR156k* 基因水稻在冷胁迫下，存活率明显降低，同时，在冷胁迫下，过表达植株叶绿素及脯氨酸含量明显低于野生型，游离脯氨酸含量的降低的同时降低了细胞膜的保护，从而降低了植株的耐冷性。测定 SOD 的含量表明，过表达植株 SOD 含量明显的低于野生型。以上实验说明过表达 *miR156k* 基因降低了水稻萌发期的冷胁迫耐性。

（3）转 *miR156* 基因水稻冷胁迫应答的分子机制。通过对转 *miR156k* 过表达水稻幼苗的冷胁迫发现，转基因水稻对冷的耐受力降低，进一步分析了相关基因的表达模式，探索 *miR156k* 在冷胁迫下的分子机制。通过对 *miR156k* 转基因植株与野生型植株冷胁迫相关 Marker 基因定量分析，发现在冷胁迫处理条件下一些关键的 Marker 基因，如脯氨酸合成基因 *OsP5CS*，ROS 清除基因 *Os01g22249* 在转 *miR156k* 水稻中在冷胁迫中表达量降低。在本研究中 miR156k 过表达植株中脯氨酸、SOD 含量降低，这说明 *miR156k* 可能通过 *OsP5CS*、*Os01g22249* 调控的耐冷分子机制。

  SPL 基因是 *miR156k* 的靶基因，它们是植物特有的一个含有 SBP 结构域的高度保守的转录因子家族，研究表明，*SPL* 对植物形态的建成、花和果实的发育、减数分裂及孢子发生、胁迫应答以及信号转导等多种生命过程都有一定的作用。在本研究中，过表达 *miR156k* 基因水稻植株中 3 个 *SPL*（*SPL3*、*SPL14*、*SPL17*）基因的表达量也降低，说明 *miR156k* 也可能通过调节其靶基因 *SPL* 调控植物的耐冷机制，有待于进一步研究。

  （4）本研究在实验室前期构建的水稻冷胁迫 miRNA 表达谱芯片的基础上，分析了冷胁迫诱导表达基因 *miR1435* 的功能。结果表明，*miR1435* 的过表达降低了转基因水稻的结实率，但未影响种子萌发期和幼苗期冷胁迫耐性。在此基础上，经 psRNA Target 预测及 RT-PCR 验证，获得 3 个 *miR1435* 的潜在靶基因，并且靶基因进化分析显示水稻中存在多个同源基因。

第6章 *miR535* 调控水稻发育及耐冷性

  miR156/miR529-SPL 分子模块在调节植物生长发育中起着至关重要的作用。虽然 *miR535* 与 *miR156/529* 都是高度保守的 miRNA 超家族,但 *miR535* 是否调控植物生长发育仍不清楚。本研究对陆生植物 miR535s 进行进化分析,发现 *miR535s* 在进化过程中的保守性低于 *miR156*。水稻 *miR535* 在营养生长期间表达水平较低,在幼穗中表达水平较高,*OsmiR535* 表达模式与 *OsmiR529* 较为一致,但与 *OsmiR156* 相反。研究发现,*OsmiR535* 在水稻中过表达可以通过降低第一和第二节间长度来降低株高。此外,*OsmiR535* 的过表达对稻穗结构产生了很大影响,过表达植株产生更多但更短的稻穗和更少的初级/次级枝梗。*OsmiR535* 过表达还增加了籽粒长度,但不影响籽粒宽度。通过实时荧光定量 PCR 分析,进一步发现 *OsmiR535* 过表达抑制了 *OsSPL7/12/16* 的表达,以及 *OsSPLs* 下游穗发育相关基因的表达,包括 *OsPIN1B*、*OsDEP1*、*OsLOG* 和 *OsSLR1*。本研究同时发现 *OsmiR535* 负向调节水稻耐冷性。通过比较野生型和过表达 *OsmiR535* 品系的表型发现过表达 *OsmiR535* 会抑制冷胁迫下幼苗的生长。进一步研究表明,过表达 *OsmiR535* 会加剧冷诱导细胞的死亡,影响 ROS 的积累和清除并最终影响冷胁迫时的渗透压调节。此外,*OsmiR535* 的过表达也影响 CBF 通路中 *OsCBF1*、*OsCBF2* 和 *OsCBF3* 基因的表达。除此之外,三个 *SPL* 基因(*OsSPL4/11/14*)作为 *OsmiR535* 的靶基因,在转录水平受 *OsiR535* 调控。在过表达 *OsmiR535* 的水稻品种中的转录水平有所降低。

6.1 *miR535* 的研究进展

  MicroRNA(miRNA)是一类小的(长度约 21 nt)非编码 RNA,主要通过切割靶基因 mRNA 和/或抑制翻译参与靶基因表达的转录后调控(Taylor et al., 2014; Iwakawa and Tomari, 2015)。自发现 miRNA 以来,众多科研工作者发现 miRNA 在调控植物生长发育过程中发挥重要作用(D'Ario et al., 2017; Li and Zhang, 2016; Zhang and Unver, 2018; Li et al., 2015)。

  植物的 *miR156*、*miR529* 和 *miR535* 因其序列高度相似而被归为一个超家族(Zheng et al., 2013)。其中,*miR156* 及其靶基因 *SPL*(SQUAMOSA promoter binding like)在过去十年中被充分证明可以从多个途径调节植物生长发育过程(Wang H,

2015）。水稻 *OsmiR156-OsSPL14* 对叶片发育（Xie et al.，2012b）、分蘖生长（Luo et al.，2012）、穗分枝和籽粒产量（Miura et al.，2010；Jiao et al.，2010）至关重要，同时 *OsSPL13*（Si et al.，2016）、*OsSPL16*（Wang et al.，2012）、*OsSPL7* 和 *OsSPL17*（Wang et al.，2015c）对作物产量也至关重要。此外，miR156-SPL 模块可能还会控制侧根发育（Yu et al.，2015；Zhang et al.，2017e）、开花（Kim et al.，2012）、花药和雌蕊群发育（Xing et al.，2013）等生物学过程。而且，目前研究认为 miR156-SPL 模块是提高粮食产量的重要突破口（Wang and Zhang，2017；Liu et al.，2016）。

  miR529 与 *miR156* 存在 14 个相同的碱基一致但研究发现，*miR156* 在进化上比 *miR529* 更加保守（Morea et al.，2016），具体表现为 miR529 在双子叶植物中会选择性缺失（Zhang et al.，2015b）。而在水稻中，*OsmiR529* 与 *OsmiR156* 靶基因高度重叠，均靶向 *SPLs* 基因，如 *OsSPL7*、*OsSPL14*、*OsSPL17* 等（Wang et al.，2015c）。据报道，*OsmiR529a* 调节水稻穗结构和籽粒产量，但 *OsmiR529b* 并没有此类功能（Wang et al.，2015c；Yue et al.，2017）。这些研究表明，*miR529* 虽然在进化上不如 *miR156* 保守，但它在植物发育中的调控作用仍然非常重要。

  与著名 miRNA 分子——*miR156* 和 *miR529* 相比，*miR535* 显得默默无闻，关于 *miR535* 的研究也鲜有报道。截至目前，只有个别关于 miRNA 全基因组图谱的研究涉及了 *miR535*，也仅体现在表达特征层面，且信息量有限（Shi et al.，2017；Qin et al.，2015；Yin et al.，2012；Zhang et al.，2014b；An et al.，2011）。最近的研究报道了 *miR535* 在番木瓜（Liang et al.，2013）和莲藕（Zheng et al.，2013）中与 *miR156* 具有相同靶基因——*SPL* 基因，但依然缺乏 *miR535* 表达的分子生物学实验证据。*miR535* 在调节植物发育和组织结构方面是否与 *miR156* 和 *miR529* 具有相似的功能尚不清楚。本研究分析了 *OsmiR535* 在水稻中的组织特异性表达模式，揭示了其在调节株高、穗部结构和籽粒形态等方面的功能，同时在 *OsmiR535* 转基因株系发现 *OsSPLs* 和 *OsSPLs* 下游穗发育相关基因表达出现显著性差异。

  水稻作为重要的粮食作物广泛种植于全世界各种不同的气候环境中。然而，与其他谷类作物相比，水稻对冷表现出更高的敏感性，因此，在高纬度/高海拔地区，水稻的生产通常受冷胁迫所限制。在中国东北地区，水田的冷胁迫经常发生在 5 月和 6 月，主要影响水稻幼苗的生长从而造成移栽后的高死亡率。冷胁迫会造成一系列的生理变化，如电解质渗漏的增加，可溶性糖、游离脯氨酸、活性氧（ROS）和丙二醛（MDA）的积累，以及抗氧化酶活性的增强（Zhang et al.，2014c）。而这些变化可以作为评价水稻耐冷性的重要指标。

在水稻众多冷胁迫信号通路中，较为明确的是 *CBF* 依赖的相关途径 。冷胁迫下 *CBF* 基因在 15 min 内迅速被诱导，并通过结合下游冷胁迫调节基因 *COR* 启动子中 CRT 元件从而激活 *COR* 基因的表达。目前研究发现，*CBF* 依赖的信号通路复杂而精细，涉及转录调控和翻译后修饰（Shi et al.，2018）。尽管大量研究已经揭示了植物体内复杂的冷胁迫调控通路，但人们对 miRNA 调控下游冷胁迫基因表达的相关研究却知之甚少。但随着高通量测序技术的发展，许多 miRNAs 被报道参与冷胁迫应答（Megha et al.，2018），如 *miR396*（Zhang et al.，2016a）、*miR319*（Thiebaut et al.，2012；Yang et al.，2013；Wang et al.，2014a）、*miR394*（Song et al.，2016）、*miR397*（Dong and Pei，2014）和 *miR408*（Ma et al.，2015；Sun et al.，2018）。其中，*miR319*、*miR394*、*miR397* 通过调控 CBF 的表达，参与植物冷胁迫应答。miRBase 数据库共收录 271 个物种的 38 589 个 premiRNAs 和 48 885 个成熟体 miRNAs（miRBase 第 22 版）。

植物 *miR156*、*miR529* 和 *miR535* 作为一个超家族共同靶向下游 *SPL* 基因，且 miR156-SPL 模块作为关键的产量调节通路，可以调控植物生长和发育，对于提高水稻产量具有重要意义（Wang et al.，2015c；Wang and Zhang，2017）。此外，研究发现 *miR156* 也参与盐（Cui et al.，2014；Arshad et al.，2017a）、干旱（Cui et al.，2014；Arshad et al.，2017b；Arshad et al.，2018）、热（Matthews et al.，2019；Stief et al.，2014）和冷（Cui et al.，2015）等各种胁迫反应中。在前期构建的水稻幼苗冷胁迫基因芯片表达谱中发现 *OsmiR535* 在冷胁迫下差异表达（Lv et al.，2010）。本研究进一步证实了 *OsmiR535* 在冷胁迫下被诱导表达，并通过抑制 CBF 依赖的信号通路中的三个 *OsSPLs* 基因的表达，最终参与细胞死亡、渗透调节、ROS 积累和清除的相关生物进程来调节植物耐冷性。

总之，本研究结果揭示了 *OsmiR535* 在调控水稻发育和响应冷胁迫过程中的重要功能，为进一步研究 miR156/miR529/miR535 超家族协同调控机制奠定了基础。

6.2　材料与方法

6.2.1　实验材料

1. 植物材料

粳稻品种 '空育 131'（*Oryza Sativa* cv. Kongyu131）由黑龙江八一农垦大学作物逆境分子生物学实验室保存。

2. 菌株与质粒

本研究所用大肠杆菌（*Escherichia coli*）、根癌农杆菌（*Agrobacterium tumefaciens*）等菌株由黑龙江八一农垦大学作物逆境分子生物学实验室保存。

克隆载体及植物过表达载体等由黑龙江八一农垦大学作物逆境分子生物学实验室保存。

3. 生物信息学软件及数据库

miRNA 数据库：miRbase

miRNA 靶基因预测网站：psRNA Target

顺势作用元件预测网站：Plant CARE

多重序列比对软件：MEGA

水稻成熟 *miR156s*、*miR529s* 和 *miR535* 的核苷酸序列从 miRbase 下载。

4. 试剂与培养基

（1）本研究用到的试剂

RNA 核酸纯化及反转录、常规 PCR 试剂、引物合成及测序与第 2 章 2.2 部分相同，其他试剂均为常规分子生物学试剂。

（2）本研究用到的大肠杆菌培养基（LB）、农杆菌培养基（YEB）、酵母培养基（YPD）、酵母筛选培养基（SD）等配方见第 2 章 2.2 部分。

（3）本研究用到的植物培养包括 Youshida 营养液，配方见附表 1；基本培养基为 MS 无机盐，配方见附表 2；水稻组织培养基本培养基 NB，配方见附表 3；水稻愈伤组织培养各阶段的使用培养基见附表 4。

（4）本研究用到的主要仪器设备见第 2 章 2.2 部分。

6.2.2 实验方法

1. *miR535* 序列分析及靶基因预测

将"*miR535*"作为关键词在 miRBase 数据库中进行搜索（http://www.mirbase. org/），获得不同植物物种 *miR535* 序列信息，下载 *miR535s* 成熟序列，同时检索获得 *OsmiR156* 和 *OsmiR529s* 序列信息，使用 ClustalW（Larkin et al.，2007）进行多序列比对，并用 MEGA5.0（Tamura et al.，2011）构建进化树，以明确 *miR535* 在陆生植物中的系统发育关系。利用 MEME Suite（http://meme-suite.org/）（Bailey et al.，2015）寻找 *miR535s* 序列位点，并利用 psRNATarget（http://plantgrn.noble. org/psRNATarget/）预测获得 *miR535s* 靶基因信息。

2. 植物材料生长条件及冷胁迫

对于实验室实验，将水稻种子用 10% NaClO 灭菌 30 min，然后漂洗 3~5 次。随后，将经过消毒的种子放置在带有透水滤纸的圆形塑料板中，并在 28℃的生长室中发芽。将芽长 5 mm 的幼苗移植到土壤和/或吉田溶液中，并在 28℃/22℃的温室中生长，光照周期为 16 h，黑暗周期为 8 h。

耐冷实验中，将 4 周龄土壤生长的野生型和 OsmiR535-OX 转基因幼苗放在 4℃条件下处理 2 天，并在 28℃下恢复 7 天（Yin et al.，2012）。对冷胁迫前后的生长表型进行拍照。恢复后能连续生长的幼苗为存活。在恢复后的第 7 天，记录存活的幼苗数量，并计算存活率。进行 5 次生物学重复，每次生物学重复来自每个品系的 5 个钵。

3. 水稻遗传转化及分子生物学鉴定

水稻品种'空育 131'是黑龙江省主栽早熟品种，在分蘖、抗倒伏和抗寒性等方面具有较优异性状。因此，以'空育 131'为背景过表达 *OsmiR535*。水稻遗传转化、抗性苗的抗生素筛选、PCR 检测、RT-PCR 检测见第 2 章 2.2 材料与方法。

4. 利用 RT-PCR 进行基因表达分析

对于 *OsmiR535* 的组织表达分析，分别选取营养生长幼苗的叶片和茎尖，以及生殖生长水稻的叶片、茎尖和幼穗。为了检测所选 mRNA 和 miRNA 的表达变化，还分别对野生型和 OsmiR535 转基因水稻的叶片、茎尖和幼穗进行了取样。

为了分析 *OsmiR535* 在冷胁迫下的表达模式，将 3 周龄的水稻（T_3 代）幼苗置于 4℃的条件下进行处理，并在不同时间点对水稻叶片进行取样。水稻培养及冷胁迫处理、水稻叶片总 RNA 提取、RNA 反转录、RT-PCR 及数据分析见第 2 章 2.2 部分。引物信息见附表 12。

由于 *OsmiR535* 和 *OsmiR156s* 的序列高度一致（唯一的区别是 *OsmiR535* 的 3' 端多了 2 个核苷酸 "GC"），无法用传统的茎环法区分它们（图 6-1），所以本研究用 *OsmiR535* 前体的表达量来代替 *OsmiR535* 成熟体的表达水平。同时也比较了野生型和 OsmiR535 转基因水稻中下游 *OsSPLs*、*OsCBFs* 相关耐冷基因的表达水平。

5. 转基因水稻耐冷功能分析

为了评估转基因水稻萌发期耐冷性，将萌发至芽长 5 mm 的野生型（WT）和 *OsmiR535* 过表达（OX）转基因幼苗置于 10℃的生长室中 7 天，然后在正常条件

使用*miR156*引物进行反转录

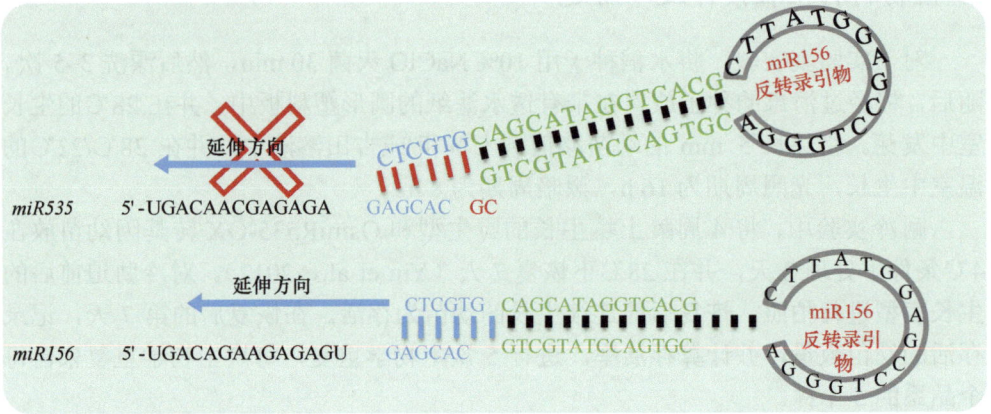

使用*miR535*引物反转录

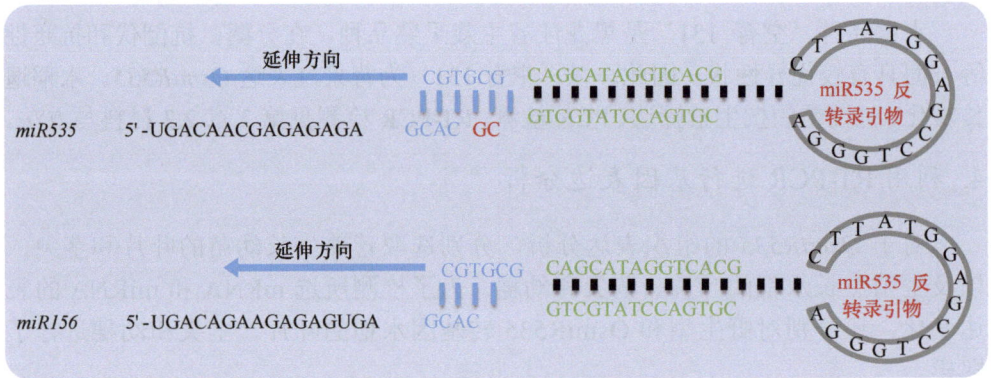

图 6-1 *miR535* 和 *miR156* 茎环引物在逆转录过程中的差异示意图

下继续培养 4 天，并于第 5 天拍照。测量芽长和根长，并计算过表达转基因水稻株系的相对生长情况(过表达转基因水稻幼苗芽长/根长除以野生型的芽长/根长)。每个实验样本个体数为 30 株幼苗，进行 3 次生物学重复。

相对离子渗透率用电导率仪测量（Peever and Higgins，1989）；MDA、脯氨酸和可溶性糖的含量用分光光度计测量（Zhang and Huang，2013）；超氧化物歧化酶（SOD）、过氧化物酶（POD）和过氧化氢酶（CAT）的抗氧化酶的活性根据文献描述的方法进行测量（Chen and Zhang，2016）；硝基四氮唑（NBT）和 3,3′-二氨基联苯胺（DAB）染色、埃文斯蓝染色用文献描述方法测量（Kaur et al.，2016；Nv et al.，2017）。对以上数据进行 t 检验显著性分析。每个实验样本个体数为 30 株幼苗，进行 3 次生物学重复。

6. 农艺特性田间试验调查

田间试验在黑龙江大庆市于 2018 年 5 月至 10 月的生长季进行。野生型和 OsmiR535-OE 系列转基因水稻的种子被浸泡在水中 2 天,以打破种子的休眠,并在 2018 年 4 月 20 日播种到育苗床上。在温室中生长 28 天后,每个株系的 40 株幼苗以及野生型对照被移栽到 4 个区块(每个区块含有来自每个株系的 10 株水稻),并进行常规田间管理。种植密度为 20 cm×30 cm,每穴种植一株。每个株系随机选择 20 株植物,在田间测量了水稻株高和每株水稻的穗数。稻穗收获后测量穗长,同时检测每个主穗的一、二级分枝数,以及每个主穗的鲜重和粒数。水稻米粒收获后用游标卡尺测量籽粒长度和宽度,风干后测量千粒重。利用 t 检验对数据进行统计分析。

6.3　结果与分析

6.3.1　陆生植物 *miR535* 进化分析

由于陆生植物的 *miR156*、*miR529* 和 *miR535* 序列高度相似,因此被归为一个超家族(Zheng et al.,2013)。水稻中有 12 个 *miR156*(*OsmiR156a-1*)和两个 *miR529*(*OsmiR529a/b*),但只有一个 *miR535*(图 6-2A)。*OsmiR535* 与 *OsmiR156k* 序列相似度最高,有 19 个核苷酸相同,只有第 6 个核苷酸出现 "G" 缺失、3′端多出一个 "C",以及第 8 个核苷酸(A-to-C)和第 21 个核苷酸(A-to-G)不同。前人研究表明,*miR156* 在植物进化过程中非常保守,而 *miR529* 在进化上保守性较低(Morea et al.,2016)。但与 *miR156* 和 *miR529* 相比,*miR535* 的研究报道很少。因此,本研究首先分析了 *miR535* 在陆生植物中的进化情况。

在 miRBase 数据库中搜索,在苔藓植物、裸子植物和被子植物的 17 种植物中得到 40 个 *miR535* 数据(图 6-2B),表明 *miR535* 在陆生植物中出现得非常早。苔藓植物(*Physcomitrella patens*)中有 4 个 *miR535*,裸子植物(*Picea abies*)中有 5 个,而基底被子植物(*Amborella trichopoda*)中只有 1 个 *miR535*。至于单子叶植物只有 1 个 *miR535*,而真双子叶植物的 *miR535* 数量 1 到 6 不等,其中柑橘 *miR535* 数量最多,达 6 个。有意思的是,*miR535* 在单子叶植物和双子叶植物的部分物种中都不存在,如拟南芥、大豆和玉米。这些结果表明,与 *miR156* 相比,*miR535* 在植物中的进化保守性较低。

进一步研究了 *miR535* 在不同物种中的序列变异。如图 6-1C 所示,从苔藓植物到被子植物,*miR535* 序列有 15 个核苷酸高度保守,只在第 5、第 6、第 7、第 10、第 20 和第 21 位核苷酸位置发生差异分化。其中,第 7 位核苷酸差异程度最高。构建了最大似然估计系统发育树，结果显示 40 个 *miR535* 基因可以根据其成熟序列分为 4 组（图 6-3）。系统发育树中 Group I 成员最多，包含 23 个物种的 *miR535*，物种包括苔藓植物、裸子植物、基底被子植物、单子叶植物和双子叶植物，该组序列变异在第 6、第 7 和第 21 位。Group II 包含 6 个柑橘的 *miR535*，它们具有相同的序列，且在第 7 位有一个"U"，在第 20 位有一个"A"。

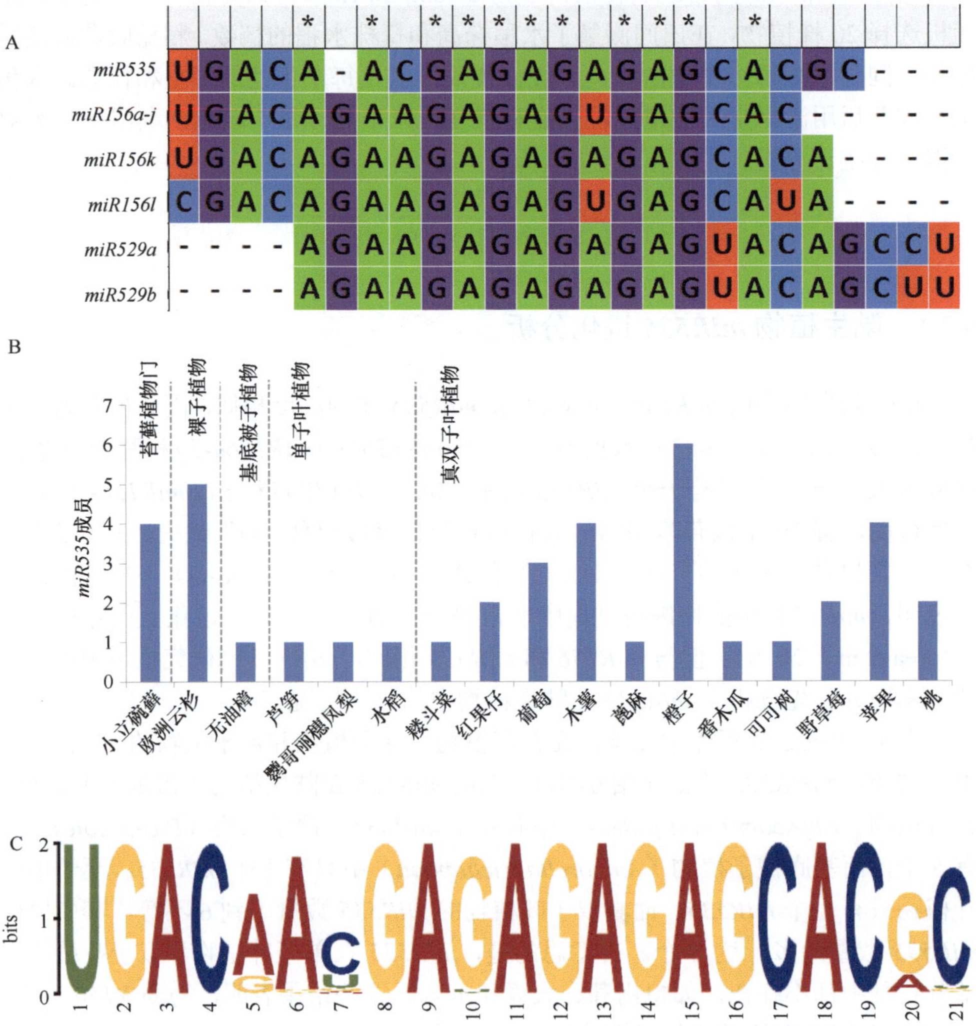

图 6-2 *miR535s* 在不同植物物种中的序列分析

A. 水稻 *miR156/miR529/miR535* 超家族的序列比对；B. *miR535* 基因在不同植物物种中的数量；C. 植物 *miR535s* 的序列标志

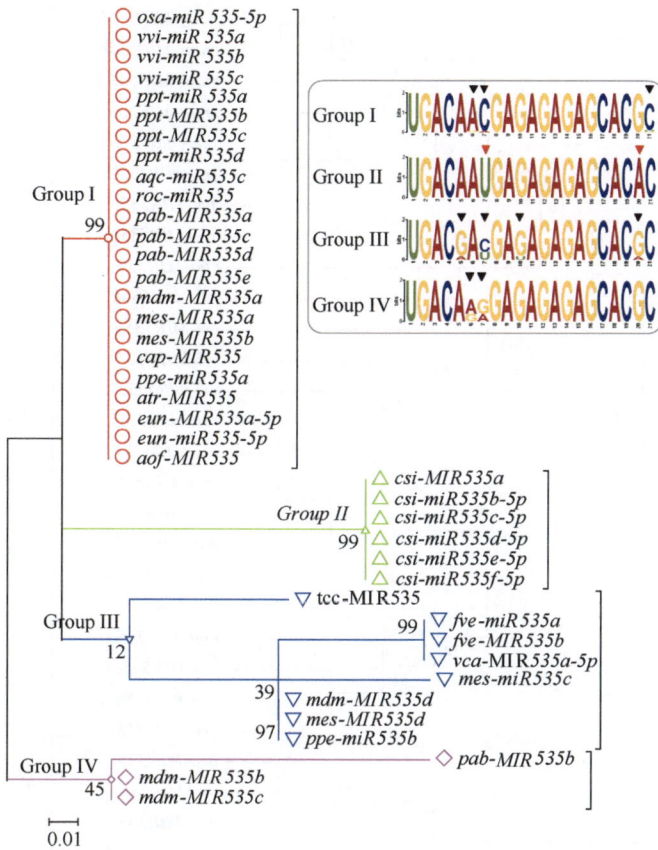

图 6-3　基于成熟体序列的陆生植物 *miR535* 基因系统发育树

Group III 包含 7 个双子叶植物的 *miR535* 和 1 个单子叶植物的 *miR535*，序列变异出现在第 5、第 7、第 10 和第 20 位。Group IV 包含 2 个裸子植物的 *miR535*，1 个双子叶植物的 *miR535*，序列变异在第 6 和第 7 位。

在构建 *miR535* 成熟体序列系统发育树基础上，还构建了基于前体序列的系统发育树（图 6-4）。*miR535* 基因前体根据分类学大体上分为几个不同的组别。例如，4 个 *ppt-miR535* 和 5 个 *pab-miR535* 分别被分类到苔藓植物门和裸子植物门，3 个单子叶植物的 *miR535*（*Osa-miR535*、*Aof-miR535* 和 *Vca-miR535*）被分为一组。除了 *Csi-miR535a*、*Rco-miR535* 和 *Tcc-miR535* 聚类在一组之外，其他双子叶植物的 *miR535* 也被分在一起。这些结果进一步证实了植物 *miR535* 在进化过程中不如 *miR156* 保守。

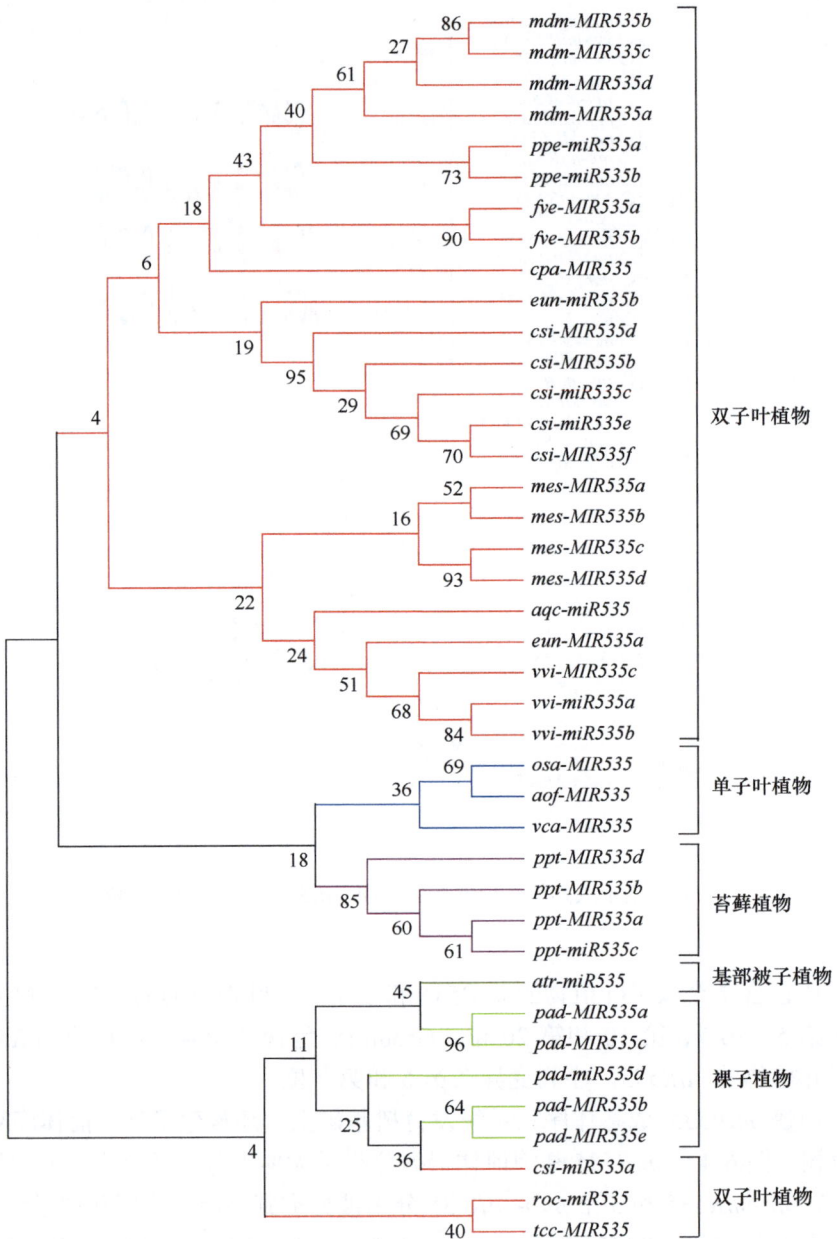

图 6-4 基于前体序列的陆生植物 miR535 基因系统发育树

6.3.2 *OsmiR535* 组织表达特性分析

有研究表明，*miR156* 和 *miR529* 表达都表现出组织特异性。在水稻中，

OsmiR156s 在胚芽和根中的表达高于在花序中的表达水平（Jiao et al.，2010；Wang et al.，2015c），而 *OsmiR529s* 的模式相反，在花序中高表达，但在根和叶中低表达（Yue et al.，2017a）。因此，利用 qRT-PCR 分析了 *OsmiR535* 在不同组织中的表达情况。图 6-5 显示，在营养生长阶段，*OsmiR535* 在胚芽以及叶和茎尖中表达水平较低；在生殖生长阶段，其在幼穗中大量积累，但在叶和茎尖中的表达仍然较低。结果表明 *OsmiR535* 在花序中具特异性且高表达，这与 *OsmiR529s* 相似，与 *OsmiR156* 相反。

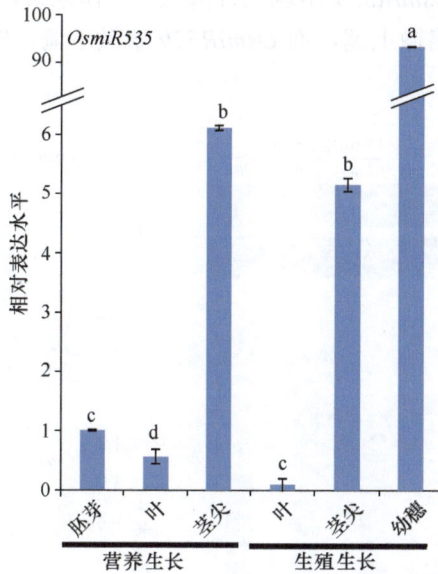

图 6-5   *OsmiR535* 在水稻不同组织中的表达模式

6.3.3   *OsmiR535* 过表达转基因水稻的构建

据报道，*OsmiR156* 和 *OsmiR529* 及它们的靶基因 *OsSPL* 可以控制植物的生长和发育，包括株高、分蘖、穗分枝和粒径（Luo et al.，2012；Miura et al.，2010；Jiao et al.，2010；Si et al.，2016；Wang et al.，2012；Yue et al.，2017）。考虑到 *miR535/miR156/miR529* 的极高序列同一性和 *OsmiR535* 在穗部的特异性表达，推测 *OsmiR535* 在调节植物发育和构型中可能发挥重要作用。为了验证这一假设，利用农杆菌介导的愈伤组织转化方法构建了 OsmiR535 过表达转基因水稻。OsmiR535-OE 转基因水稻是利用 *CaMV35s* 启动子驱动 *OsmiR535* 前体进行过表达。提取 OsmiR535-OE 转基因水稻株系与野生型水稻叶片总 RNA，反转录后进行半定量 RT-PCR（图 6-6A）和 qRT-PCR 检测（图 6-6B）。结果显示，OsmiR535-OX

转基因水稻株系中 *OsmiR535* 的表达水平显著高于野生型，这表明 *OsmiR535* 在转基因系中成功过表达。

先前的研究表明，*OsmiR156* 过表达可能会影响其他 miRNA 的表达水平（Xie et al.，2012b）。考虑到 *miR156/miR529/miR535* 超家族的高序列相似性和在植物发育过程中的重复作用，利用 qRT-PCR 进一步分析了 *OsmiR156* 和 *OsmiR529* 在 OsmiR535-OE 转基因水稻中的表达水平。如图 6-6 C 和图 6-6 D 所示，*OsmiR535* 的过表达没有明显改变 *OsmiR156* 和 *OsmiR529* 的表达水平，只有 OsmiR535-OE 转基因水稻#4 株系中 *OsmiR529* 出现些许降低。整体来讲，在 OsmiR535-OE 转基因水稻中，*OsmiR156* 略微上调，而 *OsmiR529* 略微下调，但二者数据在统计学上均不显著。

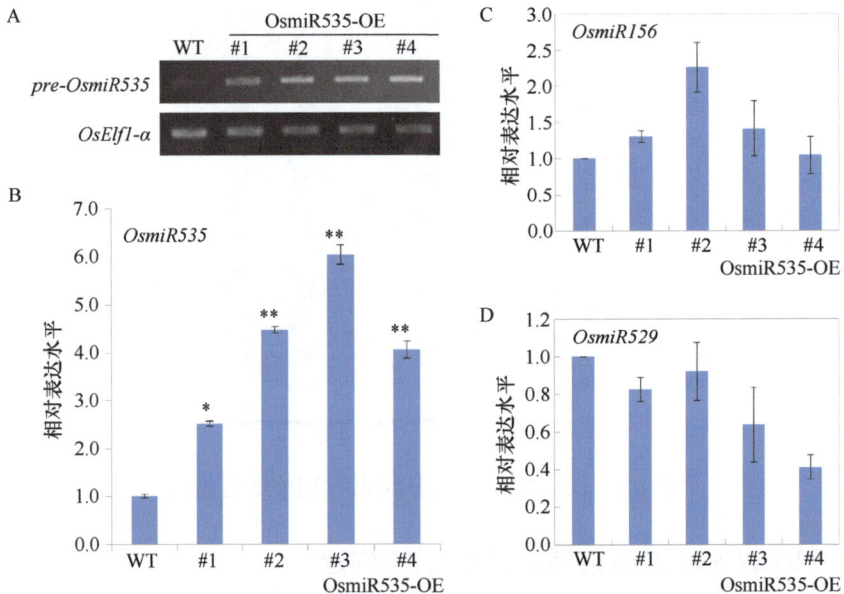

图 6-6　OsmiR535-OE 转基因的分子生物学鉴定

A. OsmiR535-OE 转基因水稻中 *OsmiR535* 前体表达的半定量 RT-PCR 分析；B. OsmiR535-OE 转基因水稻中 *OsmiR535* 前体表达的定量实时 PCR 分析；C. OsmiR535-OE 转基因水稻中 *OsmiR156* 表达水平分析；D. OsmiR535-OE 转基因水稻中 *OsmiR529* 表达水平分析

6.3.4　*OsmiR535* 过表达影响水稻发育

为了进一步研究 *OsmiR535* 在调节水稻生长发育中的作用，对野生型和 OsmiR535-OE 转基因水稻的农艺性状进行了统计分析。如图 6-7A 所示，OsmiR535-OE 株系的地上部分长度比野生型矮，对株高数据进行统计（图 6-7B），也证实了 OsmiR535-OE 转基因水稻的株高与野生型相比明显降低。进一步测量了野生型和 OsmiR535-OE 水稻的第一（从顶部开始）、第二和第三节间的长度。如图 6-7C 所示，OsmiR535-OE 转基因水稻的节间明显短于野生型，从而导致 OsmiR535-OX 株系的株高下降。

图 6-7　*OsmiR535* 过表达对水稻株高的影响

A. 野生型和OsmiR535-OE株系株高表型；B. 野生型和OsmiR535-OE株系的株高统计；C. 野生型和OsmiR535-OX株系节间长度统计

考虑到 miR156-SPLs 模块可以调节水稻穗分枝发育（Wang and Zhang，2017），进一步研究了 *OsmiR535* 过表达对水稻穗结构的影响。首先测量了每株水稻有效分蘖的稻穗数量，发现 OsmiR535-OE 转基因水稻比野生型稻穗数量更多（图 6-8B）。此外，OsmiR535-OE 株系的稻穗比野生型的稻穗更小、更短

（图 6-8A），对野生型和 OsmiR535-OE 株系稻穗的长度进行统计也得到了相同的结果（图 6-8C）。另外，对有效稻穗的一级枝梗数（图 6-8D）和二级枝梗数（图 6-8E）数量统计发现，与野生型相比，OsmiR535-OE 转基因水稻的稻穗枝梗数更少。转基因水稻稻穗更短、枝梗数更少，导致 OsmiR535-OE 转基因水稻的穗重（图 6-8F）和穗粒数（图 6-8G）均小于野生型。这些数据表明 *OsmiR535* 与 *OsmiR156s* 和 *OsmiR529s* 相似，在调节水稻穗分枝方面具有相似的功能（Wang，2015；Yue et al.，2017）。

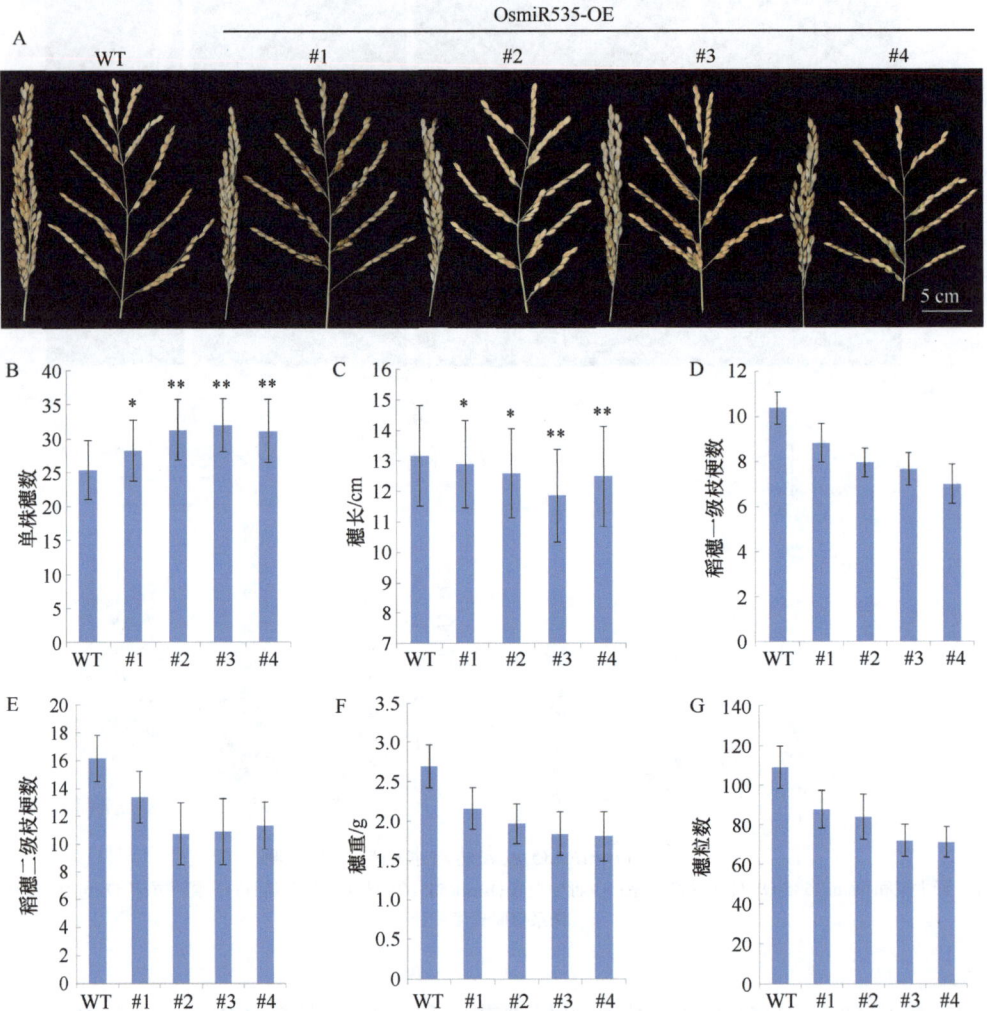

图 6-8　*OsmiR535* 过表达对水稻穗结构的影响

A. 野生型和 OsmiR535-OE 株系稻穗形态结构；B~G. 野生型和 OsmiR535-OE 株系的单株穗数（B）、穗长（C）、稻穗一级枝梗数（D）、稻穗二级枝梗数（E）、穗重（F）、穗粒数（G）统计

　　OsmiR535 过表达除了影响穗部结构外，还发现野生型和 OsmiR535-OE 株系之间的籽粒形状有差异。如图 6-9A 所示，OsmiR535-OE 转基因水稻的籽粒比野生型的更长。对二者籽粒的粒长和粒宽进行统计分析发现，OsmiR535 过表达显著

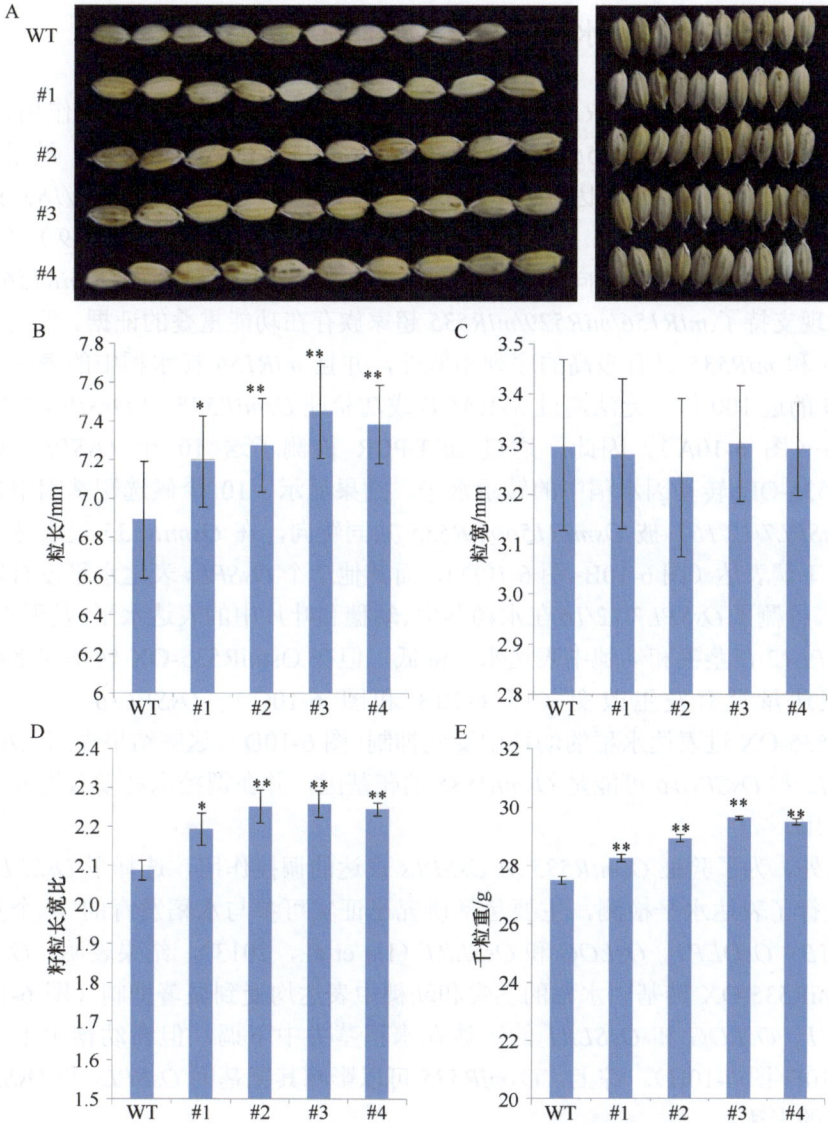

图 6-9　*OsmiR535* 过表达对水稻籽粒形状的影响

A. 野生型和 OsmiR535-OE 转基因水稻籽粒表型；B~E. 野生型和 OsmiR535-OE 水稻株系的粒长（B）、粒宽（C）、籽粒长宽比（D）和千粒重（E）统计

提高了水稻粒长（图 6-9B），但没有改变粒宽（图 6-9C）。因此，OsmiR535-OE 转基因水稻籽粒的长宽比显著高于野生型（图 6-9D）。此外，对水稻千粒重的统计发现，OsmiR535-OE 转基因水稻千粒重明显高于野生型（图 6-9E）。这些结果表明 *OsmiR535* 在水稻中的过表达影响力水稻籽粒的形状。

6.3.5 *OsmiR535* 影响水稻 *OsSPLs* 和穗发育相关基因表达

为了进一步探究 *miR156/miR529/miR535* 对 SPL 基因的调节作用，使用 psRNATarget 预测 *OsmiR156*、*OsmiR529* 和 *OsmiR535* 的候选靶基因。结果显示，共鉴定出 12 个 *OsSPL* 基因（附表 13）。其中，4 个（*OsSPL2/14/17/18*）预测被 *OsmiR156/miR529/miR535* 共同靶向，6 个（*OsSPL4/7/11/12/16/19*）预测被 *OsmiR156/miR535s* 共同靶向，而另外 2 个（*OsSPL3/13*）预测仅被 *OsmiR156* 靶向。这一发现支持了 *miR156/miR529/miR535* 超家族存在功能重叠的证据。然而，由于 *miR156* 和 *miR535* 具有极高的序列相似性，并且 *miR156* 在水稻中的表达丰度是 *miR535* 的近 100 倍，无法通过 5′-RACE 成功验证 *OsmiR535* 和 *OsSPLs* 之间的靶向关系（图 6-10A）。因此，通过 qRT-PCR 检测了这 10 个 *OsSPLs* 基因在 OsmiR535-OE 转基因水稻中的转录水平。结果显示，10 个候选靶基因中只有 3 个（*OsSPL7/12/16*）被 *OsmiR156/miR535* 共同靶向，在 *OsmiR535* 过表达转基因水稻中下调表达（图 6-10B~图 6-10D），而其他 7 个 *OsSPLs* 表达水平没有发生显著变化。检测了 *OsSPL7/12/16* 在水稻茎尖、幼穗和叶片中的表达水平，发现 *OsSPL7* 和 *OsSPL12* 在茎尖和幼穗中表达水平降低，但在 OsmiR535-OX 转基因水稻的叶片中表达量没有发生改变（图 6-10B 和图 6-10C）。*OsSPL16* 的表达仅在 OsmiR535-OX 过表达水稻的幼穗中受到抑制（图 6-10D）。这些结果表明，*OsSPL7*、*OsSPL12* 和 *OsSPL16* 可能是 *OsmiR535* 的靶基因，并在调控水稻发育进程中发挥重要作用。

此外，为了验证 *OsmiR535* 对 *OsSPLs* 表达的调控作用，选择了 *OsSPLs* 的靶基因进行了表达水平检测，主要包括研究已证实可参与水稻发育的 4 个基因：*OsPIN1B*、*OsDEP1*、*OsLOG* 和 *OsSLR1*（Lu et al., 2013）。结果表明，*OsPIN1B* 在 OsmiR535-OX 转基因水稻的茎尖和幼穗中表达均受到显著抑制（图 6-10E）；*OsDEP1*、*OsLOG* 和 *OsSLR1* 的表达在水稻茎尖中下调，但在幼穗中不受影响（图 6-10F~图 6-10H）。综上，*OsmiR535* 可以影响其靶基因 *OsSPLs* 和 *OsSPLs* 下游基因的表达。

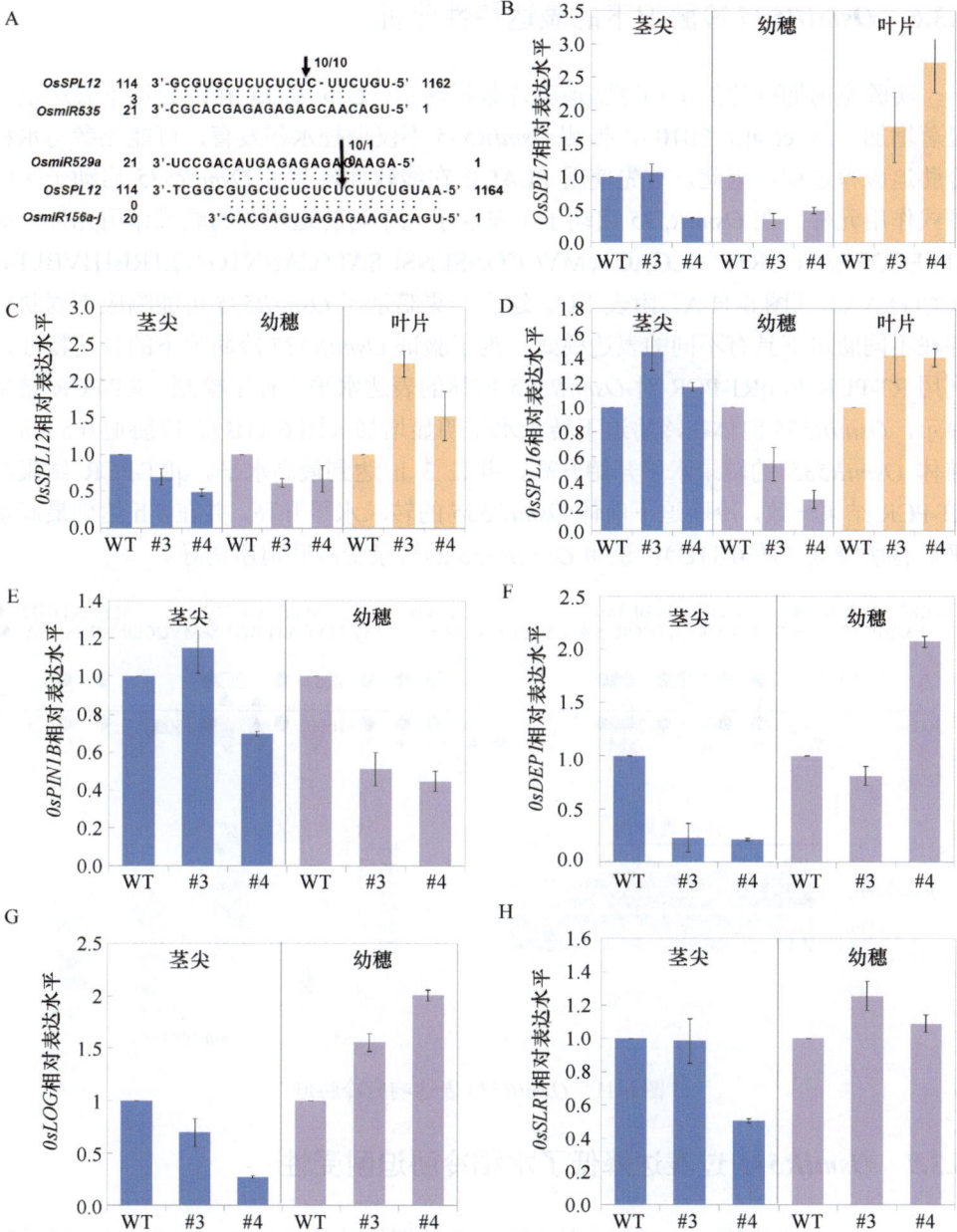

图 6-10　*OsmiR535* 过表达影响 *OsSPLs* 及穗发育相关基因的表达

A. miRNAs-OsSPL12 的 5′-RACE 分析；B~D. *OsSPL7*（B）、*OsSPL12*（C）和 *OsSPL16*（D）在野生型和 OsmiR535-OE 转基因水稻茎尖、幼穗和叶片中的相对表达水平；E~H. *OsPIN1B*（E）、*OsDEP1*（F）、*OsLOG*（G）和 *OsSLR1*（H）在野生型和 OsmiR535-OE 转基因水稻茎尖、幼穗中的相对表达水平

6.3.6 *OsmiR535* 冷胁迫下的表达特性分析

实验室前期构建的水稻冷胁迫芯片数据显示，*OsmiR535* 在冷胁迫下表达水平显著增加（Lv et al.，2010），推测 *OsmiR535* 不仅调控水稻发育，可能还参与水稻冷胁迫应答过程。因此，首先使用 PLACE 在线软件预测了 *OsmiR535* 启动子区的顺式作用元件。在 *OsmiR535* 启动子中发现了几个与胁迫相关的顺式作用元件，如 LTRECOREATCOR15（CCGAC）、MYCCONSENSUSAT（CANNTG）、LTRE1HVBLT49（CCGAAA）、（图 6-11 A，附表 14）。这个结果暗示了 *OsmiR535* 可能响应不同胁迫并在不同胁迫下具有不同的表达模式。为了验证 *OsmiR535* 冷胁迫下的表达特性，利用 RT-PCR 和 qRT-PCR 对 *OsmiR535* 前体的表达水平进行了检测。RT-PCR 结果显示，*OsmiR535* 前体在冷胁迫下转录水平明显增加（图 6-11B）。冷胁迫 0.5 h 后，前体 *OsmiR535* 的转录水平开始升高，并在 3 h 达到最高水平。qRT-PCR 结果与 RT-PCR 结果一致，冷胁迫下前体 *OsmiR535* 的转录水平升高，并在 3 h 达到最高水平后有所降低（图 6-11C）。说明 *OsmiR535* 的转录受冷胁迫所诱导。

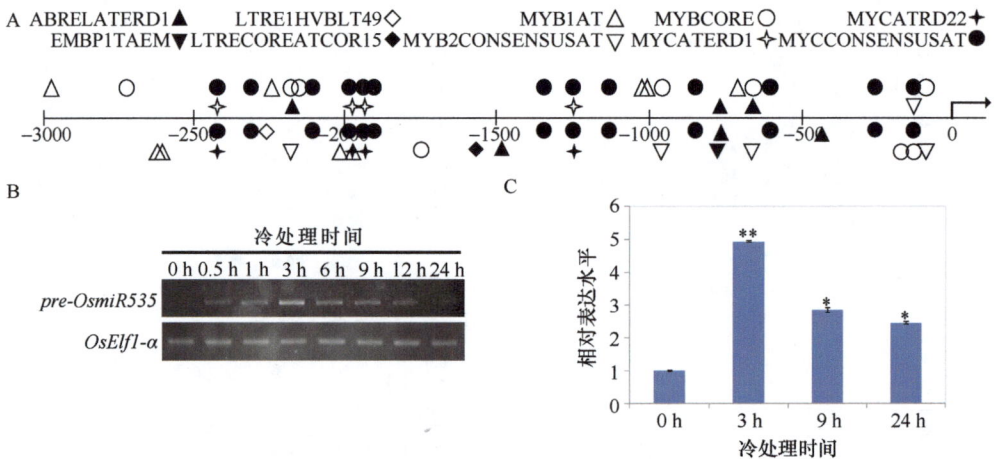

图 6-11　*OsmiR535* 表达响应冷胁迫

6.3.7 *OsmiR535* 过表达降低了水稻冷胁迫耐受性

为了进一步分析 *OsmiR535* 在冷胁迫下发挥的功能，对 OsmiR535-OE 转基因水稻 T$_3$ 代株系进行耐冷性分析，4℃处理 2 天后，大多数野生型植株在冷胁迫下能正常存活，恢复生长后能正常生长，存活率为 80%，而 OsmiR535-OX 转基因水稻幼苗在冷胁迫下严重萎蔫，恢复后变黄，甚至死亡，存活率低于 50%（图 6-12A 和图 6-12B）。这表明，*OsmiR535* 的过表达不利于水稻幼苗在冷胁迫下的生长。

在冷胁迫后，OsmiR535-OE 幼苗比野生型幼苗表现出更严重的枯萎现象，推测 *OsmiR535* 过表达可能导致冷胁迫下的细胞死亡加剧。为了证实这一点，采用埃文斯蓝染色法观察了冷胁迫前后野生型和 OsmiR535-OE 转基因水稻株系叶片的细胞死亡情况。结果表明，在正常生长条件下，野生型和 OsmiR535-OE 株系的叶片都不能被埃文斯蓝染色；而在冷胁迫后 OsmiR535-OE 株系的叶片表现出比野生型更多的黑点，说明 OsmiR535-OE 转基因水稻植株冷胁迫后细胞死亡更为严重（图 6-12C）。通过对冷胁迫前后野生型和 OsmiR535-OE 株系的相对离子渗透率分析发现，冷胁迫后，OsmiR535-OE 转基因水稻幼苗叶片的相对离子渗透率远高于野生型（图 6-12D），表明 OsmiR535-OE 水稻植株的细胞损伤更为严重。以上结果表明，*OsmiR535* 的过表达加剧了转基因幼苗在冷胁迫下的细胞死亡。

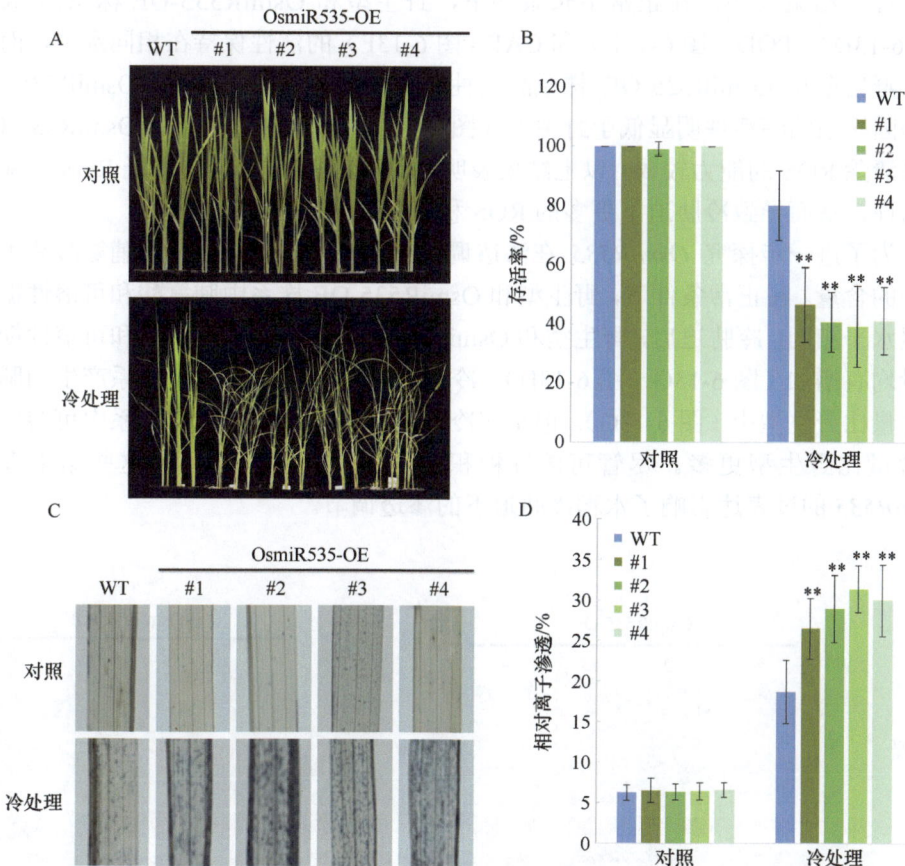

图 6-12　*OsmiR535* 过表达抑制水稻幼苗生长并加剧冷胁迫下细胞死亡

A. 野生型和 OsmiR535-OE 幼苗在冷胁迫下的表型；B. 野生型和 OsmiR535-OE 的冷胁迫处理后存活率统计；C. 野生型和 OsmiR535-OE 水稻叶片细胞死亡的埃文斯蓝染色；D. 冷胁迫前后野生型和 OsmiR535-OX 相对离子渗透率分析

6.3.8 *OsmiR535* 通过 ROS 途径和渗透调节水稻性

为了进一步分析 *OsmiR535* 过表达对活性氧（ROS）积累的影响，对野生型和 OsmiR535-OE 株系冷胁迫前后的叶片进行了 NBT 和 DAB 染色（图 6-13A 和图 6-13B），来评估超氧离子（O_2^-）和过氧化氢（H_2O_2）的积累。结果表明，在正常情况下 WT 和 OsmiR535-OE 转基因水稻叶片经 NBT 和 DAB 染色后没有明显差异；但在冷胁迫后，OsmiR535-OX 的叶片与野生型相比染色更深，表明 OsmiR535-OE 株系在冷胁迫下积累了更多的 MDA 并受到了更严重的氧化损伤（图 6-13C）。

另一方面，还检测了 ROS 清除酶的活性，包括 SOD、POD 和 CAT 三种酶的活性。结果表明，在正常生长条件下，野生型和 OsmiR535-OE 株系的 SOD（图 6-13D）、POD（图 6-13E）和 CAT（图 6-13F）的活性保持在相同水平，而冷胁后野生型和 OsmiR535-OE 株系酶活性明显提高。但冷胁迫下，OsmiR535-OE 转基因株系的酶活性明显低于野生型（图 6-13D~图 6-13F），表明 OsmiR535-OE 株系清除 ROS 的能力较弱。以上结果表明，*OsmiR535* 过表达会降低 ROS 清除酶的活性，从而导致冷胁迫下更多的 ROS 积累和更严重的氧化损伤。

为了进一步探究 *OsmiR535* 在渗透调节中发挥的作用，测定了脯氨酸和可溶性糖的含量。在正常条件下，野生型和 OsmiR535-OE 株系中脯氨酸和可溶性糖的积累水平相同；冷胁迫后，野生型和 OsmiR535-OE 株系游离脯氨酸和可溶性糖的含量均有增加（图 6-13G～图 6-13H）。冷胁迫后，OsmiR535-OE 株系产生的脯氨酸含量比野生型少（图 6-13G）。但是在冷胁迫后，OsmiR535-OE 株系中可溶性糖的含量比野生型更多。尽管可溶性糖积累的原因尚不明确，但这些结果表明 *OsmiR535* 的过表达影响了水稻冷胁迫下的渗透调节。

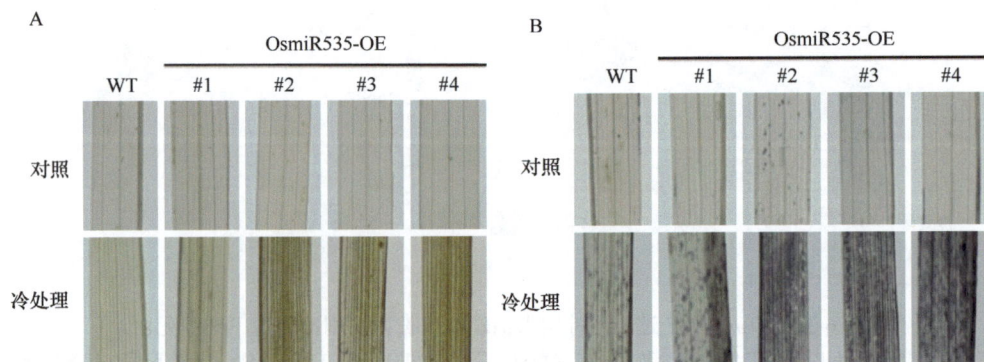

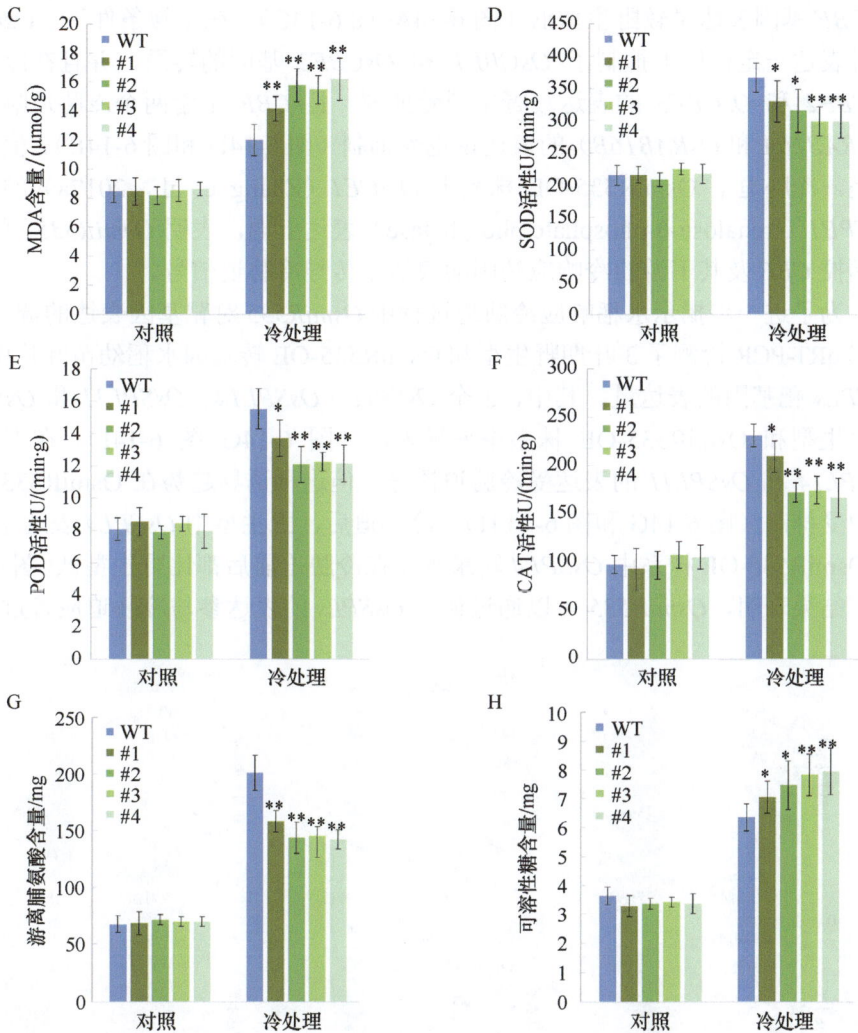

图 6-13　*OsmiR535* 过表达影响冷胁迫下 ROS 途径及渗透调节

A-B. WT 和 OsmiR535-OE 株系冷胁迫前后的 DAB 染色（A）和 NBT 染色（B）；C-H. WT 和 OsmiR535-OE 株系冷胁迫前后 MDA 含量（C）、SOD 活性（D）、POD 活性（E）、CAT 活性（F）、游离脯氨酸含量（G）和可溶性糖含量（H）测定

6.3.9　*OsmiR535* 调控 *CBF* 依赖的基因和 *OsSPLs* 基因表达

为了明确 *OsmiR535* 是否通过 *CBF* 依赖途径参与水稻冷胁迫应答，通过 qRT-PCR 分析了野生型和 OsmiR535-OE 转基因水稻株系中 3 个 *CBF* 基因的表达水平。结果表明，冷胁迫下 *OsCBF1*、*OsCBF2* 和 *OsCBF3* 基因在野生型和 OsmiR535-OE 株系中都被大量诱导，但冷胁迫后 OsmiR535-OE 转基因株系中 3

个 *CBF* 基因表达量较野生型低（图 6-14A~图 6-14C）。在正常条件下，*OsmiR535* 的过表达一定程度上抑制了 *OsCBF1* 和 *OsCBF2* 基因的转录，并且在冷胁迫后 *OsCBF2* 和 *OsCBF3* 的表达较野生型受抑制，且 *CBF* 下游两个冷胁迫响应基因（*OsRAB16A* 和 *OsRAB16B*）的表达量也受抑制（图 6-14D 和图 6-14E）。值得一提的是，冷胁迫下 OsmiR535-OE 株系中 *OsICE1*（Zhang et al.，2017a）的靶基因 *OsTPP1*（trehalose-6-phosphate phosphatase）表达上调，表明 *OsmiR535* 可能是通过调控 *CBF* 及其下游的冷响应基因的表达来传导冷胁迫信号。

为了进一步揭示水稻响应冷胁迫过程中 *OsmiR535* 对靶基因表达的调控作用，利用 qRT-PCR 检测了 3 叶期野生型和 OsmiR535-OE 转基因水稻幼苗叶片中 10 个 *OsSPLs* 靶基因的表达量。其中，3 个 *OsSPLs*（*OsSPL14*、*OsSPL11* 和 *OsSPL4*）在野生型和 OsmiR535-OE 株系中差异表达（图 6-14G~图 6-14I）。在野生型中 *OsSPL14* 和 *OsSPL11* 的表达受冷胁迫诱导，但这种诱导趋势在 OsmiR535-OE 株系中受抑制（图 6-14G 和图 6-14 H）。冷胁迫后，野生型中 *OsSPL4* 表达量下降，而 OsmiR535-OE 株系中 *OsSPL4* 转录水平在冷胁迫前后都比野生型低（图 6-14I）。这些结果表明，*OsmiR535* 可以通过调节 *OsSPLs* 的表达参与冷胁迫应答过程。

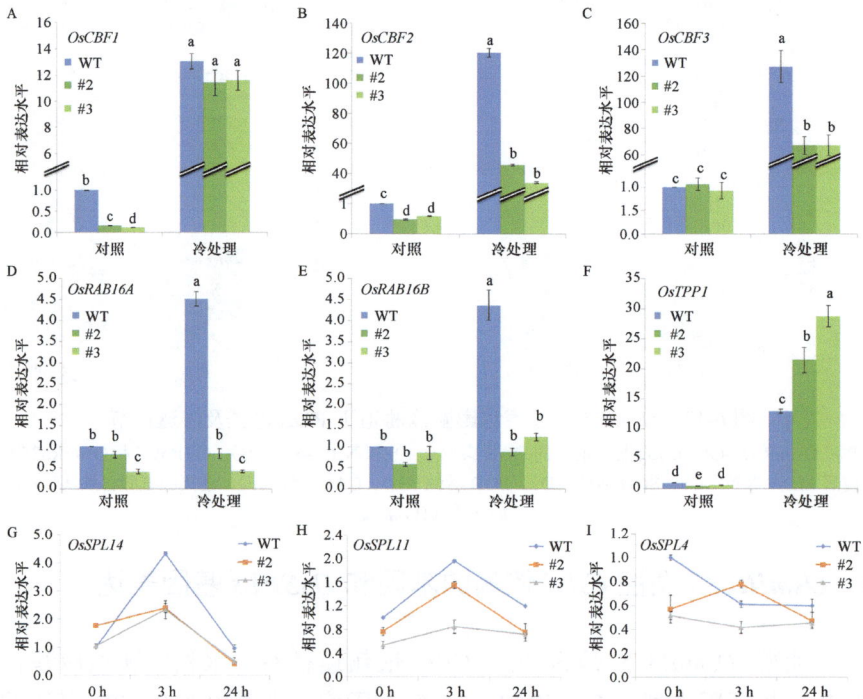

图 6-14 *OsmiR535* 通过调控 CBF 依赖性和 *OsSPLs* 基因表达响应冷胁迫

A~I. 冷胁迫下野生型和 OsmiR535-OE 系的 *OsCBF1*（A）、*OsCBF2*（B）、*OsCBF3*（C）、*OsRAB16A*（D）、*OsRAB16B*（E）、*OsTPP1*（F）、*OsSPL14*（G）、*OsSPL11*（H）和 *OsSPL4*（I）的表达水平

6.4　讨　　论

6.4.1　*miR535* 调控水稻发育机制探讨

植物 *miR156*、*miR529* 和 *miR535* 家族显示出非常高的序列相似性，构成了 *miR156/miR529/miR535* 超家族，它们都靶向 SPL 家族基因（Zhang et al.，2015b）。对这 3 个 miRNA 家族的进化分析进一步加深了研究人员对其生物学功能的理解。这 3 个 miRNA 家族起始于苔藓植物，并且在有胚植物中有一个共同的祖先。*miR156* 家族在整个陆地植物中进化极其保守，而 *miR529* 和 *miR535* 的分类学分布上具有较大差异性（图 6-2）。此外，在植物进化过程中，miR156 的拷贝数不断增加，而 *miR529* 的拷贝数不断减少（Zhang et al.，2015b）。至于 *miR535*，该家族成员在不同植物谱系中拷贝数差异很大（图 6-2）。这些结果表明，这 3 个 miRNA 家族之间存在不同的进化模式。*miR156* 家族在进化上更为保守，而 *miR529* 和 *miR535* 的进化速度更快。

miR156/miR529/miR535 超家族的序列一致性暗示了它们的生物学功能可能存在重叠。先前的研究已经发现 *OsmiR156* 和 *OsmiR529* 在调节植物生长发育方面具有重要作用（Jiao et al.，2010；Yue et al.，2017）。本研究中，从 3 个方面阐明了 *OsmiR535* 在调节植物发育中的作用。首先，*OsmiR535* 负调控穗分枝（图 6-8）。这与 *OsmiR156* 和 *OsmiR529* 的过表达导致稻穗的初级和次级枝梗数减少的研究保持一致（Wang et al.，2015c；Yue et al.，2017）。其次，本研究还发现 OsmiR535-OE 转基因水稻的株高和穗长明显降低，这与之前关于 *OsmiR156* 和 *OsmiR529*（Jiao et al.，2010；Wang et al.，2015；Song et al.，2016）的报道一致。最后，*OsmiR535* 过表达增加籽粒长，并改变了籽粒形状（图 6-9）。尽管没有论文直接报道 *OsmiR156* 和 *OsmiR529* 过表达对籽粒形状的影响，但发现它们的靶基因 *SPLs*（*OsSPL13*、*OsSPL14* 和 *OsSPL16*）可以控制籽粒形状（Jiao et al.，2010；Si et al.，2016；Wang et al.，2012）。这些发现证实了 *miR156/miR529/miR535* 超家族在控制水稻发育方面存在功能相似性和重叠性。此外还观察到，田间生长时 OsmiR535-OE 系比野生型开花早，这与 *OsmiR156b/h* 和 *AtmiR156* 过表达导致植物延迟开花的表型相反（Kim et al.，2012；Xie et al.，2006）。我们目前尚无法明确解释这种差异，推测 *OsmiR535* 可能通过某种未知的方式调控开花，这需要进一步深入研究验证。

OsmiR156/miR529/miR535 在控制水稻发育中具有相似功能，这可能与他们均靶向 *OsSPLs* 基因有关。先前研究报道，水稻有 19 个 *SPL* 基因（Xie et al.，2006），其中 4 个（*OsSPL2/14/17/18*）被预测为 *OsmiR156/miR529/miR535* 的共同靶基因，6 个（*OsSPL4/7/11/12/16/19*）被预测为 *OsmiR156/miR535* 的共同靶基因（附表 13）。研究人员利用 qRT-PCR 证实了 *OsmiR156* 可以调控 10 个 OsSPLs（*OsSPL2/3/7/11/*

12/13/14/16/17/18）的表达水平（Xie et al.，2012b；Jiao et al.，2010；Xie et al.，2006）。其中，*OsSPL7/13/14/16/17* 已被证实可以控制水稻发育（Miura et al.，2010；Jiao et al.，2010；Si et al.，2016；Wang et al.，2012；Wang et al.，2015c）。因此，miR156-SPL 分子模块已被明确确定为生长发育的核心调控途径（Wang and Wang，2015）。至于 *OsmiR529* 如何调控水稻发育，目前仅有研究人员利用 qRT-PCR 分析证实其过表达下调了 *OsSPL2/14/17*（Yue et al.，2017a）的表达水平，而 *OsSPL14* 和 *OsSPL17* 下调表达可以抑制稻穗枝梗数（Wang et al.，2015c），这与 *OsmiR529a* 过表达减少稻穗枝梗数的表型一致（Yue et al.，2017a），但这几个 *SPLs* 也都受到 *OsmiR156* 的调节。本研究发现只有 3 个 *OsSPL*（*OsSPL7/12/16*）在 *OsmiR535* 过表达水稻中下调，但无法通过 5′-RACE 验证它们的靶向关系。通过文献检索发现，其中，*OsSPL7* 已被实验证实可以调控水稻株高和稻穗枝梗数（Wang et al.，2015c），*OsSPL16* 被报道可以调节籽粒形状（Wang et al.，2012）。这些报道与我们的发现是一致的，表型数据也证实了 *OsmiR535* 过表达可以降低水稻株高和稻穗枝梗数，并可以增加籽粒长。因此猜测，*OsmiR535* 很可能是通过抑制 *OsSPL7* 的表达来调节株高和穗分枝，通过抑制 *OsSPL16* 的表达水平来控制籽粒形状。值得注意的是，*OsSPL7/12/16* 的表达受 *OsmiR535* 调节，但不受 *OsmiR529* 调节；而 *OsSPL2/14/17* 的表达由 *OsmiR529* 调控，而不受 *OsmiR535* 调控。这种差异暗示了 *OsmiR529* 和 *OsmiR535* 可能通过不同的 *SPLs* 靶基因发挥功能，比如，*OsmiR529* 可能通过靶向 *OsSPL2/14/17* 来调节稻穗分枝，而 *OsmiR535* 可能靶向 *OsSPL7/12/16* 来控制稻穗分枝和粒形。

现有研究表明，*OsSPLs* 基因可以调控稻穗分枝情况，然而不同研究得出的结论存在一定差异，甚至出现相互矛盾的现象。例如，有研究发现 *OsSPL14* 可以促进稻穗分枝（Miura et al.，2010；Jiao et al.，2010），而另有研究报道，*OsSPL16* 是稻穗分枝的负调节因子（Wang et al.，2012）。值得注意的是，最近的一项研究表明，*OsSPL7/14/17* 的过表达株系和 RNAi 转基因系都表现出穗分枝减少的表型（Wang et al.，2015c），这表明 *OsSPLs* 促进稻穗分枝可能需要相对稳定的表达水平。因此，可以提出这样的科学假设：*OsmiR156/miR529/miR535* 对 *OsSPLs* 基因表达的精细调控作用对构建理想稻穗分枝水稻特别重要，要实现这一精细调控，水稻会进化出精细的组织特异性表达。先前的研究表明，*OsmiR156* 在植物各个组织中均表达在营养组织中的表达比生殖组织中表达量更高，如在幼穗中表达水平最高（Jiao et al.，2010；Wang et al.，2015c）。在水稻生殖生长阶段，*OsmiR156s* 的表达水平会随着穗的成熟不断降低（Wang et al.，2015c）。然而，*OsmiR529s* 表现出与 *OsmiR156s* 相反的表达模式，*OsmiR529s* 在幼穗中高表达，但在根和叶中低表达（Yue et al.，2017a）。本研究发现 *OsmiR535* 的表达与 *OsmiR529* 类似，*OsmiR535* 在营养生长过程中表达水平非常低，并在花序发育时大量积累（图 6-5）。

另外，*OsmiR535* 过表达以某种方式导致了 *OsmiR529* 表达轻微降低（图 6-6）。我们推测，*OsmiR535* 和 *OsmiR529* 与 *OsmiR156* 在精细调控 *OsSPLs* 基因表达水平以促进稻穗分枝方面，存在协同作用。

已有研究表明，*OsSPLs* 基因的下游基因花序发育及稻穗结构有关。例如，研究人员通过染色质免疫沉淀测序技术对全基因组结合特性分析表明，与 SPL 蛋白直接结合的核心基序 GTAC 在 OsSPL14/IPA1 结合峰中高度富集（Lu et al.，2013）。OsSPL14 可以直接与一些重要水稻结构调控因子启动子中的 GTAC 基序结合，如 *OsLOG*、*OsSLR1*、*OsPIN1B* 和 *OsDEP1*（Wang et al.，2014a）。本研究还观察到这 4 个基因在 OsmiR535-OE 转基因株系中的表达水平下降（图 6-10），表明 *OsmiR535* 过表达抑制了 *OsSPL7/12/16* 的表达，并进一步抑制了这 4 个基因的下游基因表达。与本研究结果类似，*OsmiR529a* 过表达也下调了包括 *OsTB1*、*OsLAX1*、*OsCSLD4* 和 *OsIAA1/6/24* 等穗发育相关基因的表达（Yue et al.，2017a）。而 *miR156-SPLs* 对穗发育相关基因的调控也在其他植物物种中有相关报道（Liu et al.，2017；Du et al.，2017），这表明不同植物中穗分枝发育的调节机制相对保守。本研究的结果进一步加深了对 *OsmiR535*、*OsmiR156s* 和 *OsmiR529s* 调节植物生长发育的理解，特别是在 miRNA 调控圆锥花序发育和稻穗结构方面的功能更为保守。

6.4.2　*miR535* 调控水稻非生物胁迫应答

miR156/miR529/miR535 通过靶向 *SPLs* 调控植物生长发育过程之外，也参与一些非生物胁迫反应。研究表明，*OsmiR529* 的过表达增强了植物对氧化应激的抵抗力（Yue et al.，2017b）。在拟南芥中，*miR156* 可以调节植物对盐、甘露醇和高温胁迫的耐受性（Cui et al.，2014；Stief et al.，2014）。在紫花苜蓿中，*miR156* 过表达提高了植株对盐、干旱和热胁迫的耐受性（Arshad et al.，2017a；Arshad et al.，2017b；Matthews et al.，2019）。在水稻中，*OsmiR156k* 的过表达降低了水稻的耐冷性（Cui et al.，2015）。本研究通过表型和生理试验证实了 *OsmiR535* 可以通过增加细胞死亡和 ROS 积累负向调节水稻耐冷性（图 6-12~图 6-13）。*miR156* 和 *miR535* 在调控植物耐冷方面与调控植物耐盐/旱/热胁迫起着相反的作用。

miR156/miR529/miR535 在水稻和一些其他植物物种中，可能通过特定的协调机制发挥调控作用。*OsmiR529* 在不同非生物胁迫应答过程中是否具有类似的相反表型仍不清楚，而且 *miR156* 和 *miR535* 是以何种机制参与不同生物进程应答也不清楚。以前的研究提出了一个假设，即 *miR156*、*miR529* 和 *miR535* 如何在不同组织之间、不同发育阶段通过差异表达来实现水稻发育的协同调控作用（Wang et al.，

2015c)。本研究推测 *miR156* 和 *miR535* 在调控水稻应答低温、高盐、干旱以及热胁迫反应方面存在对立功能，可能是因为二者之间存在负反馈协同调节作用。*miR156* 在许多植物中的表达受盐/旱/热胁迫诱导，但被冷胁迫抑制；而 *miR535* 的表达却被冷胁迫诱导（图 6-11）（Lv et al.，2010）。这一发现意味着 *miR156* 可能主要在高盐、干旱和热胁迫应答过程中发挥作用，而 *miR535* 则主要在冷胁迫应答中发挥作用。*miR156* 和 *miR535* 参与植物应答低温、干旱、高盐与热胁迫中的不同反应具体是什么样的调控机制，还需要进一步深入研究。

目前，已有多个研究报道了 *SPL* 基因在盐/甘露醇/干旱/高温胁迫下具有重要的生物学功能（Cui et al.，2014；Arshad et al.，2017b；Stief et al.，2014；Hou et al.，2018；Gou et al.，2018；Ning et al.，2017），但尚未发现其参与冷胁迫应答的报道。本研究发现冷胁迫后 *OsmiR535* 过表达水稻中 3 个 *SPL* 靶基因（*OsSPL14/11/4*）表达受到抑制（图 6-14）。此外，还发现 *OsmiR535* 的过表达影响了 *CBF* 信号通路的核心组分 *OsCBF1/2/3* 的表达，以及 *CBF* 信号通路下游冷胁迫响应 Marker 基因的表达（图 6-14）。目前，已有多个 miRNA 被报道参与植物响应冷胁迫应答过程，如 *miR319*、*miR394* 和 *miR397* 等，它们也都参与调控 *CBF* 基因表达（Wang et al.，2014a；Song et al.，2016；Dong and Pei，2014）。SPL 家族蛋白主要通过结合两个顺式作用元件（GTAC motif 和 TGGGCC motif）发挥作用（Lu et al.，2013）。通过对 *OsCBF1*、*OsCBF2*、*OsCBF3* 启动子元件预测发现，*OsCBF1* 启动子中有一个 GTAC motif，*OsCBF2* 启动子中有 3 个 GTAC-motif 和 2 个 TGGGCC motif，*OsCBF3* 启动子中有 3 个 GTAC motifi 和一个 TGGGCC motif。这些发现暗示了冷胁迫反应中 *CBF* 信号传导通路中受 *SPL* 基因影响，但需要更多研究数据支撑 *OsmiR535/miR156* 的靶基因 *SPL* 可以直接结合 *CBF* 启动子，并在冷胁迫来临时调控 *CBF* 的表达。

6.5 结 论

（1）*OsmiR535* 在水稻中过表达可以通过降低第一和第二节间长度来降低株高。此外，*OsmiR535* 的过表达对稻穗结构产生了很大影响，过表达植株产生更多但更短的稻穗和更少的初级/次级枝梗，同时增加了籽粒长，但不影响籽粒宽。

（2）*OsmiR535* 过表达抑制了 *OsSPL7/12/16* 的表达，以及 *OsSPLs* 下游穗发育相关基因的表达，包括 *OsPIN1B*、*OsDEP1*、*OsLOG* 和 *OsSLR1*。

（3）*OsmiR535* 过表达通过加剧细胞死亡、影响 ROS 积累和调节渗透压抑制冷胁迫下水稻幼苗的生长。*OsmiR535* 过表影响了 CBF 通路中 *OsCBF1*、*OsCBF2* 和 *OsCBF3* 基因的表达。

第 7 章 *miR408* 调控水稻低温和干旱胁迫应答

miR408 是植物高度保守的 miRNA 家族之一。已有研究表明,拟南芥 *AtmiR408* 参与胁迫应答过程,但水稻 *OsmiR408* 是否参与非生物胁迫应答仍不清楚。本研究通过 RT-PCR 分析确定了 *Pre-OsmiR408* 和 *OsmiR408* 的表达受冷胁迫诱导,但受到干旱胁迫抑制。进一步通过对比野生型和 OsmiR408 转基因水稻的冷胁迫表型,发现 *OsmiR408* 过表达提高了转基因水稻萌发期和幼苗期的耐冷性;同时 *OsmiR408* 通过调控水稻叶片水分散失速率,降低了转基因水稻的耐旱性。此外,通过靶基因预测,筛选出 7 个 *OsmiR408* 的候选靶基因,包括 4 个植物质体蓝素和 3 个非典型靶基因。RT-PCR 分析显示,这 7 个靶基因在 *OsmiR408* 过表达株系中表达量均有所下降。值得注意的是,植物蓝蛋白基因 *Os09g29390* 和生长素应答性 Aux/IAA 基因 *Os01g53880* 表达受到冷胁迫抑制,且其表达模式与 *OsmiR408* 呈负相关。综上所述,本研究结果表明,*OsmiR408* 在水稻响应低温和干旱胁迫的应答过程中发挥着相反的作用。

7.1 研 究 背 景

7.1.1 miRNA 在调控植物非生物胁迫应答的研究进展

光照、二氧化碳、温度、养分以及水等环境因子是植物生长发育的必要条件。然而,其中某一个因子的缺乏或过量都会导致植物生长发育受到影响。逆境胁迫会使植物体内的基因的表达发生改变,进而导致某些物质的积累甚至是代谢途径的改变,最终使植物适应不同的非生物胁迫(Zhu,2002)。植物体内许多基因参与响应多种非生物胁迫,并在转录水平、转录后水平和翻译水平上受其调控。尽管逆境胁迫下的调控机制尚不明确(Kawaguchi and Bailey,2002),但已有研究表明,miRNA 能够响应非生物胁迫并且参与转录后水平的调控(Jones-Rhoades and Bartel,2004)。

植物非生物胁迫会诱导产生很多 miRNA,这些 miRNA 构成了一个 miRNA 调控网络。大多数 miRNA 参与响应多个非生物胁迫,但由于其种类繁多且功能复杂,难以逐一列举。因此,本章将对 miRNA 与非生物胁迫进行分类,并做一个简要概述。

1. miRNA 与脱落酸

脱落酸（ABA）是一种多功能的植物激素，在高等植物的各个器官均有发现。ABA 参与调解许多植物的生长发育与生理进程，如种子的成熟和萌发、叶片气孔的关闭以及非生物胁迫及生物胁迫的响应（Leung and Giraudat，1998）。

在拟南芥种子萌发过程中，ABA 处理能够诱导 *miR159* 的积累。靶基因 *MYB33* 与 *MYB101* 在 *miR159* 过表达的植株中表达量下降，同时这些过表达植株对 ABA 不敏感，而转 *MYB33* 与 *MYB101* 植株却对 ABA 敏感。Sunkar 等在 2004 年的研究中发现，*miR393* 受 ABA 的诱导表达量增加，同样 *miR397b* 与 *miR402* 在 ABA 处理下表达量增加，而 *miR389a* 则在 ABA 处理下表现为下调表达（Shinozaki and Yamaguchi，2000）。

2. miRNA 与干旱胁迫

水分是影响植物分布的关键因素之一。长期生活在干旱环境中的植物，经过长期的进化，已经形成了一套完整的调控机制以适应缺水条件。随着基因组高通量测序技术的广泛应用，植物基因组信息与蛋白质信息结果表明，植物体内大量的基因参与响应干旱胁迫，其中 miRNA 在这一过程中发挥了重要作用（Bartels and Sunkar，2005；Yamaguchi-Shinozaki and Shinozaki，2006）。

在拟南芥中，*miR393*、*miR319* 和 *miR397* 受干旱胁迫的诱导而表达量增加（Shinozaki and Yamaguchi，2000）。类似地，在水稻中，*miR393* 也受干旱胁迫的诱导并表现为上调趋势（Zhao et al.，2007）。此外，在拟南芥中，*miR157*、*miR167*、*miR168* 等在干旱胁迫下都表现为上调表达（Liu et al.，2008）。在杨树中，*miR1446a-e*、*miR1444a*、*miR1447* 等参与响应干旱胁迫，并表现为不同的趋势（Lu et al.，2008）。在苜蓿中，*miR398* 和 *miR408* 在干旱胁迫下表现为上调表达的趋势（Trindade et al.，2009）。

NFY（nuclear factor Y）是一类植物特异的转录因子，广泛参与响应植物胁迫反应。研究表明，拟南芥 NFYA 家族成员 *NFYA5* 被证实是 *miR169* 的靶基因。在干旱胁迫下，*miR169* 表现为下调表达。进一步研究发现，*miR169* 过表达植株或 *nfya5* 突变体植株对干旱的耐受性降低，而过表达 *NFYA5* 增强了植物对干旱的抗性。对 *NFYA5* 基因深入研究表明，该基因能调节植物叶片的气孔开度（Li et al.，2008）。这也是首次详细地研究了 miRNA 如何参与对干旱耐性的调节。

3. miRNA 与盐胁迫

地球上约有 6% 的可耕地受严重的盐害影响（Munns and Tester，2008），而中度的盐害就会抑制植物的生长发育，从而导致作物减产。盐胁迫促使植物中许多基因发生表达变化，同时一些信号通路也在盐胁迫环境中发生变化（Bartels and Sunkar，2005）。

在拟南芥、水稻中，*miR169* 在盐胁迫条件下呈现上调趋势（Zhao et al.，2009）。盐胁迫对拟南芥 *miR398* 起负调节作用，而这种作用影响 *miR398* 的靶基因 *CSD1*（Cu/Znsuperoxide dismutase 1）和 *CSD2*（Cu/Znsuperoxide dismutase 2）在盐胁迫下的表达量。而在欧洲山杨（*Populus tremula*）中，*miR398* 的表达在盐胁迫下表现为动态的变化，与未处理相比，盐处理 3 h 以内，*miR398* 呈现上调表达趋势，但是 3 h 之后却表现为下降趋势（Jia et al.，2009）。同样，在盐胁迫下的表达呈现先上升后下降的还有水稻 *miR396*、*miR396c*，过表达 *miR396c* 降低了水稻对盐胁迫的抗性（Gao et al.，2010）。

4. miRNA 与冷胁迫

大部分的生物体只有在适当的温度条件下生长发育，只有少数的生物能够在冷环境下生长。植物生长温度在一定范围时植物才能维持正常的生长发育，当植物生长在低于最适生长温度，植物的生长就会受到影响。像其他蛋白编码基因一样，miRNA 在冷胁迫下也会表现出变化差异，这些发生变化的 miRNA 通过调节靶基因的表达变化，改变植物体内的微环境或者改变通路，达到适应冷环境的目的，同时对冷胁迫发生一定程度的防御。

Lv 等（2010）通过基因芯片筛选水稻冷胁迫相关 miRNA，从芯片中筛选得到 18 个响应冷胁迫的 miRNA，其中 *miR1435*、*miR535* 在冷胁迫下呈现上调表达趋势，*miR168b*、*miR1868*、*miR408* 等在冷胁迫下表现为下调表达趋势。拟南芥中，*miR165/166/169* 等在冷胁迫条件下表现为上调表达（Zhou et al.，2008a）。

5. miRNA 与氧化胁迫

植物在正常和逆境环境中都会产生活性氧（ROS）。这些活性氧主要来源于植物细胞线粒体与叶绿体等细胞器的有氧代谢过程反应（Apel and Hirt，2004）。在长期进化过程中，植物形成了一套复杂的 ROS 清除系统，来维持体内的 ROS 的稳态。当植物受到生物因素（病虫、草食动物等）和非生物因素（干旱、盐碱、极端温度等）的胁迫时，体内活性氧的产生会增加。若 ROS 清除系统无法快速清除过量的 ROS，植物就会遭受氧化胁迫。这种氧化胁迫会扰乱植物体内的细胞代谢过程，严重时导致细胞死亡（Dat et al.，2010）。

活性氧包括超氧化物（O_2^-）、过氧化氢（H_2O_2）、氢氧根离子（OH^-）。大多活性氧清除酶需要螯合铁、锰、铜、锌等金属离子（Fridovich，1995）。Cu/Zn 超氧化物歧化酶 CSD（Cu/Zn superoxide diamutase）能够清除 O_2^-。Bowler 等发现，氧化胁迫能够诱导 *CSD* 基因的表达来清除体内过多的 O_2^-（Jagadeeswaran et al.，

2009)。

    CSD1 与 *CSD2* 被预测是 *miR398* 的靶基因，并且它们的表达受到强光、金属离子等胁迫的诱导。进一步研究发现，在氧化胁迫条件下，*miR398* 的表达量下降，而其靶基因 *CSD1* 与 *CSD2* 的表达量呈上调趋势。过表达拟南芥 *CSD2* 能够增强对强光、重金属及其他氧化胁迫的耐受能力（Sunkar et al.，2006）。

    植物细胞质内大部分的铜蛋白是质体蓝素（plastocyanin，PC）、CSD 和细胞色素 c。当环境中的铜较低时，CSD 的表达受到抑制，同时铁超氧化物歧化酶（FSD）将代替 CSD 行使功能。在低铜环境中，*miR398* 的表达增加，从而抑制 CSD 基因的表达。这一结果表明，*miR398* 能够响应环境中的铜离子，并且调节 CSD 的表达来控制植物细胞内的 ROS 水平（Yamasaki et al.，2007）。

6. miRNA 与低氧胁迫

    氧气是植物有氧代谢反应所必须的环境因子，当植物处于洪涝灾害时或植物长期处于水中，氧气的供应中断，这时候就会发生低氧胁迫，从而影响线粒体的呼吸作用（Agarwal and Grover，2005）。低氧胁迫使得基因组的转录发生变化，改变新陈代谢途径，使得大部分的有氧代谢反应变为无氧代谢反应，从而减少植物体对氧气的需求（Bailey-Serres and Voesenek，2008）。

    最近的研究发现，miRNA 在低氧胁迫中起重要的调控作用。对玉米幼苗期进行低氧胁迫处理后发现，*miR167*、*miR166* 在低氧胁迫中的表达上升，另外，*miR159* 则在缺氧环境中表现为下调趋势（Zhang et al.，2008）。拟南芥中 19 个 miRNA 家族在低氧胁迫下表达发生变化，而 miRNA 的靶基因则表现为相反的表达趋势。我们对这些靶基因按功能分为 3 类：参与器官发育和植物生长基因、参与植物信号传导基因和参与各种新陈代谢途径蛋白基因（Moldovan et al.，2009）。

7. miRNA 与紫外线

    光是绿色自养型生物生长发育的必需因素之一，植物的整个生命过程都离不开光。自然光中的大部分紫外线能够被大气层中的臭氧层所吸收。大气臭氧层有 3 个作用：保护作用、加热作用、温室气体作用。臭氧层能够吸收太阳光中波长 306.3 nm 以下的紫外线，主要是大部分紫外线 B（波长 290~300 nm）和全部的紫外线 C（波长<290 nm）。地球表面的臭氧层正在慢慢减少，随着大气层中的臭氧层慢慢减少，使得太阳光中的紫外线 B 和紫外线 C 的量增加。紫外线 B 的增加对植物的生长发育起到不利影响，直接或间接的产生 ROS（McKenzie et al.，2003），同时紫外线 B 破坏 DNA 双链结构，影响蛋白质的合成途径（Gruijl et al.，1994）。植物通过改变生理变化，生物化学的变化以及分子上的变化来响应紫外线 B。Zhou 等（2007）发现拟南芥中有 21 个 miRNAs，在紫外线 B 处理下发生了变化，分别

属于 11 个 miRNA 家族，同时对这些 miRNA 的靶基因预测后发现，这些与紫外线 B 辐射有关的 miRNA 可能参与了与微管细胞的分化、微管的发育、分生组织的形成和侧根形成等生理过程中的生长素（auxin）信号传导过程。但要阐明这些由 miRNA 介导的抗紫外线 B 辐射的分子机制，有待进一步研究。

8. miRNA 与营养胁迫

植物正常的生长与发育需要足够的营养元素，土壤中的营养元素缺失时植物的生长发育速度减缓，严重时造成减产（Chiou，2007）。植物根和茎中大量的基因参与了养分的吸收和转运。甚至非编码蛋白质的 miRNA 也参与了植物对养分的吸收和转运。下面就针对不同的营养元素进行一个总结。

（1）miRNA 与硫代谢

土壤中的硫主要以硫酸盐的形式存在，植物通过吸收土壤中的无机硫酸盐来维持体内的硫稳态。植物根内存在大量的与硫酸盐吸收转运相关的蛋白。植物体内的硫元素参与蛋白质的合成，形成低分子量的混合物，如谷胱甘肽、植物抗毒素和芥子油苷。这些低分子量的物质参与植物响应各种不同的非生物胁迫和生物胁迫（Rausch and Wachter，2005）。

有证据表明，*miR395* 与其靶基因参与植物体内的硫元素稳态。*miR395* 靶向调节 *AST68* 和 3 个 ATP 硫酸盐加家族基因（*APS1*、*APS3* 和 *APS4*），这 4 个基因参与硫的转运及代谢。实验表明，拟南芥 miR395 能够响应低硫胁迫并且其表达上升，与此同时 *ASP1* 的表达呈现下调表达模式（Jones-Rhoades and Bartel，2004）。然而，在植物根部表达的 *AST68* 同样也能感受到 *miR395* 受到低硫诱导的信号，表达量呈现下调表达趋势，当硫素浓度达到正常水平时，*ASP68* 与 *ASP1* 的表达水平恢复（Takahashi et al.，1997）。这一结果也同样证明了 miRNA 的调控信息能在植物木质部与韧皮部运输，使得 miRNA 调节靶基因的模式没有空间性限制。

（2）miRNA 与磷代谢

磷是组成细胞组分的重要物质，如核酸、质膜及 ATP。更重要的是，蛋白质的磷酸化在细胞信号传导及调节蛋白质活性的过程中起到非常重要的作用（Kawashima et al.，2009）。磷酸根离子（HPO_4^{2-}）是植物吸收磷的主要形式，而土壤中的其他形式的磷，或是不可溶的或是其他形式的，都无法被植物所吸收（Marschner，1995）。土壤中可利用的磷的含量低于 10 μmol/L，而在一些贫瘠的土壤里，磷的含量要降低 100 到 1000 倍。植物为了克服低磷环境，植物已经形成了一系列的适应机制，如增加磷的获取量、对体内的磷的重复利用等（Poirier and Bucher，2004），同时土壤中磷含量的过多导致植物遭受磷毒害，表现为成熟叶片的枯萎和死亡（Doerner，2008）。

miR399 是第一个被发现能够响应低磷环境的 miRNA，miR399 在低磷环境中呈现上调表达而在高磷环境中呈现下调表达（Yang et al.，2012）。拟南芥 miR399 家族共有 6 个成员，都能参与响应磷的胁迫。对 miR399 的靶基因预测发现，PHO1 与 UBC24 受到 miR399 的靶向调控，同时这两个基因参与体内磷的稳态（Pant et al.，2008）。过表达拟南芥 miR399 能够降低了 UBC24 基因的表达量，增加植物在低磷环境中对磷的摄取量（Liu et al.，2009）。过表达缺失 5′UTR 的 UBC24 拟南芥，能够在缺磷环境中大量积累而不被 miR399 所切割，但将含有完整 5′UTR 区域 UBC24 基因转入拟南芥，并且施加低磷胁迫时，UBC24 的积累受到了 miR399 的调控。这一发现证明，UBC24 的 5′UTR 在 miR399 切割 UBC24 时非常重要（Yang et al.，2012），所以导致含有完整序列的 UBC24 基因的过表达拟南芥，在低磷环境中会被 miR399 所切割。在缺失 5′UTR 的 UBC24 过表达的拟南芥中，会导致初生根毛的减少，PHT1（Pi transporter gene）基因的上调表达等。这些都是过表达植株对环境中低磷的适应性响应。miR399 通过 RISC 介导的 mRNA 裂解，并有可能通过翻译抑制在 UBC24 表达调控中起着至关重要的作用。UBC24 影响磷动态平衡的精确机制仍不清楚，但 pho2 突变或 miR399 过表达的植物根中表现出显著提高磷转运蛋白 PHT1 和 PHT8 的水平。另一项研究发现，UBC24 可调节的参与一种与磷动态平衡相关的一种转录因子的表达（Burkhead et al.，2009）。

（3）miRNA 与铜代谢

铜是植物体内重要的微量元素，参与形成植物体内的质体蓝素、Cu/Zn SOD 酶（CSD）、漆酶（laccase）和乙烯受体等。缺铜能够导致植物光和电子传递链的减少、质体醌含量的下降及叶片颜色的变淡，严重时导致类囊体膜的损坏（Henriques，1989）。然而铜过量积累在植物体内同样也会造成铜毒害。铜作为活性氧清除酶 CSD 的辅因子，而 CSD 被预测是 miR398 的靶基因。在缺铜环境中，随着 miR398 含量的增加，拟南芥体内的 CSD 的转录会下降，取而代之的是 FeSOD 的转录上升。减少 CSD 对铜利用的同时，将有限的铜充分利用，这是 miR398 调节体内铜稳态的一个途径（Abdel-Ghany and Pilon，2008）。miR397、miR408 和 miR857 能够响应低铜胁迫（Bonnet et al.，2004）。miR397 的靶基因是漆酶 2、4 和 17，miR408 的靶基因是质体蓝素和漆酶 3、12 和 13，而 miR857 的靶基因则是漆酶 7。

（4）miRNA 与重金属胁迫

钴、汞等重金属是环境中广泛存在的污染物。过量的重金属胁迫会导致植物体内产生大量的活性氧，从而发生氧化胁迫，使植物萎蔫、根部褐化、生长受抑制，甚至是死亡（Schützendübel et al.，2001；Sanità di Toppiand and Gabbrielli，

1999）。豆科植物苜蓿是为数不多能耐受钴胁迫的植物之一（Hildebrandt et al.，2007）。Zhou 等（2008b）从苜蓿中发现 38 个 miRNA，其中 *miR393*、*miR171*、*miR319* 和 *miR529* 够响应钴胁迫并表现为上调表达，只有 *miR166* 与 *miR398* 在钴胁迫下表现为下调表达。值得注意的是，*miR398* 的下调表达导致 *CSD1* 与 *CSD2* 的表达量上升，从而减缓氧化胁迫对苜蓿造成的伤害。此外，植物 miRNA 还能响应汞和铝的胁迫，这表明，miRNA 在响应重金属胁迫中同样起到至关重要的作用。

9. miRNA 与植物机械损伤

植物机械损伤又称力学胁迫，如风使植物树枝或树干扭曲或折断等。植物生长的规律是根向下生长而茎向上生长，但由于重力的因素，树木枝条产生一种独特的木化组织，该组织能够纠正弯曲的枝干重新恢复（Barnett，1981）。这种恢复过程被认为是树木自身在防御抵抗机械胁迫而产生的防御机制。虽然这种防御机制的具体作用还不是很明确，但是已有学者发现，miRNA 在植物遭受机械胁迫时发生了变化。Lu 等（2005）在研究毛果杨（*Populus trichocarpa*）机械胁迫时，从中分离出 22 个 miRNAs，分别属于 21 个 miRNA 家族。通过对这些 miRNA 的靶基因进行预测发现，大部分的 miRNA 靶基因参与植物的生长发育以及胁迫应答过程，如参与细胞壁合成。这表明，当植物感受到机械胁迫时，能够产生特定的 miRNA。这些 miRNA 可能在植物应对机械胁迫的过程中，通过促进结构上的适应性变化来发挥其功能。这种机制有助于植物更好地响应和适应外界的物理刺激，从而增强其生存能力。

7.1.2　植物 miRNA 逆境胁迫分子机制研究进展

植物体内 miRNA 与 AGO1 蛋白形成组装形成 RNA 诱导沉默复合体（RISC）。miRNA 介导的 RISC 能够在在转录后水平上降解或者抑制靶基因的表达（Hannon，2002）。这种转录后水平的调控是基于 miRNA 成熟体序列与靶基因 mRNA 序列结合。然而 miRNA 5′短序列与靶基因序列的结合并不完全匹配。研究发现，miRNA 成熟体序列第 12 和第 13 位碱基的稳定结合程度影响 miRNA 对靶基因的切割作用（Khvorova et al.，2003）。这种复杂的匹配方式首先是在 *miR172* 调节与靶基因 *APETALA2* 中发现的（Aukerman and Sakai，2003；Chen，2004）。当 RISC 与 mRNA 结合并完成对 mRNA 的切割后，RISC 从 mRNA 分子上脱落，同时脱落的 RISC 复合物还能行使对剩余 mRNA 的切割作用（Hutvagner and Zamore，2002）。

有学者从秀丽隐杆线虫中发现的第一个 miRNA——*lin-4*，具有转录抑制

lin-14 基因的功能。研究发现，*lin-4* 基因的表达与 *LIN-14* 基因的表达具有相同的表达特性，而 *lin-14* 基因 mRNA 分子并没有发生改变（Wightman et al.，1993）。类似的现象也在 *lin-4* 的另一个靶基因 *lin-28* 基因 mRNA 分子上。这一现象在同一个 miRNA 的多个靶基因中重复出现，这引起了科学家的关注，并提出了一个合理的解释：*lin-4* RNA 可能通过翻译抑制调控靶基因。事实上，除了 *lin-4* 与其靶基因的转录抑制外，还有许多 miRNA 也被发现有转录抑制现象。

7.1.3　*miR408* 的研究进展

miRNA 是一类内源的具有调节功能的非编码小 RNA，保守的 miRNA 在植物和动物中都有发现。*miR408* 是一类在进化中保守并在多物种中共有、仅包含一个 *miRNA* 成员的 *microRNA*，已在双子叶植物和单子叶植物中被发现。拟南芥中，*AtmiR408* 被证明靶基因是一些含铜蛋白基因，如质体蓝素、漆酶等（Jones-Rhoades et al.，2006）。质体蓝素是一类含有一个铜离子的质体蓝素家族蛋白，是光合电子传递链中的电子传递体（Weight et al.，2003）。同样，漆酶蛋白含有 4 个铜结合位点，能够催化植物体内的氧化反应（Lafayette et al.，1999）。有研究发现，拟南芥中的质体蓝素基因在花中的表达量非常高，特别是在雌蕊中。过表达质体蓝素基因会导致拟南芥花粉母细胞无法裂开，从而阻碍转基因植株的授粉过程（Dong et al.，2005）。

铜是一种对植物体内酶功能至关重要的金属离子，许多关键酶，如漆酶和质体蓝素，都需要铜作为辅因子来发挥其生物活性。当植物遇到缺铜的环境胁迫时，漆酶 3 和质体蓝素的水平显著下降。研究显示，microRNA（miRNA）在植物体内金属元素稳态调控中扮演着重要角色。例如，*miR408* 被证实参与植物体内铜平衡的调节（Abdel-Ghany and Pilon，2008）。在拟南芥（*Arabidopsis thaliana*）中，Maunoury 和 Vaucheret（2011）的研究指出，*AtmiR408* 不仅能够对铜缺乏作出响应，而且其表达量上调，进一步通过 5′-RACE 实验验证了 *AtmiR408* 与质体蓝素基因之间的靶向关系。在缺铜环境中，*AtmiR408* 的表达与质体蓝素呈相反趋势。*AtmiR408* 对质体蓝素基因的调控受到 AGO1 和 AGO2 蛋白的影响。其中，AGO1 对于 miRNA 在调节植物生长发育以及非生物胁迫响应方面发挥着核心作用；AGO2 能够通过结合 miRNA 5′端的碱基 A 以抑制 miRNA 对靶基因的作用（Inês et al.，2010）。然而，当 AGO1 与 AGO2 同时突变时，*miR408* 对质体蓝素的切割作用消失，尽管 *miR408* 对缺铜的响应模式保持不变。这意味着 AGO1 和 AGO2 在不影响 *miR408* 响应缺铜的同时，能够调节其对质体蓝素基因的切割。

类似地，在苜蓿（*Medicago truncatula*）中也发现了 *miR408* 的存在，并证实

其能够响应盐胁迫和干旱胁迫，且在两种胁迫下都显示了上调表达的趋势。该 miRNA 在苜蓿的地上和地下部分均可检测到，同样呈现上调表达。在苜蓿中，*MtmiR408* 预测的靶基因为铜蓝蛋白和质体蓝素。质体蓝素是一种含铜蛋白，其表达受上调表达的 *miR408* 抑制（Inês et al.，2010）。抑制质体蓝素基因的表达导致植物体内铜的积累。为了调节过剩的铜，植物体内 *miR398* 的表达减少，这促使 *CSD* 基因的表达增加，通过生成更多的 CSD 蛋白来结合多余的铜，从而保持铜的平衡。在胡杨（*Populus euphratica*）中，*PremiR408* 参与响应脱水胁迫。在脱水处理 15 min 后即开始响应，而在 4 h 后表达上调的趋势转为下调（Lia et al.，2009）。Shen 等（2010）在水稻（*Oryza sativa*）中使用基因芯片筛选，发现 *OsmiR408* 能够响应 ABA、干旱及盐胁迫。水稻中 *OsmiR408* 在干旱胁迫下的表达模式与胡杨相似。此外，Li 等（2011）利用基因芯片在水稻中筛选到幼苗期响应 H_2O_2 胁迫的 miRNA，通过 Northern 杂交分析验证表达谱，结果显示 *miR408-5p* 在 H_2O_2 胁迫下显著上调表达。

随着近几年基因芯片技术的飞速发展，植物中参与响应各种胁迫的 miRNA 正在被大量挖掘，一些 miRNA 的在胁迫中的功能也在慢慢被验证。植物 *miR408* 能够参与响应非生物胁迫，包括盐、干旱、ABA 以及 H_2O_2 等胁迫，但是其在各种胁迫下的具体功能却很少研究。Feng 等（2010）发现，在烟草中，*NtmiR408* 能够响应铜素缺失，并且表达量上升，烟草 *NtmiR408* 成熟体序列与拟南芥 *AtmiR408* 序列具有很高的相似性。将拟南芥 *AtmiR408* 转入烟草中，同时研究 *AtmiR408* 的基因功能。已有的研究发现拟南芥 *AtmiR408* 的靶基因是 *LAC3*、*LAC12* 和 *LAC13*。过表达 *AtmiR408* 烟草中，这些基因的表达受到抑制，导致 SOD、POD、CAT 等抗氧化酶酶活下降，与此同时，转基因烟草同样是叶绿素含量发生了变化。而转基因烟草在富含铜的环境中生长时，根长变短。

最近有研究报道，水稻 *OsmiR408* 可以通过抑制植物花青素家族基因正向调控产量（Zhang et al.，2017f；Pan et al.，2018），同时发现 *OsmiR408* 在耐旱品种中表达受干旱胁迫诱导，但在干旱敏感品种中受到显著抑制（Mutum et al.，2013；Balyan et al.，2017）。但是，另一项研究表明，*OsmiR408* 在极端抗旱的野生稻（'东乡'）中表达受干旱胁迫抑制（Zhang et al.，2016c）。然而截至目前，仍未有 *OsmiR408* 调控水稻干旱胁迫应答的报道。*OsmiR408* 表达受冷胁迫诱导，但其是否调控水稻冷胁迫耐受性亦不清楚（Mutum et al.，2013）。因此，本研究针对 *OsmiR408* 在水稻应对低温和干旱胁迫中的功能开展研究，最终结果表明，在水稻品种'空育131'中，*OsmiR408* 的表达在冷胁迫下被诱导，但在干旱胁迫下受到了抑制。此外，本研究揭示了 *OsmiR408* 在应对寒冷胁迫和干旱胁迫中的相反作用。

7.2　材料与方法

7.2.1　实验材料

1. 植物材料

粳稻品种'空育 131'（*Oryza Sativa* cv. Kongyu131）由黑龙江八一农垦大学作物逆境分子生物学实验室保存。

2. 菌株与质粒

本研究所用大肠杆菌（*Escherichia coli*）、根癌农杆菌（*Agrobacterium tumefaciens*）等菌株由黑龙江八一农垦大学作物逆境分子生物学实验室保存。

克隆载体及植物过表达载体等由黑龙江八一农垦大学作物逆境分子生物学实验室保存。

3. 生物信息学软件及数据库

miRNA 数据库：miRbase
水稻 cDNA 序列数据库：TIGR Rice Database
水稻基因数据库：TIGR 水稻数据库
miRNA 靶基因预测软件工具：psRNA Target
同源比对软件：BLAST
引物设计软件：primer 5

4. 试剂与培养基

（1）本研究用到的试剂

RNA 核酸纯化及反转录、常规 PCR 试剂、引物合成及测序与第 2 章 2.2 部分相同，其他试剂均为常规分子生物学试剂。

（2）本研究用到的大肠杆菌培养基（LB）、农杆菌培养基（YEB）、酵母培养基（YPD）、酵母筛选培养基（SD）等配方见第 2 章 2.2 部分。

（3）本研究用到的植物培养包括 Youshida 营养液，配方见附表 1；基本培养基为 MS 无机盐，配方见附表 2；水稻组织培养基本培养基 NB，配方见附表 3；水稻愈伤组织培养各阶段的使用培养基见附表 4。

（4）本研究用到的主要仪器设备见第 2 章 2.2 部分。

7.2.2　实验方法

1. 利用 RT-PCR 进行基因表达分析

水稻培养及冷胁迫处理、水稻叶片总 RNA 提取、RNA 反转录、RT-PCR 及数据分析见第 2 章 2.2 材料与方法。引物信息见附表 15。

2. 植物表达载体的构建

根据 pre-miRNA 序列设计引物，并且在引物的 5′端加入相应的酶切位点，便于与通用植物表达载体卡盒 pCAMBIA330035sU 连接。使用限制性内切酶将通用植物表达载体卡盒 pCAMBIA330035sU 与克隆片段酶切，酶切条件参见内切酶使用说明书，之后使用 USER 酶连接。连接产物转化大肠杆菌，并提取质粒送交测序。

3. 水稻遗传转化及分子生物学鉴定

水稻遗传转化、抗性苗的抗生素筛选、PCR 检测、RT-PCR 检测见第 2 章 2.2 材料与方法。

4. 转基因水稻耐冷功能分析

为了评估转基因水稻萌发期耐冷性，将萌发至 5 mm 芽的野生型（WT）和 *OsmiR408* 过表达（OX）转基因幼苗置于 10℃的生长室中 7 天，然后在正常条件下继续培养 4 天，并于第 5 天拍照。测量地上部和根部的长度，并计算过表达转基因水稻株系的相对生长情况（过表达转基因水稻幼苗芽长/根长除以野生型的芽长/根长）。每个实验样本个体数为 30 株幼苗，进行 3 次生物学重复。

为了测试转基因水稻幼苗期的耐冷性，将长势一致的 3 周龄野生型和 *OsmiR408* 过表达转基因水稻幼苗 4℃处理 2 天。冷胁迫后，检测相对离子渗透率（Peever and Higgins，1989）、超氧化物歧化酶（SOD）活性（Giannopolitis and Ries，1977）和脯氨酸含量（Bates et al.，1973）。然后将幼苗恢复到正常生长条件并培育 7 天。确定存活的幼苗数量，并计算存活率。每个实验样本个体数为 30 株幼苗，进行 3 次生物学重复。

5. 转基因水稻耐旱功能分析

将野生型和 OsmiR408 过表达转基因水稻培养至 3 周龄，选取长势一致的水稻株系浇足水分后开始干旱处理，观察到水稻严重萎蔫或枯萎表型后恢复浇水，正常生长条件下培育 5 天后拍照，并统计各株系存活率。每个实验样本个体数为 120 株幼苗，进行 5 次生物学重复。为检测野生型和 OsmiR408 过表达转基因水稻水分散失速率，将正常培养至 3 周龄的水稻幼苗地上部分剪下，置于空气中自然放置，分别在 0 min、30 min、60 min、90 min、120 min、165 min、210 min、255 min 和 300 min 测量叶片重量，并计算水分损失率。每个实验样本个体数为 10 株幼苗，进行 3 次生物学重复。

6. OsmiR408 靶基因的预测与鉴定

为了鉴定 OsmiR408 的靶基因，从植物 miRNA 数据库中下载了基于学位组测序的候选靶点的信息（http://bis.zju.edu.cn/pmirkb/tarval.php?race_id=4530）（Meng et al.，2011），并使用 psRNATarget 进行了预测（http://plantgrn.noble.org/psRNATarget/home），expection 值设置为 2.0。候选靶基因的低温和干旱胁迫转录组数据来自 NCBI GEO 数据库下载（登录号：GSE57895 和 GSE74793）。候选靶基因表达模式分析中的 RNA 的提取、反转录、RT-PCR 检测及数据分析见第 2 章 2.2 材料与方法。

7.3　结果与分析

7.3.1　OsmiR408 冷胁迫和干旱胁迫下表达模式分析

近期研究发现，OsmiR408 可以调控水稻生长、光合作用和种子产量（Yu et al.，2017；Pan et al.，2018），但其在非生物胁迫应答过程中的作用仍未见报道。鉴于拟南芥 AtmiR408 在非生物胁迫应答中发挥重要作用（Ma et al.，2015），本研究首先研究了 OsmiR408 的表达是否受到冷胁迫影响。对 3 周龄水稻进行 4℃冷胁迫，分别于处理 0 h、0.5 h、1 h、3 h、6 h、9 h、12 h、24 h 取水稻叶片部分，提取水稻总 RNA，反转录合成 cDNA，用于半定量 RT-PCR 和实时荧光定量 PCR 分析。图 7-1A 半定量 RT-PCR 结果显示，冷胁迫后，pre-miR408 表达量显著升高；图 7-1B 实时荧光定量 PCR 结果进一步证实了，成熟的 miR408 在冷胁迫后 3 h 表达量显著上升，并在 9 h 达到最大值。这些结果与拟南芥中 AtmiR408 表达受到冷胁迫诱导结论一致（Ma et al.，2015）。

前期研究中，拟南芥 AtmiR408 表达受到干旱胁迫抑制，因此，我们检测了 OsmiR408 在干旱胁迫胁迫下的表达模式（Ma et al.，2015）。3 周龄水稻幼苗使用 20% PEG 溶液模拟干旱处理，并在处理后 0 h、1 h、6 h、12 h 取样，RNA 提取反转录后进行半定量 RT-PCR 和实时荧光定量 PCR 分析。与预期结果相似，图 7-1C 结果显示，pre-miR408 表达受到干旱胁迫抑制，成熟体 miR408 在干旱处理 1 h 表达降至最低点。综上，OsmiR408 的表达受到冷胁迫的诱导，但受到干旱胁迫的抑制。

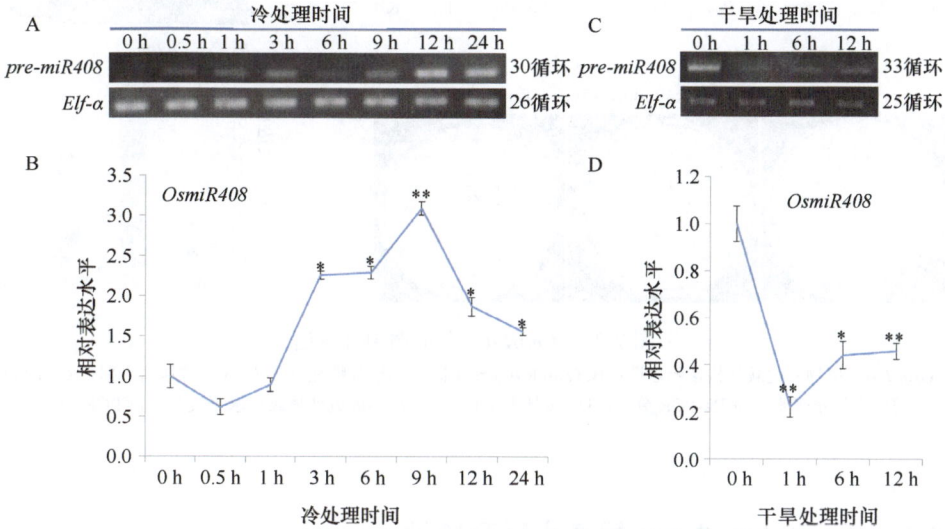

图 7-1　*OsmiR408* 冷胁迫和干旱胁迫下表达模式

A. 冷胁迫下 *OsmiR408* 前体表达模式半定量 RT-PCR 分析；B. 冷胁迫下 *OsmiR408* 成熟体表达模式荧光定量 PCR 分析；C. 干旱胁迫下 *OsmiR408* 前体表达模式半定量 RT-PCR 分析；D. 干旱胁迫下 *OsmiR408* 成熟体表达模式荧光定量 PCR 分析

7.3.2　*OsmiR408* 过表达转基因水稻的获得

为进一步确定 *OsmiR408* 在水稻应对非生物胁迫中的功能，本研究构建了以'空育 131'水稻为背景的 OsmiR408 过表达转基因水稻。在水稻基因组中寻找包含 *pre-miR408* 区域的 DNA 序列，设计包含 *pre-miR408* 的引物序列，以水稻基因组 DNA 为模板，克隆 *pre-miR408* 片段。将 *pre-miR408* 片段酶切后连接 pCAMBIA330035Su 植物表达载体，经 PCR 鉴定及测序后，获得正确的 pCAMBIA330035Su-pre-OsmiR408 过表达载体（图 7-2A）。

采用农杆菌介导的遗传转化方法，侵染空育 131 水稻愈伤组织，经过除菌、筛选、芽诱导、根诱导、驯化移栽等阶段，获得 *pre-miR408* 转基因抗性植株。利用 15 mg/L 的草甘膦水溶液，鉴定获得纯合转基因株系（图 7-2B），并进行半定量 RT-PCR 和荧光定量 PCR 鉴定，图 7-2C 和图 7-2D 结果显示，#2 株系和#6 株系的 *pre-miR408* 前体及 *miR408* 成熟体均在水稻中成功过表达，且#2 株系表达量高于#6 株系，可用于下一步功能分析。

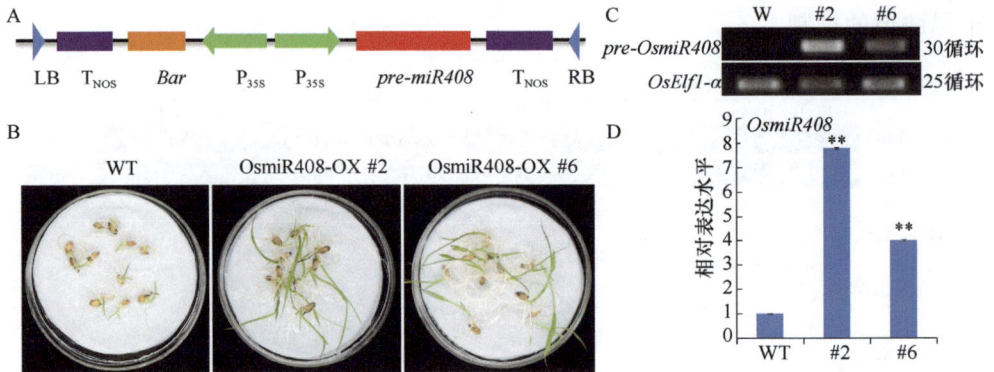

图 7-2　*OsmiR408* 在水稻中过表达

A. *OsmiR408* 植物表达载体构建示意图；B. OsmiR408 转基因水稻草甘膦纯合筛选；C. 转基因水稻中 *OsmiR408* 前体表达水平半定量 RT-PCR 分析；D. 转基因水稻中 *OsmiR408* 成熟体表达水平荧光定量 PCR 分析

7.3.3　*OsmiR408* 过表达提高水稻耐冷性

1. *OsmiR408* 过表达提高萌发期水稻耐冷性

为评价 *OsmiR408* 在水稻冷胁迫应答中的功能，选取野生型及阳性转基因水稻植株，种子浸种催芽至 5 mm 长时，实验组进行 10℃冷胁迫 7 天，后恢复正常培养条件生长 4 天，对照组在正常条件下生长 11 天。表型结果显示（图 7-3A），在对照条件下，OsmiR408-OX 转基因株系表现出比野生型更好的生长状况，统计结果显示，转基因水稻的根长、芽长均高于野生型（图 7-3B 和图 7-3D），这与前人研究一致，即 *miR408* 过表达促进了植物生长（Pan et al., 2018）。

在冷胁迫处理下，野生型和转基因水稻植株生长速度降低，但转基因植株较野生型植株生长速度较快（图 7-3A），统计结果分析发现，冷胁迫下转基因水稻地上部分和地下部分长度均高于野生型（图 7-3C）。为进一步确定 OsmiR408-OX 转基因水稻耐冷性强于野生型，计算了转基因和野生型水稻在对照和冷胁迫前后地上地下部分的相对生长情况。如图 7-3D 所示，正常培养条件下，OsmiR408-OX 转基因植株芽和根的长度约为野生型的 1.1 倍，但在冷胁迫后，OsmiR408-OX 转基因植株芽和根的长度约为野生型的 1.6 倍（图 7-3E）。以上结果表明，*OsmiR408* 过表达增强了水稻幼苗早期的冷胁迫耐受性。

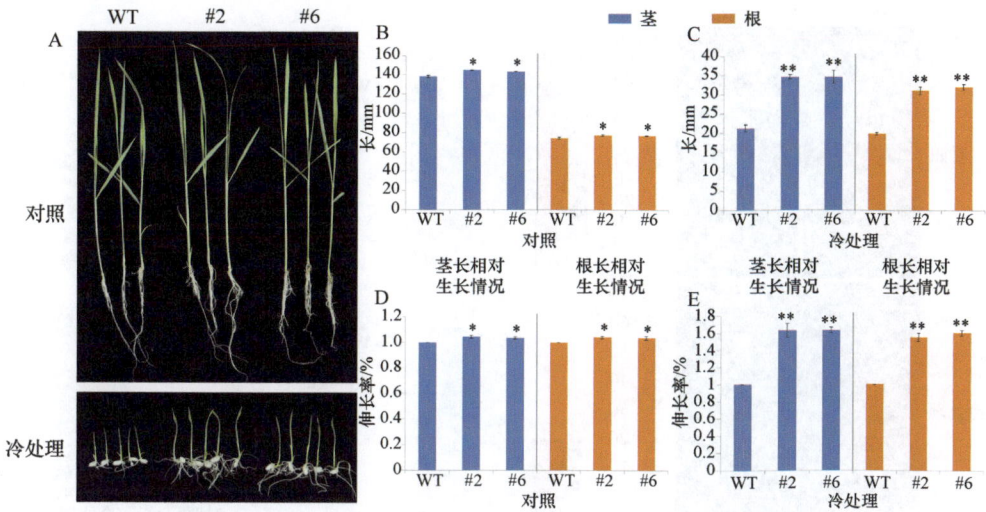

图 7-3　OsmiR408-OX 转基因水稻萌发期耐冷性评价

A. OsmiR408-OX 转基因水稻及野生型水稻冷胁迫表型；B. 对照条件下 OsmiR408-OX 转基因水稻及野生型水稻根长茎长统计；C. 冷胁迫条件下水稻根长茎长统计；D. 对照条件下水稻根长茎长相对生长情况；E. 冷胁迫条件下水稻根长茎长相对生长情况

2. *OsmiR408* 过表达提高幼苗期水稻耐冷性

为进一步确认 *OsmiR408* 在水稻冷胁迫应答中的功能，选取野生型及阳性转基因水稻植株培养至 3 周龄，选取长势一致的水稻幼苗进行 4℃冷胁迫 2 天，然后 25℃下恢复培养 7 天。恢复培养后的表型结果显示（图 7-4A），野生型表现出更差的生长状况，甚至部分死亡，而 OsmiR408-OX 转基因株系生长状况较为良好。存活率统计显示，野生型水稻在冷胁迫后只有 57%的植株存活，而两个 OsmiR408-OX 转基因水稻存活株系高达 90%（#2）和 89%（#6）（图 7-4B）。

此外，本研究进行了冷胁迫相关生理指标的检测，以期在生理层面阐释 *OsmiR408* 对水稻耐冷性的影响。低温首先会破坏植物细胞中细胞膜的完整性，因此，本研究首先对转基因及野生型水稻冷胁迫前后的相对离子渗透情况进行了检测，如图 7-4C 所示，转基因植株和野生型植株的相对离子渗透率在对照情况下并无显著性差异，但冷胁迫后，野生型水稻相对离子渗透情况显著高于转基因株系，表明低温对野生型水稻细胞造成了更严重的伤害。同时，检测了 SOD 酶活及脯氨酸积累情况，图 7-4D 和图 7-4E 结果显示，转基因水稻在冷胁迫后 SOD 活性大幅提高，且积累了更多的脯氨酸，以此更有效地对抗低温对植株造成的影响。综上所述，*OsmiR408* 在水稻中过表达可有效提高转基因水稻的耐冷性，这与拟南芥中的报道一致（Ma et al.，2015）。

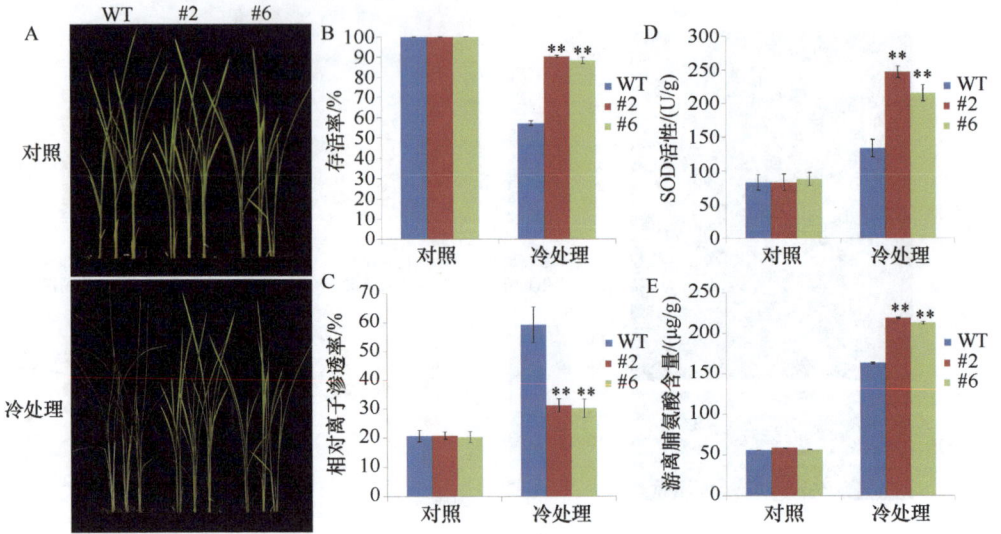

图 7-4 OsmiR408-OX 转基因水稻幼苗期耐冷性评价

A. OsmiR408-OX 转基因水稻及野生型水稻冷胁迫表型；B. 冷胁迫前后各株系存活率统计；C. 冷胁迫前后水稻相对离子渗透率测定；D. 冷胁迫前后 SOD 酶活测定；E. 冷胁迫前后脯氨酸含量测定

7.3.4 *OsmiR408* 过表达降低了水稻耐旱性

前人研究表明，*miR408* 在植物应对低温和干旱胁迫过程中具有相反的表达模式和生物学功能（Ma et al.，2015）。本研究前期发现，*OsmiR408* 的表达受冷胁迫诱导，但是受干旱胁迫抑制（图 7-1）。因此，本研究进行了 OsmiR408-OX 转基因水稻耐旱性评价。

选取野生型及阳性转基因水稻植株培养至 3 周龄，选取长势一致的幼苗进行干旱实验。浇足水后连续干旱处理至出现明显缺水症状，后复水培养 5 天，结果显示（图 7-5A 和图 7-5B），野生型水稻约 90%的植株存活，但转基因水稻两个株系仅有 33%（#2）和 51%（#6）的幼苗存活，且 *miR408* 表达量越高，干旱后植株存活率越低。为进一步验证这一结论，本研究进行了离体叶片失水实验。选取 3 周龄长势一致的野生型及阳性转基因水稻，浇足水后取地上叶片，在空气中自然散失水分，并计算水分散失速率。图 7-5C 结果显示，*OsmiR408* 过表达水稻叶片的水分损失率显著高于野生型。以上结果表明，*OsmiR408* 过表达降低了转基因水稻的耐旱性。

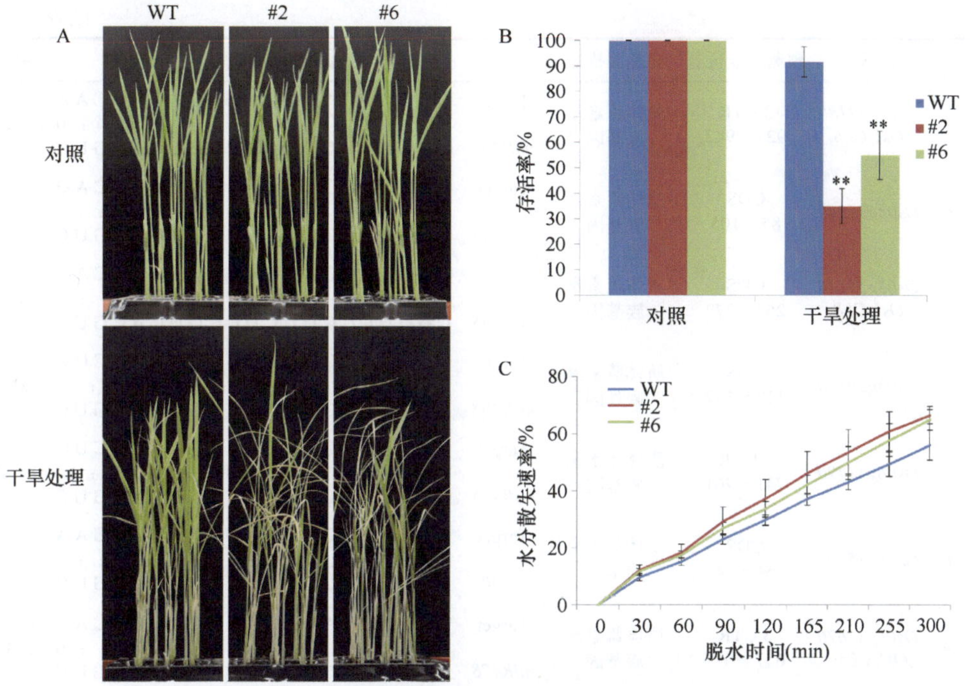

图 7-5　OsmiR408 转基因水稻耐旱功能评价
A. OsmiR408 转基因水稻及野生型水稻干旱处理表型；B. 干旱处理前后各株系存活率统计；C. 干旱处理水稻离体叶片的水分散失速率

7.3.5　*OsmiR408* 靶基因预测及表达分析

为进一步探究 *OsmiR408* 调控水稻应答干旱和低温的分子机制，以 *OsmiR408* 成熟体序列为靶标，在 PsRNATarget（http://bioinfo3.noble.org/psRNATarget/）数据库中预测 *OsmiR408* 靶基因（Meng et al.，2011；Li et al.，2010；Zhou et al.，2010b），共获得 40 个候选靶基因（表 7-1）。40 个候选靶基因中包含 10 个质体花青素基因和 2 个漆酶基因，质体花青素和漆酶基因家族是典型的 *miR408* 靶基因家族（Zhang et al.，2017f；Li et al.，2017）。

表 7-1　*OsmiR408* 预测候选靶基因相关信息

序号	靶基因	预测靶点位置	靶基因描述		预测位点	备注
1	*Os02g43660* *OsUCL4*	3′UTR 681~701	质体蓝素家族基因	Target miR408	GCUAGGCAAGAGGCAGUGCUG :：.:：:：:：:：:：:：:：:：:： CGGUCCCUUCUCCGUCACGUC	a1
2	*Os02g49850* *OsUCL5*	CDS 130~150	质体蓝素家族基因	Target miR408	CUCGGGGAAGAGGCAGUGCAU 0.：.:：:：:：:：:：:：:：:：0 CGGUCCCUUCUCCGUCACGUC	a1

续表

序号	靶基因	预测靶点位置	靶基因描述	预测位点		备注
3	Os02g52180 OsUCL6	3'UTR 927~947	质体蓝素家族基因	Target miR408	G C C A G G A U G G A G G C A G U G C A A : : : : : : : : : : : : : : : : : : : 0 C G G U C C C U U C U C C G U C A C G U C	a1, a2
4	Os03g15340	CDS 85~105	质体蓝素家族基因	Target miR408	C C C A G G G A A G A G G C A G U G C A G 0: C G G U C C C U U C U C C G U C A C G U C	a1, c
5	Os03g50140 OsUCL8	CDS 252~272	质体蓝素家族基因	Target miR408	C U C G G G G A A G A G G C A G U G C A A 0.: .: : : : : : : : : : : : : : : : 0 C G G U C C C U U C U C C G U C A C G U C	a1, b
6	Os03g50160	CDS 117~137	质体蓝素家族基因	Target miR408	C U C A G G G A A G G G G C A G U G C U G 0: : : : : : : : .: : : : : : : : C G G U C C C U U C U C C G U C A C G U C	a1
7	Os06g11490	3'UTR 741~761	质体蓝素家族基因	Target miR408	G C C A G G G U G G A G G C A G U G C U G : : : : : : : : : .: : : : : : : : C G G U C C C U U C U C C G U C A C G U C	a1, a2
8	Os06g15600	CDS 54~74	质体蓝素家族基因	Target miR408	G C C G G G G A A G A G G C A G U G C A A : : : .: : : : : : : : : : : : : : 0 C G G U C C C U U C U C C G U C A C G U C	a1, c
9	Os08g37670 OsUCL30	3'UTR 657~677	质体蓝素家族基因	Target miR408	G C C A G G A U A G A G G C A G U G C A U : : : : : : : : : : : : : : : : : : : 0 C G G U C C C U U C U C C G U C A C G U C	a1, a2, b, c
10	Os09g29390	3'UTR 591~611	质体蓝素家族基因	Target miR408	G C C A G G G U A G A G A C A G U G C G U : : : : : : : : : : : : : : : : : .0 C G G U C C C U U C U C C G U C A C G U C	a1
11	Os01g61160 OsLAC3	CDS 219~239	漆酶家族基因	Target miR408	G C C G G U G A A G A G G C U G U G C A A : : : : .: : : : : : : : : : : : : 0 C G G U C C C U U C U C C G U C A C G U C	a1
12	Os03g18640 OsLAC12	CDS 105~125	漆酶家族基因	Target miR408	G C U A G U G A A G A G G C U G U G C A A : : .: : : : : : : : : : : : : : 0 C G G U C C C U U C U C C G U C A C G U C	a1
13	Os01g03530	CDS 1551~1571	含多铜氧化酶结构域的蛋白质	Target miR408	G C C G A G G A A G A G G C A G U G C A G : : : .: : : : : : : : : : : : : : C G G U C C C U U C U C C G U C A C G U C	a1, c
14	Os01g53880	CDS 861~881	叶绿素反应型 Aux/IAA 基因家族成员	Target miR408	C C C A G G G A A G A G G A G C U G C A G 0: : : : : : : : : : : : .: : : : : C G G U C C C U U C U C C G U C A C G U C	a1
15	Os04g33950	3'UTR 1983~2003	E2F 家族转录因子蛋白	Target miR408	C C C A G A G A A C A G G A A G U G C A G 0: : : : : : : : : : : : : : : : C G G U C C C U U C U C C G U C A C G U C	a1
16	Os08g42550	CDS 670~690	含 AP2 结构域的蛋白质	Target miR408	G C C A A A G A A G A G A C A G U G C A A : : : : : : : : : : : : : : : : 0 C G G U C C C U U C U C C G U C A C G U C	a1
17	Os01g01689	CDS 6726~6746	磷脂酰肌醇 3-和 4-激酶家族蛋白	Target miR408	G G C A G G G A A G A U U C A G U G C A C : : : : : : : : : : : : : : : : 0 C G G U C C C U U C U C C G U C A C G U C	a1

续表

序号	靶基因	预测靶点位置	靶基因描述		预测位点	备注
18	*Os08g32600*	CDS 475～495	STE_MEKK_ ste11_MAP3 K.21 - STE 激酶	Target miR408	C C C A A G G G G G A G G C G G U G C G G 0 : ： ： ： ： .. ： ： ： ： ： ： ： ： .: C G G U C C C U U C U C C G U C A C G U C	al
19	*Os04g45290*	CDS 951～971	糖基水解酶	Target miR408	G C C A C G G A G G A G U C G G U G C A G ： ： ： ： ： ： ： ： ： ： . ： ： ： ： ： ： ： ： C G G U C C C U U C U C C G U C A C G U C	al
20	*Os04g55940*	5′UTR 292～312	钠/钙交换 蛋白	Target miR408	C C U A G G G A A G G G G C G G U G C C G 0 : .: ： ： ： ： ： ： ： ： ： .:. ： ： ： ： C G G U C C C U U C U C C G U C A C G U C	al
21	*Os05g03820*	CDS 247～267	谷氨酸-半胱 氨酸连接酶, 叶绿体前体	Target miR408	C C G A C G G A G G A G G C G G U G C A G 0 : ： ： ： ： ： ： ： ： ： ： ： ： ： ： ： ： ： C G G U C C C U U C U C C G U C A C G U C	al
22	*Os07g27790*	CDS 282～302	谷氨酸-半胱 氨酸连接酶, 叶绿体前体	Target miR408	C C G A C G G A G G A G G C G G U G C A G 0 : ： ： ： ： ： ： ： ： ： ： ： ： ： ： ： ： ： C G G U C C C U U C U C C G U C A C G U C	al
23	*Os07g43540 ORC6*	CDS 184～204	原点识别复 合体亚基 6	Target miR408	G A C A G G G C A G A G G C G G U G C G G ： ： ： ： ： ： ： ： ： ： ： ： ： ： ： ： ： .: C G G U C C C U U C U C C G U C A C G U C	al
24	*Os10g41040*	CDS 558～578	三元复合因 子 MIP1	Target miR408	G C C A U G G A A G G G A C G G U G C A G ： ： ： ： ： ： . ： ： ： ： ： . ： ： ： ： ： ： C G G U C C C U U C U C C G U C A C G U C	al
25	*Os11g07500*	CDS 348～368	含 DSHCT 结构域的蛋 白质	Target miR408	G C C A A G G A C G A G G C G G U G C A C ： ： ： ： ： ： ： ： ： ： ： ： ： ： ： ： ： ： 0 C G G U C C C U U C U C C G U C A C G U C	al
26	*Os11g19340*	CDS 634～654	cDNA 表达 蛋白	Target miR408	G C C A C G G A C G A G G C G G U G C G C ： ： ： ： ： ： ： ： ： ： ： ： ： .: ： ： ： .0 C G G U C C C U U C U C C G U C A C G U C	al
27	*Os02g05670*	CDS 1225～1245	cDNA 表达 蛋白	Target miR408	C C U G G A G A A G C G G C A G U G C A G 0 : .. ： ： ： ： ： ： ： ： ： ： ： ： ： ： C G G U C C C U U C U C C G U C A C G U C	al
28	*Os02g48630*	CDS 250～270	cDNA 表达 蛋白	Target miR408	G C G G G G G A G G A G G C G G U G C G C ： ： ： .: ： ： ： ： ： ： ： ： ： .: ： ： .0 C G G U C C C U U C U C C G U C A C G U C	al
29	*Os03g05650*	3′UTR 644～664	cDNA 表达 蛋白	Target miR408	G C C A G G G G A G A G G C G G A G C G G ： ： ： ： ： ： ： ： ： ： ： ： ： ： ： ： .: C G G U C C C U U C U C C G U C A C G U C	al
30	*Os04g04730*	CDS 712～732	cDNA 转座 子蛋白质	Target miR408	C C C G G G G A A G G G C G G U G C G U 0 : ： ： ： ： ： ： ： ： ： ： ： ： ： ： .0 C G G U C C C U U C U C C G U C A C G U C	al
31	*Os04g12060*	CDS 1267～1287	cDNA 转座 子蛋白质	Target miR408	G C C G C G G G A G A G G C G G U G U A C ： ： ： ： ： . ： ： ： ： ： ： ： ： ： ： ： ： 0 C G G U C C C U U C U C C G U C A C G U C	al
32	*Os04g22990*	CDS 4552～4572	cDNA 转座 子蛋白质	Target miR408	U U C A G C G G A G A G G C A G U G C A A 0 .: ： ： ： .: ： ： ： ： ： ： ： ： ： ： 0 C G G U C C C U U C U C C G U C A C G U C	al, c

续表

序号	靶基因	预测靶点位置	靶基因描述	预测位点		备注
33	*Os05g05860*	CDS 40～60	cDNA 转座子蛋白质	Target	G C C A A G G U G G A G G C G G U G C A G	a1
				miR408	C G G U C C C U U C U C C G U C A C G U C	
34	*Os11g01470*	CDS 1333～1353	cDNA 转座子蛋白质	Target	G U C A G G G A A G A G G A U G U G C A G	a1
					: .: : : : : : : : : : : : : : : :	
				miR408	C G G U C C C U U C U C C G U C A C G U C	
35	*Os03g49820*	CDS 131～151	cDNA 假设蛋白质	Target	A C C G G G G C A G A G G C G G U G C A G	a1
					0: : : .: : : : : : : .: : : .: : :	
				miR408	C G G U C C C U U C U C C G U C A C G U C	
36	*Os04g19030*	CDS 225～245	cDNA 假设蛋白质	Target	A C C G A G G G A G A G G C G G U G C G G	a1
					0: : .: : : .: : : : : : : : : : .	
				miR408	C G G U C C C U U C U C C G U C A C G U C	
37	*Os05g12160*	CDS 53～73	cDNA 假设蛋白质	Target	G C G A U G G A G G A G G C G G U G C A G	a1
					: : : : : : : : : : : : : : : : : : :	
				miR408	C G G U C C C U U C U C C G U C A C G U C	
38	*Os08g05100*	CDS 59～79	cDNA 假设蛋白质	Target	G A C G G A G A G G A G G C A G U G C A A	a1
					: : : .: : : : : : : : : : : : : : 0	
				miR408	C G G U C C C U U C U C C G U C A C G U C	
39	*Os05g25120*	CDS 78～98	cDNA 保守假定蛋白	Target	A C C G A G G G A G A G G C G G U G C G G	a1
					0: : .: : : .: : : : : : : : : : .:	
				miR408	C G G U C C C U U C U C C G U C A C G U C	
40	*Os11g25440*	CDS 339～359	cDNA 保守假定蛋白	Target	G C U G G A G A A G C G G C A G U G C A G	a1
					: : : .: .: : : : : : : : : : : : :	
				miR408	C G G U C C C U U C U C C G U C A C G U C	

a1. http://bis.zju.edu.cn/pmirkb/，based on degradome-sequencing

a2. Li et al.，2010，Plant J，based on degradome-sequencing

b. Zhou M，et al.，2010，Front Biol，based on 5′-RACE assays

c. Target prediction by http://plantgrn.noble.org/psRNATarget/

进一步对水稻质体花青素家族所有基因进行了进化分析，发现该家族分为了 5 个亚家族（图 7-6），其中被预测是 *OsmiR408* 候选靶基因的 10 个质体花青素分别聚类为 Group III（以圆圈标记）和 Group IV（以菱形标记）。同时发现，预测切割位点在 CDS 区的 5 个质体花青素基因同时聚类到了 Group III，而预测切割位点在 3′UTR 区的 5 个质体花青素基因同时聚类到了 Group IV。

进一步对上述 10 个水稻质体花青素基因在低温和干旱下的表达模式进行分析，发现多数基因在冷胁迫处理后下调表达（图 7-7A），而在干旱胁迫下，有 2 个基因下调，3 个上调超过 2 倍（图 7-7B）。结合 *OsmiR408* 的表达受冷胁迫诱导、受干旱胁迫抑制，选取了与 *OsmiR408* 表达模式相反的 2 个候选靶基因，分别是 *Os03g15340* 和 *Os03g50160*。同时选取了在低温和干旱处理下表达变化的 2 个基因，分别是冷胁迫处理条件下下降幅度最大的 *Os09g29390*，干旱胁迫处理条件下上升幅度最大的 *Os08g37670*，进行下一步研究。

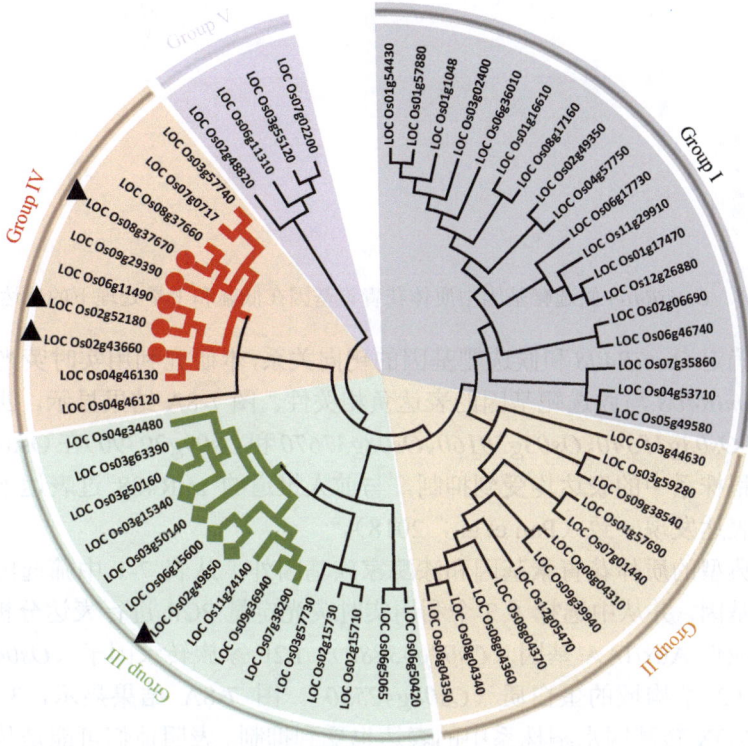

图 7-6　水稻质体花青素家族基因进化分析

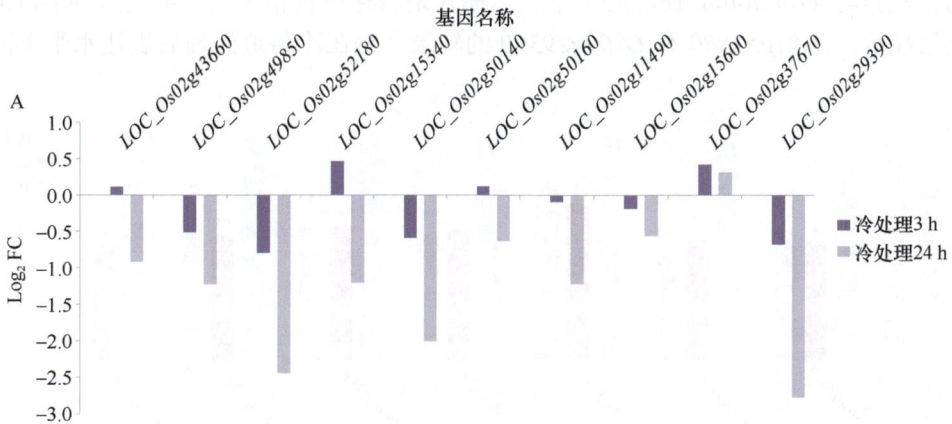

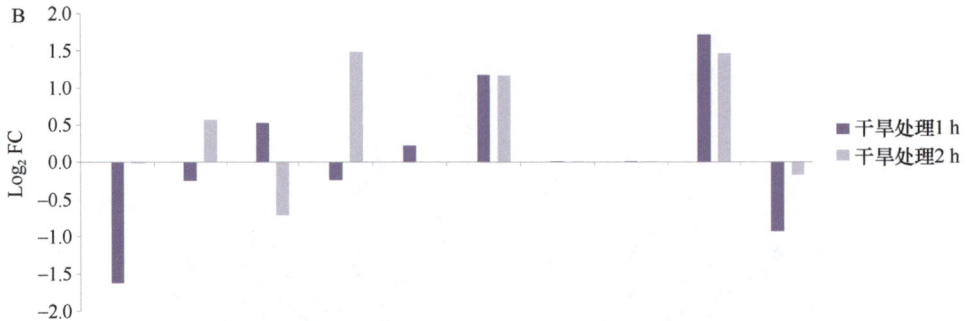

图 7-7　*OsmiR408* 候选靶基因中质体花青素基因在低温和干旱处理下的表达分析

　　为了确定 *OsmiR408* 和候选靶基因的靶向关系,本研究利用实时荧光定量 PCR 分析了 *OsmiR408* 与候选靶基因的表达负相关性。图 7-8A 结果显示,四个质体花青素基因(*Os03g15340*、*Os03g50160*、*Os08g37670* 和 *Os09g29390*)在 OsmiR408-OX 转基因水稻株系中的表达均受到抑制,与前人报道的 miR408 过表达下调质体花青素基因表达发现一致(Pan et al.,2018)。

　　除了典型的质体花青素基因和漆酶家族基因外,从表 7-1 中筛选出几个从未被报道的基因,并从中选择了 3 个利用实时荧光定量 PCR 进行表达分析,分别是生长素反应性 Aux/IAA 基因(*Os01g53880*)、E2F 家族转录因子(*Os04g33950*)和含有 AP2 结构域的蛋白质(*Os08g42550*)。图 7-8A 结果显示,3 个基因在 OsmiR408-OX 转基因水稻株系中的表达也受到抑制。表明他们可能是从未被鉴定过的 *miR408* 的靶基因。

　　以上实验结果均是在 OsmiR408-OX 转基因水稻株系中检测候选靶基因的表达水平,为进一步确定 *OsmiR408* 和候选靶基因的靶向关系,本研究选择 2 个基因检验其与 *OsmiR408* 在冷胁迫下表达模式是否存在负相关性。半定量 RT-PCR 结果显示,*Os01g53880* 和 *Os09g29390* 的转录产物在冷胁迫处理后表达水平下降

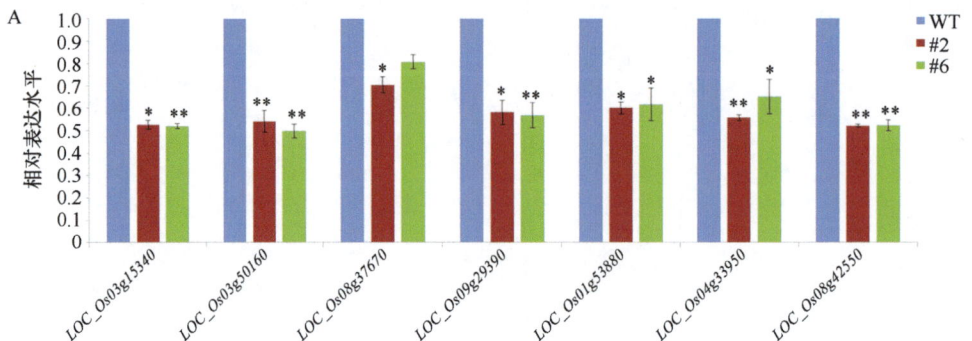

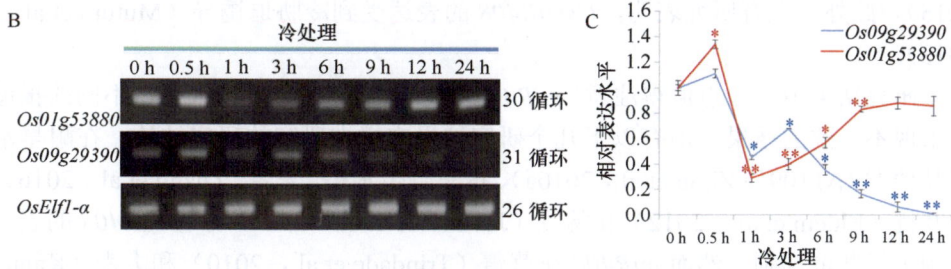

图 7-8　*OsmiR408* 与候选靶基因表达负相关性研究

A. 候选靶基因在 OsmiR408-OX 转基因水稻中表达水平分析；B.*Os09g29390* 和 *Os01g53880* 冷胁迫下表达模式 RT-PCR 分析；C.*Os09g29390* 和 *Os01g53880* 冷胁迫下表达模式 qRT-PCR 分析

（图 7-8B），这与 *OsmiR408* 的表达模式增加恰好相反（图 7-1）。实时荧光定量 PCR 的结果进一步证实了，冷胁迫下 *Os01g53880* 和 *Os09g29390* 的表达水平显著降低（图 7-8C）。其中 *Os09g29390* 的表达水平在冷胁迫后持续下降，并在 24 h 达到最低点，而 *Os01g53880* 的表达水平在冷胁迫后 1 h 下降约 3 倍，之后稍有回升。以上结果说明，*Os01g53880*/*Os09g29390* 和 *OsmiR408* 存在相反的表达模式，二者在水稻响应冷胁迫应答过程中可能发挥重要功能。

7.4　讨　论

miR408 作为植物中一个较为保守的 miRNA 家族，在调节植物生长发育（Zhang and Li，2013；Zhao et al.，2016；Song et al.，2017）以及对外部环境刺激应答过程中中发挥着重要作用（Ma et al.，2015；Feng et al.，2013；Hajyzadeh et al.，2015）。最近的研究报道，*OsmiR408* 可以通过抑制靶基因——植物花青素家族基因的表达，正向调节作物产量（Zhang et al.，2017f；Pan et al.，2018）。虽然 *AtmiR408* 被发现参与拟南芥非生物胁迫应答，但水稻 *OsmiR408* 是否参与非生物胁迫应答过程仍不清楚。本研究揭示了 *OsmiR408* 在水稻应对低温和干旱胁迫过程中具有相反的表达模式和生物学功能。

7.4.1　*miR408* 的表达模式

miR408 在多个物种中被发现是一个响应胁迫应答的 miRNA，它的表达受到外界环境胁迫的诱导或抑制（Trindade et al.，2010；Jovanovic et al.，2014）。在本研究中，发现 *OsmiR408* 在水稻品种 '空育 131' 中受冷胁迫诱导上调，但受干旱胁迫抑制下调（图 7-1）。这个结果与拟南芥中的研究类似，拟南芥 *AtmiR408* 的转录水平在低温、高盐和氧化胁迫下增加，但在干旱和渗透胁迫下降低（Ma et al.，

2015）。此外，也有研究表明，*OsmiR408* 的表达受到冷胁迫诱导（Mutum et al.，2013）。

研究结果中有一点值得注意，*miR408* 在干旱胁迫下的表达水平在不同的报道中出现不一致的结果。但有以下几个研究结果支撑本研究的研究结论，在耐旱水稻品种 'IRAT109'（Zhou et al.，2010a）、抗旱野生水稻 '东乡' Zhang et al.，2016），以及桃（Eldem et al.，2012）和豌豆（Jovanovic et al.，2014）中，*miR408* 的表达受到干旱胁迫抑制。然而 *miR408* 在苜蓿（Trindade et al.，2010）和大麦（Kantar et al.，2010）中的表达水平受到了干旱胁迫的诱导。更有意思的是，有报道显示，同一个物种中 *miR408* 在干旱胁迫下的表达模式具有品种特异性。最近有两个研究报道（Mutum et al.，2013；Balyan et al.，2017），*OsmiR408* 在耐旱水稻品种（Nagina 22 和 Vandana）的旗叶中上调表达，但在干旱敏感水稻品种（Pusa Basmati 1 和 IR64）中下调表达。另一项研究报告称，在干旱胁迫下，*OsmiR408* 在耐旱水稻品种（Vandana 和 Aday Sel）中表达降低，但在耐旱品种 IR64 中的表达有所增加（Cheah et al.，2015）。鉴于不同报道中出现结论相反的悖论，我们认为需要进一步设计细致实验来验证 *OsmiR408* 在干旱胁迫下表达情况。我们同时对 *OsmiR408* 表现出的品种表达差异性也很感兴趣，拟进一步开展实验证实。

拟南芥中 *AtmiR408* 在低温和干旱胁迫下具有相反的表达模式，在拟南芥中对 *AtmiR408* 的功能研究也得到了类似的结论，*AtmiR408* 过表达提高转基因拟南芥对低温、高盐和氧化胁迫的耐受性，但降低了其对干旱和渗透胁迫的耐受性（Ma et al.，2015）。本研究结果与该报道一致，*OsmiR408* 在水稻中的过表达提高了水稻耐寒性（图 7-3，图 7-4），但降低了其耐旱性（图 7-5）。但也有结论相反的报道，在鹰嘴豆中过表达 *miR408* 提高了转基因植株对干旱胁迫的耐受性（Hajyzadeh et al.，2015）。考虑到 *miR408* 在干旱胁迫下的表达模式具有多个不同结论，所以下一步应该聚焦 *miR408* 调控植物响应干旱胁迫的分子机制，设计更为详细具体的实验来研究清楚，*miR408* 在干旱胁迫下不同的表达模式是否会影响其在不同物种、或不同品种中的耐旱功能。

7.4.2 *miR408* 耐逆的机制探讨

前人研究表明，*miR408* 有固定的几类靶基因，主要包括铜结合蛋白，质体花青素和漆酶两大类（Zhang et al.，2017f；Pan et al.，2018；Song et al.，2017）。质体花青素在光系统 I 反应的核心位置，主要负责电子移动转运蛋白的功能，*miR408* 通过靶向质体花青素，可以控制植物光合作用途径，以应对非生物胁迫的威胁。也有一些观点认为，*miR408* 过表达可以通过提高叶绿体中的铜含量和光合作用相关基因的表达来促进光合作用（Pan et al.，2018）。此外，研究发现，*miR408* 的转录是由 SPL7 和 HY5 协同调节的，这两种关键转录因子分别介导铜结合途径和光信号传导（Zhang et al.，2014d）。通过影响植物质体花青素的表达和光合作用，*miR408* 可以促进植物的营养生长和种子产量（Zhang et al.，2017f；Pan et al.，2018；Song et al.，2017）。本研究也得到了类似的结论，在水稻品种'空育 131'中过表达 *OsmiR408*，发现对照条件下转基因水稻的生长状况要优于野生型（图 7-3）。在对 *OsmiR408* 靶基因进行预测时，也获得了 10 个质体花青素基因（表 7-1），这些基因表现出高度的进化保守性，并被分别聚类到 Group III 和 Group IV（图 7-6）。更有趣的是，我们发现 Group III 的质体花青素基因预测的切割位点均位于 CDS 区，而 Group IV 的质体花青素基因预测的切割位点均位于 3′UTR 区。利用实时荧光定量 PCR 验证了 *OsmiR408* 过表达水稻株系中四个质体花青素基因的表达均有所降低（图 7-8A）。其中，*Os08g37670* 已经被鉴定为是 *OsmiR408* 的靶基因（Pan et al.，2018；Zhou et al.，2010b）。我们的实验进一步证实了 *OsmiR408* 和 *Os09g29390* 在冷胁迫下具有相反表达模式（图 7-8B/C），表明 *Os09g29390* 可能参与水稻冷胁迫应答过程。

尽管 *miR408* 已被明确证实，可以通过靶向质体花青素和漆酶来调节植物生长和种子产量，但没有直接证据表明 *miR408* 可以通过质体花青素和漆酶调控植物非生物胁迫应答。事实上，先前的研究已经表明，在低温、高盐和氧化胁迫下，质体花青素和漆酶并没有表现出和 *miR408* 预期的调节作用（Ma et al.，2015）。反而这些基因在胁迫下表现出与 *miR408* 相似的表达模式（Ma et al.，2015）。这些研究结果暗示了 *miR408* 可能通过靶向其他基因参与非生物胁迫应答，而不是通过靶向质体花青素或漆酶来发挥作用。在本研究中，发现生长素反应性 Aux/IAA 基因（*Os01g53880*）、E2F 家族转录因子（*Os04g33950*）和含有 AP2 结构域的蛋白（*Os08g42550*）三个基因在 *OsmiR408* 过表达水稻株系中表达显著降低。其中，*Os01g53880*（*OsIAA6*）在冷胁迫下表达受到抑制，表现出与 *OsmiR408* 相反的表达模式。前人研究表明，干旱处理会使得 *Os01g53880*/*OsIAA6* 表达水平升高（Jung et al.，2015），这一点上与干旱胁迫下 *OsmiR408* 的表达受抑制也完全相反，表现出高度一致的负相关性，与预期一致，*Os01g53880*/*OsIAA6* 过表达提高了转基因水稻的耐旱性（Jung et al.，2015）。因此，我们推测，*OsmiR408* 可能通过靶向 *Os01g53880*/*OsIAA6* 调控水稻对干旱胁迫的应答。同时，需要进一步的实验来验证 *Os01g53880*/*OsIAA6* 对耐冷性的影响。

下一步可围绕 *miR408* 调控植物响应干旱胁迫的分子机制开展研究，以确定 *miR408* 如何调控植物耐旱性。针对不同物种或不同品种中 *miR408* 的干旱胁迫表达模式和耐旱功能开展研究，以确定 *miR408* 在调控植物耐旱方面是否存在物种差异性，甚至品种差异性。针对与 *miR408* 表达模式负相关的 *Os01g53880*/*OsIAA6* 和 *Os09g29390*，进一步确定二者与 *miR408* 的靶向关系，并对二者的耐逆功能开展研究，以完善 *miR408-Os01g53880/Os09g29390* 调控的水稻胁迫应答途径。

7.5 结　　论

本研究通过 RT-PCR 分析确定了 *Pre-OsmiR408* 和 *OsmiR408* 的表达受冷胁迫诱导，同时受到干旱胁迫抑制。通过对比野生型和 OsmiR408 转基因水稻的冷胁迫表型，发现 *OsmiR408* 过表达提高了转基因水稻萌发期和幼苗期的耐冷性；同时 *OsmiR408* 通过调控水稻叶片水分散失速率，降低了转基因水稻的耐旱性。进一步通过靶基因预测，获得 7 个 *OsmiR408* 的候选靶基因，包括 4 个植物蓝素和 3 个非典型靶基因，通过 RT-PCR 分析发现 7 个靶基因在 *OsmiR408* 过表达株系中表达量均有所下降，并且植物蓝蛋白基因 *Os09g29390* 和生长素应答性 Aux/IAA 基因 *Os01g53880* 表达受到冷胁迫抑制，与 *OsmiR408* 表达模式具有负相关性。本研究最终结果表明，*OsmiR408* 在水稻响应低温和干旱胁迫的应答过程中起着相反的作用。

第 8 章 展　望

　　真核生物基因组有数千种非编码 RNA（ncRNA），它们在基因表达转录和转录后调控中发挥着至关重要的作用。越来越多的证据表明，ncRNA，特别是微 RNA（miRNA），已成为植物应激反应的关键调控因子。

　　ncRNA 是一类具有低蛋白质编码潜力的非编码 RNA。根据长度，ncRNA 可分为小 RNA（small RNA）（18~30 nt），中等大小的胞质内小 RNA（31~200 nt）和长长链非编码 RNA（long non-coding RNA）（>200 nt）。在植物中，microRNA 通常仅 21 nt，通过对靶基因 mRNA 的降解和/或抑制其翻译，从而抑制靶基因的表达。在自然界中，植物会面临一系列生物和非生物胁迫，如病毒感染、高盐、干旱、低温和高温，这些因素都会限制植物的生长和生产。为了在这种不利条件下适应和生存，植物进化出多种基因调控机制来恢复和重建细胞稳态。研究人员利用测序技术和生物信息学分析方法，在植物中鉴定出大量的 miRNA。这些 miRNA 在植物应对外界胁迫过程中发挥着关键作用。

1. 植物 miRNA 的鉴定分析

（1）植物 miRNA 的生物发生

　　miRNA 是一类内源小 RNA（sRNA），通过调控靶基因表达和翻译在转录后水平发挥重要作用。miRNA 基因与蛋白质编码基因类似，通常由 RNA 聚合酶 II 转录产生初级转录物（pri-miRNA），然后由 DICER-LIKE 1（DCL1）加工产生 miRNA-miRNA*，随后其 3′端被 HEN1 甲基化，最后成熟的 miRNA 与 ARGONAUTE 1（AGO1）组装形成 RNA 诱导沉默复合物（RISC），该复合物可通过序列互补特异性靶向 mRNA，导致 mRNA 降解和/或翻译抑制（详见第 1 章）。

（2）植物 miRNA 的鉴定和靶基因预测

　　miRNA 可以通过生物分子实验和生物信息学方法进行鉴定。因为通过实验对 miRNA 鉴定的过程较为复杂且耗时较长，所以当前对 miRNA 的研究更多采用生物信息学手段。随着高通量测序技术的发展，已经开发出几种计算工具辅助识别和预测 miRNA，如 miRPlant（https://sourceforge.net/projects/mirplant）、miRanalyzer（http://bioinfo5.ugr.es/miRanalyzer/miRanalyzer.php）、miRA（https://github.com/

mhuttner/miRA）和 miRDeep-P（http://faculty.virginia.edu/lilab/miRDP）可用于预测鉴定 miRNA，Semirna（http://www.bioinfocabd.upo.es/semirna）可基于靶点数据搜索 miRNA。

对于 miRNA 靶基因的预测分析也有大量的程序、算法和软件可供选择。其中，预测植物 miRNA 靶基因常用工具有 miRU（http://bioinfo3.noble.org/miRU.htm）、psRNATarget（http://plantgrn.noble.org/psRNATarget/）、TAPIR（http://bioinformatics.psb.ugent.be/webtools/tapir/）等。miRU 是基于 Smith-Waterman 算法设计的，但它无法分析每个靶基因识别位点的多样性。作者团队常用的 psRNATarget 软件，是基于并行迭代 Smith-Waterman 算法开发的，能够分析全基因组高通量 sRNA-seq 数据并计算靶位点的多样性。而 TAPIR 则是基于 FASTA 搜索引擎和 RNA 混合搜索引擎，以"快速"和"精确"两种模式预测靶基因。此外，还有 MTide、miRDeep2、CleaveLand4 等多种生物信息学工具和软件可用来识别和预测 miRNA 及其靶基因。

（3）植物 miRNA 数据库

目前，已有多个 miRNA 及其注释的生物学数据库，如 miRBase（http://www.mirbase.org/）、Rfam（http://rfam.sanger.ac.uk/）、DMD（http://sbbi.unl.edu/dmd/）、PmiRKB（http://bis.zju.edu.cn/pmirkb/）、PMRD（http://bioinformatics.cau.edu.cn/PMRD/）等。其中，miRBase 是从各种物种的实验或预测鉴定结果中收集 miRNA，Rfam 是基于同源关系检索 miRNA 序列，PMRD 和 PmiRKB 也是两个使用较多的植物特异性 miRNA 注释数据库。miRTarBase（http://mirtarbase.mbc.nctu.edu.tw/index.php）是常见的 miRNA-靶基因相互作用数据库。此外，对于模式植物拟南芥研究，还专门开发了两个拟南芥特异数据库：ASRP（http://asrp.cgrb.oregonstate.edu/）和 miRFANs（http://www.cassava-genome.cn/mirfans）。这两个数据库涵盖了 miRNA 序列、靶基因信息及相关功能注释。

2. 植物 miRNA 参与的胁迫应答

作为一种转录后基因调控因子，许多 miRNA 在植物的应激反应中发挥着关键作用。miRNA 的表达与蛋白质编码基因类似，在胁迫应答反应中会上调或下调。例如，当拟南芥面临氮缺乏时，*miR160* 表达上调，而 *miR169* 表达下调（Nguyen et al.，2015；Liang et al.，2012）。这些 miRNA 表达水平的改变与胁迫下植物生长发育的状态有关。一方面，氮饥饿诱导 *miR160* 的表达，以降低其靶基因 *ARFs*（生长素反应因子）的表达，其中 *ARF16* 参与根冠细胞的形成，*ARF17* 作为可通过调控早期生长素反应基因 *Gretchen Hagen 3*（*GH3*）发挥作用。*ARF16* 和 *ARF17* 的表达下调会抑制植物生长，从而提高对氮饥饿胁迫的耐受性。

　　许多 miRNA 在应对非生物胁迫过程中具有物种保守性的特点。例如，拟南芥中的多个响应氮饥饿的 miRNA，如 *miR160*、*miR169*、*miR171*、*miR395*、*miR397*、*miR398*、*miR399*、*miR408* 和 *miR827*，也参与玉米响应氮饥饿的反应（Nguyen et al.，2015；Zhao et al.，2013）。这些 miRNA 在不同植物物种应对相同非生物胁迫过程中具有相似的表达模式。然而，研究人员也发现在相同胁迫条件下，不同植物物种中也存在相反的 miRNA 表达模式或生理功能。例如，*AtmiR408* 过表达提高转基因拟南芥对低温的耐受性，降低了其对干旱胁迫的耐受性；*OsmiR408* 在水稻中的过表达提高了水稻耐寒性（图 7-3，图 7-4），但降低了其耐旱性（图 7-5）；在鹰嘴豆中过表达 *miR408* 则提高了转基因植株对干旱胁迫的耐受性。干旱胁迫下，*miR156*、*miR319* 和 *miR396* 的表达在拟南芥中被诱导，但在水稻中的表达被抑制；而 *miR169* 的表达在拟南芥中下调，但在水稻中上调（Contreras-Cubas et al.，2012）。

　　也有一些 miRNA 会参与多种胁迫应答过程。一种情况是，一些 miRNA 的表达受多种胁迫的诱导或抑制。例如，在拟南芥中，*miR393* 可以被至少 7 种类型的胁迫诱导表达，而 *miR398* 的表达则被生物胁迫、高盐、低温和脱落酸（ABA）处理抑制。另一种情况是，有的 miRNA 的表达对不同的胁迫反应不同。例如，在拟南芥中，*miR169* 的表达受到高盐、低温诱导，但在干旱、高温和 ABA 处理下表达受抑制（Sunkar et al.，2012）。总之，miRNA 在胁迫下的差异化表达是遵循胁迫特异原则，也就是说，miRNA 的表达模式依赖于特定的胁迫条件。

　　此外，还有研究表明，miRNA 的表达在胁迫应答过程中具有组织特异性。有研究发现，在桃受干旱胁迫时，根中 miRNA 的表达变化水平比叶组织中更高，表明根比叶对干旱胁迫更敏感（Akdogan et al.，2016）。另有研究报道，在相同胁迫下，有些 miRNA 在不同组织中表现出不同的表达模式。例如，在干旱胁迫下，小麦 *miR159*、*miR172*、*miR319*、*miR399*、*miR528* 和 *miR4393* 在叶片中被诱导表达，但在根中表达受到抑制（Akdogan et al.，2016）。

3. 展望

　　miRNA 作为植物中重要的 ncRNA，在植物的各种生物过程中发挥着重要作用。高通量测序的迅猛发展和生物信息学工具的不断改进，为 miRNA 的鉴定和预测提供了便捷。近年来，单细胞测序和单分子测序的兴起，为发现新 miRNA 创造了更多可能。因此，开发基于单细胞或单分子测序数据的新生物信息学工具，用于 miRNA 鉴定和功能预测分析，十分有必要。

　　虽然植物 miRNA 在响应非生物胁迫方面的作用研究已取得了显著成果，但对其分子机制的了解仍然有限。因此，未来需要开展更多的研究工作，系统分析

miRNA 在胁迫应答过程中的调节作用和信号转导途径。近年来，已有部分研究报道了 miRNA 和 lncRNA 之间的串扰模式。下一步，可通过构建 miRNA-lncRNA 串扰网络，提升我们对 miRNA 介导的胁迫应答基因调控网络的认知。随着对 miRNA 作用机制研究的不断深入，以及运用最新的高通量的技术手段（如 miRNA 芯片等）研究 miRNA 和植物性状之间的关系，人们对高等真核生物基因表达调控的网络理解将提升到一个新高度。

参 考 文 献

蔡克桐, 沈其文, 黄志谋, 等. 2014. 茉莉酸对低温胁迫水稻幼苗的生理效应. 湖北农业科学, 53(15): 3512-3515.

陈可心. 2015. 1971-2014 年黑龙江省水稻低温冷害的研究. 黑龙江气象, 32(1): 29-32.

陈雅玲, 包劲松. 2017. 水稻胚乳淀粉合成相关酶的结构、功能及其互作研究进展. 中国水稻科学, 31(1): 1-12.

陈悦, 孙明哲, 贾博为, 等. 2022. 水稻 AP2/ERF 转录因子参与逆境胁迫应答的分子机制研究进展. 作物学报, 48(4): 781-790.

段小华, 邓泽元, 宾金华. 2009. 茉莉酸甲酯对水稻幼苗抗冷性的影响. 植物生理学通讯, 45(9): 881-884.

郭晓丽, 王立刚, 邱建军, 等. 2009. 基于 GIS 的东北地区水稻低温冷害区划研究. 江西农业大学学报, 31(3): 494-498.

江福英, 李延, 翁伯琦. 2002. 植物低温胁迫及其抗性生理. 福建农业学报, 17(3): 190-195.

李海林, 殷绪明, 龙小军. 2006. 低温胁迫对水稻幼苗抗寒性生理生化指标的影响. 安徽农学通报, 12(11): 50-53.

李合生. 2000. 植物生理生化实验原理和技术. 北京: 高等教育出版社.

李美茹, 刘鸿先, 王以柔. 2000. 植物抗冷性分子生物学研究进展. 热带亚热带植物学报, 8(1): 70-80.

李杨洋, 焦浈. 2018. 外源茉莉酸甲酯对小麦幼苗低温耐受性的影响. 生物技术通报, 34(3): 87-92.

逯明辉, 陈劲枫. 2004. 植物耐冷性基因工程. 西北植物学报, 24(10): 1953-1958.

曲凌慧, 车永梅, 刘新等. 2010. ABA 和 JA 等激素参与葡萄对低温胁迫的应答. 青岛农业大学学报, 27(1): 36-41.

尚湘莲. 2002. 蔬菜低温胁迫与抗冷性研究进展. 长江蔬菜, (Z1): 18-20.

田晓杰, 卜庆云, 王臻昱等. 2021. 水稻转录因子 OsWRKY53 在负调控水稻孕穗期耐冷性中的应用: 中国, ZL202110019560.1.

王彩芬, 安永平, 韩国敏, 等. 2005. 水稻转基因育种研究进展. 宁夏农林科技, 6: 55-58.

王艳丽. 2013. 4 个水稻逆境诱导基因的克隆和功能鉴定. 武汉: 华中农业大学硕士学位论文.

谢道昕, 范云六, 倪丕冲. 1991. 苏云金芽孢杆菌杀虫基因导入中国栽培水稻品种中花 11 号获得转基因植株. 中国科学 (B 辑), 8: 830-834.

邢文, 金晓玲. 2015. 调控植物类黄酮生物合成的 MYB 转录因子研究进展. 分子植物育种, 13(3): 689-696.

薛桂莉, 唐文俊, 刘治权, 等. 2004. 低温冷害对农作物的危害及防御措施. 农业与技术, 24(1): 85-86, 92.

薛国希, 高辉远, 李鹏民, 等. 2004. 低温下壳聚糖处理对黄瓜幼苗生理生化特性的影响. 植物生理与分子生物学学报, 30(4): 441-448.

赵宏波, 陈发棣. 2004. 植物体细胞原生质体遗传转化研究. 西北植物学报, 24(7): 1329-1341

赵莹, 杨欣宇, 赵晓丹, 等. 2021. 植物类黄酮化合物生物合成调控研究进展. 食品工业科技, 42(21): 454-463.

朱春权, 魏倩倩, 项兴佳, 等. 2022. 褪黑素和茉莉酸甲酯基质育秧对水稻耐低温胁迫的调控作用. 作物学报, 48(8): 2016-2027.

Abdel-Ghany S E, Pilon M. 2008. microRNA-mediated systemic down-regulation of copper protein expression in response to low copper availability in Arabidopsis. Journal of Biological Chemistry, 283(23): 15932-15945.

Abiri R, Shaharuddin N A, Maziah M, et al. 2017. Role of ethylene and the APETALA 2/ethylene response factor superfamily in rice under various abiotic and biotic stress conditions. Environmental and Experimental Botany, 134: 33-44.

Agarwal S, Grover A. 2005. Isolation and transcription profiling of low-O_2 stress-associated cDNA clones from the flooding-stress-tolerant FR13A rice genotype. Annals of Botany, 96: 831-844.

Akdogan G, Tufekci E D, Uranbey S, et al. 2016. miRNA-based drought regulation in wheat. Functional & Integrative Genomics, 16: 221-233.

Allen E, Xie Z X, Gustafson A M, et al. 2005. microRNA-directed phasing during trans-acting siRNA biogenesis in plants. Cell, 121(2): 207-221.

An F M, Hsiao S R, Chan M T. 2011. Sequencing-based approaches reveal low ambient temperature-responsive and tissue-specific microRNAs in *Phalaenopsis* orchid. PLoS One, 6(5): e18937.

Anjali N, Nadiya F, Thomas J, et al. 2018. Identification and characterization of drought responsive microRNAs and their target genes in cardamom (*Elettaria cardamomum* Maton). Plant Growth Regulation, 87(2): 201-216.

Apel K, Hirt H. 2004. Reactive oxygen species: metabolism, oxidative stress, and signal transduction. Annual Review of Plant Biology, 55: 373-399.

Arshad M, Feyissa B A, Amyot L, et al. 2017a. *microRNA156* improves drought stress tolerance in alfalfa (*Medicago sativa*) by silencing SPL13. Plant Science, 258: 122-136.

Arshad M, Gruber M Y, Hannoufa A. 2018. Transcriptome analysis of *microRNA156* overexpression alfalfa roots under drought stress. Scientific Reports, 8(1): 9363.

Arshad M, Gruber M, Wall K, et al. 2017b. An insight into *microRNA156* role in salinity stress responses of alfalfa. Frontiers in Plant Science, 8: 356.

Atalay M, Oksala N, Lappalainen J, et al. 2009. Heat shock proteins in diabetes and wound healing. Current Protein & Peptide Science, 10(1): 85-95.

Aukerman M J, Sakai H. 2003. Regulation of flowering time by a microRNA and its *APETALA2*-like target genes. The Plant Cell, 15(11): 2730-2741.

Baba S A, Malik S A. 2015. Determination of total phenolic and flavonoid content, antimicrobial and antioxidant activity of a root extract of *Arisaema jacquemontii* Blume. Journal of Taibah University for Science, 9(4): 449-454.

Baek D, Chun H J, Kang S, et al. 2016. A role for *Arabidopsis miR399f* in salt, drought, and ABA signaling. Molecules and Cells, 39(2): 111-118.

Bailey T L, Johnson J, Grant C E, et al. 2015. The MEME suite. Nucleic Acids Research, 43(W1): W39-W49.

Bailey-Serres J, Voesenek L. 2008. Flooding stress: acclimations and genetic diversity. Annual Review of Plant Biology, 59: 313-319.

Balyan S, Kumar M, Mutum R D, et al. 2017. Identification of miRNA-mediated drought responsive multi-tiered regulatory network in drought tolerant rice, Nagina 22. Scientific Reports, 7: 15446.

Banerjee S, Sirohi A, Ansari A A, et al. 2017. Role of small RNAs in abiotic stress responses in plants. Plant Gene, 11: 180-189.

Bang S W, Park S H, Jeong J S, et al. 2013. Characterization of the stress-inducible OsNCED3 promoter in different transgenic rice organs and over three homozygous generations. Planta, 237(1): 211-224.

Bannenberg G, Martínez M, Hamberg M, et al. 2009. Diversity of the enzymatic activity in the lipoxygenase gene family of *Arabidopsis thaliana*. Lipids, 44(2): 85-95.

Bar Dolev M, Braslavsky I, Davies P L. 2016. Ice-binding proteins and their function. Annual Review of Biochemistry, 85: 515-542.

Barnett J R. 1981. Xylem Cell Development. Tunbridge Wells, UK: Castle House Publications: 47-95.

Barrero-Gil J, Salinas J. 2013. Post-translational regulation of cold acclimation response. Plant Science, 205-206: 48-54.

Bartel D P. 2004. microRNAs genomics, biogenesis, mechanism, and function. Cell, 116(2): 281-297

Bartel D P. 2009. microRNAs: Target recognition and regulatory functions. Cell, 136(2): 215-233.

Bartels D, Sunkar R. 2005. Drought and salt tolerance in plants. Critical Reviews in Plant Sciences, 24(1): 23-58.

Bates L S, Waldren R P, Teare I D. 1973. Rapid determination of free proline for water-stress studies. Plant and Soil, 39(1): 205-207.

Beauclair L, Yu A, Bouché N. 2010. microRNA-directed cleavage and translational repression of the copper chaperone for superoxide dismutase mRNA in *Arabidopsis*. The Plant Journal, 62(3): 454-462.

Ben Chaabane S, Liu R Y, Chinnusamy V, et al. 2013. STA1, an *Arabidopsis* pre-mRNA processing factor 6 homolog, is a new player involved in miRNA biogenesis. Nucleic Acids Research, 41(3): 1984-1997.

Bergonzi S, Albani M C, Ver Loren van Themaat E, et al. 2013. Mechanisms of age-dependent response to winter temperature in perennial flowering of *Arabis alpina*. Science, 340(6136): 1094-1097.

Bethke G, Unthan T, Uhrig J F, et al. 2009. Flg22 regulates the release of an ethylene response factor substrate from MAP kinase 6 in *Arabidopsis thaliana* via ethylene signaling. PNAS, 106(19): 8067-8072.

Bhogale S, Mahajan A S, Natarajan B, et al. 2014. microRNA156: A potential graft-transmissible microRNA that modulates plant architecture and tuberization in *Solanum tuberosum* ssp. andigena. Plant Physiology, 164(2): 1011-1027.

Bogdanović J, Mojović M, Milosavić N, et al. 2008. Role of fructose in the adaptation of plants to cold-induced oxidative stress. European Biophysics Journal, 37(7): 1241-1246.

Bologna N G, Iselin R, Abriata L A, et al. 2018. Nucleo-cytosolic shuttling of ARGONAUTE1 prompts a revised model of the plant microRNA pathway. Molecular Cell, 69(4): 709-719.

Bologna N G, Voinnet O. 2014. The diversity, biogenesis, and activities of endogenous silencing small RNAs in *Arabidopsis*. Annual Review of Plant Biology, 65: 473-503.

Bonnecarrère V, Borsani O, Díaz P, et al. 2011. Response to photoxidative stress induced by cold in Japonica rice is genotype dependent. Plant Science, 180(5): 726-732.

Bonnet E, Wuyts J, Rouzé P, et al. 2004. Detection of 91 potential conserved plant microRNAs in *Arabidopsis thaliana* and *Oryza sativa* identifies important target genes. PNAS, 101: 11511-11516.

Borges F, Martienssen R A. 2015. The expanding world of small RNAs in plants. Nature Reviews

Molecular Cell Biology, 16(12): 727-741.

Brodersen P, Sakvarelidze-Achard L, Bruun-Rasmussen M, et al. 2008. Widespread translational inhibition by plant miRNAs and siRNAs. Science, 320(5880): 1185-1190.

Burkhead J L, Gogolin Reynolds K A, Abdel-Ghany S E, et al. 2009. Copper homeostasis. New Phytologist, 182(4): 799-816.

Cai S L, Jiang G B, Ye N H, et al. 2015. A key ABA catabolic gene, *OsABA8ox3*, is involved in drought stress resistance in rice. PLoS One, 10(2): e0116646.

Caldelari D, Wang G G, Farmer E E, et al. 2011. *Arabidopsis* lox3 lox4 double mutants are male sterile and defective in global proliferative arrest. Plant Molecular Biology, 75(1-2): 25-33.

Cao C Y, Long R C, Zhang T J, et al. 2018. Genome-wide identification of microRNAs in response to salt/alkali stress in *Medicago truncatula* through high-throughput sequencing. International Journal of Molecular Sciences, 19(12): 4076.

Carbonell A, Fahlgren N, Garcia-Ruiz H, et al. 2012. Functional analysis of three *Arabidopsis* ARGONAUTES using slicer-defective mutants. The Plant Cell, 24(9): 3613-3629.

Cardon G H, Höhmann S, Nettesheim K, et al. 1997. Functional analysis of the *Arabidopsis thaliana* SBP-box gene *SPL3*: A novel gene involved in the floral transition. The Plant Journal, 12(2): 367-377.

Cardon G, Höhmann S, Klein J, et al. 1999. Molecular characterisation of the *Arabidopsis* SBP-box genes. Gene, 237(1): 91-104.

Chandrika N N P, Sundaravelpandian K, Yu S M, et al. 2013. ALFIN-LIKE 6 is involved in root hair elongation during phosphate deficiency in *Arabidopsis*. New Phytologist, 198(3): 709-720.

Chauvin A, Caldelari D, Wolfender J L, et al. 2013. Four 13-lipoxygenases contribute to rapid jasmonate synthesis in wounded *Arabidopsis thaliana* leaves: A role for lipoxygenase 6 in responses to long-distance wound signals. New Phytologist, 197(2): 566-575.

Cheah B H, Nadarajah K, Divate M D, et al. 2015. Identification of four functionally important microRNA families with contrasting differential expression profiles between drought-tolerant and susceptible rice leaf at vegetative stage. BMC Genomics, 16(1): 692.

Chen X M, 2004. A microRNA as a translational repressor of *APETALA2* in *Arabidopsis* Flower development. Science, 303(5666): 2022-2025.

Chen K L, Wang Y P, Zhang R, et al. 2019. CRISPR/Cas genome editing and precision plant breeding in agriculture. Annual Review of Plant Biology, 70: 667-697.

Chen T Z, Zhang B L. 2016. Measurements of proline and malondialdehyde content and antioxidant enzyme activities in leaves of drought stressed cotton. Bio-Protocol, 6(17): e1913.

Chen Z H, Hu L Z, Han N, et al. 2015. Overexpression of a miR393-resistant form of transport inhibitor response protein 1 (mTIR1) enhances salt tolerance by increased osmoregulation and Na+ exclusion in *Arabidopsis thaliana*. Plant and Cell Physiology, 56(1): 73-83.

Chini A, Monte I, Zamarreño A M, et al. 2018. An OPR3-independent pathway uses 4,5-didehydrojasmonate for jasmonate synthesis. Nature Chemical Biology, 14(2): 171-178.

Chinnusamy V, Zhu J H, Zhu J K. 2007. Cold stress regulation of gene expression in plants. Trends in Plant Science, 12(10): 444-451.

Chiou T J. 2007. The role of microRNAs in sensing nutrient stress. Plant, Cell & Environment, 30(3): 323-332.

Chuck G, Cigan A M, Saeteurn K, et al. 2007. The heterochronic maize mutant Corngrass1 results from overexpression of a tandem microRNA. Nature Genetics, 39(4): 544-549.

Contreras-Cubas C, Palomar M, Arteaga-Vázquez M, et al. 2012. Non-coding RNAs in the plant response to abiotic stress. Planta, 236(4): 943-958.

Cui L G, Shan J X, Shi M, et al. 2014. The miR156-SPL9-DFR pathway coordinates the relationship between development and abiotic stress tolerance in plants. The Plant Journal, 80(6): 1108-1117.

Cui N, Sun X L, Sun M Z, et al. 2015. Overexpression of *OsmiR156k* leads to reduced tolerance to cold stress in rice (*Oryza Sativa*). Molecular Breeding, 35(11): 214.

Cuperus J T, Carbonell A, Fahlgren N, et al. 2010. Unique functionality of 22-nt miRNAs in triggering RDR6-dependent siRNA biogenesis from target transcripts in *Arabidopsis*. Nature Structural & Molecular Biology, 17(8): 997-1003.

D'Ario M, Griffiths-Jones S, Kim M. 2017. Small RNAs: Big impact on plant development. Trends in Plant Science, 22(12): 1056-1068.

Dat J, Vandenabeele S, Vranová E, et al. 2010. Dual action of the active oxygen species during plant stress responses. Cellular and Molecular Life Sciences, 57(5): 779-795.

de Gruijl F R, Van der Leun J C. 1994. Estimate of the wavelength dependency of ultraviolet carcinogenesis in humans and its relevance to the risk assessment of a stratospheric ozone depletion. Health Physics, 67(4): 319-325.

Ding D, Zhang L F, Wang H, et al. 2009. Differential expression of miRNAs in response to salt stress in maize roots. Annals of Botany, 103(1): 29-38.

Ding Y L, Li H, Zhang X Y, et al. 2015. OST1 kinase modulates freezing tolerance by enhancing ICE1 stability in *Arabidopsis*. Developmental Cell, 32(3): 278-289.

Doerner P. 2008. Phosphate starvation signaling: A threesome controls systemic P_i homeostasis. Current Opinion in Plant Biology, 11(5): 536-540.

Doherty C J, Van Buskirk H A, Myers S J, et al. 2009. Roles for *Arabidopsis* CAMTA transcription factors in cold-regulated gene expression and freezing tolerance. The Plant Cell, 21(3): 972-984.

Dolata J, Bajczyk M, Bielewicz D, et al. 2016. Salt stress reveals a new role for ARGONAUTE1 in miRNA biogenesis at the transcriptional and posttranscriptional levels. Plant Physiology, 172(1): 297-312.

Dong C H, Pei H X. 2014. Over-expression of *miR397* improves plant tolerance to cold stress in *Arabidopsis thaliana*. Journal of Plant Biology, 57(4): 209-217.

Dong J, Kim S T, Lord E M. 2005. Plantacyanin plays a role in reproduction in *Arabidopsis*. Plant Physiology, 138(2): 778-789.

Dong M A, Farré E M, Thomashow M F. 2011. CIRCADIAN CLOCK-ASSOCIATED 1 and LATE ELONGATED HYPOCOTYL regulate expression of the C-REPEAT BINDING FACTOR (CBF) pathway in *Arabidopsis*. PNAS, 108(17): 7241-7246.

Dong N Q, Lin H X. 2021. Contribution of phenylpropanoid metabolism to plant development and plant-environment interactions. Journal of Integrative Plant Biology, 63(1): 180-209.

Dressano K, Weckwerth P R, Poretsky E, et al. 2020. Dynamic regulation of Pep-induced immunity through post-translational control of defence transcript splicing. Nature Plants, 6(8): 1008-1019.

Du H, Liu H B, Xiong L Z. 2013. Endogenous auxin and jasmonic acid levels are differentially modulated by abiotic stresses in rice. Frontiers in Plant Science, 4: 397.

Du H, Wu N, Fu J, et al. 2012. A GH3 family member, OsGH3-2, modulates auxin and abscisic acid levels and differentially affects drought and cold tolerance in rice. Journal of Experimental Botany, 63(18): 6467-6480.

Du Y F, Liu L, Li M F, et al. 2017. UNBRANCHED3 regulates branching by modulating cytokinin biosynthesis and signaling in maize and rice. New Phytologist, 214(2): 721-733.

Du Y L, Zhao Q, Chen L R, et al. 2020. Effect of drought stress on sugar metabolism in leaves and roots of soybean seedlings. Plant Physiology and Biochemistry, 146: 1-12.

Duan Y B, Li J, Qin R Y, et al. 2016. Identification of a regulatory element responsible for salt induction of rice OsRAV2 through ex situ and in situ promoter analysis. Plant Molecular Biology, 90(1-2): 49-62.

DuBois M, Gilles K A, Hamilton J K, et al. 1956. Colorimetric method for determination of sugars and related substances. Analytical Chemistry, 28(3): 350-356.

Eamens A L, Kim K W, Waterhouse P M. 2012. DRB2, DRB3 and DRB5 function in a non-canonical microRNA pathway in *Arabidopsis thaliana*. Plant Signaling & Behavior, 7(10): 1224-1229.

Eldem V, Akçay U Ç, Ozhuner E, et al. 2012. Genome-wide identification of miRNAs responsive to drought in peach (*Prunus persica*) by high-throughput deep sequencing. PLoS One, 7(12): e50298.

Eldem V, Okay S, Ünver T. 2013. Plant microRNAs: new players in functional genomics. Turkish Journal of Agriculture and Forestry, 37(1): 1-21.

Eremina M, Rozhon W, Poppenberger B. 2016. Hormonal control of cold stress responses in plants. Cellular and Molecular Life Sciences, 73(4): 797-810.

Eun C, Lorkovic Z J, Naumann U, et al. 2011. AGO6 functions in RNA-mediated transcriptional gene silencing in shoot and root meristems in *Arabidopsis thaliana*. PLoS One, 6(10): e25730.

Fabian M R, Sonenberg N, Filipowicz W. 2010. Regulation of mRNA translation and stability by microRNAs. Annual Review of Biochemistry, 79: 351-379.

Fahlgren N, Carrington J C. 2010. miRNA target prediction in plants. Methods in Molecular Biology, 592: 51-57.

Fairbairn N. 1953. A modified anthrone reagent. Chemistry and Industry London, 4: 86.

Fales F. 1951. The assimilation and degradation of carbohydrates by yeast cells. Journal of Biological Chemistry, 193(1): 113-124.

Fang X F, Cui Y W, Li Y X, et al. 2015. Transcription and processing of primary microRNAs are coupled by Elongator complex in *Arabidopsis*. Nature Plants, 1: 15075.

Feng H, Zhang Q, Wang Q L, et al. 2013. Target of *tae-miR408*, a chemocyanin-like protein gene (*TaCLP1*), plays positive roles in wheat response to high-salinity, heavy cupric stress and stripe rust. Plant Molecular Biology, 83(4): 433-443.

Feng X M, Qiao Y, Mao K, et al. 2010. Overexpression of *Arabidopsis AtmiR408* gene in tobacco. Acta Biologica Cracoviensia Series Botanica, 52(2): 26-31.

Fernández Gómez J, Wilson Z A. 2014. A barley PHD finger transcription factor that confers male sterility by affecting tapetal development. Plant Biotechnology Journal, 12(6): 765-777.

Fernández-Calvo P, Chini A, Fernández-Barbero G, et al. 2011. The *Arabidopsis* bHLH transcription factors MYC3 and MYC4 are targets of JAZ repressors and act additively with MYC_2 in the activation of jasmonate responses. The Plant Cell, 23(2): 701-715.

Filichkin S A, Priest H D, Givan S A, et al. 2010. Genome-wide mapping of alternative splicing in *Arabidopsis thaliana*. Genome Research, 20(1): 45-58.

Finley D. 2009. Recognition and processing of ubiquitin-protein conjugates by the proteasome. Annual Review of Biochemistry, 78: 477-513.

Floková K, Feussner K, Herrfurth C, et al. 2016. A previously undescribed jasmonate compound in flowering *Arabidopsis thaliana*: The identification of *Cis*-(+)-OPDA-Ile. Phytochemistry, 122: 230-237.

Foulkes W D, Priest J R, Duchaine T F. 2014. DICER1: Mutations, microRNAs and mechanisms. Nature Reviews Cancer, 14(10): 662-672.

Fragkostefanakis S, Röth S, Schleiff E, et al. 2015. Prospects of engineering thermotolerance in crops through modulation of heat stress transcription factor and heat shock protein networks. Plant,

Cell & Environment, 38(9): 1881-1895.

Fridovich I. 1995. Superoxide radical and superoxide dismutases. Annual Review of Biochemistry, 64: 97-112.

Fu R, Zhang M, Zhao Y C, et al. 2017. Identification of salt tolerance-related microRNAs and their targets in maize (*Zea mays* L.) using high-throughput sequencing and degradome analysis. Frontiers in Plant Science, 8: 864.

Ganie S A, Mondal T K. 2015. Genome-wide development of novel miRNA-based microsatellite markers of rice (*Oryza sativa*) for genotyping applications. Molecular Breeding, 35: 51.

Gao J P, Chao D Y, Lin H X. 2007. Understanding abiotic stress tolerance mechanisms: recent studies on stress response in rice. Journal of Integrative Plant Biology, 49(6): 742-750.

Gao P, Bai X, Yang L, et al. 2010. Over-expression of *Osa-MIR396c* decreases salt and alkali stress tolerance. Planta, 231(5): 991-1001.

Gao Y, Liu H, Wang Y, et al. 2018. Genome-wide identification of PHD-finger genes and expression pattern analysis under various treatments in moso bamboo (*Phyllostachys edulis*). Plant Physiology and Biochemistry, 123: 378-391.

Gareau J R, Lima C D. 2010. The SUMO pathway: emerging mechanisms that shape specificity, conjugation and recognition. Nature Reviews Molecular Cell Biology, 11(12): 861-871.

Gentile A, Dias L I, Mattos R S, et al. 2015. microRNAs and drought responses in sugarcane. Frontiers in Plant Science, 6: 58.

Giannopolitis C, Ries S. 1977. Superoxide dismutases: I. Occurrence in higher plants. Plant Physiology, 59(2): 309-314.

Glauser G, Dubugnon L, Mousavi S A R, et al. 2009. Velocity estimates for signal propagation leading to systemic jasmonic acid accumulation in wounded *Arabidopsis*. Journal of Biological Chemistry, 284(50): 34506-34513.

Gong Z Z, Dong C H, Lee H, et al. 2005.A DEAD box RNA helicase is essential for mRNA export and important for development and stress responses in *Arabidopsis*. The Plant Cell, 17(1): 256-267.

Gou J Q, Debnath S, Sun L, et al. 2018. From model to crop: functional characterization of SPL8 in *M. truncatula* led to genetic improvement of biomass yield and abiotic stress tolerance in alfalfa. Plant Biotechnology Journal, 16(4): 951-962.

Guerra D, Mastrangelo A M, Lopez-Torrejon G, et al. 2012. Identification of a protein network interacting with TdRF1, a wheat RING ubiquitin ligase with a protective role against cellular dehydration. Plant Physiology, 158(2): 777-789.

Gui M, Zeng Y W, Du J, et al. 2006. Evaluation of morphological traits on near-isogenic lines of cold tolerance and molecular validation at booting stage in Japonica rice. Yi Chuan, 28(8): 972-976

Guo X Y, Liu D F, Chong K. 2018. Cold signaling in plants: Insights into mechanisms and regulation. Journal of Integrative Plant Biology, 60(9): 745-756.

Guo X Y, Xu S J, Chong K. 2017. Cold signal shuttles from membrane to nucleus. Molecular Cell, 66(1): 7-8.

Ha M J, Kim V N. 2014. Regulation of microRNA biogenesis. Nature Reviews Molecular Cell Biology, 15(8): 509-524.

Hajyzadeh M, Turktas M, Khawar K M, et al. 2015. *miR408* overexpression causes increased drought tolerance in chickpea. Gene, 555(2): 186-193.

Han J, Xiong J, Wang D, et al. 2011. Pre-mRNA splicing: where and when in the nucleus. Trends in Cell Biology, 21(6): 336-343.

Hannon G J. 2002. RNA interference. Nature, 418(6894): 244-251.

Henriques F S. 1989. Effects of copper deficiency on the photosynthetic apparatus of sugar beet (*Beta vulgaris* L.). Journal of Plant Physiology, 135(4): 453-458.

Hiei, Y., Komari, T. 2008. Agrobacterium-mediated transformation of rice using immature embryos or calli induced from mature seed. Nature Protocol 3, 824-834.

Hildebrandt U, Regvar M, Bothe H. 2007. Arbuscular mycorrhiza and heavy metal tolerance. Phytochemistry, 68(1): 139-146.

Hou H M, Jia H, Yan Q, et al. 2018. Overexpression of a SBP-box gene (*VpSBP16*) from Chinese Wild *Vitis* species in *Arabidopsis* improves salinity and drought stress tolerance. International Journal of Molecular Sciences, 19(4): 940.

Hu Y R, Jiang L Q, Wang F, et al. 2013. Jasmonate regulates the INDUCER OF CBF EXPRESSION: C-REPEAT BINDING FACTOR/DRE BINDING FACTOR1 cascade and freezing tolerance in *Arabidopsis*. The Plant Cell, 25(8): 2907-2924.

Huang C L, Ding S, Zhang H, et al. 2011. CIPK7 is involved in cold response by interacting with CBL1 in *Arabidopsis thaliana*. Plant Science, 181(1): 57-64.

Hutvágner G, Zamore P D. 2002. A microRNA in a multiple-turnover RNAi enzyme complex. Science, 297(5589): 2056-2060.

Iba K. 2002. Acclimative response to temperature stress in higher plants: approaches of gene engineering for temperature tolerance. Annual Review of Plant Biology, 53: 225-245.

Iki T, Yoshikawa M, Nishikiori M, et al. 2010. *In vitro* assembly of plant RNA-induced silencing complexes facilitated by molecular chaperone HSP90. Molecular Cell, 39(2): 282-291.

Ito Y, Katsura K, Maruyama K, et al. 2006. Functional analysis of rice DREB1/CBF-type transcription factors involved in cold-responsive gene expression in transgenic rice. Plant & Cell Physiology, 47(1): 141-153.

Ivanov A G, Rosso D, Savitch L V, et al. 2012. Implications of alternative electron sinks in increased resistance of PSII and PSI photochemistry to high light stress in cold-acclimated *Arabidopsis thaliana*. Photosynthesis Research, 113(1-3), 191-206.

Iwakawa H O, Tomari Y. 2015. The functions of microRNAs: mRNA decay and translational repression. Trends in Cell Biology, 25(11): 651-665.

Jagadeeswaran G, Saini A, Sunkar R. 2009. Biotic and abiotic stress down-regulate *miR398* expression in *Arabidopsis*. Planta, 229(4): 1009-1014.

Jain M, Kaur N, Garg R, et al. 2006. Structure and expression analysis of early auxin-responsive *Aux/IAA* gene family in rice (*Oryza sativa*). Functional & Integrative Genomics, 6(1): 47-59.

James A B, Syed N H, Bordage S, et al. 2012. Alternative splicing mediates responses of the *Arabidopsis* circadian clock to temperature changes. The Plant Cell, 24(3): 961-981.

Jatan R, Tiwari S, Asif M H, et al. 2019. Genome-wide profiling reveals extensive alterations in Pseudomonas putida-mediated miRNAs expression during drought stress in chickpea (*Cicer arietinum* L.). Environmental and Experimental Botany, 157: 217-227.

Jeong D H, Green P J. 2013. The role of rice microRNAs in abiotic stress responses. Journal of Plant Biology, 56(4): 187-197.

Jia X Y, Ren L G, Chen Q J, et al. 2009. UV-B-responsive microRNAs in *Populus tremula*. Journal of Plant Physiology, 166(18): 2046-2057.

Jia Y X, Ding Y L, Shi Y T, et al. 2016. The cbfs triple mutants reveal the essential functions of CBFs in cold acclimation and allow the definition of CBF regulons in *Arabidopsis*. New Phytologist, 212(2): 345-353.

Jiao Y Q, Wang Y H, Xue D W, et al. 2010. Regulation of *OsSPL14* by *OsmiR156* defines ideal plant architecture in rice. Nature Genetics, 42(6): 541-544.

Jofuku K D, den Boer B G, Van Montagu M, et al. 1994. Control of *Arabidopsis* flower and seed development by the homeotic gene *APETALA2*. The Plant Cell, 6(9): 1211-1225.

Jonas S, Izaurralde E. 2015. Towards a molecular understanding of microRNA-mediated gene silencing. Nature Reviews Genetics, 16(7): 421-433.

Jones-Rhoades M W, Bartel D P, Bartel B. 2006. microRNAs and their regulatory roles in plants. Annual Review of Plant Biology, 57: 19-53.

Jones-Rhoades M W, Bartel D P. 2004. Computational identification of plant microRNAs and their targets, including a stress-induced miRNA. Molecular Cell, 14(6): 787-799.

Jovanović Ž, Stanisavljević N, Mikić A, et al. 2014. Water deficit down-regulates *miR398* and *miR408* in pea (*Pisum sativum* L.). Plant Physiology and Biochemistry, 83: 26-31.

Jung H, Lee D K, Choi Y D, et al. 2015. *OsIAA6*, a member of the rice *Aux/IAA* gene family, is involved in drought tolerance and tiller outgrowth. Plant Science, 236: 304-312.

Jung J H, Seo P J, Kang S K, et al. 2011. *miR172* signals are incorporated into the *miR156* signaling pathway at the *SPL3/4/5* genes in *Arabidopsis* developmental transitions. Plant Molecular Biology, 76(1-2): 35-45.

Kamioka M, Takao S R, Suzuki T, et al. 2016. Direct repression of evening genes by CIRCADIAN CLOCK-ASSOCIATED1 in the *Arabidopsis* circadian clock. The Plant Cell, 28(3): 696-711.

Kantar M, Unver T, Budak H. 2010. Regulation of barley miRNAs upon dehydration stress correlated with target gene expression. Functional & Integrative Genomics, 10(4): 493-507.

Katsir L, Chung H S, Koo A J, et al. 2008. Jasmonate signaling: a conserved mechanism of hormone sensing. Current Opinion in Plant Biology, 11(4): 428-435.

Kaur N, Sharma I, Kirat K, et al. 2016. Detection of reactive oxygen species in *Oryza sativa* L. (rice). Bio-Protocol, 6: e2061.

Kavas M, Kizildogan A, Gökdemir G, et al. 2015. Genome-wide investigation and expression analysis of *AP2-ERF* gene family in salt tolerant common bean. EXCLI Journal, 14: 1187-1206.

Kawaguchi R, Bailey-Serres J. 2002. Regulation of translational initiation in plants. Current Opinion in Plant Biology, 5(5): 460-465.

Kawashima C G, Yoshimoto N, Maruyama-Nakashita A, et al. 2009. Sulphur starvation induces the expression of *microRNA-395* and one of its target genes but in different cell types. The Plant Journal, 57(2): 313-321.

Kazan K. 2015. Diverse roles of jasmonates and ethylene in abiotic stress tolerance. Trends in Plant Science, 20(4): 219-229.

Khvorova A, Reynolds A, Jayasena S D. 2003. Functional siRNAs and miRNAs exhibit strand bias. Cell, 115(2): 209-216.

Kim D H, Sung S. 2010. The Plant Homeo Domain finger protein, VIN3-LIKE 2, is necessary for photoperiod-mediated epigenetic regulation of the floral repressor, MAF5. PNAS, 107(39): 17029-17034.

Kim J J, Lee J H, Kim W, et al. 2012. The microRNA156-*Squamosa* promoter binding protein-like3 module regulates ambient temperature-responsive flowering via FLOWERING LOCUS T in *Arabidopsis*. Plant Physiology, 159: 461-478.

Kim S Y, Kim S G, Kim Y S, et al. 2007. Exploring membrane-associated NAC transcription factors in *Arabidopsis*: implications for membrane biology in genome regulation. Nucleic Acids Research, 35(1): 203-213.

Kim V N. 2005. MicroRNA biogenesis: coordinated cropping and dicing. Nature Reviews Molecular Cell Biology, 6(5): 376-385.

Kim V N, Nam J W. 2006. Genomics of microRNA. Trends in Genetics, 22(3): 165-173.

Kleine T, Leister D. 2016. Retrograde signaling: Organelles go networking. Biochimica et Biophysica Acta, 1857(8): 1313-1325.

Knight H, Mugford S G, Ülker B, et al. 2009. Identification of SFR6, a key component in cold acclimation acting post-translationally on CBF function. The Plant Journal, 58(1): 97-108.

Knight H, Veale E L, Warren G J, et al. 1999. The *sfr6* mutation in *Arabidopsis* suppresses low-temperature induction of genes dependent on the CRT/DRE sequence motif. The Plant Cell, 11(5): 875-886.

Kobayashi H, Tomari Y. 2016. RISC assembly: Coordination between small RNAs and Argonaute proteins. Biochimica et Biophysica Acta, 1859(1): 71-81.

Korotaeva N, Romanenko A, Suvorova G, et al. 2015. Seasonal changes in the content of dehydrins in mesophyll cells of common pine needles. Photosynthesis Research, 124(2): 159-169.

Kosová K, Prášil I T, Vítámvás P, et al. 2012. Complex phytohormone responses during the cold acclimation of two wheat cultivars differing in cold tolerance, winter Samanta and spring Sandra. Journal of Plant Physiology, 169(6): 567-576.

Kruszka K, Pacak A, Swida-Barteczka A, et al. 2013. Developmentally regulated expression and complex processing of barley pri-microRNAs. BMC Genomics, 14: 34.

Kwak P B, Tomari Y. 2012. The N domain of Argonaute drives duplex unwinding during RISC assembly. Nature Structural & Molecular Biology, 19(2): 145-151.

LaFayette P R, Eriksson K L, Dean J F D. 1999. Characterization and heterologous expression of laccase cDNAs from xylem tissues of yellow-poplar (*Liriodendron tulipifera*). Plant Molecular Biology, 40: 23-35.

Lan Y, Su N, Shen Y, et al. 2012. Identification of novel miRNAs and miRNA expression profiling during grain development in indica rice. BMC Genomics, 13: 264.

Lännenpää M, Jänönen I, Hölttä-Vuori M, et al. 2004. A new SBP-box gene *BpSPL1* in silver birch (*Betula pendula*). Physiologia Plantarum, 120(3): 491-500.

Larkin M A, Blackshields G, Brown N P, et al. 2007. Clustal W and Clustal X version 2.0. Bioinformatics, 23(21): 2947-2948.

Law J A, Jacobsen S E. 2010. Establishing, maintaining and modifying DNA methylation patterns in plants and animals. Nature Reviews Genetics, 11(3): 204-220.

Lazaro A, Valverde F, Piñeiro M, et al. 2012. The *Arabidopsis* E3 ubiquitin ligase HOS1 negatively regulates CONSTANS abundance in the photoperiodic control of flowering. The Plant Cell, 24(3): 982-999.

Lee B H, Henderson D A, Zhu J K. 2005. The *Arabidopsis* cold-responsive transcriptome and its regulation by ICE1. The Plant Cell, 17(11): 3155-3175.

Leung J, Giraudat J, 1998. Abscisic acid signal transduction. Annual Review of Plant Physiology and Plant Biology, 49: 199-222.

Li B S, Yin W L, Xia X L. 2009. Identification of microRNAs and their targets from *Populus euphratica*. Biochemical and Biophysical Research Communications, 388(2): 272-277.

Li C, Zhang B H. 2016. microRNAs in control of plant development. Journal of Cellular Physiology, 231(2): 303-313.

Li H, Ding Y L, Shi Y T, et al. 2017. MPK3- and MPK6-mediated ICE1 phosphorylation negatively regulates ICE1 stability and freezing tolerance in *Arabidopsis*. Developmental Cell, 43(5): 630-642.

Li H T, Ilin S, Wang W, et al. 2006. Molecular basis for site-specific read-out of histone H3K4me3 by the BPTF PHD finger of NURF. Nature, 442(7098): 91-95.

Li L Y, Wang L, Jing J X, et al. 2007. The *Pik^m* gene, conferring stable resistance to isolates of

Magnaporthe oryzae, was finely mapped in a crossover-cold region on rice chromosome 11. Molecular Breeding, 20(2): 179-188.

Li M, Liang Z X, He S S, et al. 2017. Genome-wide identification of leaf abscission associated microRNAs in sugarcane (*Saccharum officinarum* L.). BMC Genomics, 18: 754.

Li S B, Le B H, Ma X, et al. 2016. Biogenesis of phased siRNAs on membrane-bound polysomes in *Arabidopsis*. eLife, 12(5): e22750.

Li S B, Liu L, Zhuang X H, et al. 2013. microRNAs inhibit the translation of target mRNAs on the endoplasmic reticulum in *Arabidopsis*. Cell, 153(3): 562-574.

Li T, Li H, Zhang Y X, et al. 2011. Identification and analysis of seven H_2O_2-responsive miRNAs and 32 new miRNAs in the seedlings of rice (*Oryza sativa* L. ssp. *indica*). Nucleic Acids Research, 39(7): 2821-2833.

Li W X, Oono Y, Zhu J H, et al. 2008. The *Arabidopsis* NFYA5 transcription factor is regulated transcriptionally and post transcriptionally to promote drought resistance. The Plant Cell, 20(8): 2238-2251.

Li Y F, Zheng Y, Addo-Quaye C, et al. 2010. Transcriptome-wide identification of microRNA targets in rice. The Plant Journal, 62(5): 742-759.

Li Z F, Zhang Y C, Chen Y Q. 2015. miRNAs and lncRNAs in reproductive development. Plant Science, 238: 46-52.

Liang G, He H, Yu D Q. 2012. Identification of nitrogen starvation-responsive microRNAs in *Arabidopsis thaliana*. PLoS One, 7(11): e48951.

Liang G, Li Y, He H, et al. 2013. Identification of miRNAs and miRNA-mediated regulatory pathways in *Carica papaya*. Planta, 238(4): 739-752.

Licausi F, Ohme-Takagi M, Perata P. 2013. APETALA2/Ethylene responsive factor (AP2/ERF) transcription factors: mediators of stress responses and developmental programs. New Phytologist, 199(3): 639-649.

Lissarre M, Ohta M, Sato A, et al. 2010. Cold-responsive gene regulation during cold acclimation in plants. Plant Signaling & Behavior, 5(8): 948-952.

Liu D F, Chen X J, Liu J Q, et al. 2012. The rice ERF transcription factor OsERF922 negatively regulates resistance to *Magnaporthe oryzae* and salt tolerance. Journal of Experimental Botany, 63(10): 3899-3911.

Liu H H, Tian X, Li Y J, et al. 2008. Microarray-based analysis of stress-regulated microRNAs in *Arabidopsis thaliana*. RNA, 14(5): 836-843.

Liu J Y, Shi Y T, Yang S H. 2018a. Insights into the regulation of C-repeat binding factors in plant cold signaling. Journal of Integrative Plant Biology, 60: 780-795.

Liu J, Cheng X L, Liu P, et al. 2017. miR156-targeted SBP-box transcription factors interact with *DWARF53* to regulate TEOSINTE BRANCHED1 and BARREN STALK1 expression in bread wheat. Plant Physiology, 174(3): 1931-1948.

Liu J, Jung C, Xu J, et al. 2012. Genome-wide analysis uncovers regulation of long intergenic noncoding RNAs in *Arabidopsis*. The Plant Cell, 24(11): 4333-4345.

Liu Q, Harberd N P, Fu X D. 2016. *Squamosa* promoter binding protein-like transcription factors: Targets for improving cereal grain yield. Molecular Plant, 9(6): 765-767.

Liu T Y, Chang C Y, Chiou T J. 2009. The long-distance signaling of mineral macronutrients. Current Opinion in Plant Biology, 12(3): 312-319.

Liu Y, Xu C, Zhu Y, et al. 2018b. The calcium-dependent kinase OsCPK24 functions in cold stress responses in rice. Journal of Integrative Plant Biology, 60(2): 173-188.

Liu Y, Zhou J. 2017. MAPping kinase regulation of ICE1 in freezing tolerance. Trends in Plant

Science, 23(2): 91-93.

Lu S F, Sun Y H, Chiang V L. 2008. Stress-responsive microRNAs in *Populus*. The Plant Journal, 55: 131-151.

Lu S F, Sun Y H, Shi R, et al. 2005. Noveland mechanical stress-responsive microRNAs in *Populus trichocarpa* that are absent from *Arabidopsis*. The Plant Cell, 17(8): 2186-2203.

Lu Z F, Yu H, Xiong G S, et al. 2013. Genome-wide binding analysis of the transcription activator ideal plant architecture1 reveals a complex network regulating rice plant architecture. The Plant Cell, 25(10): 3743-3759.

Luo L, Li W Q, Miura K, et al. 2012. Control of tiller growth of rice by *OsSPL14* and strigolactones, which work in two independent pathways. Plant and Cell Physiology, 53(10): 1793-1801.

Lv D K, Bai X, Li Y, et al. 2010. Profiling of cold-stress-responsive miRNAs in rice by microarrays. Gene, 459(1/2): 39-47.

Lv Y, Yang M, Hu D, et al. 2017. The OsMYB30 transcription factor suppresses cold tolerance by interacting with a JAZ protein and suppressing β-amylase expression. Plant Physiology, 173(2): 1475-1491.

Lyons J M, Raison J K, Steponkus P. 1979. The plant membranein response to low temperature: An overview. London: Academic Press: 1-24.

Ma Y, Dai X Y, Xu Y Y, et al. 2015. *COLD1* confers chilling tolerance in rice. Cell, 160(6): 1209-1221.

Ma Y, Zhang Y, Lu J, et al. 2009. Roles of plant soluble sugars and their responses to plant cold stress. African Journal of Biotechnology, 8(10): 2004-2010.

Machida S, Yuan Y A. 2013. Crystal structure of *Arabidopsis thaliana* Dawdle forkhead-associated domain reveals a conserved phospho-threonine recognition cleft for dicer-like 1 binding. Molecular Plant, 6(4): 1290-1300.

Madore M A. 1990. Carbohydrate metabolism in photosynthetic and nonphotosynthetic tissues of variegated leaves of *Coleus blumei* Benth. Plant Physiology, 93(2): 617-622.

Manavella P A, Hagmann J, Ott F, et al. 2012. Fast-forward genetics identifies plant CPL phosphatases as regulators of miRNA processing factor *HYL1*. Cell, 151(4): 859-870.

Manishankar P, Kudla J. 2015. Cold tolerance encoded in one SNP. Cell, 160(6): 1045-1046.

Mao D, Chen Y. 2012. Colinearity and similar expression pattern of rice *DREB1s* reveal their functional conservation in the cold-responsive pathway. PLoS One, 7(10): e47275.

Marschner H. 1995. Mineral nutrition of higher plants. London: Academic Press.

Martin R C, Liu P P, Goloviznina N A, et al. 2010. microRNA, seeds, and Darwin: Diverse function of miRNA in seed biology and plant responses to stress. Journal of Experimental Botany, 61(9): 2229-2234.

Martinelli F, Cannarozzi G, Balan B, et al. 2018. Identification of miRNAs linked with the drought response of tef [*Eragrostis tef* (Zucc.) Trotter]. Journal of Plant Physiology, 224-225: 163-172.

Maruyama S, Yatomi N, Nakamura Y. 1990. Response of rice leaves to low temperature I. Changes in basic biochemical parameters. Plant and Cell Physiology, 31(3): 303-309.

Matthews C, Arshad M, Hannoufa A. 2019. Alfalfa response to heat stress is modulated by *microRNA156*. Physiologia Plantarum, 165(4): 830-842.

Mauger J P. 2012. Role of the nuclear envelope in calcium signalling. Biology of the Cell, 104(2): 70-83.

Maunoury N, Vaucheret H. 2011. AGO1 and AGO2 act redundantly in miR408-mediated Plantacyanin regulation. PLoS One, 6(12): e28729.

Maynard D, Gröger H, Dierks T, et al. 2018. The function of the oxylipin 12-oxophytodienoic acid in cell signaling, stress acclimation, and development. Journal of Experimental Botany, 69(22): 5341-5354.

McCarthy A J, Coleman-Vaughan C, McCarthy J V, et al. 2017. Regulated intramembrane proteolysis: Emergent role in cell signalling pathways. Biochemical Society Transactions, 45(6): 1185-1202.

McKenzie R L, Björn L O, Bais A, et al. 2003. Changes in biologically active ultraviolet radiation reaching the Earth's surface. Photochemical & Photobiological Sciences, 2(1): 5-15.

Mega R, Meguro-Maoka A, Endo A, et al. 2015. Sustained low abscisic acid levels increase seedling vigor under cold stress in rice (*Oryza sativa* L.). Scientific Reports, 5: 13819.

Megha S, Basu U, Kav N. 2018. Regulation of low temperature stress in plants by microRNAs. Plant, Cell & Environment, 41(1): 1-15.

Mendell J T, Olson E N. 2012. microRNAs in stress signaling and human disease. Cell, 148(6): 1172-1187.

Meng Y J, Gou L F, Chen D J, et al. 2011. PmiRKB: A plant microRNA knowledge base. Nucleic Acids Research, 39: D181-D187.

Mi S J, Cai T, Hu Y G, et al. 2008. Sorting of small RNAs into *Arabidopsis* argonaute complexes is directed by the 5′ terminal nucleotide. Cell, 133(1): 116-127.

Mickelbart M V, Hasegawa P M, Bailey-Serres J, et al. 2015. Genetic mechanisms of abiotic stress tolerance that translate to crop yield stability. Nature Reviews Genetics, 16(4): 237-251.

Miura K, Hasegawa P M. 2010. Sumoylation and other ubiquitin-like post-translational modifications in plants. Trends in Cell Biology, 20(4): 223-232.

Miura K, Ikeda M, Matsubara A, et al. 2010. OsSPL14 promotes panicle branching and higher grain productivity in rice. Nature Genetics, 42(6): 545-549.

Miura K, Jin J B, Hasegawa P M. 2007a. Sumoylation, a post-translational regulatory process in plants. Current Opinion in Plant Biology, 10(5): 495-502.

Miura K, Jin J B, Lee J, et al. 2007b. SIZ1-mediated sumoylation of ICE1 controls CBF3/DREB1A expression and freezing tolerance in *Arabidopsis*. The Plant Cell, 19(4): 1403-1414.

Miura K, Lee J, Jin J B, et al. 2009. Sumoylation of ABI5 by the *Arabidopsis* SUMO E3 ligase SIZ1 negatively regulates abscisic acid signaling. PNAS, 106(13): 5418-5423.

Miura K, Ohta M, Nakazawa M, et al. 2011. ICE1 Ser403 is necessary for protein stabilization and regulation of cold signaling and tolerance. The Plant Journal, 67(2): 269-279.

Miura K, Ohta M. 2010. SIZ1, a small ubiquitin-related modifier ligase, controls cold signaling through regulation of salicylic acid accumulation. Journal of Plant Physiology, 167(7): 555-560.

Moldovan D, Spriggs A, Yang J, et al. 2010. Hypoxia-responsive microRNAs and trans-acting small interfering RNAs in *Arabidopsis*. Journal of Experimental Botany, 61(1): 165-177.

Molitor A M, Bu Z Y, Yu Y, et al. 2014. *Arabidopsis* AL PHD-PRC1 complexes promote seed germination through H3K4me3-to-H3K27me3 chromatin state switch in repression of seed developmental genes. PLOS Genetics, 10(1): e1004091.

Montgomery T A, Howell M D, Cuperus J T, et al. 2008. Specificity of ARGONAUTE7-*miR390* interaction and dual functionality in TAS3 trans-acting siRNA formation. Cell, 133(1): 128-141.

Morea E G O, da Silva E M, e Silva G F, et al. 2016. Functional and evolutionary analyses of the *miR156* and *miR529* families in land plants. BMC Plant Biology, 16: 40.

Müller M, Munné-Bosch S. 2015. Ethylene response factors: a key regulatory hub in hormone and stress signaling. Plant Physiology, 169(1): 32-41.

Munns R, Tester M. 2008. Mechanisms of salinity tolerance. Annual Review of Plant Biology, 59: 651-681.

Musselman C A, Kutateladze T G. 2011. Handpicking epigenetic marks with PHD fingers. Nucleic Acids Research, 39(21): 9061-9071.

Mutum R D, Balyan S C, Kansal S, et al. 2013. Evolution of variety-specific regulatory schema for expression of *osa-miR408* in indica rice varieties under drought stress. The FEBS Journal, 280(7): 1717-1730.

Nakano T, Suzuki K, Fujimura T, et al. 2006. Genome-wide analysis of the *ERF* gene family in *Arabidopsis* and rice. Plant Physiology, 140(2): 411-432.

Nakashima K, Tran L-S P, Van Nguyen D, et al. 2007. Functional analysis of a NAC-type transcription factor OsNAC6 involved in abiotic and biotic stress-responsive gene expression in rice. The Plant Journal, 51(4): 617-630.

Nayyar H, Bains T, Kumar S. 2005. Low temperature induced floral abortion in chickpea: Relationship to abscisic acid and cryoprotectants in reproductive organs. Environmental and Experimental Botany, 53(1): 39-47.

Nguyen G N, Rothstein S J, Spangenberg G, et al. 2015. Role of microRNAs involved in plant response to nitrogen and phosphorous limiting conditions. Frontiers in Plant Science, 6: 629.

Nigam D, Kumar S, Mishra D C, et al. 2015. Synergistic regulatory networks mediated by microRNAs and transcription factors under drought, heat and salt stresses in *Oryza sativa* spp. Gene, 555(2): 127-139.

Ning K, Chen S, Huang H J, et al. 2017. Molecular characterization and expression analysis of the *SPL* gene family with *BpSPL9* transgenic lines found to confer tolerance to abiotic stress in *Betula platyphylla* Suk. Plant Cell, Tissue and Organ Culture, 130(3): 469-481.

Nodine M D, Bartel D P. 2010. microRNAs prevent precocious gene expression and enable pattern formation during plant embryogenesis. Genes Development, 24(23): 2678-2692.

Nonogaki H, Bassel G W, Bewley J D. 2010. Germination: Still a mystery. Plant Science, 179(6): 574-581.

Nour-Eldin H H, Hansen B G, Nørholm M H H, et al. 2006. Advancing uracil-excision based cloning towards an ideal technique for cloning PCR fragments. Nucleic Acids Research, 34(18): e122.

Novillo F, Alonso J M, Ecker J R, et al. 2004. CBF2/DREB1C is a negative regulator of *CBF1/DREB1B* and *CBF3/DREB1A* expression and plays a central role in stress tolerance in *Arabidopsis*. PNAS, 101(11): 3985-3990.

Novillo F, Medina J, Salinas J. 2007. *Arabidopsis* CBF1 and CBF3 have a different function than CBF2 in cold acclimation and define different gene classes in the CBF regulon. PNAS, 104(52): 21002-21007.

Nozawa M, Miura S, Nei M. 2012. Origins and evolution of microRNA genes in plant species. Genome Biology and Evolution, 4(3): 230-239.

Ohkama-Ohtsu N, Sasaki-Sekimoto Y, Oikawa A, et al. 2011. 12-oxo-phytodienoic acid-glutathione conjugate is transported into the vacuole in *Arabidopsis*. Plant & Cell Physiology, 52(1): 205-209.

Örvar B L, Sangwan V, Omann F, et al. 2000. Early steps in cold sensing by plant cells: the role of actin cytoskeleton and membrane fluidity. The Plant Journal, 23(6): 785-794.

Palusa S G, Ali G S, Reddy A S N. 2007. Alternative splicing of pre-mRNAs of *Arabidopsis* serine/arginine-rich proteins: regulation by hormones and stresses. The Plant Journal, 49(6): 1091-1107.

Pan J W, Huang D H, Guo Z L, et al. 2018. Overexpression of *microRNA408* enhances photosynthesis, growth, and seed yield in diverse plants. Journal of Integrative Plant Biology, 60(4): 323-340.

Pant B D, Buhtz A, Kehr J, et al. 2008. *MicroRNA399* is a long-distance signal for the regulation of plant phosphate homeostasis. The Plant Journal, 53(5): 731-738.

Park S Y, Grabau E. 2016. Differential isoform expression and protein localization from alternatively spliced Apetala2 in peanut under drought stress. Journal of Plant Physiology, 206: 98-102.

Park S, Lee C M, Doherty C J, et al. 2015. Regulation of the *Arabidopsis* CBF regulon by a complex low-temperature regulatory network. The Plant Journal, 82(2): 193-207.

Peever T L, Higgins V J. 1989. Electrolyte leakage, lipoxygenase, and lipid peroxidation induced in tomato leaf tissue by specific and nonspecific elicitors from *Cladosporium fulvum*. Plant Physiology, 90(3): 867-875.

Penfield S. 2008. Temperature perception and signal transduction in plants. New Phytologist, 179(3): 615-628.

Peng H H, Shan W, Kuang J F, et al. 2013. Molecular characterization of cold-responsive basic helix-loop-helix transcription factors MabHLHs that interact with MaICE1 in banana fruit. Planta, 238(5): 937-953.

Perata P, Voesenek L A C J. 2007. Submergence tolerance in rice requires *Sub1A*, an ethylene-response-factor-like gene. Trends in Plant Science, 12(2): 43-46.

Phillips J, Dalmay T, Bartels D, et al. 2007. The role of small RNAs in abiotic stress. FEBS Letters, 581(19): 3592-3597.

Phukan U J, Jeena G S, Tripathi V, et al. 2017. Regulation of Apetala2/Ethylene response factors in plants. Frontiers in Plant Science, 8: 150.

Pien S, Fleury D, Mylne J S, et al. 2008. *ARABIDOPSIS* TRITHORAX1 dynamically regulates FLOWERING LOCUS C activation via Histone 3 Lysine 4 trimethylation. The Plant Cell, 20(3): 580-588.

Poirier Y, Bucher M. 2002. The *Arabidopsis* Book. America: Academic Press: 30.

Qin F, Sakuma Y, Tran L P, et al. 2008, *Arabidopsis* DREB2A-interacting proteins function as RING E3 ligases and negatively regulate plant drought stress-responsive gene expression. The Plant Cell, 20(6): 1693-1707.

Qin Z D, Chen J S, Jin L L, et al. 2015. Differential expression of miRNAs under salt stress in *Spartina alterniflora* leaf tissues. Journal of Nanoscience and Nanotechnology, 15(2): 1554-1561.

Ramachandran P, Wang G D, Augstein F, et al. 2018. Continuous root xylem formation and vascular acclimation to water deficit involves endodermal ABA signalling via *miR165*. Development, 145(3): dev159202.

Ramachandran V, Chen X M, 2008. Degradation of microRNAs by a family of exoribonucleases in *Arabidopsis*. Science, 321(5895): 1490-1492.

Ramankutty N, Evan A T, Monfreda C, et al. 2008. Farming the planet: 1. Geographic distribution of global agricultural lands in the year 2000. Global Biogeochemical Cycles, 22(1): GB1003.

Rausch T, Wachter A. 2005. Sulfur metabolism: a versatile platform for launching defence operations. Trends in Plant Science, 10(10): 503-509.

Rehman S, Mahmood T. 2015. Functional role of DREB and ERF transcription factors: Regulating stress-responsive network in plants. Acta Physiologiae Plantarum, 37(9): 178.

Ren G D, Xie M, Dou Y C, et al. 2012. Regulation of miRNA abundance by RNA binding protein TOUGH in *Arabidopsis*. PNAS, 109(31): 12817-12821.

Reynoso M A, Blanco F A, Baileyserres J, et al. 2013. Selective recruitment of mRNAs and miRNAs to polyribosomes in response to rhizobia infection in *Medicago truncatula*. The Plant Journal, 73(2): 289-301.

Rogers K, Chen X M. 2013. Biogenesis, turnover, and mode of action of plant microRNAs. The Plant

Cell, 25(7): 2383-2399.

Ruan J J, Zhou Y X, Zhou M L, et al. 2019. Jasmonic acid signaling pathway in plants. International Journal of Molecular Sciences, 20(10): 566-575.

Sadanandom A, Bailey M, Ewan R, et al. 2012. The ubiquitin–proteasome system: Central modifier of plant signalling. New Phytologist, 196(1): 13-28.

Saiga S, Möller B, Watanabe-Taneda A, et al. 2012. Control of embryonic meristem initiation in *Arabidopsis* by PHD-finger protein complexes. Development, 139(8): 1391-1398.

Saijo Y, Hata S, Kyozuka J, et al. 2000. Over-expression of a single Ca^{2+}-dependent protein kinase confers both cold and salt/drought tolerance on rice plants. The Plant Journal, 23(3): 319-327.

Sanità di Toppi L, Gabbrielli R. 1999. Response to cadmium in higher plants. Environmental and Experimental Botany, 41(2): 105-130.

Sato Y, Masuta Y, Saito K, et al. 2011. Enhanced chilling tolerance at the booting stage in rice by transgenic overexpression of the ascorbate peroxidase gene, *OsAPXa*. Plant Cell Reports, 30(3): 399-406.

Schindler U, Beckmann H, Cashmore A R. 1993. HAT3.1, a novel *Arabidopsis* homeodomain protein containing a conserved cysteine-rich region. The Plant Journal, 4(1): 137-150.

Schützendübel A, Schwanz P, Teichmann T, et al. 2001. Cadmium-induced changes in antioxidative systems, hydrogen peroxide content, and differentiation in *Scots pine* roots. Plant Physiology, 127(3): 887-898.

Sebastian J, Ravi M, Andreuzza S, et al. 2009. The plant adherin AtSCC2 is required for embryogenesis and sister-chromatid cohesion during meiosis in *Arabidopsis*. The Plant Journal, 59(1): 1-13.

Seo P J, Kim M J, Ryu J Y, et al. 2011. Two splice variants of the IDD14 transcription factor competitively form nonfunctional heterodimers which may regulate starch metabolism. Nature Communications, 2: 303.

Seo P J, Park M J, Lim M H, et al. 2012. A self-regulatory circuit of CIRCADIAN CLOCK-ASSOCIATED1 underlies the circadian clock regulation of temperature responses in *Arabidopsis*. The Plant Cell, 24(6): 2427-2442.

Shen J Q, Xie K B, Xiong L Z. 2010. Global expression profiling of rice microRNAs by one-tube stem-loop reverse transcription quantitative PCR revealed important roles of microRNAs in abiotic stress responses. Molecular Genetics and Genomics, 284(6): 477-488.

Shi J L, Cao Y P, Fan X R, et al. 2012. A rice microsomal delta-12 fatty acid desaturase can enhance resistance to cold stress in yeast and *Oryza sativa*. Molecular Breeding, 29(3): 743-757.

Shi M Y, Hu X, Wei Y, et al. 2017. Genome-wide profiling of small RNAs and degradome revealed conserved regulations of miRNAs on auxin-responsive genes during fruit enlargement in peaches. International Journal of Molecular Sciences, 18(12): 2599.

Shi X B, Hong T, Walter K L, et al. 2006. ING2 PHD domain links histone H3 lysine 4 methylation to active gene repression. Nature, 442(7098): 96-99.

Shi Y T, Ding Y, Yang S H. 2018. Molecular regulation of *CBF* signaling in cold acclimation. Trends in Plant Science, 23(7): 623-637.

Shima S H, Matsui H, Tahara S, et al. 2007. Biochemical characterization of rice trehalose-6-phosphate phosphatases supports distinctive functions of these plant enzymes. The FEBS Journal, 274(5): 1192-1201.

Shin C, Nam J W, Farh K K, et al. 2010. Expanding the microRNA targeting code: functional sites with centered pairing. Molecular Cell, 38(6): 789-802.

Shinozaki K, Yamaguchi-Shinozaki K. 2000. Molecular responses to dehydration and low temperature: differences and cross-talk between two stress signaling pathways. Current Opinion in Plant Biology, 3(3): 217-223.

Shriram V, Kumar V, Devarumath R M, et al. 2016. microRNAs as potential targets for abiotic stress tolerance in plants. Frontiers in Plant Science, 7: 817.

Si L Z, Chen J Y, Huang X H, et al. 2016. OsSPL13 controls grain size in cultivated rice. Nature Genetics, 48(4): 447-456.

Song G Q, Zhang R Z, Zhang S J, et al. 2017. Response of microRNAs to cold treatment in the young spikes of common wheat. BMC Genomics, 18(1): 212.

Song J B, Gao S, Wang Y, et al. 2016. *miR394* and its target gene *LCR* are involved in cold stress response in *Arabidopsis*. Plant Gene, 5: 56-64.

Song X W, Li Y, Cao X F, et al. 2019. microRNAs and their regulatory roles in plant-environment interactions. Annual Review of Plant Biology, 70: 489-525.

Song Z Q, Zhang L F, Wang Y L, et al. 2018. Constitutive expression of miR408 improves biomass and seed yield in *Arabidopsis*. Frontiers in Plant Science, 8: 2114.

Staswick P E, Tiryaki I. 2004. The oxylipin signal jasmonic acid is activated by an enzyme that conjugates it to isoleucine in *Arabidopsis*. The Plant Cell, 16(8): 2117-2127.

Staswick P E. 2008. JAZing up jasmonate signaling. Trends in Plant Science, 13(2): 66-71.

Stief A, Altmann S, Hoffmann K, et al. 2014. *Arabidopsis miR156* regulates tolerance to recurring environmental stress through SPL transcription factors. The Plant Cell, 26(4): 1792-1807.

Stintzi A, Browse J. 2000. The *Arabidopsis* male-sterile mutant, *opr3*, lacks the 12-oxophytodienoic acid reductase required for jasmonate synthesis. PNAS, 97(19): 10625-10630.

Suh J P, Jeung J U, Lee J I, et al. 2010. Identification and analysis of QTLs controlling cold tolerance at the reproductive stage and validation of effective QTLs in cold-tolerant genotypes of rice (*Oryza sativa* L.). Theoretical and Applied Genetics, 120(5): 985-995.

Sun J, Zheng T H, Yu J, et al. 2017. TSV, a putative plastidic oxidoreductase, protects rice chloroplasts from cold stress during development by interacting with plastidic thioredoxin Z. New Phytologist, 215(1): 240-255.

Sun M Z, Yang J K, Cai X X, et al. 2018. The opposite roles of *OsmiR408* in cold and drought stress responses in *Oryza sativa*. Molecular Breeding, 38: 120.

Sun M, Jia B, Yang J, et al. 2017. Genome-wide identification of the PHD-finger family genes and their responses to environmental stresses in *Oryza sativa* L. International Journal of Molecular Sciences, 18(9): 2005.

Sun X L, Luo X, Sun M Z, et al. 2014. A Glycine soja 14-3-3 protein GsGF14o participates in stomatal and root hair development and drought tolerance in *Arabidopsis thaliana*. Plant and Cell Physiology, 55(1): 99-118

Sunkar R, Kapoor A, Zhu J K, 2006. Posttranscriptional induction of two Cu/Zn superoxide dismutase genes in *Arabidopsis* is mediated by downregulation of miR398 and important for oxidative stress tolerance. The Plant Cell, 18(8): 2051-2065.

Sunkar R, Li Y F, Jagadeeswaran G. 2012. Functions of microRNAs in plant stress responses. Trends in Plant Science, 17(4): 196-203.

Sunkar R, Zhu J K. 2004. Novel and stress-regulated microRNAs and other small RNAs from *Arabidopsis*. The Plant Cell, 16(8): 2001-2019.

Swarts D C, Makarova K S, Wang Y L, et al. 2014. The evolutionary journey of Argonaute proteins. Nature Structural & Molecular Biology, 21(9): 743-753.

Szarzynska B, Sobkowiak L, Pant B D, et al. 2009. Gene structures and processing of *Arabidopsis thaliana* HYL1-dependent pri-miRNAs. Nucleic Acids Research, 37(9): 3083-3093.

Takahashi H, Yamazaki M, Sasakura N, et al. 1997. Regulation of sulfur assimilation in higher plants: a sulfate transporter induced in sulfate-starved roots plays a central role in *Arabidopsis thaliana*. PNAS, 94(20): 11102-11107.

Takahashi S, Murata N. 2008. How do environmental stresses accelerate photoinhibition? Trends in Plant Science, 13(4): 178-182.

Takatsuji H. 1998. Zinc-finger transcription factors in plants. Cellular and Molecular Life Sciences, 54(6): 582-596.

Tamura K, Peterson D, Peterson N, et al. 2011. MEGA5: Molecular evolutionary genetics analysis using maximum likelihood, evolutionary distance, and maximum parsimony methods. Molecular Biology and Evolution, 28(10): 2731-2739.

Tang N, Zhang H, Li X H, et al. 2012. Constitutive activation of transcription factor OsbZIP46 improves drought tolerance in rice. Plant Physiology, 158(4): 1755-1768.

Tani T, Sobajima H, Okada K, et al. 2008. Identification of the *OsOPR7* gene encoding 12-oxophytodienoate reductase involved in the biosynthesis of jasmonic acid in rice. Planta, 227(3): 517-526.

Tao J J, Chen H W, Ma B, et al. 2015. The role of ethylene in plants under salinity stress. Frontiers in Plant Science, 6: 1059.

Taylor R S, Tarver J E, Hiscock S J, et al. 2014. Evolutionary history of plant microRNAs. Trends in Plant Science, 19(3): 175-182.

Teige M, Scheikl E, Eulgem T, et al. 2004. The MKK2 pathway mediates cold and salt stress signaling in *Arabidopsis*. Molecular Cell, 15(1): 141-152.

Thiebaut F, Rojas C A, Almeida K L, et al. 2012. Regulation of *miR319* during cold stress in sugarcane. Plant, Cell & Environment, 35(3): 502-512.

Thomashow M F. 1999. Plant cold acclimation: Freezing tolerance genes and regulatory mechanisms. Annual Review of Plant Physiology and Plant Molecular Biology, 50: 571-599.

Tian Y, Zhang H W, Pan X W, et al. 2011. Overexpression of ethylene response factor TERF2 confers cold tolerance in rice seedlings. Transgenic Research, 20(4): 857-866.

Toriyama K, Arimoto Y, Uchmiya H, et al. 1988. Transgenic rice plants after direct gene transfer into protoplasts. Bio/Technology, 6: 1072-1074.

Trindade I, Capitão C, Dalmay T, et al. 2010. *miR398* and *miR408* are up-regulated in response to water deficit in *Medicago truncatula*. Planta, 231(3): 705-716.

Tyystjärvi E. 2013. Photoinhibition of photosystem II. International Review of Cell and Molecular Biology, 300: 243-303.

Ueda M, Kaji T, Kozaki W. 2020. Recent advances in plant chemical biology of jasmonates. International Journal of Molecular Sciences, 21(3): 1124.

van den Burg H A, Kini R K, Schuurink R C, et al. 2010. *Arabidopsis* small ubiquitin-like modifier paralogs have distinct functions in development and defense. The Plant Cell, 22(6): 1998-2016.

Vazquez F, Blevins T, Ailhas J R, et al. 2008. Evolution of *Arabidopsis MIR* genes generates novel microRNA classes. Nucleic Acids Research, 36(20): 6429-6438.

Veerappan V, Wang J, Kang M, et al. 2012. A novel *HSI2* mutation in *Arabidopsis* affects the *PHD*-like domain and leads to derepression of seed-specific gene expression. Planta, 236(1): 1-17.

Vijayaraghavareddy P, Adhinarayanreddy V, Vemanna R S, et al. 2017. Quantification of membrane damage/cell death using Evan's Blue staining technique. Bio-protocol, 7(16): e2519.

Vogel M O, Moore M, König K, et al. 2014. Fast retrograde signaling in response to high light involves metabolite export, MITOGEN-ACTIVATED PROTEIN KINASE6, and AP2/ERF transcription factors in *Arabidopsis*. The Plant Cell, 26(3): 1151-1165.

Voinnet O. 2009. Origin, biogenesis, and activity of plant microRNAs. Cell, 136(4): 669-687.

Wahid A. 2007. Physiological implications of metabolite biosynthesis for net assimilation and heat-stress tolerance of sugarcane (*Saccharum officinarum*) sprouts. Journal of Plant Research, 120(2): 219-228.

Wan L Y, Zhang J F, Zhang H W, et al. 2011. Transcriptional activation of OsDERF1 in OsERF3 and OsAP2-39 negatively modulates ethylene synthesis and drought tolerance in rice. PLoS One, 6(9): e25216.

Wang B B, Brendel V. 2006. Genomewide comparative analysis of alternative splicing in plants. PNAS, 103(18): 7175-7180.

Wang B B, Wang H Y. 2017. IPA1: A new "green revolution" gene? Molecular Plant, 10(6): 779-781.

Wang C C, Wei Q, Zhang K, et al. 2013b. Down-regulation of *OsSPX1* causes high sensitivity to cold and oxidative stresses in rice seedlings. PLoS One, 8(12): e81849.

Wang F J, Wang C L, Liu P Q, et al. 2016b. Enhanced rice blast resistance by CRISPR/Cas9-targeted mutagenesis of the ERF transcription factor gene *OsERF922*. PLoS One, 11(4): e0154027.

Wang F, Guo Z X, Li H Z, et al. 2016a. Phytochrome A and B function antagonistically to regulate cold tolerance via abscisic acid-dependent jasmonate signaling. Plant Physiology, 170(1): 459-471.

Wang G B, Cao F L, Chang L, et al. 2014b. Temperature has more effects than soil moisture on biosynthesis of flavonoids in Ginkgo (*Ginkgo biloba* L.) leaves. New Forests, 45(6): 797-812.

Wang H, Li Y, Chern M, et al. 2021b. Suppression of rice *miR168* improves yield, flowering time and immunity. Nature Plants, 7(2): 129-136.

Wang H, Wang H Y. 2015. The *miR156/SPL* module, a regulatory hub and versatile toolbox, gears up crops for enhanced agronomic traits. Molecular Plant, 8: 677-688.

Wang J C, Ren Y L, Liu X, et al. 2021a. Transcriptional activation and phosphorylation of OsCNGC9 confer enhanced chilling tolerance in rice. Molecular Plant, 14(2): 315-329.

Wang J W, Czech B, Weigel D. 2009. *miR156*-Regulated SPL transcription factors define an endogenous flowering pathway in *Arabidopsis thaliana*. Cell, 138(4): 738-749.

Wang J W, Schwab R, Czech B, et al. 2008b. Dual effects of *miR156*-targeted *SPL* genes and CYP-78A5/KLUH on plastochron length and organ size in *Arabidopsis thaliana*. The Plant Cell, 20(5): 1231-1243.

Wang L L, Song X W, Gu L F, et al. 2013a. NOT2 proteins promote polymerase II: dependent transcription and interact with multiple microRNA biogenesis factors in *Arabidopsis*. The Plant Cell, 25(2): 715-727.

Wang L, Sun S Y, Jin J Y, et al. 2015c. Coordinated regulation of vegetative and reproductive branching in rice. PNAS, 112(50): 15504-15509.

Wang L, Zhang Q F. 2017. Boosting rice yield by fine-tuning *SPL* gene expression. Trends in Plant Science, 22(8): 643-646.

Wang M, Wang Q L, Zhang B H. 2013c. Response of miRNAs and their targets to salt and drought stresses in cotton (*Gossypium hirsutum* L.). Gene, 530(1): 26-32.

Wang Q Q, Liu J Y, Wang Y, et al. 2015b. Systematic analysis of the maize PHD-finger gene family reveals a subfamily involved in abiotic stress response. International Journal of Molecular Sciences, 16(10): 23517-23544.

Wang Q, Guan Y, Wu Y, et al. 2008a. Overexpression of a rice *OsDREB1F* gene increases salt, drought, and low temperature tolerance in both *Arabidopsis* and rice. Plant Molecular Biology,

67(6): 589-602.

Wang S K, Wu K, Yuan Q B, et al. 2012. Control of grain size, shape and quality by *OsSPL16* in rice. Nature Genetics, 44(8): 950-954.

Wang S T, Sun X L, Hoshino Y, et al. 2014a. *microRNA319* positively regulates cold tolerance by targeting *OsPCF6* and *OsTCP21* in rice (*Oryza sativa* L.). PLoS One, 9(3): e91357.

Wang X, Wang Y, Dou Y, et al. 2018. Degradation of unmethylated miRNA/miRNA*s by a DEDDy-type 3′ to 5′ exoribonuclease Atrimmer 2 in *Arabidopsis*. PNAS, 115(28): E6659-E6667.

Wang Y W, Yu J, Jiang X H, et al. 2015a. Analysis of thylakoid membrane protein and photosynthesis- related key enzymes in super high-yield hybrid rice LYPJ grown in field condition during senescence stage. Acta Physiologiae Plantarum, 37(2): 1.

Wasternack C, Hause B. 2013. Jasmonates: biosynthesis, perception, signal transduction and action in plant stress response, growth and development. An update to the 2007 review in Annals of Botany. Annals of Botany, 111(6): 1021-1058.

Waterer D, Benning N T, Wu G H, et al. 2010. Evaluation of abiotic stress tolerance of genetically modified potatoes (*Solanum tuberosum* cv. Desiree). Molecular Breeding, 25(3): 527-540.

Wathugala D L, Hemsley P A, Moffat C S, et al. 2012. The mediator subunit SFR6/MED16 controls defence gene expression mediated by salicylic acid and jasmonate responsive pathways. New Phytologist, 195(1): 217-230.

Wei W, Huang J, Hao Y J, et al. 2009. Soybean GmPHD-type transcription regulators improve stress tolerance in transgenic *Arabidopsis* plants. PLoS One, 4(9): e7209.

Weighl M, Varotto C, Pesaresi P, et al. 2003. Plastocyanin is indispensable for photosynthetic electron flow in *Arabidopsis thaliana*. Journal of Biological Chemistry, 278(33): 31286-31289.

Wightman B, Ha I, Ruvkun G. 1993. Posttranscriptional regulation of the heterochronic gene *Lin-14* by Lin-4 mediates temporal pattern formation in *C. elegans*. Cell, 75(5): 855-862.

Willems E, Leyns L, Vandesompele J. 2008. Standardization of real-time *PCR* gene expression data from independent biological replicates. Analytical Biochemistry, 379(1): 127-129.

Wu G, Park M Y, Conway S R, et al. 2009. The sequential action of *miR156* and *miR172* regulates developmental timing in *Arabidopsis*. Cell, 138(4): 750-759.

Wu G, Poethig R S. 2006. Temporal regulation of shoot development in *Arabidopsis thaliana* by *miR156* and its target SPL3. Development, 133(18): 3539-3547.

Wu S N, Wu M, Dong Q, et al. 2016. Genome-wide identification, classification and expression analysis of the PHD-finger protein family in *Populus trichocarpa*. Gene, 575(1): 75-89.

Wu T, Pi E X, Tsai S N, et al. 2011. GmPHD5 acts as an important regulator for crosstalk between histone H3K4 di-methylation and H3K14 acetylation in response to salinity stress in soybean. BMC Plant Biology, 11: 178.

Wysocka J, Swigut T, Xiao H, et al. 2006. A PHD finger of NURF couples histone H3 lysine 4 trimethylation with chromatin remodelling. Nature, 442(7098): 86-90.

Xia C X, Gong Y S, Chong K, et al. 2021. Phosphatase OsPP2C27 directly dephosphorylates OsMAPK3 and OsbHLH002 to negatively regulate cold tolerance in rice. Plant, Cell & Environment, 44(2): 491-505

Xie G S, Kato H, Imai R. 2012. Biochemical identification of the OsMKK6-OsMPK3 signalling pathway for chilling stress tolerance in rice. The Biochemical Journal, 443(1): 95-102.

Xie G S, Kato H, Sasaki K, et al. 2009. A cold-induced thioredoxin h of rice, OsTrx23, negatively regulates kinase activities of OsMPK3 and OsMPK6 in vitro. FEBS Letters, 583(17): 2734-2738.

Xie K B, Shen J Q, Hou X, et al. 2012. Gradual increase of *miR156* regulates temporal expression changes of numerous genes during leaf development in rice. Plant Physiology, 158(3): 1382-1394.

Xie K B, Wu C Q, Xiong L Z. 2006. Genomic organization, differential expression, and interaction of *Squamosa* promoter-binding-like transcription factors and *microRNA156* in rice. Plant Physiology, 142(1): 280-293.

Xie M, Yu B. 2015. siRNA-directed DNA methylation in plants. Current Genomics, 16(1): 23-31.

Xing S P, Salinas M, Garcia-Molina A, et al. 2013. SPL8 and *miR156*-targeted *SPL* genes redundantly regulate *Arabidopsis* gynoecium differential patterning. The Plant Journal, 75(4): 566-577.

Xiong H Y, Yu J P, Miao J L, et al. 2018. Natural variation in *OsLG3* increases drought tolerance in rice by inducing ROS scavenging. Plant Physiology, 178(1): 451-467.

Xu L M, Zhou L, Zeng Y W, et al. 2008. Identification and mapping of quantitative trait loci for cold tolerance at the booting stage in a Japonica rice near-isogenic line. Plant Science, 174(3): 340-347.

Yaish M W, El-Kereamy A, Zhu T, et al. 2010. The APETALA-2-like transcription factor OsAP2-39 controls key interactions between abscisic acid and gibberellin in rice. PLoS Genetics, 6(9): e1001098.

Yamaguchi A, Wu M F, Yang L, et al. 2009. The microRNA-regulated SBP-box transcription factor SPL3 is a direct upstream activator of LEAFY, FRUITFULL, and APETALA1. Developmental Cell, 17(2): 268-278

Yamaguchi-Shinozaki K, Shinozaki K. 2006. Transcriptional regulatory networks in cellular responses and tolerance to dehydration and cold stresses. Annual Review of Plant Biology, 57: 781-803.

Yamasaki H, Abdel-Ghany S E, Cohu C M, et al. 2007. Regulation of copper homeostasis by micro-RNA in *Arabidopsis*. Journal of Biological Chemistry, 282(22): 16369-16378.

Yan J, Gu Y Y, Jia X Y, et al. 2012. Effective small RNA destruction by the expression of a short tandem target mimic in *Arabidopsis*. The Plant Cell, 24(2): 415-427.

Yan Y, Dang P, Tian B, et al. 2025. Functional diversity of two apple paralogs MADS5 and MADS35 in regulating flowering and parthenocarpy. Plant Physiology and Biochemistry, 222: 109763.

Yang A, Dai X Y, Zhang W H, et al. 2012. A R2R3-type MYB gene, *OsMYB2*, is involved in salt, cold, and dehydration tolerance in rice. Journal of Experimental Botany, 63(7): 2541-2556.

Yang C H, Li D Y, Mao D H, et al. 2013. Overexpression of *microRNA319* impacts leaf morphogenesis and leads to enhanced cold tolerance in rice (*Oryza sativa* L.). Plant, Cell & Environment, 36(12): 2207-2218.

Yang J, Lee S, Hang R, et al. 2013. OsVIL2 functions with PRC2 to induce flowering by repressing OsLFL1 in rice. The Plant Journal, 73(4): 566-578.

Yang X H, Makaroff C A, Ma H. 2003. The *Arabidopsis* MALE MEIOCYTE DEATH1 gene encodes a PHD-finger protein that is required for male meiosis. The Plant Cell, 15(6): 1281-1295.

Yang X, Liu F, Zhang Y, et al. 2017. Cold-responsive miRNAs and their target genes in the wild eggplant species *Solanum aculeatissimum*. BMC Genomics, 18(1): 1000.

Yang Y T, Yu Q, Yang Y Y, et al. 2018. Identification of cold-related miRNAs in sugarcane by small RNA sequencing and functional analysis of a cold inducible *ScmiR393* to cold stress. Environmental and Experimental Botany, 155: 464-476.

Yao X, Li J J, Liu J P, et al. 2015. An *Arabidopsis* mitochondria-localized RRL protein mediates abscisic acid signal transduction through mitochondrial retrograde regulation involving ABI4. Journal of Experimental Botany, 66(20): 6431-6445.

Yin Z J, Li Y, Yu J W, et al. 2012. Difference in miRNA expression profiles between two cotton cultivars with distinct salt sensitivity. Molecular Biology Reports, 39(4): 4961-4970.

Yokoi S, Higashi S I, Kishitani S, et al. 1998. Introduction of the cDNA for shape *Arabidopsis* glycerol-3-phosphate acyltransferase (GPAT) confers unsaturation of fatty acids and chilling tolerance of photosynthesis on rice. Molecular Breeding, 4(3): 269-275.

Yookongkaew N, Srivatanakul M, Narangajavana J. 2007. Development of genotype-independent regeneration system for transformation of rice (*Oryza sativa* ssp. *indica*). Journal of Plant Research, 120(2): 237-245

Yu N, Niu Q W, Ng K H, et al. 2015. The role of miR156/SPLs modules in *Arabidopsis* lateral root development. The Plant Journal, 83(4): 673-685.

Yu S, Galvão V C, Zhang Y C, et al. 2012. Gibberellin regulates the *Arabidopsis* floral transition through miR156-targeted *Squamosa* promoter binding-like transcription factors. The Plant Cell, 24(8): 3320-3332

Yu Y, Feng Y Z, Zhou Y F, et al. 2017. MiR408 regulates grain yield and photosynthesis via a phytocyanin protein. Plant Physiology, 175(3): 1175-1185.

Yue E K, Li C, Li Y, et al. 2017a. *MiR529a* modulates panicle architecture through regulating *Squamosa* promoter binding-like genes in rice (*Oryza sativa*). Plant Molecular Biology, 94(4-5): 469-480.

Yue E K, Liu Z, Li C, et al. 2017b. Overexpression of *miR529a* confers enhanced resistance to oxidative stress in rice (*Oryza sativa* L.). Plant Cell Reports, 36(7): 1171-1182.

Zhai J X, Zhao Y Y, Simon S A, et al. 2013. Plant microRNAs display differential 3′ truncation and tailing modifications that are ARGONAUTE1 dependent and conserved across species. The Plant Cell, 25(7): 2417-2428.

Zhan X Q, Wang B, Li H J, et al. 2012. *Arabidopsis* proline-rich protein important for development and abiotic stress tolerance is involved in microRNA biogenesis. PNAS, 109(44): 18198-18203.

Zhang B H, Unver T. 2018. A critical and speculative review on microRNA technology in crop improvement: Current challenges and future directions. Plant Science, 274: 193-200.

Zhang B H, Wang Q L. 2015. MicroRNA-based biotechnology for plant improvement. Journal of Cellular Physiology, 230(1): 1-15.

Zhang F T, Luo X D, Zhou Y, et al. 2016c. Genome-wide identification of conserved microRNA and their response to drought stress in Dongxiang wild rice (*Oryza rufipogon* Griff.). Biotechnology Letters, 38(4): 711-721.

Zhang H W, Zhang J F, Quan R D, et al. 2013. EAR motif mutation of rice OsERF3 alters the regulation of ethylene biosynthesis and drought tolerance. Planta, 237(6): 1443-1451.

Zhang H Y, Li L. 2013. *Squamosa* promoter binding protein-like7 regulated *microRNA408* is required for vegetative development in *Arabidopsis*. The Plant Journal, 74(1): 98-109.

Zhang H Y, Zhao X, Li J G, et al. 2014d. *MicroRNA408* is critical for the *HY5-SPL7* gene network that mediates the coordinated response to light and copper. The Plant Cell, 26(12): 4933-4953.

Zhang H, Zhang J S, Yan J, et al. 2017e. Short tandem target mimic rice lines uncover functions of miRNAs in regulating important agronomic traits. PNAS, 114(20): 5277-5282.

Zhang J P, Yu Y, Feng Y Z, et al. 2017f. *MiR408* regulates grain yield and photosynthesis via a phytocyanin protein. Plant Physiology, 175(3): 1175-1185.

Zhang J S, Zhang H, Srivastava A K, et al. 2018. Knockdown of rice *microRNA166* confers drought resistance by causing leaf rolling and altering stem xylem development. Plant Physiology, 177(3): 2082-2094.

Zhang J, Li J Q, Wang X C, et al. 2011. OVP1, a Vacuolar H$^+$-translocating inorganic pyrophosphatase (V-PPase), overexpression improved rice cold tolerance. Plant Physiology and Biochemistry,

49(1): 33-38.

Zhang N, Yang J W, Wang Z M, et al. 2014b. Identification of novel and conserved microRNAs related to drought stress in potato by deep sequencing. PLoS One, 9(4): e95489.

Zhang Q, Chen Q H, Wang S L, et al. 2014c. Rice and cold stress: Methods for its evaluation and summary of cold tolerance-related quantitative trait loci. Rice, 7: 24.

Zhang S D, Ling L Z, Zhang Q F, et al. 2015b. Evolutionary comparison of two combinatorial regulators of *SBP-box* genes, *miR156* and *miR529*, in plants. PLoS One, 10(4): e0124621.

Zhang S N, Wang S K, Xu Y X, et al. 2015a. The auxin response factor, OsARF19, controls rice leaf angles through positively regulating OsGH3-5 and OsBRI1. Plant, Cell & Environment, 38(4): 638-654.

Zhang S Z, Wu T, Liu S J, et al. 2016b. Disruption of *OsARF19* is critical for floral organ development and plant architecture in rice (*Oryza sativa* L.). Plant Molecular Biology Reporter, 34: 748-760.

Zhang X D, Wang C G, Zhang Y P, et al. 2012. The *Arabidopsis* mediator complex subunit16 positively regulates salicylate-mediated systemic acquired resistance and jasmonate/ethylene-induced defense pathways. The Plant Cell, 24(10): 4294-4309.

Zhang X H, Dou L L, Pang C Y, et al. 2015c. Genomic organization, differential expression, and functional analysis of the *SPL* gene family in *Gossypium hirsutum*. Molecular Genetics and Genomics, 290(1): 115-126.

Zhang X N, Li X, Liu J H. 2014a. Identification of conserved and novel cold-responsive microRNAs in Trifoliate Orange (*Poncirus trifoliata* (L.) Raf.) using high-throughput sequencing. Plant Molecular Biology Reporter, 32(2): 328-341.

Zhang X N, Wang W, Wang M, et al. 2016a. The *miR396b* of *Poncirus trifoliata* functions in cold tolerance by regulating ACC oxidase gene expression and modulating ethylene-polyamine homeostasis. Plant & Cell Physiology, 57(9): 1865-1878.

Zhang Z H, Guo X W, Ge C X, et al. 2017c. KETCH1 imports HYL1 to nucleus for miRNA biogenesis in *Arabidopsis*. PNAS, 114(15): 4011-4016.

Zhang Z J, Huang R F. 2013. Analysis of malondialdehyde, chlorophyll, proline, soluble sugar, and glutathione content in *Arabidopsis* seedling. Bio-protocol, 3(14): e817.

Zhang Z X, Wei L Y, Zou X L, et al. 2008. Submergence-responsive microRNAs are potentially involved in the regulation of morphological and metabolic adaptations in maize root cells. Annals of Botany, 102(4): 509-519.

Zhang Z Y, Li J H, Li F, et al. 2017a. OsMAPK3 phosphorylates OsbHLH002/OsICE1 and inhibits its ubiquitination to activate OsTPP1 and enhances rice chilling tolerance. Developmental Cell, 43(6): 731-743.

Zhang Z Y, Li J J, Pan Y H, et al. 2017b. Natural variation in CTB4a enhances rice adaptation to cold habitats. Nature Communications, 8: 14788.

Zhang Z, H Hu F Q, Sung M W, et al. 2017d. RISC-interacting clearing 3′-5′ exoribonucleases (RICEs) degrade uridylated cleavage fragments to maintain functional RISC in *Arabidopsis thaliana*. eLife, 6: e24466.

Zhao B T, Ge L F, Liang R Q, et al. 2009. Members of *miR169* family are induced by high salinity and transiently inhibit the NF-YA transcription factor. BMC Molecular Biology, 10: 29-41.

Zhao B T, Liang R Q, Ge L F, et al. 2007. Identification of drought-induced microRNAs in rice. Biochemical and Biophysical Research Communications, 354: 585-590.

Zhao C Z, Wang P C, Si T, et al. 2017a. MAP kinase cascades regulate the cold response by modulating ICE1 protein stability. Developmental Cell, 43(5): 618-629.

Zhao G J, Yu H Y, Liu M M, et al. 2017b. Identification of salt-stress responsive microRNAs from *Solanum lycopersicum* and *Solanum pimpinellifolium*. Plant Growth Regulation, 83(1): 129-140.

Zhao M L, Wang J N, Shan W, et al. 2013. Induction of jasmonate signalling regulators MaMYC2s and their physical interactions with MaICE1 in methyl jasmonate-induced chilling tolerance in banana fruit. Plant, Cell & Environment, 36(1): 30-51.

Zhao X Y, Hong P, Wu J Y, et al. 2016. The *tae-miR408*-mediated control of *TaTOC1* genes transcription is required for the regulation of heading time in wheat. Plant Physiology, 170(3): 1578-1594.

Zhao Y P, Xu Z H, Mo Q C, et al. 2013. Combined small RNA and degradome sequencing reveals novel miRNAs and their targets in response to low nitrate availability in maize. Annals of Botany, 112(3): 633-642.

Zhao Y Y, Yu Y, Zhai J X, et al. 2012. The *Arabidopsis* nucleotidyl transferase HESO1 uridylates unmethylated small RNAs to trigger their degradation. Current Biology, 22(8): 689-694.

Zheng Y, Jagadeeswaran G, Gowdu K, et al. 2013. Genome-wide analysis of microRNAs in sacred *Lotus*, *Nelumbo nucifera* (Gaertn). Tropical Plant Biology, 6(2): 117-130.

Zhou B, Li Y H, Xu Z R, et al. 2007. Ultraviolet A-specific induction of anthocyanin biosynthesis in the swollen hypocotyls of turnip (*Brassica rapa*). Journal of Experimental Botany, 58(7): 1771-1781.

Zhou L G, Liu Y H, Liu Z C, et al. 2010a. Genome-wide identification and analysis of drought-responsive microRNAs in *Oryza sativa*. Journal of Experimental Botany, 61(15): 4157-4168.

Zhou M Q, Wu L H, Liang J, et al. 2012. Cold-induced modulation of *CbICE53* gene activates endogenous genes to enhance acclimation in transgenic tobacco. Molecular Breeding, 30(4): 1611-1620.

Zhou M, Gu L F, Li P C, et al. 2010b. Degradome sequencing reveals endogenous small RNA targets in rice (*Oryza sativa* L. ssp. indica). Frontiers in Biology, 5(1): 67-90.

Zhou Q, Zhang L, Chen Z B, et al. 2014. Small ubiquitin-related modifier-1 modification regulates all-trans-retinoic acid-induced differentiation via stabilization of retinoic acid receptorα. The FEBS Journal, 281(13): 3032-3047.

Zhou X F, Wang G D, Sutoh K, et al. 2008a. Identification of cold-inducible microRNAs in plants by transcriptome analysis. Biochimica et Biophysica Acta, 1779(11): 780-788.

Zhou Z S, Huang S Q, Yang Z M. 2008b. Bioinformatic identification and expression analysis of new microRNAs from *Medicago truncatula*. Biochemical and Biophysical Research Communications, 374(3): 538-542.

Zhu J K. 2002. Salt and drought stress signal transduction in plants. Annual Review of Plant Biology, 53: 247-273.

Zhu J K. 2016. Abiotic stress signaling and responses in plants. Cell, 167(2): 313-324.

Zhu G H, Ye N H, Zhang J H. 2009. Glucose-induced delay of seed germination in rice is mediated by the suppression of ABA catabolism rather than an enhancement of ABA biosynthesis. Plant & Cell Physiology, 50(3): 644-651.

Zhu H L, Hu F Q, Wang R H, et al. 2011. *Arabidopsis* argonaute10 specifically sequesters *miR166/165* to regulate shoot apical meristem development. Cell, 145(2): 242-256.

Zhuang J, Li M Y, Wu B, et al. 2016. Arg156 in the AP2-domain exhibits the highest binding activity among the 20 individuals to the GCC box in BnaERF-B3-hy15, a mutant ERF transcription factor from *Brassica napus*. Frontiers in Plant Science, 7: 1603.

附 录 A

附表 1 Yoshida 营养液配方

元素	元素浓度/（mg/L）	所用盐类	盐类用量/（mg/L）
大量元素储备液			
N	40	NH_4NO_3	114.3
P	10	$NAH_2PO_4·2H_2O$	50.4
K	40	K_2SO_4	89.3
Ca	40	$CaCl_2$	110.8
Mg	40	$MgSO_4·7H_2O$	405.0
微量元素储备液			
Mn	0.5	$MnCl_2·4H_2O$	1 500
Mo	0.05	$(NH_4)_6Mo_7O_{24}·2H_2O$	74
B	0.2	H_3BO_3	934
Zn	0.01	$ZnSO_4·7H_2O$	35
Cu	0.01	$CuSO_4·5H_2O$	31
Fe	2.0	$FeCl_3·6H_2O$	7 700
		柠檬酸（-水杨酸）	11 900

注：制备微量元素贮备液时，各种盐类分别溶解，再与 50 mL 浓硫酸混匀，加蒸馏水稀释至 1L 使用时，每 4L 营养液（大量元素贮备液）添加微量元素贮备液 5 mL。

附表 2 MS 培养基配方

成分	浓度/（mg/L）
大量元素	
硝酸钾（KNO_3）	1900
硝酸铵（NH_4NO_3）	1650
磷酸二氢钾（KH_2PO_4）	170
硫酸镁（$MgSO_4·7H_2O$）	370
氯化钙（$CaCl_2·2H_2O$）	440
微量元素	
碘化钾（KI）	0.83
硼酸（H_3BO_3）	6.2
硫酸锰（$MnSO_4·4H_2O$）	22.3
硫酸锌（$ZnSO_4·7H_2O$）	8.6

续表

成分	浓度/（mg/L）
钼酸钠（Na$_2$MoO$_4 \cdot$2H$_2$O）	0.25
硫酸铜（CuSO$_4 \cdot$5H$_2$O）	0.025
氯化钴（CoCl$_2 \cdot$6H$_2$O）	0.025
铁盐	
乙二胺四乙酸二钠（Na$_2 \cdot$EDTA）	37.3
硫酸亚铁（FeSO$_4 \cdot$7H$_2$O）	27.8
有机成分	
肌醇	100
甘氨酸	2
盐酸硫胺素（V$_{B1}$）	0.1
盐酸吡哆醇（V$_{B6}$）	0.5
烟酸（V$_{B5}$ 或 V$_{PP}$）	0.5

附表 3　NB 培养基配方

成分	浓度/（mg/L）
大量元素	
硝酸钾（KNO$_3$）	2830
磷酸二氢钾（KH$_2$PO$_4$）	400
硫酸铵[(NH$_4$)$_2$SO$_4$]	463
硫酸镁（MgSO$_4 \cdot$7H$_2$O）	185
氯化钙[CaCl$_2 \cdot$2H$_2$O (CaCl$_2$)]	166（125）
微量元素	
碘化钾（KI）	0.8
硼酸（H$_3$BO$_3$）	1.6
硫酸锰[MnSO$_4 \cdot$4H$_2$O (MnSO$_4 \cdot$H$_2$O)]	4.4（3.3）
硫酸锌（ZnSO$_4 \cdot$7H$_2$O）	1.5
铁盐	
硫酸亚铁（FeSO$_4 \cdot$7H$_2$O）	27.8
乙二胺四乙酸二钠（Na$_2$EDTA$\cdot$2H$_2$O）	37.3
有机成分	
盐酸	0.5
盐酸吡哆醇（V$_{B6}$）	0.5
盐酸硫胺素（V$_{B1}$）	1
甘氨酸	2
肌醇	100

附表 4　用于水稻组织培养各阶段培养基

培养基	成分及 pH
水稻愈伤诱导培养基	NB，pH 5.8
愈伤继代培养培养基	NB，pH 5.8
共培养培养基	NB+20 mg/L 乙酰丁香酮，pH 5.2
筛选培养基	NB+15 mg/L 固杀草+100 mg/L 阿莫西林克拉维酸钾，pH 5.8
分化培养基	MS+30 g/L 山梨醇+2 g/L 酪蛋白水解物+100 mg/L阿莫西林克拉维酸钾+2 mg/L KT+0.02 mg/L NAA，pH 5.8
生根培养基	MS+100 mg/L 阿莫西林克拉维酸钾，pH 5.8

附表 5　第 2 章研究用到的引物

引物名称	引物序列
OsU6-qRT-F	GGGACATCCGATAAAATTGGAA
OsU6-qRT-R	CGATTTGTGCGTGTCATCCTT
miR1320-5p-RT	GTCGTATCCAGTGCAGGGTCCGAGGTA TTCGCACTGG ATACGACCTATAA
miR1320-3p-RT	GTCGTATCCAGTGCAGGGTCCGAGGTATTCGCACT GGATACGACTTGGAA
miR1320-5p-qRT-F	CGGGTGGAACGGAGGAATT
miR1320-3p-qRT-R	TCGGGCTGTAAAATTCATTCG
pre-miR1320-F	TACCGAAAAGGAATCGCTGG
pre-miR1320-R	CTGACTCAAAGCTCTCTTCTGTTGA
pre-miR1320-U-F	GGCTTAAUCGCTGGCTTTCC
pre-miR1320-U-R	GGTTTAAUGTCGTAGTTCTGTCCAAC
STTM-miR1320-F	GAGCGTCACCCTGGCTTAATCTATAAAATTCCTACTCCGTTCCAGTT GTTGTTGTTATGGTCTAATTTAAATATGGTCTAAAGAAGAAGAATTT GGAACGAATCTAGAATTTTACAATTAAACCATGTCGCCCGAG
STTM-miR1320-R	CTCGGGCGACATGGTTTAATTGTAAAATTCTAGATTCGTTCCAAATT CTTCTTCTTTAGACCATATTTAAATTAGACCATAACAACAACAACTG GAACGGAGTAGGAATTTTATAGATTAAGCCAGGGTGACGCTC
STTM-miR1320-U-F	GAGCGTCACCCTGGCTTAAUCTAT
STTM-miR1320-U-R	CTCGGGCGACATGGTTTAAUTG
pre-miR1320-RT-F	TGGAACGGAGGAATTTTATAGGA
pre-miR1320-RT-R	CTAATAGGGCTACATTGGAACGAA
Hyg-280-RT-F	ACGGTGTCGTCCATCACAGTTTGCC
Hyg-280-RT-R	TTCCGGAAGTGCTTGACATTGGGGA
Bar-277-RT-F	TGGGCAGCCCGATGACAGCGACCAC
Bar-277-RT-R	ACCGAGCCGCAGGAACCGCAGGAGT
Vector-user-F	ATAAGGAAGTTCATTTCATTTGGA
STTM-miR1320-Vu-R	TGTAAAATTCTAGATTCGTTCCAAA
Os03g19020-qRT-F	TGTGCAGGGTGTGCTGGATT
Os03g19020-qRT-R	CCTTTGACGACTTTGTGATTGTTG
Os03g49570-qRT-F	CTTGAAAAGCCAGAAATGGATGT
Os03g49570-qRT-R	ATAATGGTTGAGAGGGCAATGAG

续表

引物名称	引物序列
Os10g41330-qRT-F	TGAGGGAGGTGAAGAAGGAGAG
Os10g41330-qRT-R	TGAGCAGCAATAGAACGAAAGAAT
Os12g13940-qRT-F	GTGAGGATGGTGCGGTTCTACT
Os12g13940-qRT-R	TGCTGCTCTCTTTTCTTTTGTTTT
Os12g42220-qRT-F	CTACGTCTCCTTCCTCCGCAT
Os12g42220-qRT-R	ATCGTCTTCTTGGCCACCTCT
OsElf1-α-qRT-F	CATGATCACCGGTACCTCG
OsElf1-α-qRT-R	CCAGCATGTTGTCTCCGTG
Adapter	AAGCAGTGGTATCAACGCAGAGTACGCGGGG
OUT-F	AAGCAGTGGTATCAACGCAGAGT
IN-F	AGTGGTATCAACGCAGAGTACGC
Os03g19020-IN-R	TTTCCCCAATGGCACAATCTA
Os03g19020-OUT-R	CATACAAATGAGACAAATAGGGCAA
Os10g41330-IN-R	CAAAGAGGGCCTTAGCAGAGC
Os10g41330-OUT-R	TTTCCAAAATGGGCCTAGATTAAC

附表 6　第 3 章研究用到的引物

引物名称	引物序列
OsERF096-OX-U-F	GGCTTAAUGGCCGGCTTCG
OsERF096-OX-U-R	GGTTTAAUTCTGTTTAATCATCAAATAGCATAGTC
OsERF096-ΔTM-OX-U-R	GGTTTAAUCAATTACGAACAGCTGCGGG
OsERF096-RT-F	GCCATCCTCAACTTCCCCAAC
OsERF096-RT-R	GCCTCTCCTTCTTCACCTCCCTC
OsERF096-YFP-U-F	GGCTTAAUATGGCCGGCTTCGG
OsERF096-YFP-U-R	GGTTTAAUTCAAATAGCATAGTCAAAAGCAAAAT
OsERF096-ΔTM-YFP-U-R	GGTTTAAUCAGAACAGCTGCGGGAAGG
OsERF096-BD-274-F	TATACCATGGCCGGCTTCGGCTT
OsERF096-BD-274-R	TCGCGTCGACATCAAATAGCATAGTCAAAAGC
OsERF096-BD-244-R	GTGAATTCGAACAGCTGCGGGAAGG
OsERF096-BD-158-R	GTGAATTCCCACTTGACGGCGGC
OsERF096-BD-87-R	GTGAATTCGAAGTCGTCCTCCTCCTCC
OsERF096-AD-274-F	GGAATTACATATGGCCGGCTTCGG
OsERF096-AD-274-R	CGGGATCCTCAAATAGCATAGTCAAAAGC
OsERF096-AD-244-R	TGGGATCCTTAGAACAGCTGCGGG

引物名称	引物序列
OsPOX1-qFP	CATCCCAGCTCCCAACAA
OsPOX1-qRP	AGACATGCCAATGGTGTGG
OsRAB16A-qFP	CACACCACAGCAAGAGCTAAGTG
OsRAB16A-qRP	TGGTGCTCCATCCTGCTTAAG
OsRAB16B-qFP	AGCTCCAGCTCGTCGTCTGA
OsRAB16B-qRP	GCCAGTGTTCCCCATCATCT
OsRAB21-qFP	CGAGCGCAATAAAAGGAAAAA
OsRAB21-qRP	AGACACGGTCCGTACTGGAGAA
OsP5CS1-qFP	TCTGCTCAGTGATGTGGATG
OsP5CS1-qRP	CCTACACGAGATTTGTCTCC
OsP5CR-qFP	AATAGAGGCCATGGCTGATG
OsP5CR-qRP	AATGCACCCTTCTCAAGCTC
OsDREB1A-qFP	AGCGACCTGGCGTTCG
OsDREB1A-qRP	TCGCGTAGTACAGGTCCCA
OsDREB1B-qFP	GAGACCTTCGCCAACGATG
OsDREB1B-qRP	CACCGGCAACACGTCCTT
OsCOR41-RT-F	GCGAATAGTTCTTGCTGATCTGTT
OsCOR41-RT-R	TCCTTCACCTCCACCTGCTCT
Universal primer	CAGTGCAGGGTCCGAGGTAT
OsERF096.1-YFP-FP	GGCTTAAUATGGCCGGCTTCGG
OsERF096.1-YFP-RP	GGTTTAAUTCAAATAGCATAGTCAAAAGCAAAAT
OsERF096.2-YFP-FP	GGCTTAAUATGGCCGGCTTCG
OsERF096.2-YFP-RP	GGTTTAAUTTAGAACAGCTGCGGGA
YFP-537-FP	GAAGTTCATCTGCACCACCG
YFP-537-RP	AACTCCAGCAGGACCATGTG
pHIS2-DRE-FP	GAATTCTACCGACATTACCGACATTACCGACATGAGCTC
pHIS2-DRE-RP	GATGTCGGTAATGTCGGTAATGTCGGTAG
pHIS2-mDRE-FP	GAATTCTATTGACATTATTGACATTATTGACATGAGCTC
pHIS2-mDRE-RP	GATGTCAATAATGTCAATAATGTCAATAG
pHIS2-GCC-FP	GAATTCTAGCCGCCGAGCCGCCGAGCCGCCGAGCTC
pHIS2-GCC-RP	GCGGCGGCTCGGCGGCTCGGCGGCTAG
pHIS2-mGCC-FP	GAATTCTAACCGCCGAACCGCCGAACCGCCGAGCTC
pHIS2-mGCC-RP	GCGGCGGTTCGGCGGTTCGGCGGTTAG

引物名称	引物序列
DRE-LUC-FP	TCGACTACCGACATTACCGACATTACCGACATCTGCA
DRE-LUC-RP	GATGTCGGTAATGTCGGTAATGTCGGTAG
mDRE-LUC-FP	TCGACTATTGACATTATTGACATTATTGACATCTGCA
mDRE-LUC-RP	GATGTCAATAATGTCAATAATGTCAATAG
GCC-LUC-FP	TCGACTAGCCGCCGAGCCGCCGAGCCGCCCTGCA
GCC-LUC-RP	GGGCGGCTCGGCGGCTCGGCGGCTAG
mGCC-LUC-FP	TCGACTAACCGCCGAACCGCCGAACCGCCCTGCA
mGCC-LUC-RP	GGGCGGTTCGGCGGTTCGGCGGTTAG
OsWRKY53-qRT-F	CAGAGGTACGACTGGAAGGC
OsWRKY53-qRT-R	ACTTGCTGCTCTTGCTCCTT
OsGRX10-qRT-F	CTGCCCGTACTCTATGCGTG
OsGRX10-qRT-R	TGTGGCACAGTATGACGGC
OsMYB30-qRT-F	CGGTGGATCAACTACCTCCG
OsMYB30-qRT-R	GATCTCGTTGTCCGTCCTCC
OsCRK10-qRT-F	AGATCCTCTTTGACGCCGAC
OsCRK10-qRT-R	TCGCTTTGAGATCACGGTGG
OsOSK24-qRT-F	GGCTCTTGGACTTCAGTCTCG
OsOSK24-qRT-R	CTGAGGATACCCAACGCTCC
OsLRK1-qRT-F	TGCCGGAGAAGCTGTATTGG
OsLRK1-qRT-R	CGAACCCGTCAGGTATCTCG
OsAP2-39-qRT-F	TCGTCCGTTTAATTGCCAGGA
OsAP2-39-qRT-R	ACACCGGGAGTAGTAGCCTT
OsERF3-qRT-F	GTCCAGCAACGCATCCTTAC
OsERF3-qRT-R	GATCAACCACCGACGAGGAG
OsABF2-qRT-F	AGCAGGTGGAAATGATACAG
OsABF2-qRT-R	GGTCCAAGTTGCTGAGTGATTC
OsNAC5-qRT-F	ACAACGCCCTCAGGTTGGATGA
OsNAC5-qRT-R	TCGTACCTCTCGATCACTCCCTTC
OsNAC6-qRT-F	CCAACTGGATCATGCACGAGTACC
OsNAC6-qRT-R	AGCCCGCCCTTCTTGTTGTAAATC
OsDREB1A-qRT-F	AGCGACCTGGCGTTCG
OsDREB1A-qRT-R	TCGCGTAGTACAGGTCCCA
OsDREB1B-qRT-F	GAGACCTTCGCCAACGATG
OsDREB1B-qRT-R	CACCGGCAACACGTCCTT
OsDREB1C-qRT-F	TACGGCAACATGGACTTCGA
OsDREB1C-qRT-R	GCCCATCCCGTCGTAGTAGTAG

附表 7　激素信号转导差异表达基因的 FPKM 表达值

#ID	FPKM					
	WT-NT	KD-NT	OX-NT	WT-CT	KD-CT	OX-CT
玉米素生物合成						
Os01g0940000	4.87	1.60	4.26	2.31	9.67	5.49
Os04g0556500	1.69	1.18	0.93	10.94	38.67	33.53
Os04g0556550	4.64	2.89	3.38	13.73	36.12	25.25
Os04g0556600	0.72	0.22	0.27	2.00	13.36	5.73
Os04g0565400	4.32	3.09	5.11	1.16	4.80	3.75
类胡萝卜素生物合成						
Os03g0645900	1.98	0.97	1.62	3.31	22.49	10.53
Os04g0578400	32.94	51.00	39.28	67.99	25.19	38.21
Os06g0729150	0.68	1.05	0.69	2.56	0.39	0.58
Os07g0154100	0.06	0.05	0.01	3.89	5.10	11.02
Os08g0472800	8.60	2.48	12.62	2.97	5.16	8.49
Os09g0457100	2.19	0.83	5.42	19.45	23.23	52.69
Os09g0457250	0.01	0.02	0.09	2.42	0.59	1.47
Os10g0533500	3.66	4.67	7.24	16.42	3.67	9.43
Os11g0587000	1.61	1.19	1.62	0.52	1.81	1.52
Os12g0626400	74.70	92.72	75.70	114.46	51.60	58.18
油菜素甾醇生物合成						
Os01g0197100	12.34	10.57	8.13	6.28	14.46	12.44
Os02g0204700	1.35	1.55	1.76	0.48	1.57	1.13
Os03g0227601	0.63	0.60	0.54	0.58	1.53	0.75
Os07g0136800	0.90	0.21	0.22	0.16	0.44	0.24
二萜生物合成						
Os01g0209700	0.40	0.19	0.19	2.41	9.05	6.81
Os02g0570500	3.93	3.25	5.12	1.65	3.89	2.73
Os02g0571300	0.54	0.94	0.85	0.15	2.62	1.45
Os02g0571800	0.41	0.43	0.59	0.10	0.87	0.59
Os02g0630300	0.52	0.13	0.12	0.16	1.20	1.68
Os05g0514600	0.68	0.76	2.33	0.29	0.64	2.39
Os05g0514701	0.34	0.64	1.33	0.23	0.48	1.82
Os05g0560900	0.08	0.03	0.00	1.40	0.36	0.41

注：表中数值为差异表达结果中 $\log_2$ 倍数变化值 $\log_2 FC$。

#ID	FPKM					
	WT-NT	KD-NT	OX-NT	WT-CT	KD-CT	OX-CT
植物激素信号转导						
生长素						
Os01g0190300	17.52	14.02	13.02	18.90	54.11	50.65
Os01g0741900	13.87	14.78	12.05	61.37	140.09	123.66
Os02g0723400	3.54	3.06	2.36	2.63	6.94	4.59
Os02g0805100	1.43	0.96	1.35	0.70	1.44	3.10
Os03g0633800	7.13	6.83	5.13	2.48	7.35	8.15
Os05g0523300	3.57	2.42	2.68	1.21	4.63	2.80
Os06g0335500	201.74	197.15	213.03	247.32	74.26	174.22
Os07g0182400	71.60	65.42	70.86	35.98	75.53	97.03
Os02g0445100	0.40	1.50	1.82	0.26	0.66	0.56
Os02g0643800	7.02	5.96	5.34	19.66	39.82	44.50
Os02g0769100	6.50	8.13	10.15	24.48	62.95	56.30
Os04g0537100	8.59	6.40	11.74	12.53	54.36	52.69
Os04g0617050	7.60	7.96	10.30	9.40	32.65	19.49
Os06g0671150	0.98	0.28	0.08	1.05	1.58	3.38
Os06g0714300	14.16	11.80	10.37	0.97	3.79	4.22
Os10g0510500	8.51	2.41	8.23	44.99	30.15	41.72
Os01g0670800	15.77	16.28	15.24	19.88	8.45	17.30
Os05g0563400	64.57	62.44	44.91	65.31	30.63	46.77
脱落酸						
Os01g0656200	8.19	3.96	11.50	3.81	8.93	6.97
Os01g0846150	9.70	4.43	6.06	2.44	8.82	6.55
Os01g0846300	63.64	35.04	43.37	20.65	57.73	40.15
Os03g0268600	20.60	7.33	16.87	14.80	59.14	33.21
Os03g0268750	1.89	0.77	1.50	1.86	5.82	4.02
Os05g0537400	13.36	5.87	7.62	7.43	14.42	9.68
Os09g0325700	11.85	1.47	3.56	1.30	45.28	28.36
Os01g0869900	58.36	54.40	63.80	82.32	40.86	80.25
Os10g0573400	33.71	43.12	33.60	29.68	12.72	19.05
细胞分裂素						
Os02g0557800	38.84	41.09	90.89	35.27	37.95	103.95

续表

#ID	FPKM					
	WT-NT	KD-NT	OX-NT	WT-CT	KD-CT	OX-CT
Os02g0830200	1.72	3.35	4.56	2.39	2.74	5.13
Os03g0224200	29.08	25.50	21.94	32.93	79.41	70.15
Os04g0673300	4.99	3.54	6.68	1.17	15.16	7.57
Os11g0143300	42.35	26.46	46.14	11.43	61.98	48.11
Os12g0139400	38.66	32.14	47.66	14.77	52.09	40.45
茉莉酸						
Os03g0180900	5.13	1.97	0.57	77.08	99.26	101.03
Os04g0395800	0.64	0.35	0.17	0.82	4.37	2.51
Os09g0439200	16.99	8.71	8.94	7.20	16.03	11.59
水杨酸						
Os11g0141900	2.26	1.54	0.33	0.34	0.80	1.42
油菜素甾醇						
Os10g0571300	2.14	2.09	1.86	1.52	0.71	1.31
乙烯						
Os03g0700800	12.81	8.07	7.50	3.48	8.17	6.02
Os02g0200900	167.94	119.63	130.51	94.10	256.60	172.53

附表 8　第 4 章研究用到的引物

引物名称	引物序列
Hyg-280-RT-F	ACGGTGTCGTCCATCACAGTTTGCC
Hyg-280-RT-R	TTCCGGAAGTGCTTGACATTGGGGA
Bar-277-RT-F	TGGGCAGCCCGATGACAGCGACCAC
Bar-277-RT-R	ACCGAGCCGCAGGAACCGCAGGAGT
Vector-user-F	ATAAGGAAGTTCATTTCATTTGGA
OsPHD17-qRT-UTR-F	GATGAGAGGCTTATGGAAATCGA
OsPHD17-qRT-UTR-R	GAACAAATGGCAGTAACAGCAGATA
OsPHD17-BD-F	TACATATGATGGGGAAGGGAGGGGAAGGG
OsPHD17-BD-R	GCGGATCCACATCACAATAAAAAATCATACAAATGAG
OsPHD17-M-U-R	GAAAAACTTUACCAAAGCATGCCGTTTAT
OsPHD17-M-U-F	AAGTTTTTCUGGCTTAGACTAGGCATTTATATCTG
OsPHD17-U-R	GGCTTAAUAGCCACCCCTACCAACG
OsPHD17-U-F	GGTTTAAUAAGGATAAAACCACCACCTTTAAGAG

续表

引物名称	引物序列
OsPHD17-BD-U-F	GGCTTAAUCATGGAGGAGCAGAAGCTG
OsPHD17-BD-U-R	GGTTTAAUCTGCAGGTCGACGGATCC
OsPHD17-BD-N-F	TATACCATGGGGAAGGGAGGGGAAGG
OsPHD17-BD-C-R	GTGGATCCAAATTATCTTGGCCGTTG
OsPHD17-BD-N-404-R	GTGGATCCTTCCTTTTTCTCCTTCCCC
OsPHD17-BD-N-460-R	GTGGATCCTGTTGTGAACCGCCGTTTAC
OsPHD17-BD-C-551-F	GGAATTCGATGGCGAAGCACATTC
OsPHD17-BD-C-461-F	GGAATTCACAAAGTCGTCAAAGGAGGAT
OsPHD17-BD-C-404-F	GGAATTCCCACAGGAGGCTGGAAG
OsPHD17-AD-FL-F	GGAATTACATATGGGGAAGGGAGGGG
OsPHD17-AD-FL-R	TGGGATCCTAGACACCTTCAGTTCCTTG
GTGGNG-F	AATTCGGATCCGTGGAGGTGGAGGTGGAGGTGGAGGTGGAGGGTACCGAGCT
GTGGNG-R	CGGTACCCTCCACCTCCACCTCCACCTCCACCTCCACGGATCCG
gtggng-m-F	AATTCGGATCCTCTTGTTCTTGTTCTTGTTCTTGTTCTTGTGGTACCGAGCT
gtggng-m-R	CGGTACCACAAGAACAAGAACAAGAACAAGAACAAGAGGATCCG
OsTPP1-qFP	CCTTCAGCAAATCATGAGCA
OsTPP1-qRP	AGCCTCCAGCACTTCGTTTA
OsDREB1C-qFP	TACGGCAACATGGACTTCGA
OsDREB1C-qRP	GCCCATCCCGTCGTAGTAGTAG
OsCATA-qFP	GCCGGATAGACAGGAGAGGT
OsCATA-qRP	TCTTCACATGCTTGGCTTCA
OsCATB-qFP	GGTGGGTTGATGCTCTCTCA
OsCATB-qRP	ATTCCTCCTGGCCGATCTAC
OsPOX1-qFP	CATCCCAGCTCCCAACAA
OsPOX1-qRP	AGACATGCCAATGGTGTGG
OsRAB16A-qFP	CACACCACAGCAAGAGCTAAGTG
OsRAB16A-qRP	TGGTGCTCCATCCTGCTTAAG
OsRAB16B-qFP	AGCTCCAGCTCGTCGTCTGA
OsRAB16B-qRP	GCCAGTGTTCCCCATCATCT
OsRAB21-qFP	CGAGCGCAATAAAAGGAAAAA
OsRAB21-qRP	AGACACGGTCCGTACTGGAGAA
OsP5CS1-qFP	TCTGCTCAGTGATGTGGATG
OsP5CS1-qRP	CCTACACGAGATTTGTCTCC

引物名称	引物序列
OsP5CR-qFP	AATAGAGGCCATGGCTGATG
OsP5CR-qRP	AATGCACCCTTCTCAAGCTC
OsDREB1A-qFP	AGCGACCTGGCGTTCG
OsDREB1A-qRP	TCGCGTAGTACAGGTCCCA
OsDREB1B-qFP	GAGACCTTCGCCAACGATG
OsDREB1B-qRP	CACCGGCAACACGTCCTT
OsCOR41-RT-F	GCGAATAGTTCTTGCTGATCTGTT
OsCOR41-RT-R	TCCTTCACCTCCACCTGCTCT
OsCSD1-RT-F	CAGAAGAGGAGAGGGTGGGC
OsCSD1-RT-R	GAGACACTTCCCGTCACAGAGG
CRISPR-CJ-OsPHD17-F	GGTGAGGGTTAAGAATATGGGGC
CRISPR-CJ-OsPHD17-R	GTCTGTCGTGTCTGAATCAATAGTAGC
Bar-227-RT-F	TGGGCAGCCCGATGACAGCGACCAC
Bar-227-RT-R	ACCGAGCCGCAGGAACCGCAGGAGT
OsElfα-F	CATGATCACCGGTACCTCG
OsElfα-R	CCAGCATGTTGTCCTCCGTG
Q1-OsICE1-F	TCAACGACCGCCTCTACA
Q1-OsICE1-R	GATTGAGTACCTGAAGGAGCTG
OsACX-F	AGACACTTAGGAAGAAAGTCCG
OsACX-R	CTAGCTGTAAGTGAGAGTCCTG
OsMFP2-F	TGATCTCATCACAGTTGGGAAA
OsMFP2-R	CTGAAAACGTCGATCCCAATAC
OsTGL4-F	GATGATTGGTGATGGCAAATCA
OsTGL4-R	ACAGCTCCTAGACCAAATATCG
OsJAZ8-F	GCGACGAAAGTGCAAGTGAG
OsJAZ8-R	GGTGGACGGGAAGTTCTCAA
OsJAZ11-F	TGGTGTTCGACGATTTCCCC
OsJAZ11-R	CGATGGGCATGTCTGGTAGG
OsJAMYB-F	CTCCGAGCATGGTGACTAGC
OsJAMYB-R	CATGGTCCACCTCCTGCATC
OsPR10a-F	TTCATCGACGCCATTGAGGT
OsPR10a-R	CACGTGTTTTGAATGACCCCC

附表 9　并集 2 的 DEG GO 分类统计

功能注释 分类 I	功能注释 分类 II	GO ID	基因数量	选择基因数
生物过程	代谢过程	GO：0008152	16 401	1 209
生物过程	细胞过程	GO：0009987	15 108	1 102
生物过程	单生物过程	GO：0044699	11 851	859
生物过程	对刺激的反应	GO：0050896	6 251	513
生物过程	生物调控	GO：0065007	5 276	362
生物过程	定位	GO：0051179	3 606	271
生物过程	细胞成分组织或生物发生	GO：0071840	3 030	184
生物过程	发育过程	GO：0032502	2 988	206
生物过程	多细胞生物过程	GO：0032501	2 983	206
生物过程	生殖过程	GO：0022414	1 778	117
生物过程	多生物过程	GO：0051704	1 595	139
生物过程	信号	GO：0023052	1 376	94
生物过程	生长	GO：0040007	630	47
生物过程	免疫系统过程	GO：0002376	485	49
生物过程	生殖	GO：0000003	447	26
生物过程	节律过程	GO：0048511	80	7
生物过程	生物黏附性	GO：0022610	74	5
生物过程	生物阶段	GO：0044848	63	5
生物过程	运动	GO：0040011	26	2
生物过程	细胞杀伤	GO：0001906	4	1
生物过程	习性	GO：0007610	3	0
细胞组分	细胞	GO：0005623	22 366	1 477
细胞组分	细胞部分	GO：0044464	22 366	1 477
细胞组分	细胞器	GO：0043226	20 417	1 319
细胞组分	细胞膜	GO：0016020	8 553	614
细胞组分	细胞膜部分	GO：0044425	3 846	276
细胞组分	细胞器部分	GO：0044422	3 843	222
细胞组分	大分子复合物	GO：0032991	2 586	110
细胞组分	细胞外区域	GO：0005576	940	77
细胞组分	膜腔	GO：0031974	897	46
细胞组分	细胞连接	GO：0030054	300	22
细胞组分	最简单	GO：0055044	300	22
细胞组分	类核	GO：0009295	42	1
细胞组分	细胞外区域部分	GO：0044421	34	2
细胞组分	病毒	GO：0019012	11	0
细胞组分	病毒部分	GO：0044423	11	0

功能注释 分类 I	功能注释 分类 II	GO ID	基因数量	选择基因数
分子功能	结合	GO：0005488	14 579	1 091
分子功能	催化活性	GO：0003824	13 532	1 082
分子功能	转运体活性	GO：0005215	1 628	127
分子功能	核酸结合转录因子活性	GO：0001071	997	82
分子功能	电子载体活性	GO：0009055	818	80
分子功能	结构分子活性	GO：0005198	576	15
分子功能	分子换能器活性	GO：0060089	302	18
分子功能	信号转换器活性	GO：0004871	302	18
分子功能	抗氧化活性	GO：0016209	280	28
分子功能	养分库活性	GO：0045735	113	6
分子功能	转录因子活性、蛋白质结合	GO：0000988	58	2
分子功能	金属伴侣活性	GO：0016530	4	0
分子功能	翻译调节活性	GO：0045182	4	0
分子功能	蛋白标签	GO：0031386	2	0

附表 10　并集 3 的 GO 分类统计

功能注释 分类 I	功能注释 分类 II	功能注释 ID	基因数量	选择基因数
生物过程	代谢过程	GO：0008152	16 401	1 230
生物过程	细胞过程	GO：0009987	15 108	1 045
生物过程	单生物过程	GO：0044699	11 851	949
生物过程	对刺激的反应	GO：0050896	6 251	440
生物过程	生物调控	GO：0065007	5 276	326
生物过程	定位	GO：0051179	3 606	223
生物过程	细胞成分组织或生物发生	GO：0071840	3 030	230
生物过程	发育过程	GO：0032502	2 988	200
生物过程	多细胞生物过程	GO：0032501	2 983	198
生物过程	生殖过程	GO：0022414	1 778	96
生物过程	多生物过程	GO：0051704	1 595	109
生物过程	信号	GO：0023052	1 376	76
生物过程	生长	GO：0040007	630	49
生物过程	免疫系统过程	GO：0002376	485	37
生物过程	生殖	GO：0000003	447	17
生物过程	节律过程	GO：0048511	80	4
生物过程	生物黏附性	GO：0022610	74	5

续表

功能注释 分类 I	功能注释 分类 II	功能注释 ID	基因数量	选择基因数
生物过程	生物阶段	GO：0044848	63	0
生物过程	运动	GO：0040011	26	2
生物过程	细胞杀伤	GO：0001906	4	0
生物过程	习性	GO：0007610	3	0
细胞组分	细胞	GO：0005623	22 366	1 522
细胞组分	细胞部分	GO：0044464	22 366	1 522
细胞组分	细胞器	GO：0043226	20 417	1 402
细胞组分	细胞膜	GO：0016020	8 553	628
细胞组分	细胞膜部分	GO：0044425	3 846	277
细胞组分	细胞器部分	GO：0044422	3 843	351
细胞组分	大分子复合物	GO：0032991	2 586	153
细胞组分	细胞外区域	GO：0005576	940	96
细胞组分	膜腔	GO：0031974	897	31
细胞组分	细胞连接	GO：0030054	300	14
细胞组分	最简单	GO：0055044	300	14
细胞组分	类核	GO：0009295	42	5
细胞组分	细胞外区域部分	GO：0044421	34	3
细胞组分	病毒	GO：0019012	11	2
细胞组分	病毒部分	GO：0044423	11	2
分子功能	结合	GO：0005488	14 579	972
分子功能	催化活性	GO：0003824	13 532	1 078
分子功能	转运体活性	GO：0005215	1 628	103
分子功能	核酸结合转录因子活性	GO：0001071	997	70
分子功能	电子载体活性	GO：0009055	818	68
分子功能	结构分子活性	GO：0005198	576	53
分子功能	分子换能器活性	GO：0060089	302	10
分子功能	信号转换器活性	GO：0004871	302	10
分子功能	抗氧化活性	GO：0016209	280	42
分子功能	养分库活性	GO：0045735	113	5
分子功能	转录因子活性、蛋白质结合	GO：0000988	58	3
分子功能	金属伴侣活性	GO：0016530	4	0
分子功能	翻译调节活性	GO：0045182	4	0
分子功能	蛋白标签	GO：0031386	2	1

附表 11　第 5 章研究用到的引物

引物名称	引物序列
Pre-miR156k-Sense	GAGTTCTGTGATTGGAGAGGAGA
Pre-miR156k-Antisense	AGAGAGAGAGAGAGAGAGAGGTGTG
Pre-miR1435-Sense	GGCTTAAUACTAGAATGATTTATATTGTGAAACGGA
Pre-miR1435-Antisense	GGTTTAAUCGTTGAAATTTGTACTTT GTTTCGAC
U3300-Sp	ATAAGGAAGTTCATTTCATTTGGA
Bar-Asp	CTTCAGCAGGTGGGTGTAGAGC
Bar-Fwd	CAATCCTCGAGTCTACCATGAGCCCAGAAC
Bar-Rev	GAATCCTCGAGTCAAATCTCGGTGACGGGCA
SPL3-F	CTTAAAGTCATCGTTGCGGGTCT
SPL3-R	GGTTGTGGCTTCCGTCTGC
SPL14-F	AAACCCCTTTGGCATCACG
SPL14-R	CCTTACGCTGCTTGGAACCCT
SPL17-F	GGCTTGCTGCATCCTTTCAT
SPL17-R	CCCCTTGCCACTGGATTGAA
OsP5CS-F	CTCAAATCAAGGCGTCAACTAAGA
OsP5CS-R	TTTGTCAATATATACGTGGCATATACCA
Os01g22249-F	AACGGAGTGGAAGCAGCGT
Os01g22249-R	CAGCACCTCTATGTTGCCCA

附表 12　第 6 章研究用到的引物

引物名称	引物序列
Pre-OsmiR535-FPU	GGCTTAAUTTCGATCTTGATTCAGAGGGAGC
Pre-OsmiR535-RPU	GGTTTAAUAGAACATTTAGGGGATGGGGGTA
Pre-OsmiR535-FP	CCAGTGAGACTGAGAGGAGAAGCTG
Pre-OsmiR535-RP	GTTCAGGTTCAGGTTGATTTCTTGC
OsCBF1-qFP	GAGACCTTCGCCAACGATG
OsCBF1-qRP	CACCGGCAACACGTCCTT
OsCBF2-qFP	TACGGCAACATGGACTTCGA
OsCBF2-qRP	GCCCATCCCGTCGTAGTAGTAG
OsCBF3-qFP	AGCGACCTGGCGTTCG
OsCBF3-qRP	TCGCGTAGTACAGGTCCCA
OsRAB16A-qFP	CACACCACAGCAAGAGCTAAGTG

续表

引物名称	引物序列
OsRAB16A-qRP	TGGTGCTCCATCCTGCTTAAG
OsRAB16B-qFP	AGCTCCAGCTCGTCGTCTGA
OsRAB16B-qRP	GCCAGTGTTCCCCATCATCT
OsTPP1-qFP	CCTTCAGCAAATCATGAGCA
OsTPP1-qRP	AGCCTCCAGCACTTCGTTTA
Bar-FP	TGGGCAGCCCGATGACAGCGACCAC
Bar-RP	ACCGAGCCGCAGGAACCGCAGGAGT
OsSPL2-qRT-FP	CCGTTGTTCGGGTGCCAG
OsSPL2-qRT-RP	CCGTGGGTGTGGGGTTGT
OsSPL4-qRT-FP	TGACCATTATTCCATTTTGCAG
OsSPL4-qRT-RP	GGATCAGGTAATCCACAAGAACTAG
OsSPL7-qRT-FP	GGTGCTGGGACACGGTTTC
OsSPL7-qRT-RP	TTGAGCGGGCGGAGATGT
OsSPL11-qRT-FP	CGTTTGTCAAATGCTTTGCC
OsSPL11-qRT-RP	GTTTGGTGTCCGGGGTCAGT
OsSPL12-qRT-FP	GAATACAACGGGGATAACGATTC
OsSPL12-qRT-RP	CTGGCAGAACTAAAGCAACAGAG
OsSPL14-qRT-FP	GGATATGGTGCCAACACATACAG
OsSPL14-qRT-RP	GACATGGCTGCAGCCTGGTTGTG
OsSPL16-qRT-FP	AACTACAATGGGATGTTTCAC
OsSPL16-qRT-RP	TGGCAGAAAAGAAACAGAAACA
OsSPL17-qRT-FP	TGTCAACTCAGCCATGGGATAC
OsSPL17-qRT-RP	GGCCGTTGACGACATTGG
OsSPL18-qRT-FP	TCCCATTCTCGTGGCAGTA
OsSPL18-qRT-RP	CGTTCACCCGATGATTAGA
OsSPL19-qRT-FP	GATGGAGCCAACATTACCACAACC
OsSPL19-qRT-RP	CTGAAAGAAGAGGGGGCGAACT
OsPIN1B-qRT-FP	GTCACAAAAGAGCACCAAAAGC
OsPIN1B-qRT-RP	CCAACCAAAACTCCCACAATC
OsDEP1-qRT-FP	GCCGCGAGATCACGTTCCT

续表

引物名称	引物序列
OsDEP1-qRT-RP	ATCCAGAACGAGAAACGGGCT
OsLOG-qRT-FP	TCAGCCAGGGGAAAGTAACATC
OsLOG-qRT-RP	CCAAAAGAACAGCATTGAGGAG
OsSLR1-qRT-FP	TTACCCCGTTCCTTGGTCCT
OsSLR1-qRT-RP	TGAAATCCAGTTCGGTTCGTC
OsmiR156-RT-RP	GTCGTATCCAGTGCAGGGTCCGAGGTATTCGCACTGGATACGACGTGCTC
OsmiR529-RT-RP	GTCGTATCCAGTGCAGGGTCCGAGGTATTCGCACTGGATACGACTGGCTG
OsmiR156-qRT-FP	GCGGCGGTGACAGAAGAGAGT
OsmiR529-qRT-FP	GCGGCGCAGAAGAGAGAGAGTA
miR-Universe-R	CCAGTGCAGGGTCCGAGGT
Pre-OsmiR535-FPU	GGCTTAAUTTCGATCTTGATTCAGAGGGAGC
Pre-OsmiR535-RPU	GGTTTAAUAGAACATTTAGGGGATGGGGGTA
OsElf1-α-qRT-FP	CATGATCACCGGTACCTCG
OsElf1-α-qRT-FP	CCAGCATGTTGTCTCCGTG
OsU6-qRT-FP	GGGACATCCGATAAAATTGGAA
OsU6-qRT-RP	CGATTTGTGCGTGTCATCCTT

附表 13 *OsSPLs* 与 *OsmiR156/529/535* 靶向关系预测

序号	基因号	基因名	靶向 miRNA
1	LOC_Os01g69830	OsSPL2	OsmiR156/529/535
2	LOC_Os08g39890	OsSPL14	OsmiR156/529/535
3	LOC_Os09g31438	OsSPL17	OsmiR156/529/535
4	LOC_Os09g32944	OsSPL18	OsmiR156/529/535
5	LOC_Os02g07780	OsSPL4	OsmiR156/535
6	LOC_Os04g46580	OsSPL7	OsmiR156/535
7	LOC_Os06g45310	OsSPL11	OsmiR156/535
8	LOC_Os06g49010	OsSPL12	OsmiR156/535
9	LOC_Os08g41940	OsSPL16	OsmiR156/535
10	LOC_Os11g30370	OsSPL19	OsmiR156/535
11	LOC_Os02g04680	OsSPL3	OsmiR156
12	LOC_Os07g32170	OsSPL13	OsmiR156

附表 14　OsmiR535 启动子中与冷胁迫相关的顺式元素

序号	元件名称	元件序列	元件描述	位置	关键词
1	ABREATRD22	RYACGTGGYR	ABRD22 中的 ABRE（ABA 反应元件）	771 (–)	胁迫，脱落酸，干旱
2	ABRELATERD1	ACGTG	拟南芥 erd1 受叶绿素诱导表达所需的 ABRE 样序列	2171 (+), 1478 (–), 768 (–), 767 (+), 661 (+), 435 (–)	胁迫，脱落酸，干旱
3	CBFHV	RYCGAC	大麦 CBF1 和 CBF2 的结合部位	1564 (–)	低温
4	DRE2COREZMRAB17	ACCGAC	在玉米 rab17 基因启动子中发现 DRE2 核心	1564 (–)	冷，干旱，盐
5	EMBP1TAEM	CACGTGGC	ABF 的结合位点，参与 ABA 介导的压力信号途径	770 (–)	脱落酸，胁迫
6	LTRE1HVBLT49	CCGAAA	大麦 BLT4.9 启动子中的 LTRE-1（低温响应元件）	2258 (–)	低温
7	LTRECOREATCOR15	CCGAC	AtCOR15A 的 LTRE 核心序列	1564 (–)	低温，冷，脱落酸，干旱
8	MYB1AT	WAACCA	在 AtRD22 启动子中发现 MYB 识别位点	2914 (+), 2695 (–), 2671 (–), 2304 (+), 2040 (–), 1989 (–), 1067 (+), 1005 (+), 709 (+)	脱落酸，胁迫
9	MYB2AT	TAACTG	ATMYB2 的结合点	2233 (–)	胁迫，干旱
10	MYB2CONSENSUSAT	YAACKG	在 AtRD22 启动子中发现 MYB 识别位点	2233 (–), 959 (–), 685 (–), 125 (+), 90 (–)	脱落酸，胁迫
11	MYBCORE	CNGTTR	ATMYB1 和 ATMYB2 的结合部位	2724 (+), 2209 (+), 2233 (+), 1737 (–), 959 (–), 685 (–), 209 (–), 125 (–), 90 (+)	干旱，胁迫
12	MYCATERD1	CATGTG	MYC 识别序列	2411 (+), 1970 (+), 1952 (+), 1250 (+)	干旱
13	MYCATRD22	CACATG	AtRD22 中的 MYC 结合位点	2411 (–), 1970 (–), 1952 (–), 1250 (–)	脱落酸，干旱
14	MYCCONSENSUSAT	CANNTG	MYC 识别位点	2411 (±), 2360 (±), 2159 (±), 1970 (±), 1952 (±), 1925 (±), 1382 (±), 1250 (±), 1149 (±), 768 (±), 585 (–), 399 (±), 363 (±), 125 (±)	冷，脱落酸，干旱

附表 15　第 7 章研究用到的引物

引物名称	引物序列
Hyg-280-RT-F	ACGGTGTCGTCCATCACAGTTTGCC
OsmiR408-RT	GTCGTATCCAGTGCAGGGTCCGAGGTATTCGCACTGGATACGACGCCAGGGA
OsmiR408-qRT-F	GGATGCACTGCCTCT
miR-Universal primer	GTGCAGGGTCCGAGGT
pre-OsmiR408-RT-F	AGGAGAGGAGACAGGGATGAG
pre-OsmiR408-RT-R	CAACAACAACACCAGCCATC
OsU6-qRT-F	GGGACATCCGATAAAATTGGAA
OsU6-qRT-R	CGATTTGTGCGTGTCATCCTT
pre-OsmiR408-u-F	GGCTTAAUAGTGGAATGGTTCAAGGCAAAG
pre-OsmiR408-u-R	GGTTTAAUGGAGCCAGGGAAGAGGCAGT
OsElf1-α-F	CATGATCACCGGTACCTCG
OsElf1-α-R	CCAGCATGTTGTCTCCGTG
09g29390-RT-F	AGTGCCTAACCCAACTCTTCCC
09g29390-RT-R	TGGTCTGGCTCACCTCCGT
01g53880-RT-F	ACGCTTCGGGCTGGTTTG
01g53880-RT-R	TGGTGGTCTTGGAGTGCTTTG
01g53880-qRT-F	CCCATCTCTCTCCCTTAGTTTCTTT
01g53880-qRT-R	GCCTGCTGCTTCTGGTCGT
03g15340-qRT-F	CTGGTCCAAGGGCAAGAACTT
03g15340-qRT-R	ACAGTGGCCGGAGAAGCTG
04g33950-qRT-F	TCCACTCCTGCCAGTTCTCG
04g33950-qRT-R	TGTTATGTCATATATGCGCCGTTT
08g37670-qRT-F	TTATTCCACTTGGACGAACACTAGC
08g37670-qRT-R	CCCCAACGAAGCTGAACACG
08g42550-qRT-F	TACGGCGGGCTCAACCA
08g42550-qRT-R	CCAGTAGGCAGCAACCTCAAAC
09g29390-qRT-F	GCCGTCTCTTCAGCCGTTC
09g29390-qRT-R	TGGTCTGGCTCACCTCCGT

编　后　记

　　"博士后文库"是汇集自然科学领域博士后研究人员优秀学术成果的系列丛书。"博士后文库"致力于打造专属于博士后学术创新的旗舰品牌,营造博士后百花齐放的学术氛围,提升博士后优秀成果的学术影响力和社会影响力。

　　"博士后文库"出版资助工作开展以来,得到了全国博士后管委会办公室、中国博士后科学基金会、中国科学院、科学出版社等有关单位领导的大力支持,众多热心博士后事业的专家学者给予积极的建议,工作人员做了大量艰苦细致的工作。在此,我们一并表示感谢!

"博士后文库"编委会